热带印度洋浮游植物物种多样性丛书

热带印度洋
浮游硅藻物种多样性

李　艳　孙　萍　李瑞香◎著

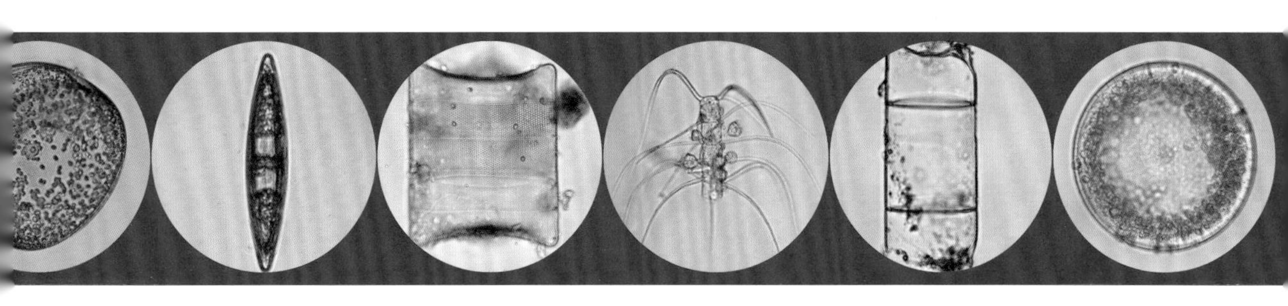

海洋出版社

2024年·北京

图书在版编目(CIP)数据

热带印度洋浮游硅藻物种多样性 / 李艳，孙萍，李瑞香著. -- 北京 : 海洋出版社，2024. 9. -- (热带印度洋浮游植物物种多样性丛书). -- ISBN 978-7-5210-1307-8

Ⅰ. Q949.27

中国国家版本馆CIP数据核字第20248QA877号

责任编辑：程净净　郑跟娣
责任印制：安　森

海洋出版社 出版发行
http://www.oceanpress.com.cn
北京市海淀区大慧寺路 8 号　邮编：100081
北京博海升彩色印刷有限公司　新华书店经销
2024年9月第1版　2024年9月第1次印刷
开本：787mm × 1092mm　1 / 16　印张：18
字数：330千字　定价：268.00元
发行部：010-62100090　总编室：010-62100034

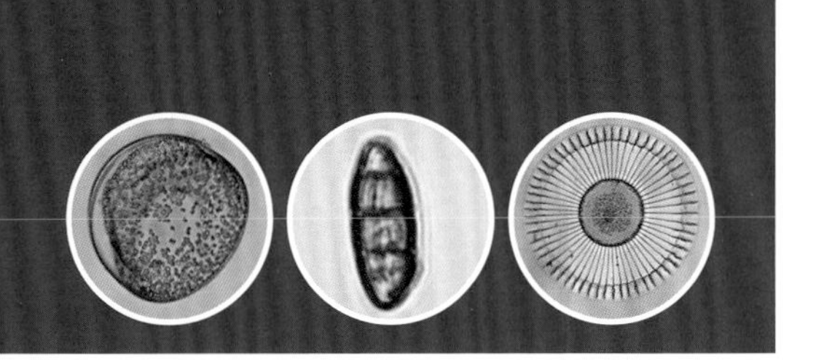

丛书序

印度洋大部分处在热带、亚热带区域内，为典型的热带海洋气候，具有丰富的海洋生物多样性资源。印太交汇区是全球海洋生物多样性中心，印度洋是研究全球气候变化、海洋生物多样性及后者对前者感知、响应的热点区域。印度洋南北跨越近 30 个纬度，而纬度是影响海洋生物多样性分布的重要因素之一，对此的认识主要来自近岸海域，由于调查取样不足，数据缺乏，有关对深海大洋生物区系和多样性分布的认知非常缺乏。

甲藻和硅藻是海洋浮游植物的两大重要类群，其数量和分布直接反映该海域的初级生产力水平，多样性的变化可导致食物网结构发生改变，在海洋生态系统和海洋生物地球化学循环中发挥着关键作用。关于印度洋浮游植物分类学研究的资料非常稀少，仅有 20 世纪六七十年代第一次国际印度洋科学考察计划（IIOE-1）中，Taylor（1976）基于 1963—1964 年的样品，给出了 291 种甲藻形态描述和绘图。近十几年来，随着我国重大海洋专项的实施，本书作者在赤道东印度洋、亚印太交汇区、阿拉伯海、赤道西印度洋、马达加斯加海域，基于观测所获得的近 3000 份样品，积累了大量珍贵的浮游植物照片。作者整理归纳了其中的显微实物照片六七千张，出版热带印度洋浮游植物物种多样性丛书，包括《热带印度洋浮游甲藻物种多样性》和《热带印度洋浮游硅藻物种多样性》，前者收录了甲藻 352 种，后者收录了硅藻 246 种，包括每种的形态特征、生态习性和地理分布，并提供了每种的光学显微镜照片。

李瑞香研究员长期从事海洋浮游植物生态学研究，在浮游植物分类、多样性研究方面造诣深厚，参与并主持多项国家和地方海洋科学调查与研究工作，报告了大量甲藻分类成果，出版了多部甲藻分类专著，是我国甲藻分类学的领军大家。李艳博士和孙萍博士参与并主持了多项大洋及我国近海调查项目，长期从事浮游植物的调查研究，本丛书内容既是她们收集整理宝贵资料的多年专项研究成果，同时也是我国在浮游植物区域生态学方面一项重要学术贡献。本丛书是作者们多年工作的结晶，种类全面，内容丰富，图片精美，是一部很难得的浮游植物分类专著，对印度洋及其他大洋浮游植物分类和多样性研究都具有很好的学术价值。

很荣幸为本丛书作序，与国内外同行共同分享这一科技成果。

广州 暨南园

2024 年 10 月 2 日

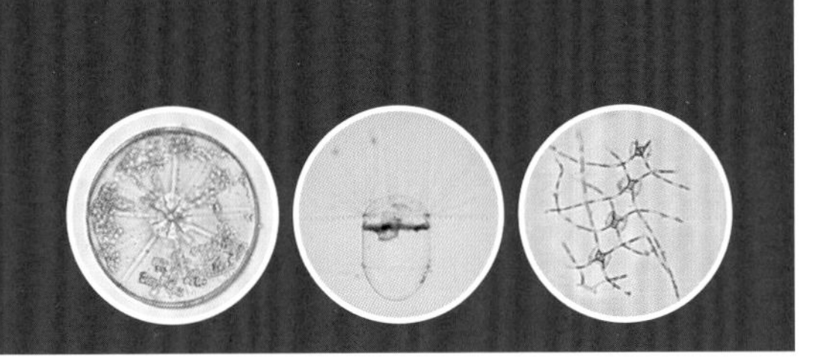

前　言

印度洋为世界第三大洋，面积约为 7344×10^4 km^2，平均水深 3897 m，主要边缘海有安达曼海和阿拉伯海，海湾有孟加拉湾、阿曼湾和亚丁湾，海峡有曼德海峡和马六甲海峡等。印度洋大部分处在热带和亚热带区域内，气候特征为典型的热带海洋气候，该海域是世界上最强的季风区之一，典型的季风气候显著影响了其海洋环流和海气相互作用，季风转换是印度洋北部初级生产力季节性转换的首要驱动力。印度洋拥有丰富的海洋生物多样性资源。

对印度洋的研究，始于第一次国际印度洋科学考察计划（IIOE-1，1957—1965 年），在西印度洋、东印度洋和北印度洋均布设了站位，有多个国家超过 570 名科学家参加了本项目。IIOE-1 于 20 世纪六七十年代结束后，印度洋的研究热度有所下降，直至近二十年来，在人类活动和全球气候变化双重作用下，印度洋生态环境和生物资源发生了很大的变化。因此，于 2015 年重启了第二次国际印度洋科学考察计划（IIOE-2，2015—2020 年）。在调查空间上，从近海环境延伸到深海；在营养层次上，从微生物、浮游植物到顶级掠食者。我国在该海域也相继启动了一些重要项目和航次，从科学研究的角度，提升对该海域生态系统的认知有重要意义。

关于热带印度洋系统性的浮游植物资料较为鲜见，尤其是浮游植物分类资料匮乏。IIOE-1 尽管取得了一些成果，但由于条件制约，对印度洋浮游植物种类主要是列举了名录，缺乏种的描述和图谱的信息。仅有 Taylor（1976）就 1963—1964 年国际印度洋考察所获的 213 份样品鉴定出 291 种甲藻，并就这些物种进行了系统的分类、形态描述和绘图。近些年，国内外对印度洋浮游植物的研究，多集中于现状特征及与环境因子的关系分析，系统性和综合性的浮游植物物种形态图谱非常缺乏。我们根据近十年（2013—2022 年）在热带和亚热带印度洋海域水体综合调查中所获的浮游植物样品，整理归纳了海洋浮游硅藻、甲藻显微实物照片近6000张，共鉴定和描述598种，其中甲藻352种，硅藻246种。由于种类较多，且每个种类的形态图有1～10张不等，印度洋浮游植物图谱著作分为两部编写，分别为《热带印度洋浮游甲藻物种多样性》和《热带印度洋浮游硅藻物种多样性》。上述浮游植物显微图片来源于印度洋8个航次，约1800个站位（层）的样品，具体有："全球变化与海气相互作用（一期）"4个航次（东印度洋2013年春季、2016年夏季、2016年秋季和2017年冬季），范围为10°S—4°N，83°—97.5°E的区域内；"全球变化与海气相互作用（二期）"两个航次（东印度洋2020年冬季和西印度洋2021—2022年冬季），2020年冬季航次调查海域位于澳大利亚西北部、爪哇岛以南的中印度洋海盆，2021—2022年冬季航次调查海域为东至南印度洋马尔代夫岛以西、西至东非大陆的低纬度海区、北至5°N、南至20°S的范围内。此外，还有马达加斯加国际合作航次、大洋阿拉伯海2020年航次。上述航次为印度洋浮游植物图谱的制作提供了丰富的样品和支撑。标本主要分为网采样品和水采样品。网采样品使用浮游生物小网（网口内径37 cm，网口面积0.1 m^2，网长280 cm，筛绢孔径为77 μm），采样方式为在每个站位自200 m至表层垂直拖曳，样品用缓冲甲醛溶液固定，终浓度为5%。水采样品用CTD上的Niskin采水器采集，加入鲁哥氏碘液固定，使其终浓度为2%。

《热带印度洋浮游甲藻物种多样性》包括6目33科61属352种，《热带印度洋浮游硅藻物种多样性》包括8目18科68属246种。发现1个新种，印度洋新记录种类62种，其中硅藻21种，甲藻41种。包含物种的形态图和简单描述，主要信息有细胞大小、典型分类特征、生态类型和物种地理分布等。其中，物种地理分布，有的描述到大洋，有的相对具体，如印度洋与阿拉伯海、孟加拉湾等，主要是方便读者理解和查阅。鉴定中未能确定到种的标本，统一放在每属的spp.，此处未做文字描述。

《热带印度洋浮游甲藻物种多样性》的分类体系，参照世界海洋物种目录（World Register of Marine Species，WoRMS）（www.marinespecies.org）和AlgaeBase（www.algaebase.org）这两个数据库中最新的命名法则。

与先前的分类著作相比，改动较大的主要有膝沟藻目（Gonyaulacales Taylor, 1980）角藻属（*Ceratium* Schrank, 1793）的种类和鳍藻目（Dinophysiales Lindemann, 1928）鳍藻属（*Dinophysis* Ehrenberg, 1839）的部分种类。角藻属的种类，Gómez 等（2010）根据海洋角藻和淡水角藻之间形态和分子学上的差异，将海洋中的角藻划为新角藻属（*Neoceratium* Gómez, Moreira & López-Garcia, 2010）。根据命名优先的原则，Calado 和 Huisman（2010）提出应该用最早命名的角藻（*Tripos* Bory de Saint-Vincent, 1823），因此，Gómez（2013）把海洋中的 *Neoceratium* 重新又修订为 *Tripos*，这一改变也已得到 WoRMS 和 algaeBASE 两大数据库的认可。本专著采用了 *Tripos* 这一属名，与国际最新命名法则一致[①]。另一改动较大的是鳍藻属的部分种类重又修订为秃顶藻属（*Phalacroma* Stein, 1883），仅从形态上两属较难区分（Abé，1967；Balech，1967），然而随着分子技术发展，Handy 等（2009）以及 Hastrup 和 Dangbjerg（2009）等发现两属的分子距离明显分离，因此，Hastrup 和 Dangbjerg（2009）恢复了秃顶藻，修订了其形态特征，仅对上壳小于细胞长度 1/4 的物种修订为秃顶藻，这种限制排除了秃顶藻有较大的上壳，本书参照 WoRMS 分类体系，对鳍藻中的部分物种修订为秃顶藻。无论是角藻、秃顶藻，还是其他变动的种类，原常用名称均以同物异名进行了标注。对于无壳的裸甲藻目的种类，我们发现有约 200 个形态不同的种类，这类群的物种用甲醛固定后易变形或皱褶，用碘液固定也看不清横沟以及位移的情况，仅通过光学显微镜观察对其外部的形态进行甄别，物种的准确性可能出入较大，因此，书中只列出了该目与文献中极为相似的少数种类，这些种类在水样中不论是物种数还是丰度所占比例均较高，以后还需采用扫描电镜、透射电镜以及分子技术做进一步的研究。《热带印度洋浮游甲藻物种多样性》的分类体系主要沿用了《中国海藻志》的分类系统，与 WoRMS 和 AlgaeBase 有些不同。

本书的出版得到了“全球变化与海气相互作用（二期）”专项（GASI-01-

①*Tripos*字译为三角藻较妥，但是硅藻门中*Triceratium* Ehrenberg，1839属的中文名为三角藻，为避免混淆，*Tripos*中文名仍沿用角藻。

AIP-STwin 和 GASI-01-WINDSTwin）和“全球变化与海气相互作用（一期）”专项（GASI-02-IND-STSspr、GASI-02-IND-STSsum、GASI-02-IND-STS aut、GASI-02-IND-STS win）的支持。刘晨临研究员在照片处理与理顺、文献查阅与翻译和编排等方面，王琦博士在部分样品采集、处理、鉴定、拍照和文献查阅方面，李方茹在照片处理过程中都付出了辛勤的劳动、给予了大力的支持。自然资源部第一海洋研究所海洋生态研究中心和海洋与气候研究中心的同事们给予了热情的帮助。感谢“向阳红 09”“向阳红 01”“向阳红 18”和“海测 3301”科学考察船全体工作人员在样品采集过程中提供的帮助。感谢审稿专家孙军教授、顾海峰研究员和杨世民教授提出的宝贵意见和建议。作者一并表示诚挚感谢！

鉴于作者水平所限，本书在编写过程中难免有错误和不足之处，敬请同行和读者朋友们批评指正。

著　者

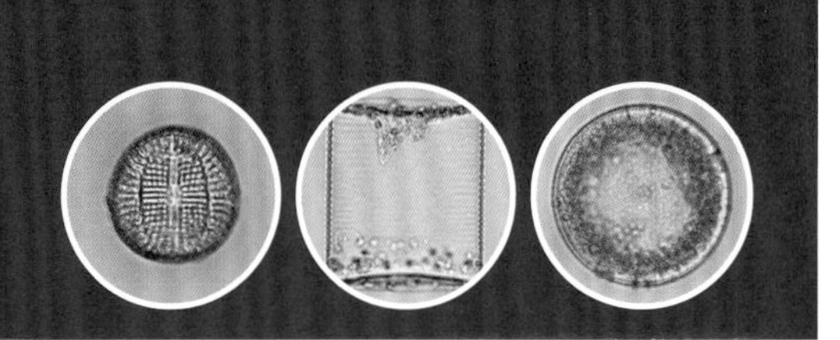

目　录

硅藻门 Bacillariophyta

中心硅藻纲 Centricae

羽纹硅藻纲 Pennatae

硅藻门 Bacillariophyta

中心硅藻纲 Centricae

第一目

盘状硅藻目

Discoidales

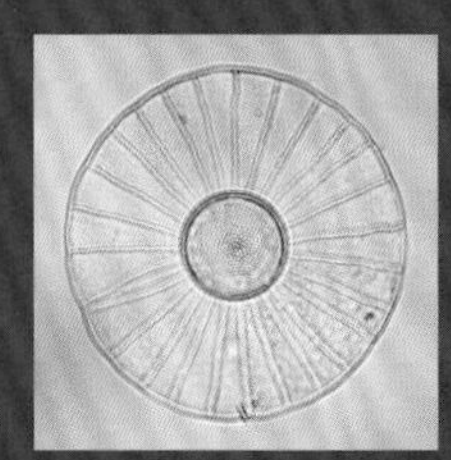
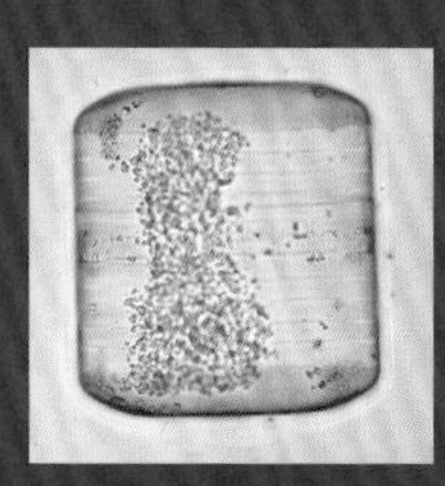
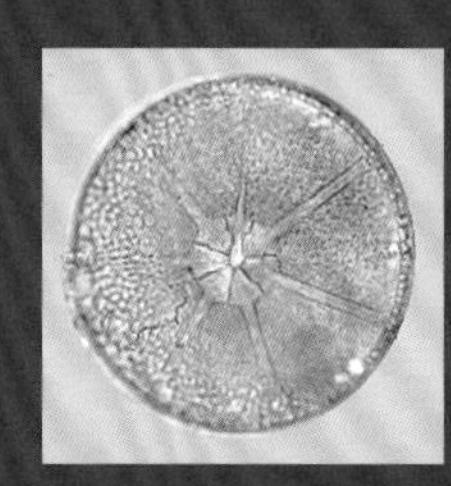
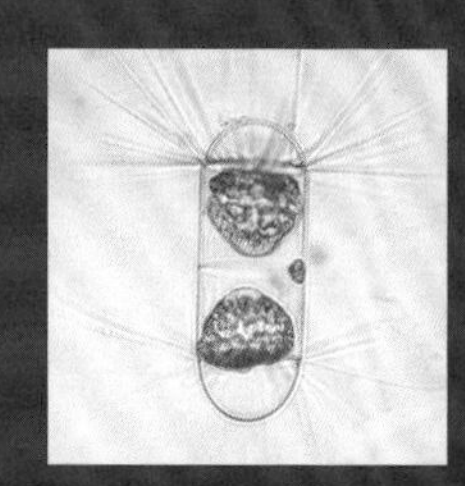

第 1 科　直链藻科 Melosiraceae Schröder

帕拉藻属 *Paralia* Heiberg, 1863

1. 具槽帕拉藻 *Paralia sulcata* (Ehrenberg) Cleve, 1873（图 1）

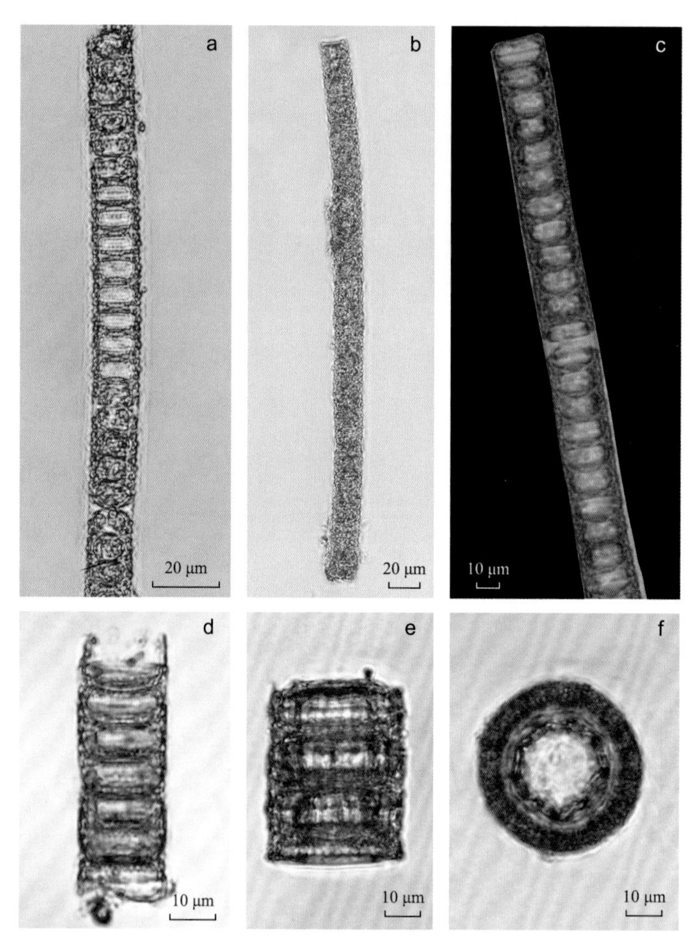

图 1　具槽帕拉藻 *Paralia sulcata* (Ehrenberg) Cleve, 1873

a ~ e. 细胞环面观；f. 细胞壳面观

同物异名：具槽直链藻 *Melosira sulcata* var. *sulcata*

藻体细胞小型，呈短圆柱状，环面观呈椭圆形，壁厚，宽度大于高度。细胞间常以壳面相连成群体，细胞链直，经常有几十个细胞连成长链。该种细胞宽扁，排列紧密。该种的主要分类特征是细胞链直长，紧密无胞间隙。

世界广布种。海洋近岸底栖性种类，但常混入浮游生物群落。

第 2 科　圆筛藻科 Coscinodiscaceae Schröder

环刺藻属 *Gossleriella* Schütt, 1893

2. 热带环刺藻 *Gossleriella tropica* Schütt, 1893（图 2）

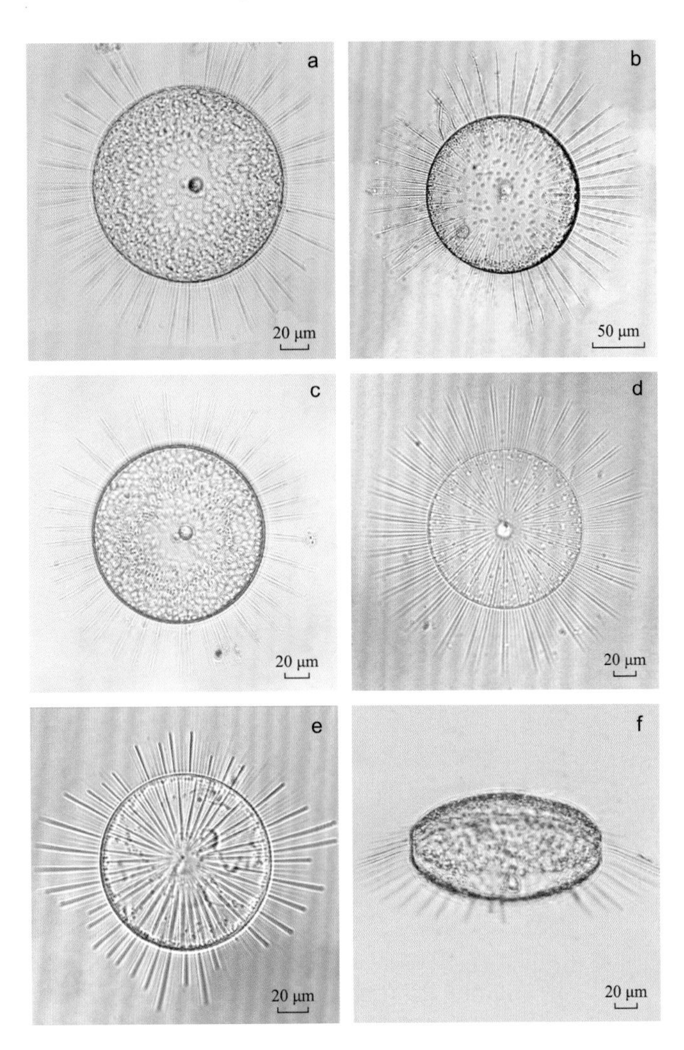

图 2　热带环刺藻 *Gossleriella tropica* Schütt, 1893

a ~ e. 细胞壳面观；f. 细胞环面观

藻体细胞大型，壳面呈圆盘状，略隆起，单个生活。藻体细胞大小差异较大，直径 173 ~ 571 μm。该种显著的分类特征是壳面边缘有放射排列的粗细相间的刺，两粗刺之间有细刺，细刺的长度与粗刺相仿。

热带外洋浮游性种。印度洋、地中海、日本土佐湾有分布。中国东海和南海有记录。

漂流藻属 *Planktoniella* Schütt, 1893

3. 太阳漂流藻 *Planktoniella sol* (Schütt, 1893) Qian et Wang, 1996（图 3）

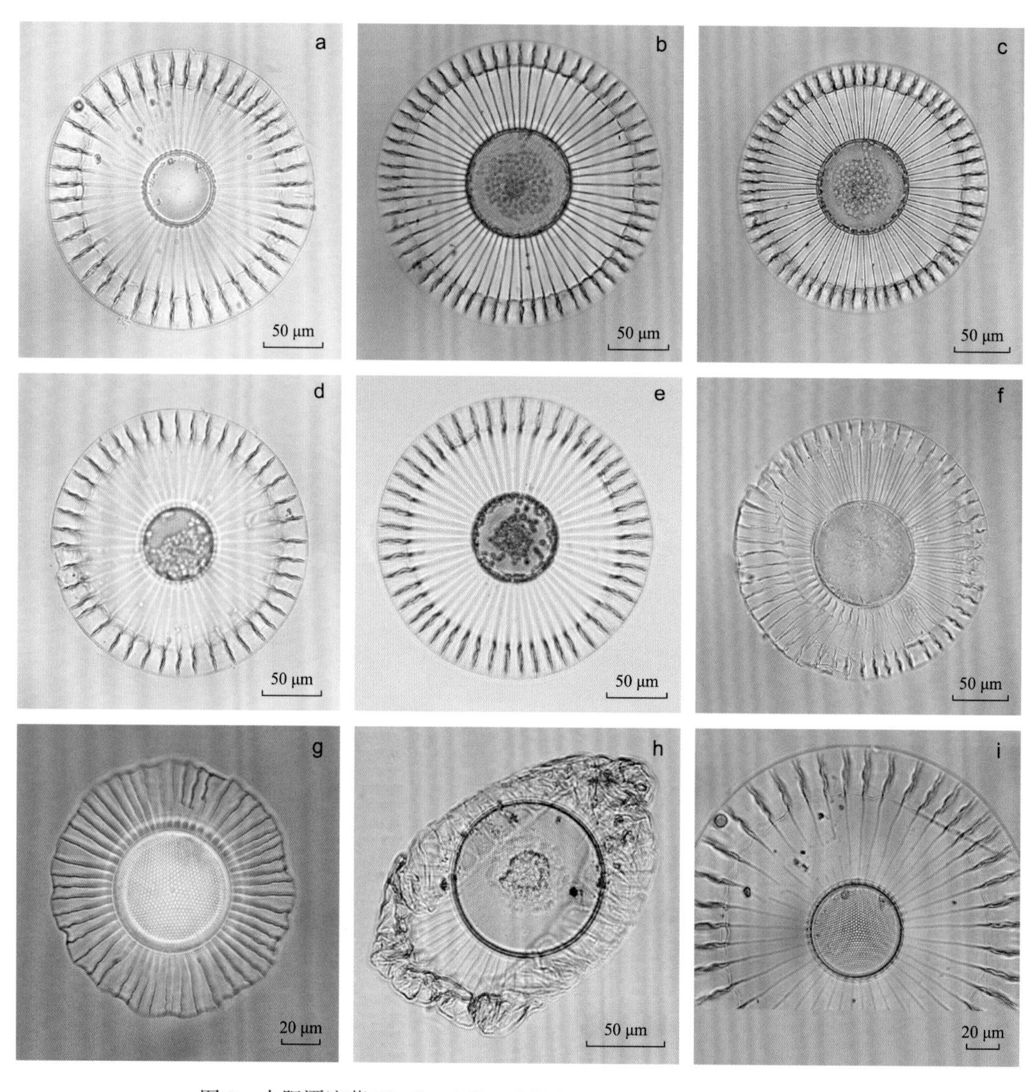

图 3 太阳漂流藻 *Planktoniella sol* (Schütt, 1893) Qian et Wang, 1996

a ~ i. 细胞壳面观

藻体细胞呈圆盘状，翼上有放射肋，肋条数目变化大。翼的边缘褶皱，较软，在自然海区的样品中经常看到有些藻体的翼已经变形，更加褶皱。细胞总直径达 118 ~ 233 μm。该种显著的分类特征是细胞体周围有宽大、褶皱的翼，细胞体壳面网纹等大，排列紧密。色素体小颗粒状，数目多。

热带外洋性种，可作为暖流指示种。爪哇海，以及中国东海（黑潮区）和南海有分布。

4. 美丽漂流藻 *Planktoniella formosa* (Karsten, 1928) Qian et Wang, 1996（图 4）

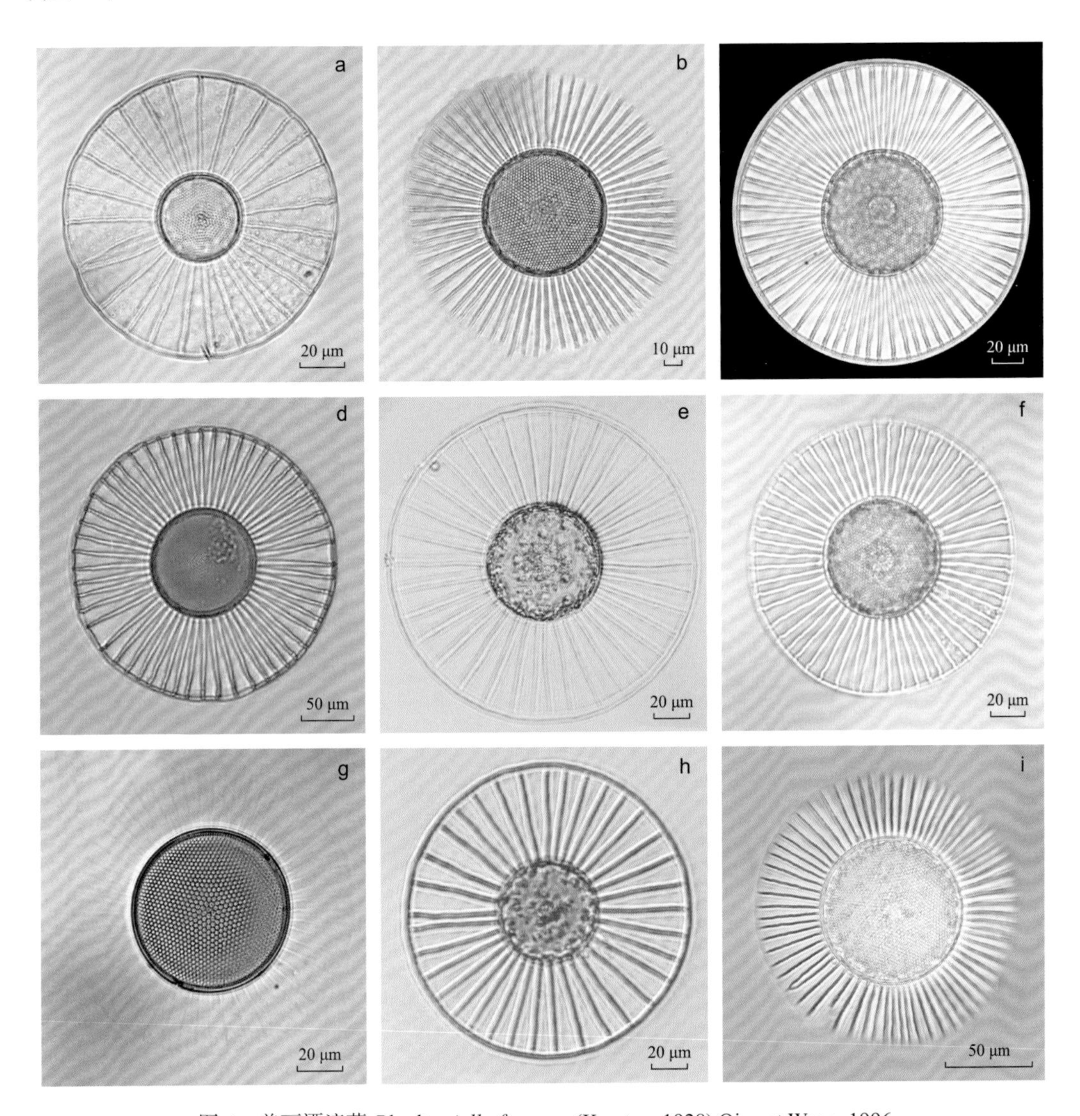

图 4 美丽漂流藻 *Planktoniella formosa* (Karsten, 1928) Qian et Wang, 1996

a ~ p. 细胞壳面观

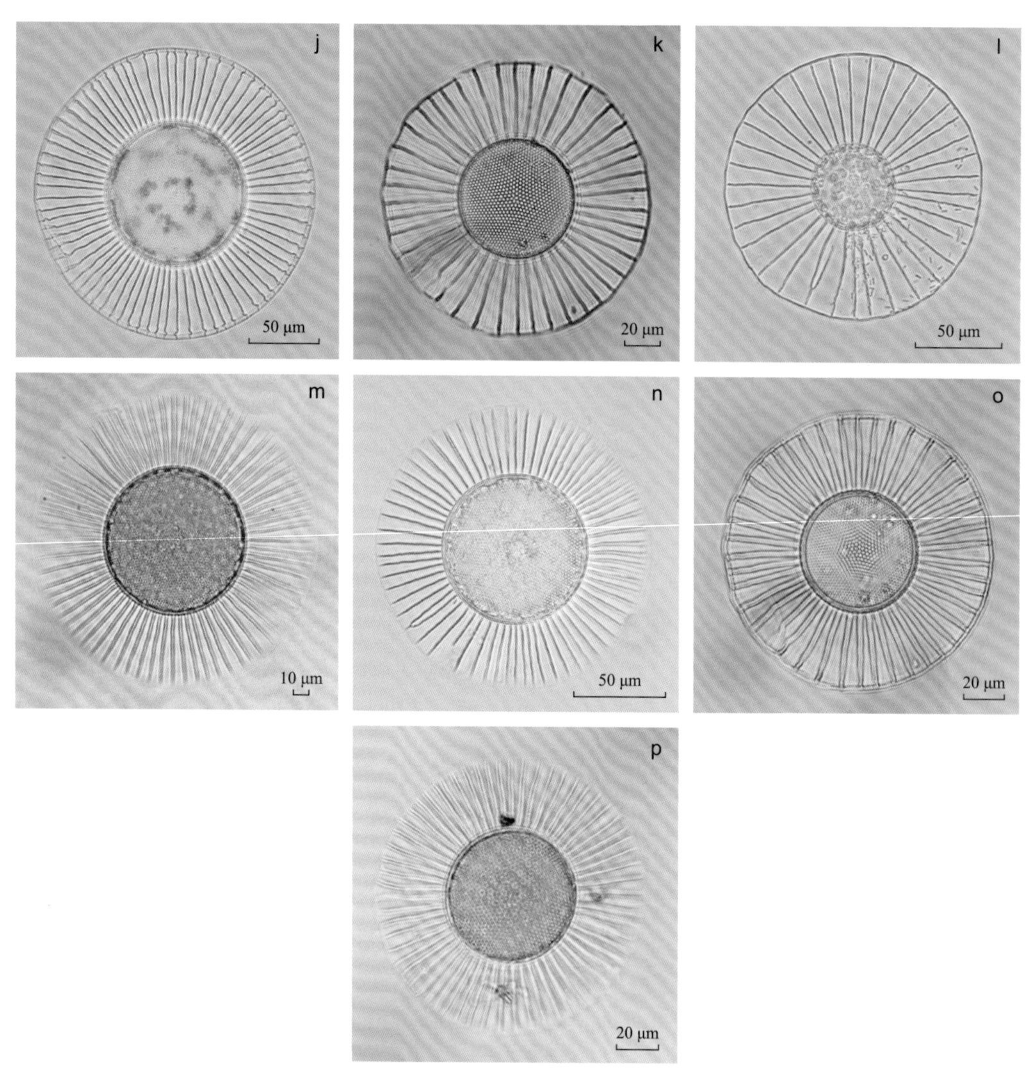

图 4（续） 美丽漂流藻 *Planktoniella formosa* (Karsten, 1928) Qian et Wang, 1996

a ~ p. 细胞壳面观

同物异名：*Planktoniella sol*（Wallich）Schütt, 1893; *Valdiviella formosa* Schimper et Karsten, 1907

藻体细胞大型，直径 120 ~ 250 μm。本种与太阳漂流藻易混淆，两者的显著区别是本种翼的边缘部分无明显褶皱且壳面孔纹大小不一致，肋条数目亦多于后者。

外洋性种，分布广，以热带和亚热带为多。印度洋、太平洋、地中海、美国加利福尼亚附近海域有分布。中国东海和南海有记录。

圆筛藻属 *Coscinodiscus* Ehrenberg, 1838

5. 具边圆筛藻 *Coscinodiscus marginatus* Ehrenberg, 1843（图 5）

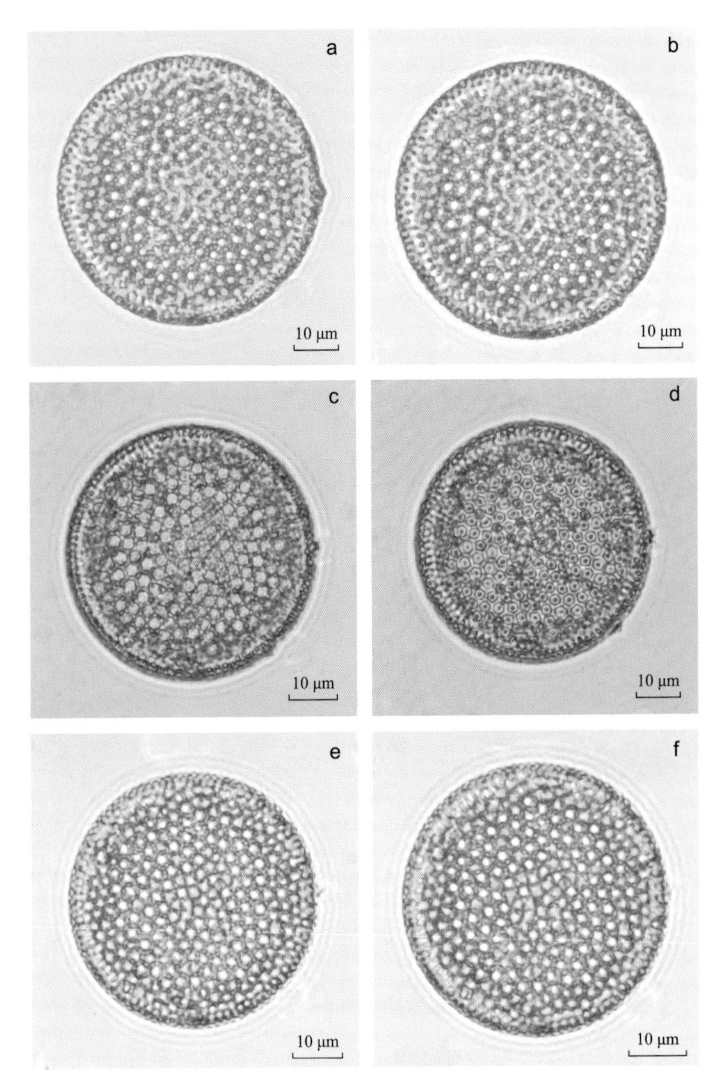

图 5　具边圆筛藻 *Coscinodiscus marginatus* Ehrenberg, 1843

a ~ f. 细胞壳面观

藻体细胞中型，直径 43 ~ 54 μm。细胞呈圆盘形，无中央玫瑰区。室粗大，六角形，表面有细点纹，室壁肥厚。室稍呈直线状排列，大小不一，由中心（1 ~ 3 个 /10 μm）向周围逐渐缩小（2 ~ 4 个 /10 μm）（郭玉洁和钱树本，2003）。壳缘宽粗，有辐射状条纹。

世界广布种。底栖藻类，经常出现于浮游群落中。印度洋、美国加利福尼亚附近海域、北冰洋等有分布。中国黄海、东海和南海常见。

6. 弓束圆筛藻 *Coscinodiscus curvatulus* var. *curvatulus* Grunow, 1878（图 6）

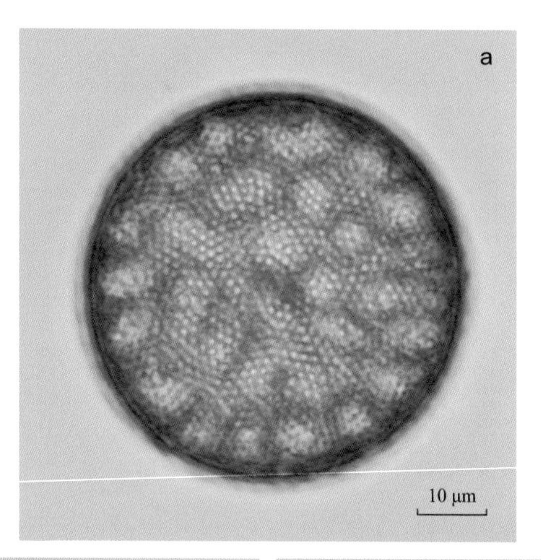

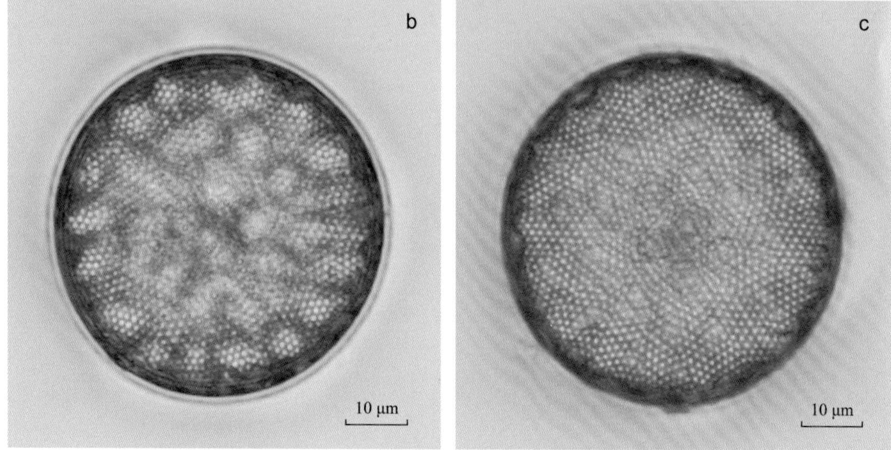

图 6　弓束圆筛藻 *Coscinodiscus curvatulus* var. *curvatulus* Grunow, 1878

a ~ c. 细胞壳面观

藻体细胞中型，直径 50 ~ 55 μm［金德祥等（1965）记载的直径为 40 ~ 96 μm；杨世民等（2006）记载的直径为 84 ~ 94 μm］。细胞壳面圆而平，无中央玫瑰区。本种比较易于识别的特征是壳面小室呈弧形排列，形成 11 ~ 16 个辐射束，在两个辐射束之间有小刺。色素体多，小颗粒状。

世界广布种。太平洋、印度洋、北大西洋、北冰洋，以及地中海、北海等海域有记录。中国黄海、东海和南海有分布。

7. 弓束圆筛藻小形变种 *Coscinodiscus curvatulus* var. *minor* (Ehr.) Grunow, 1884（图 7）

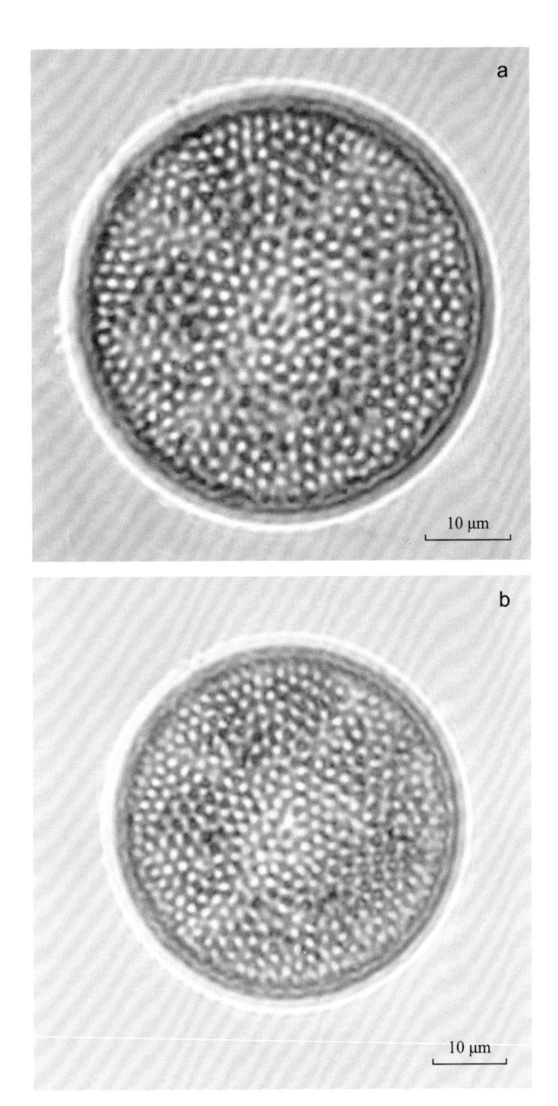

图 7　弓束圆筛藻小形变种 *Coscinodiscus curvatulus* var. *minor* (Ehr.) Grunow, 1884

a ~ b. 细胞壳面观

藻体细胞小型，直径约 45 μm［郭玉洁和钱树本等（2003）记载的直径为 20 ~ 40 μm］。辐射束宽且不明显，壳面孔纹比原种稍大，其他特征与原种基本一致。

浮游性种。印度洋、欧洲各海域，以及中国东海均有记录。

8. 细弱圆筛藻 *Coscinodiscus subtilis* var. *subtilis* Ehrenberg, 1841（图 8）

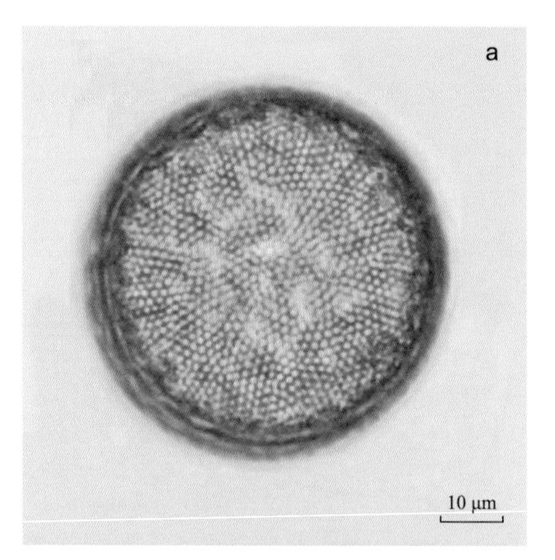

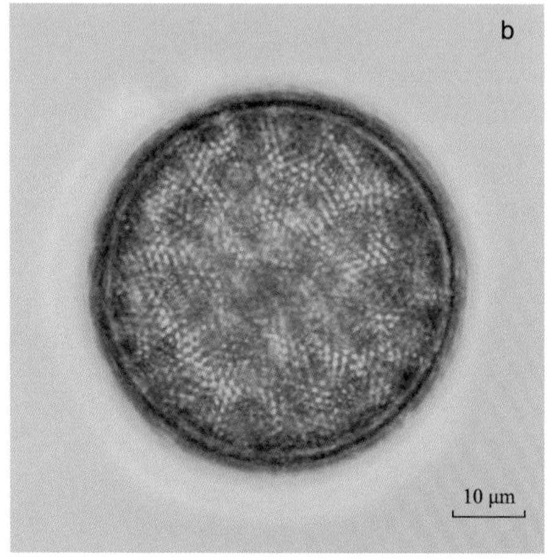

图 8　细弱圆筛藻 *Coscinodiscus subtilis* var. *subtilis* Ehrenberg, 1841

a ~ b. 细胞壳面观

藻体细胞中型，直径 31 ~ 54 μm，不同细胞大小差异较大［郭玉洁和钱树本等（2003）记载的直径为 40 ~ 120 μm；杨世民等（2006）记载的直径为 48 ~ 103 μm］。壳面圆且平，壳面中部的小室排列不规则，中部小室呈束状向壳面边缘放射排列，形成 9 ~ 14 个辐射束。每个辐射束中央有一个壳缘刺，小而明显。

近岸与远洋性种，世界广布种。印度洋、北冰洋、南大洋、白令海、咸海、里海、亚速海、挪威海、爪哇海，以及菲律宾附近海域有分布。中国黄海和东海有记录。

9. 格氏圆筛藻 *Coscinodiscus granii* Grough, 1905（图 9）

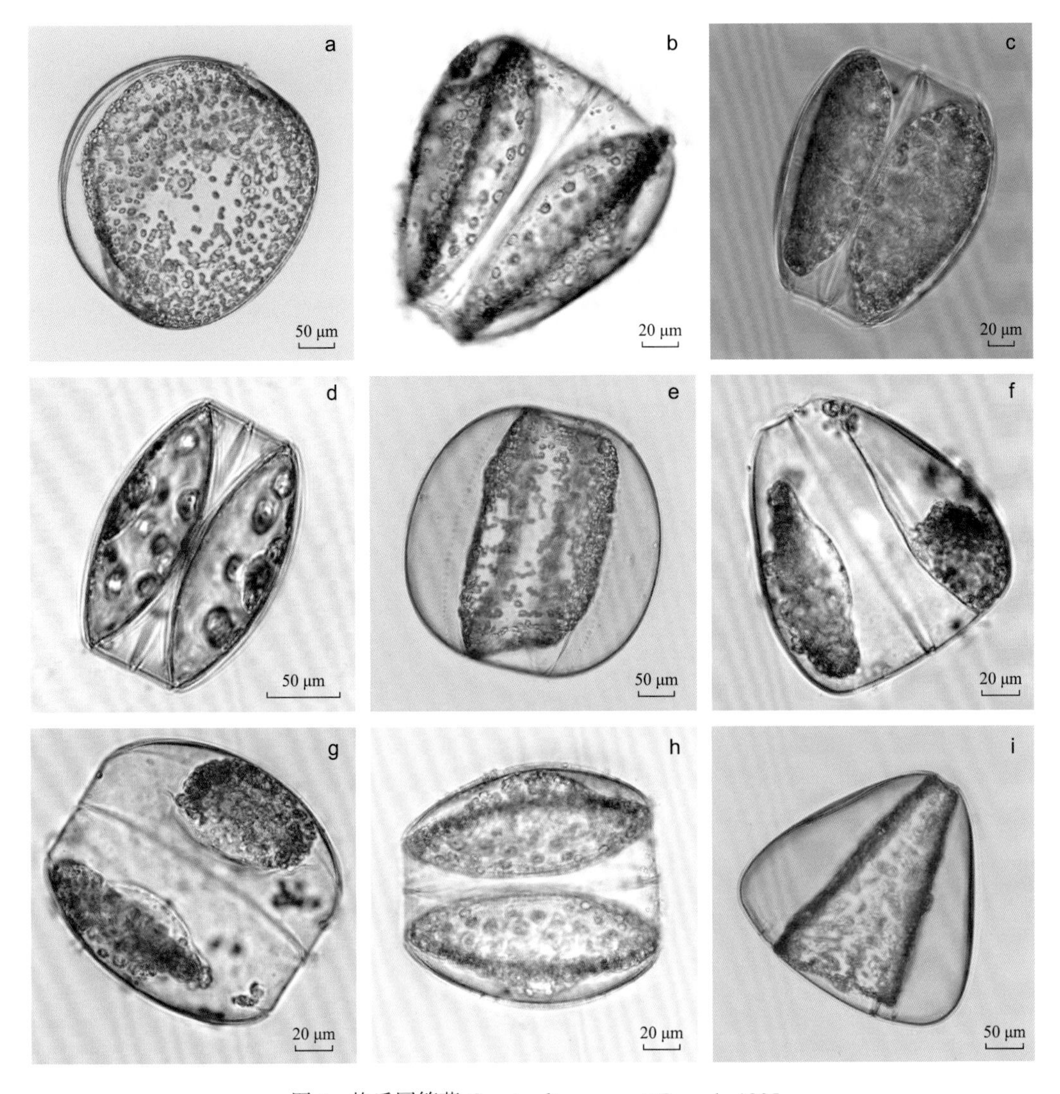

图 9　格氏圆筛藻 *Coscinodiscus granii* Grough, 1905

a ~ i. 细胞环面观

格氏圆筛藻又称偏环圆筛藻。

藻体细胞环面观呈楔形，在显微镜下经常出现环面观、壳环面观，分类特征较易识别。直径 130 ~ 312 μm，细胞大小差异较大［金德祥等（1965）记载的直径为 30 ~ 200 μm；郭玉洁和钱树本等（2003）记载的直径为 100 ~ 300 μm；杨世民等（2006）记载的直径为 60 ~ 215 μm］。壳面呈圆形，平或中央略凹，壳套较发达。

世界广布种。

10. 威利圆筛藻 *Coscinodiscus wailesii* Gran & Angst, 1931（图 10）

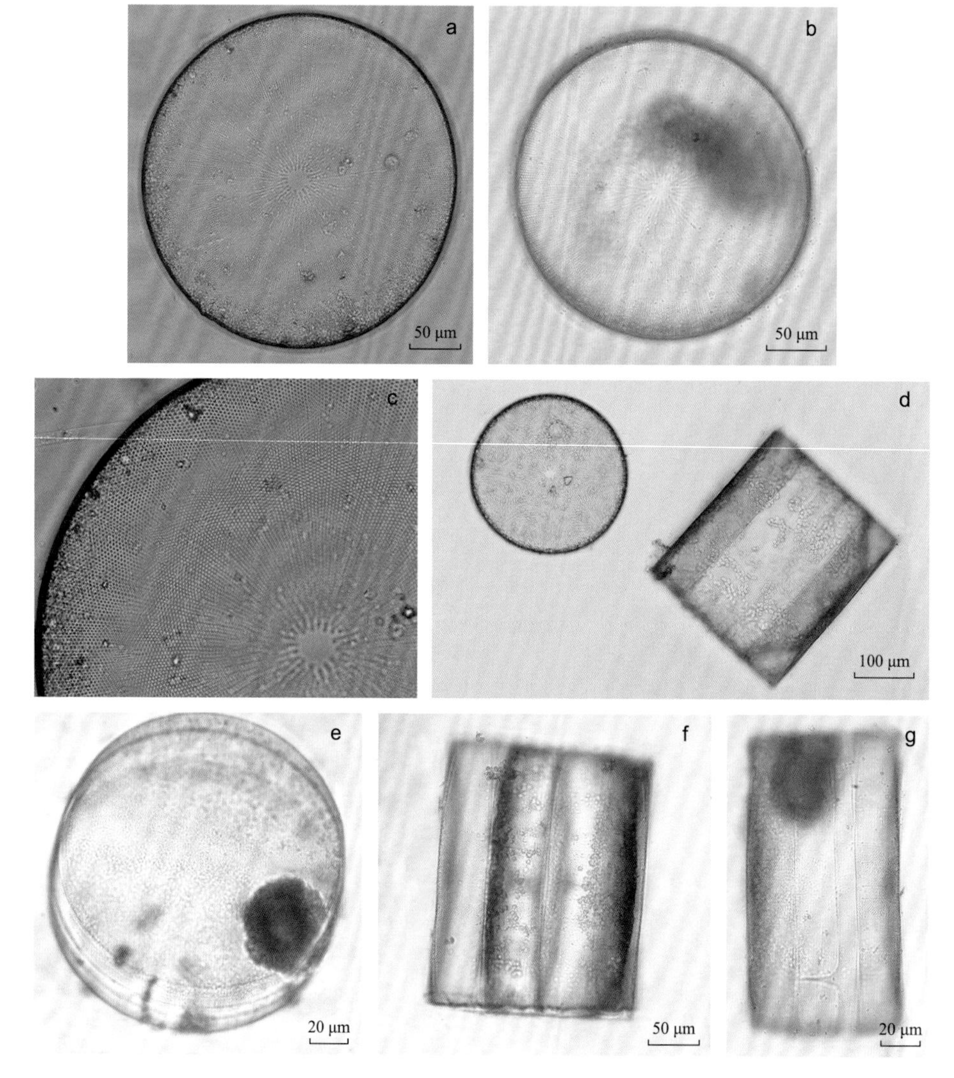

图 10　威利圆筛藻 *Coscinodiscus wailesii* Gran & Angst, 1931

a ~ b. 细胞壳面观；f ~ g. 细胞环面观

威利圆筛藻又称威氏圆筛藻。

藻体细胞大型，直径 145 ~ 291 μm，高度 73 ~ 261 μm，不同种类细胞个体直径差异较大［郭玉洁等（1981）记载的直径为 267 ~ 334 μm］。壳面呈圆形，呈较大的短圆柱状。有边缘不齐的中央无纹区，自中央向边缘有放射状排列的室列，室孔小，排列紧密，在低倍显微镜下看起来非常密集。色素体呈小盘状，数目很多。

暖温带外洋性种。印度洋、太平洋，以及加拿大、美国加利福尼亚附近海域有分布。中国渤海、黄海、东海和南海有记录。

11. 高圆筛藻 *Coscinodiscus nobilis* Grunow, 1879（图 11）

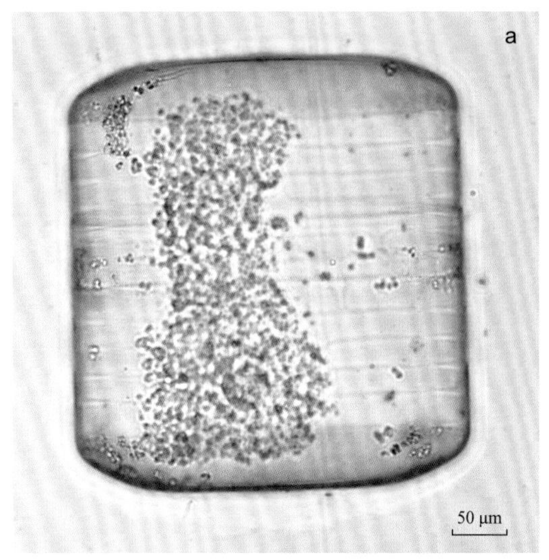

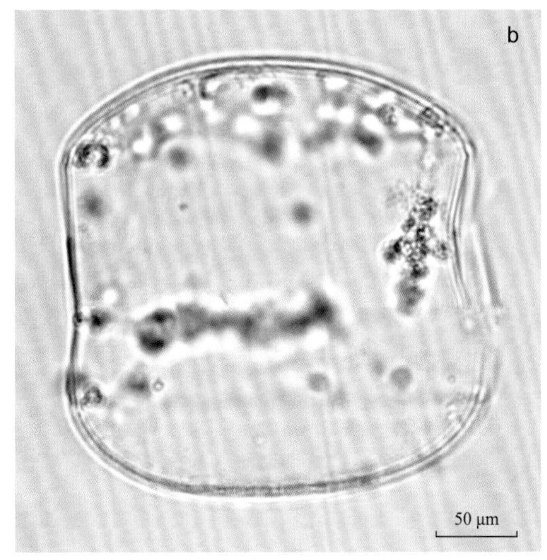

图 11 高圆筛藻 *Coscinodiscus nobilis* Grunow, 1879

a ~ b. 细胞环面观，其中，a 为完整细胞，b 为有些收缩变形的细胞

藻体细胞大型，直径 260 ~ 330 μm，高度约 350 μm［杨世民等（2006）记载的直径为 200 ~ 335 μm；郭玉洁等（1978）记载的直径为 350 ~ 470 μm］。藻体细胞高度大于直径，呈大圆柱形。壳套很低，一个细胞上常有十余条领状间插带。壳面室细小。细胞个体大、透明，在普通光学显微镜下常看到其呈圆柱形，细胞壁硅质化程度弱是该种比较易于识别的特征。色素体小颗粒状，数目较少。

热带外洋浮游性种。爪哇海、几内亚湾，以及印度沿海等有记录。中国东海和南海有分布。

12. 强氏圆筛藻 *Coscinodiscus janischii* A. Schmidt, 1878（图 12）

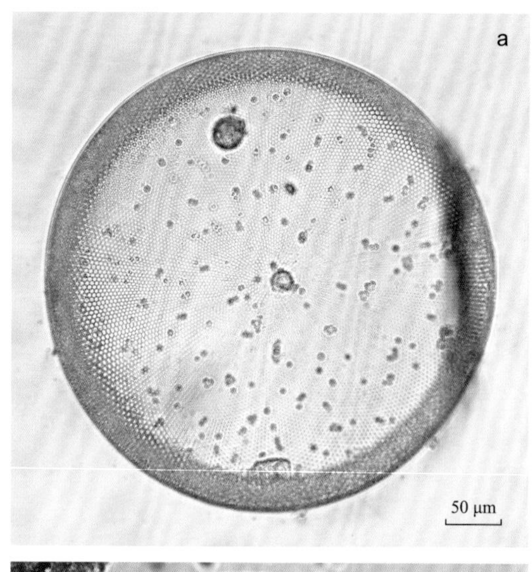

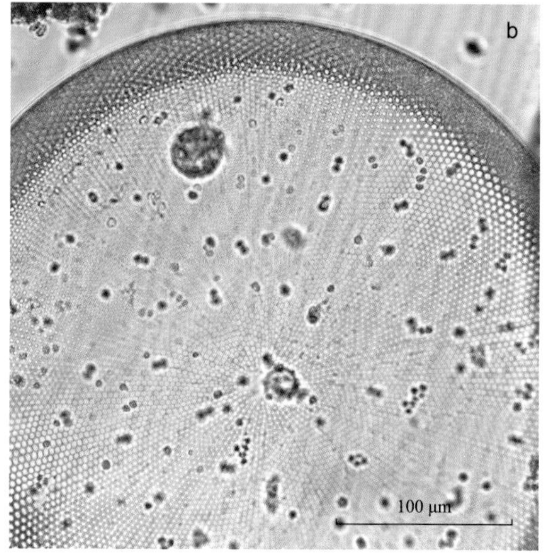

图 12　强氏圆筛藻 *Coscinodiscus janischii* A. Schmidt, 1878

a ~ b. 细胞壳面观

强氏圆筛藻曾称固定圆筛藻。

藻体细胞大型，直径 177 ~ 362 μm [杨世民等（2006）记载的直径为 460 μm；郭玉洁等（1978）记载的直径为 300 μm]。壳面圆，其中心有边缘不齐的中央无纹区，此无纹区周围的室较大。壳面半径中段的室较小，越近边缘的室渐渐变大。壳面放射室列到达中心无纹区的长度参差不齐，致使中心无纹区的边缘略呈波纹状，是该种易识别的分类特征。

暖水性种。暹罗湾、孟加拉湾、地中海、黑海，以及美国加利福尼亚附近海域等有记录。中国东海和南海有分布。

13. 巨圆筛藻 *Coscinodiscus gigas* var. *gigas* Ehrenberg, 1841（图 13）

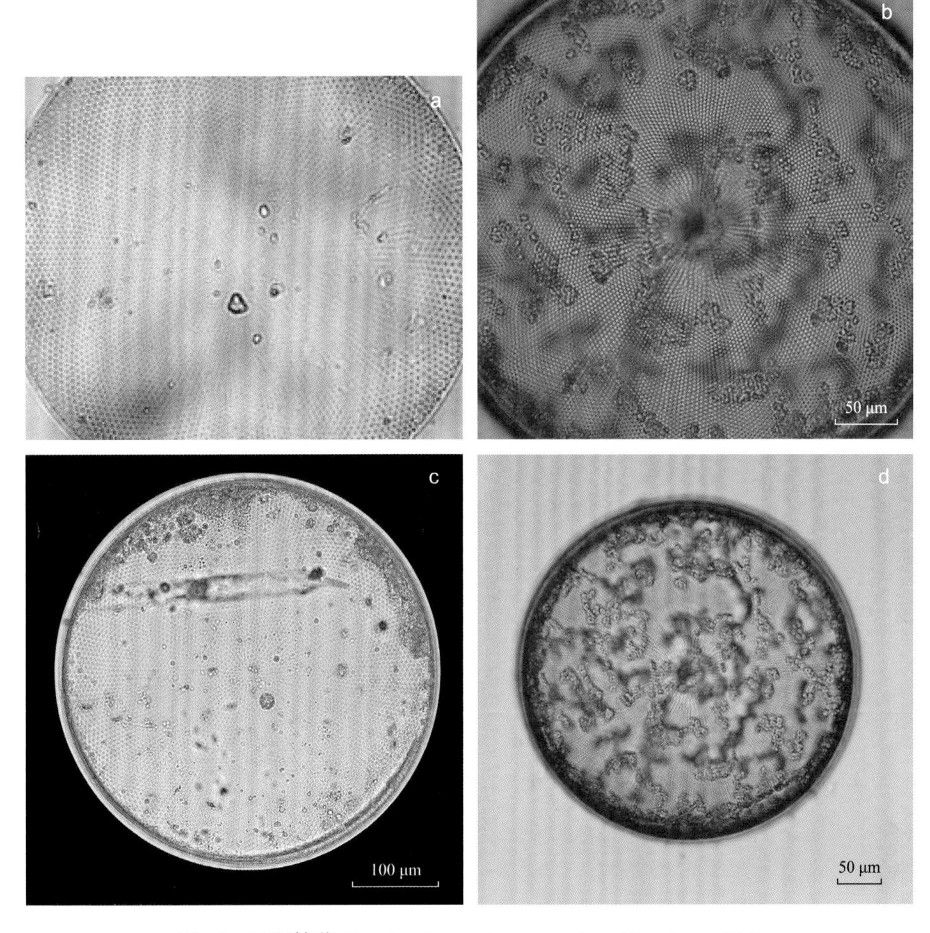

图 13　巨圆筛藻 *Coscinodiscus gigas* var. *gigas* Ehrenberg, 1841

a ~ d. 细胞壳面观

藻体细胞大型，直径 420 ~ 440 μm，不同细胞大小差异大［杨世民等（2006）记载的直径为 200 μm；金德祥等（1965）记载的直径为 190 ~ 300 μm；Allen 等（1935）记载的直径为 391 ~ 575 μm］。细胞直径远大于高度，故在显微镜下很难看到其环面观。中央无纹区明显，边缘不齐。壳面边缘处的室较中部的大。

暖温带种。孟加拉湾、阿拉伯海、地中海、黑海、里海、亚速海，以及摩洛哥附近海域、太平洋的对马海流海域有分布。中国东海和南海有记录。

14. 短尖圆筛藻平顶变种 *Coscinodiscus apiculatus* var. *ambigus* Grunow, 1884（图 14）

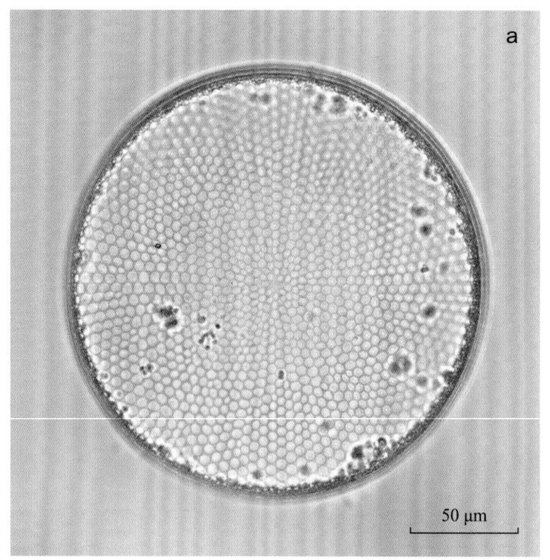

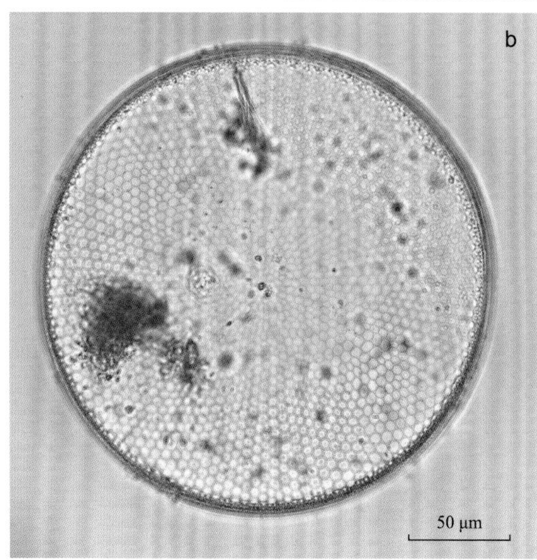

图 14　短尖圆筛藻平顶变种 *Coscinodiscus apiculatus* var. *ambigus* Grunow, 1884

a ~ b. 细胞壳面观

短尖圆筛藻平顶变种又称圆室圆筛藻。

藻体细胞大型，直径 187 ~ 218 μm［杨世民等（2006）记载的直径为 137 ~ 193 μm；郭玉洁和钱树本（2003）记载的直径为 127 ~ 179 μm］。壳面中央的无纹区小，无玫瑰纹。壳面小室排列稀疏且不均匀，中部每 10 μm 有 3.3 个，最边缘处每 10 μm 有 6 ~ 8 个（郭玉洁和钱树本，2003）。

世界广布种。北大西洋、白令海、日本海、千岛海峡等有分布。中国南海的北部湾东部有记录。

15. 蛇目圆筛藻 *Coscinodiscus argus* Ehrenberg, 1838（图 15）

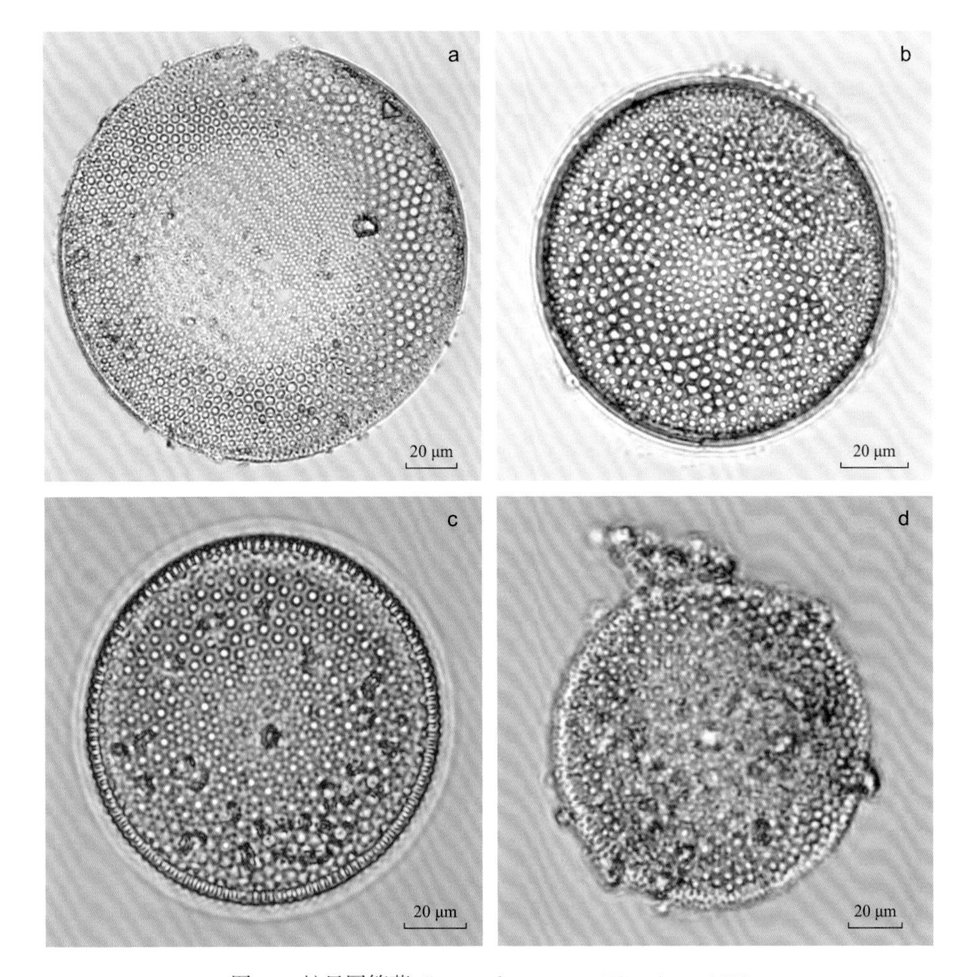

图 15　蛇目圆筛藻 *Coscinodiscus argus* Ehrenberg, 1838

a ～ d. 细胞壳面观

藻体细胞大型，直径 102 ～ 150 μm［金德祥等（1965）记载的直径为 95 ～ 209 μm；杨世民等（2006）记载的直径为 110 ～ 125 μm］。细胞呈圆形，中部略凹，壳室呈放射状和螺旋状排列。壳中部的室较小，向外逐渐变粗。该种的显著特征是壳面略凹，壳面孔纹没有在一个平面上，在光学显微镜下，如果中央孔纹清晰，则中部和边缘部分不清晰，反之亦然。

世界广布种。印度安达曼群岛附近海域及欧洲各海域有记录。中国渤海、黄海和南海有分布。

16. 辐射列圆筛藻 *Coscinodiscus radiatus* Ehrenberg, 1841; Chin et al., 1965（图 16）

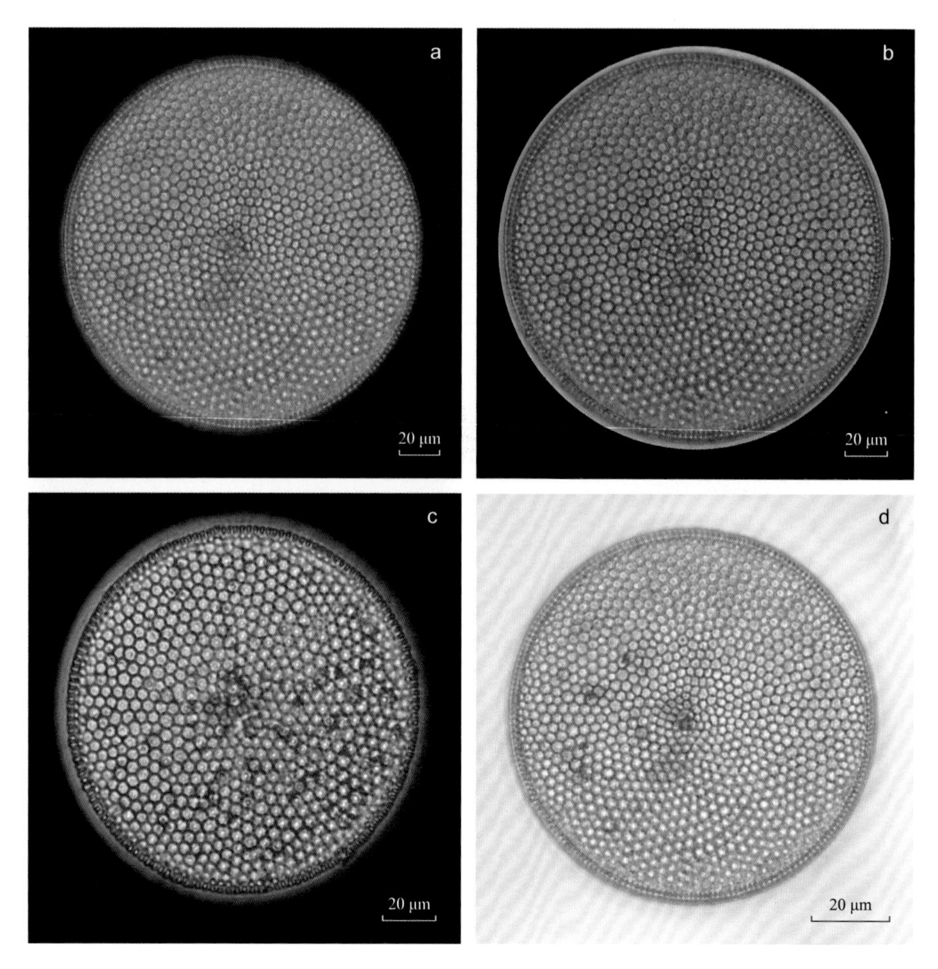

图 16 辐射列圆筛藻 *Coscinodiscus radiatus* Ehrenberg, 1841; Chin et al., 1965

a ~ d. 细胞壳面观

辐射列圆筛藻又称辐射圆筛藻。

藻体细胞中型，直径 82 ~ 91 μm［郭玉洁和钱树本（2003）记载的直径为 100 μm］。壳面较平，中央无玫瑰纹或无纹区。壳面有放射排列的室列，近边缘处的室比中部大，但最边缘处又急剧变小。本种与蛇目圆筛藻易混淆，两者的主要区别：一是本种壳面室大小相近，仅在边缘有骤然缩小的室；二是在光学显微镜下，后者壳面孔纹外围和中央部分很难在一个焦平面上看清楚。

世界广布种。在各大洋中很常见，尤其在近海常采到。

17. 中心圆筛藻 *Coscinodiscus centralis* Ehrenberg, 1839（图 17）

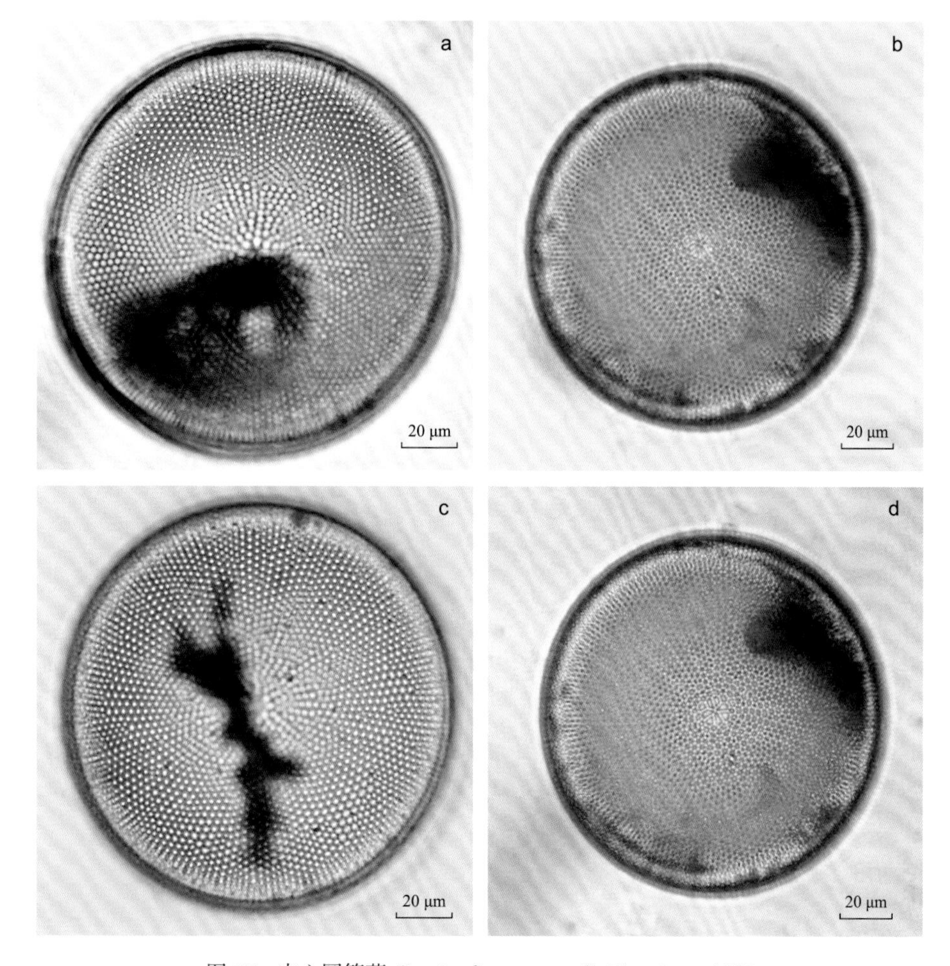

图 17　中心圆筛藻 *Coscinodiscus centralis* Ehrenberg, 1839

a ~ d. 细胞壳面观；b、d. 同一个细胞的不同焦平面观

藻体细胞中至大型，直径 105 ~ 143 μm。壳面中央有明显玫瑰区。室呈螺旋状和放射状排列，由中央向外围逐渐变小。壳面边缘的辐射条纹在普通光学显微镜下看得很清楚。壳面边缘有两个相距约 110° 的大唇形突。

广温性种。广泛分布于世界各大洋和近岸海域。

18. 苏里圆筛藻 *Coscinodiscus thorii* Pavillard, 1925（图 18）

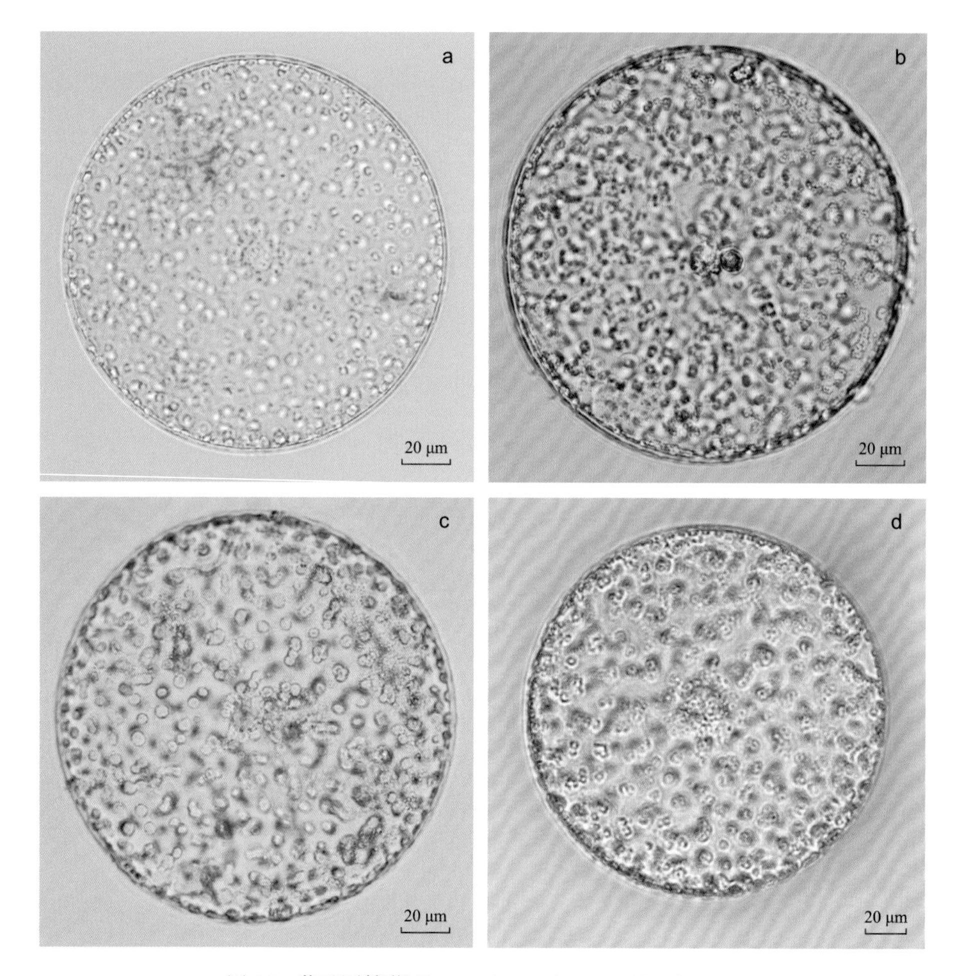

图 18　苏里圆筛藻 *Coscinodiscus thorii* Pavillard, 1925

a ~ d. 细胞壳面观

苏里圆筛藻又称为苏氏圆筛藻。

藻体细胞大型，直径 147 ~ 157 µm。壳面呈圆形，孔纹细致，呈放射状排列，由中央向外围逐渐缩小。细胞壁的硅质化程度很弱。 色素体大，呈圆盘状，靠近壳面分布，数目较少。

偏暖性种，常分布于亚热带海域。莫桑比克海峡、地中海及欧洲沿岸海域有分布。中国黄海、东海和南海均曾采到。

19. 整齐圆筛藻 *Coscinodiscus concinnus* W. Smith, 1856（图 19）

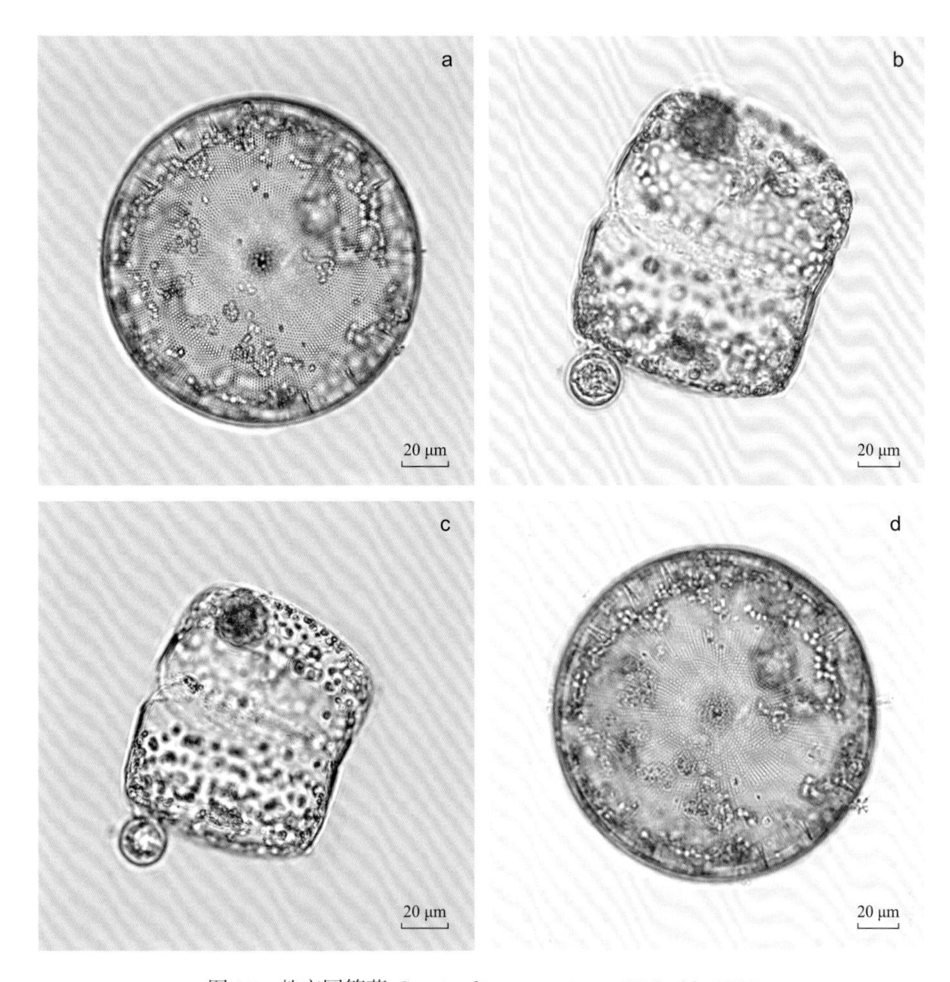

图 19 整齐圆筛藻 *Coscinodiscus concinnus* W. Smith, 1856

a、d. 细胞壳面观；b、c. 细胞环面观

藻体细胞大型，直径 150 μm，高约 130 μm。壳面呈圆形，环面观常呈圆筒形。细胞壁薄，室纹精细，从中心往壳面边缘变小，中央部分每 10 μm 有 6 ~ 7 个，边缘每 10 μm 有 8 ~ 9 个。内侧有短小无纹线。壳面边缘有两个相距约 120° 的大唇形突。

温带至热带性种。俄罗斯北部各海一直到印度洋赤道附近和印度洋近岸海域有记录。中国在雷州半岛两侧的海域亦曾采到。

20. 琼氏圆筛藻 *Coscinodiscus jonesianus* Greville, 1915（图 20）

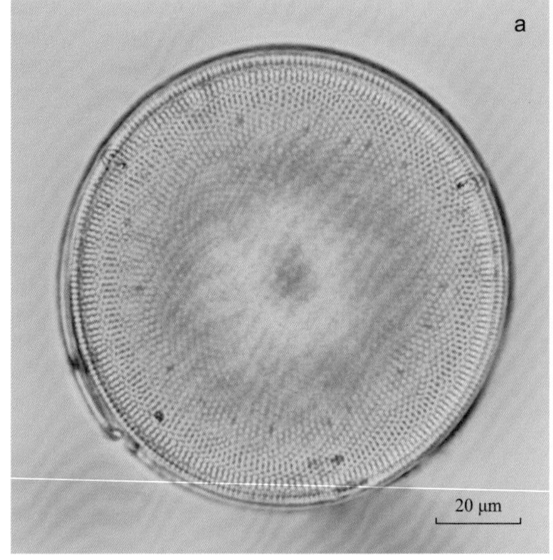

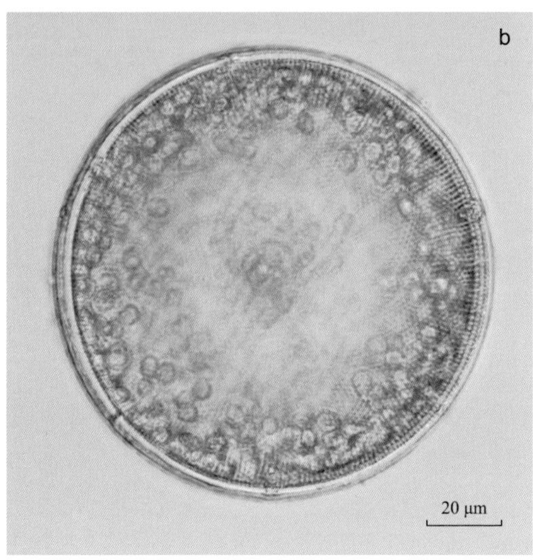

图 20　琼氏圆筛藻 *Coscinodiscus jonesianus* Greville, 1915

a ~ b. 细胞壳面观

藻体细胞大型，直径 106 ~ 123 μm，不同细胞大小差异大［金德祥等（1965）记载的直径为 120 ~ 304 μm；Allen 和 Cupp（1953）记载的欧洲近海种类直径为 140 ~ 280 μm，爪哇海种类直径为 260 ~ 430 μm］。壳面呈圆形，室较小，这些小室自中心向边缘呈放射状和螺旋状排列。壳面上有不规则分布的室间孔，近壳面半径的中段处有一圈小刺，壳面上亦常有分布散乱的小刺。壳面边缘有两个相距约 120° 的圆锥形大缘突。

偏暖性种。爪哇海、莫桑比克海峡、北海、波罗的海、亚速海和黑海有记录。中国渤海、黄海、东海和南海几乎全年可见。

21. 有棘圆筛藻 *Coscinodiscus spinosus* Chin, 1965（图 21）

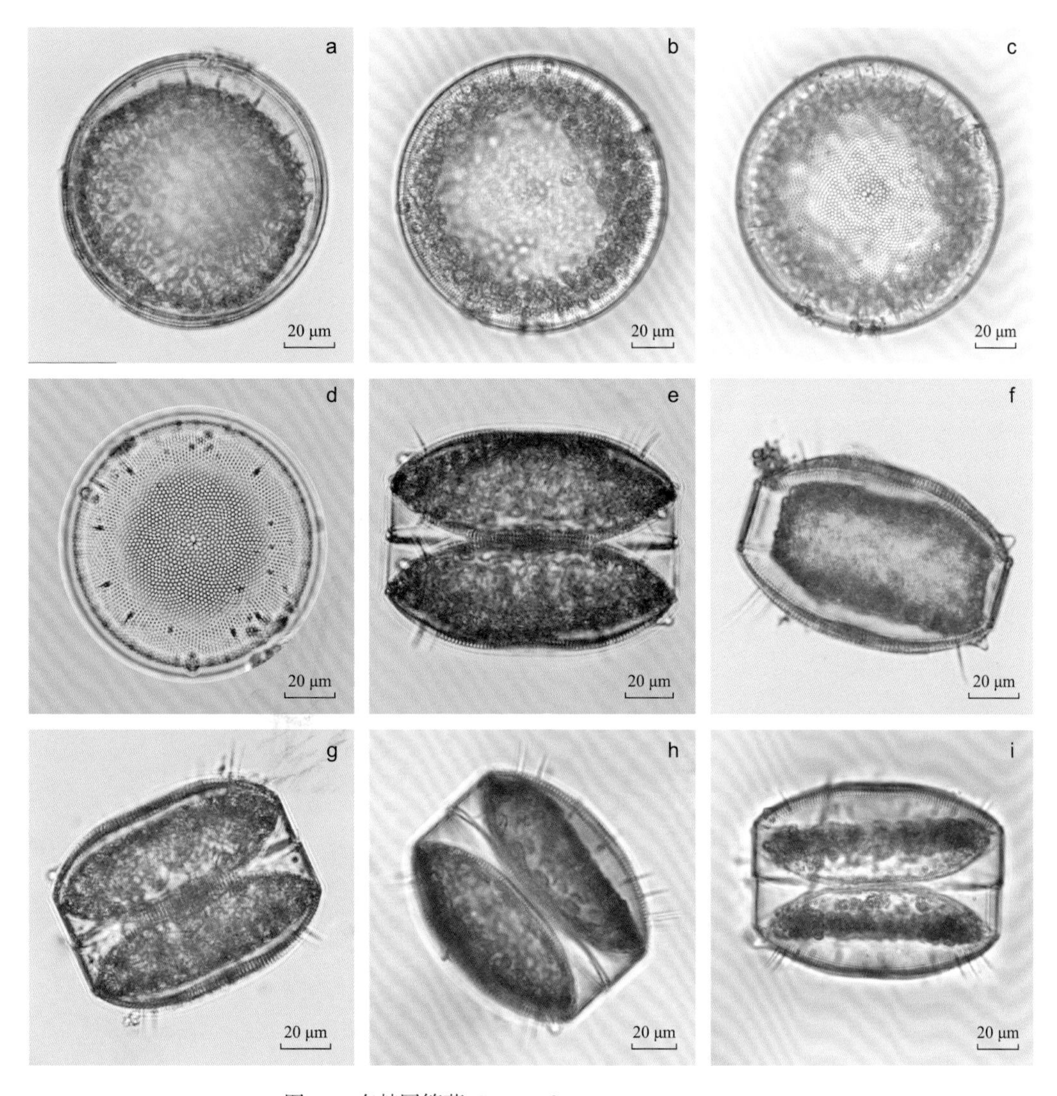

图 21 有棘圆筛藻 *Coscinodiscus spinosus* Chin, 1965

a ~ d. 细胞壳面观；e ~ i. 细胞环面观

藻体细胞大型，直径 100 ~ 122 μm［金德祥等（1965）记载的直径为 99 ~ 132 μm］。藻体壳面鼓，中央有玫瑰区，中央孔纹呈射出状排列。边缘有两个相距约 110° 的突出真孔（缘突）。由小刺向内有无纹射出线。该种的主要特点是在边缘小刺内有不等距离的大形中空的刺突出壳面，长 17 ~ 20 μm（郭玉洁和钱树本，2006）。

世界广布种。

22. 虹彩圆筛藻 *Coscinodiscus oculus-iridis* Ehrenberg, 1839（图 22）

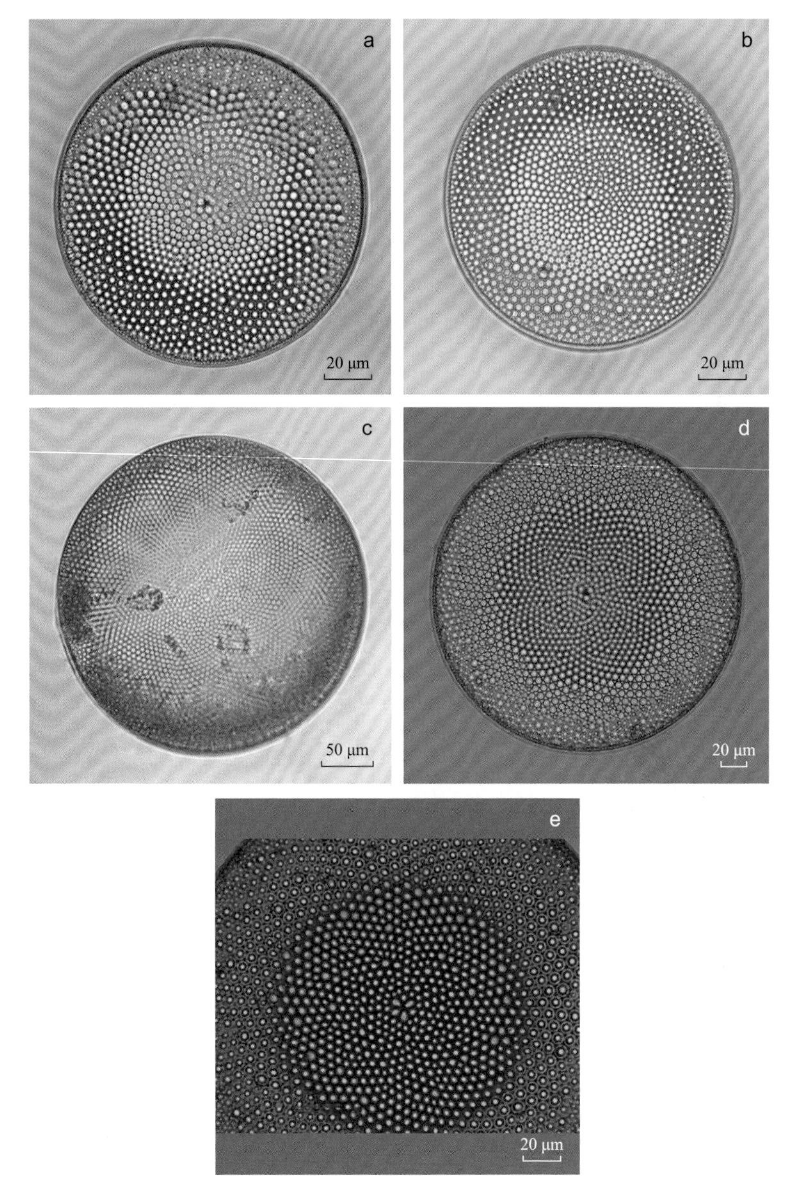

图 22　虹彩圆筛藻 *Coscinodiscus oculus-iridis* Ehrenberg, 1839

a ~ c. 细胞壳面观；e. 中心区

藻体细胞大型，直径 120 ~ 260 μm，不同细胞大小差异大。壳面观呈圆形，中央有大而明显的玫瑰区。从中央玫瑰区向壳缘有放射状和螺旋状室排列，在普通光学显微镜下观察，藻体表面呈淡紫色。大而明显的玫瑰区、孔纹放射状和螺旋状排列，以及藻体表面极具特色的淡紫色是识别该种的显著特征。

广温性种类，广泛分布于世界各大洋。

23. 星脐圆筛藻 *Coscinodiscus asteromphalus* var. *asteromphalus* Ehrenberg, 1844（图 23）

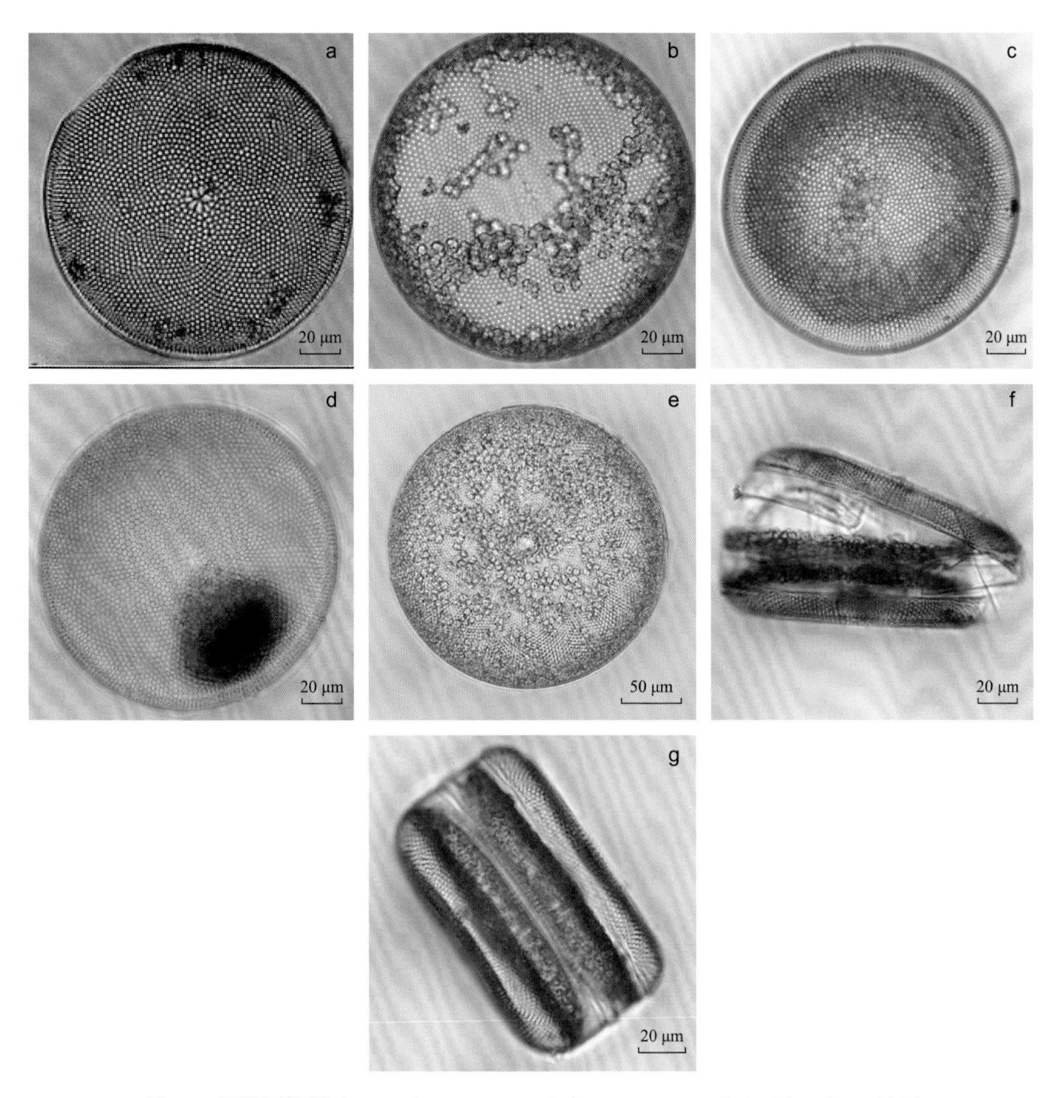

图 23 星脐圆筛藻 *Coscinodiscus asteromphalus* var. *asteromphalus* Ehrenberg, 1844

a ~ e. 细胞壳面观；f ~ g. 细胞环面观

藻体细胞呈圆形，个体较大，直径 104 ~ 210 μm。壳面中央有大而明显的玫瑰纹。可以清晰地看到壳面有放射状和螺旋状室排列。壳面室列大小较均匀，每 10 μm 大约有 3.3 个，仅在壳面边缘有 3 ~ 4 圈的室较小。

本种与虹彩圆筛藻易混淆，两者壳面室呈放射状和螺旋状排列都很清楚，中央玫瑰纹也极相似。但是，前者的室自壳面中央向外大小近似，而后者的室自壳面中央向外逐渐增大；前者在普通光学显微镜下无明显颜色，而后者常呈淡紫色。

广温外洋性种，从热带至寒带皆有分布，在世界各大洋广泛分布。

24. 非洲圆筛藻 *Coscinodiscus africanus* Janisch, 1878（图 24）

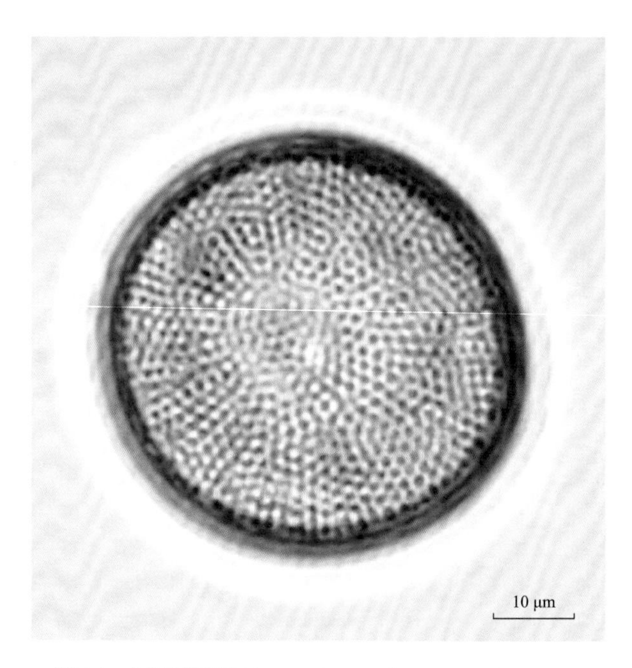

图 24　非洲圆筛藻 *Coscinodiscus africanus* Janisch, 1878

细胞壳面观

藻体细胞壳面呈非正圆形，长径 44 μm，短径 40 μm［郭玉洁和钱树本（2003）记载的长径为 41 ~ 58 μm，短径为 39 ~ 56 μm］。中心区呈偏心状，其孔纹排列不规则，较大。近壳缘变小。壳面孔纹呈辐射状和螺旋状排列。

海生种。亚丁湾、地中海，以及菲律宾附近海域有记录。

25. 有翼圆筛藻 *Coscinodiscus bipartitus* Rattray, 1890（图 25）

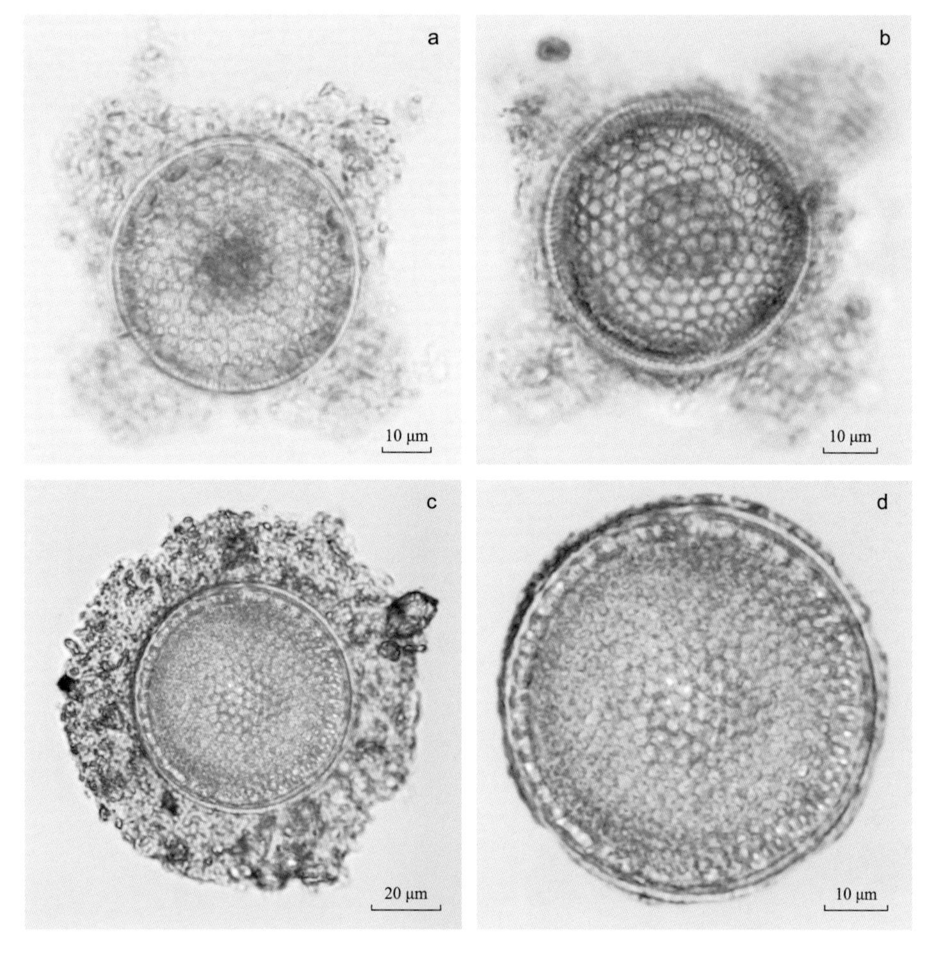

图 25　有翼圆筛藻 *Coscinodicus bipartitus* Rattray, 1890

a ～ d. 细胞壳面观

与宽缘翼圆筛藻 *C. latimarginatus* 和具翼漂流藻 *Planktoniella blanda* 同物异名。

藻体细胞中型，直径 54 ～ 92 μm。壳面呈圆盘形。壳面孔纹粗大，六角形，中央区孔纹排列成直线状。壳面边缘翼状突有 3 ～ 6 个，有时翼状物把细胞体完全包围起来。藻体细胞伸出的翼状突是识别该种的显著特征。

温带至亚热带浮游性种。印度尼西亚附近海域有记录。中国福建附近海域、台湾海峡、海南岛附近海域及北部湾皆有分布。

26. 畸形圆筛藻 *Coscinodiscus deformatus* Mann, 1907（图 26）

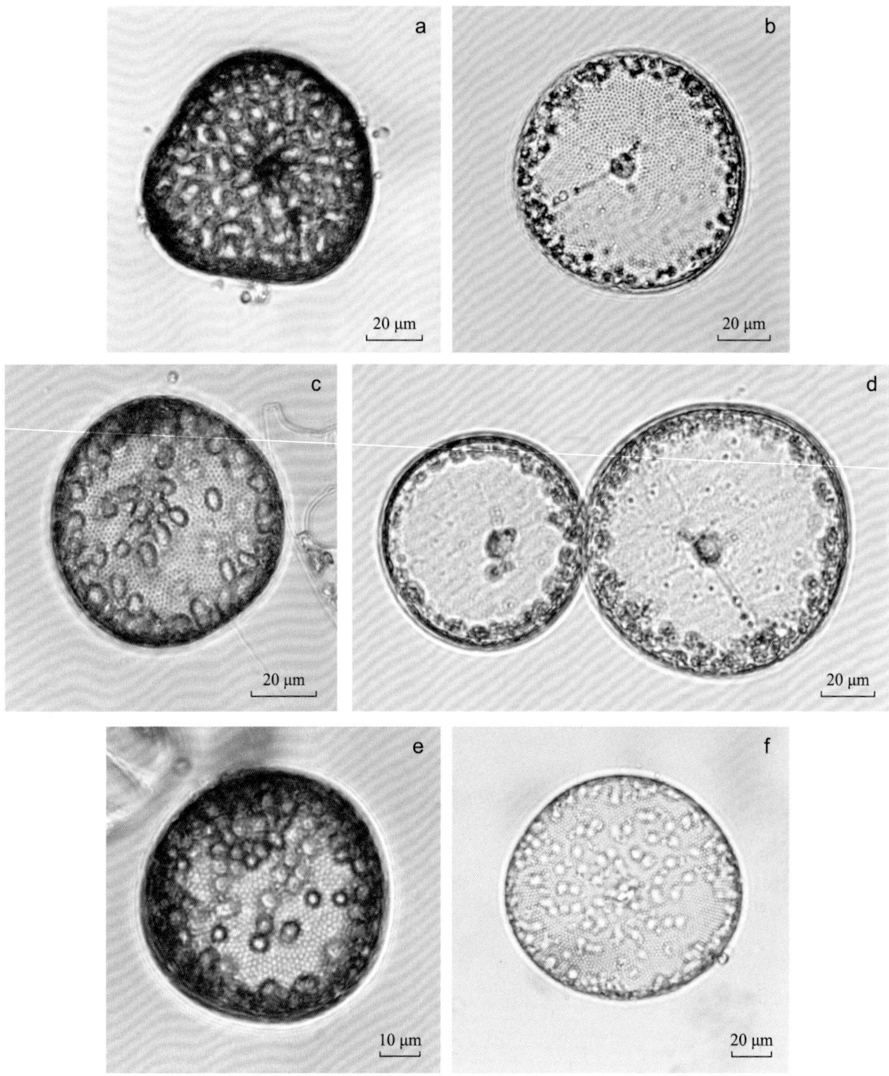

图 26　畸形圆筛藻 *Coscinodiscus deformatus* Mann, 1907

a ~ f. 细胞壳面观

藻体细胞壳面扁平，不圆，长径 66 ~ 113 μm，短径 64 ~ 102 μm。缺中心区，壳面孔纹中央区排列不规则，向壳缘呈辐射状排列。

海生底栖性种。多产于沉积物中，中美洲的巴巴多斯和墨西哥的坎佩切湾等地有记录，印度洋首次记录。中国东海表层沉积物和海南岛潮间带等有分布。

27. 纤维圆筛藻 *Coscinodiscus fimbriatus* Ehrenberg, 1844（图 27）

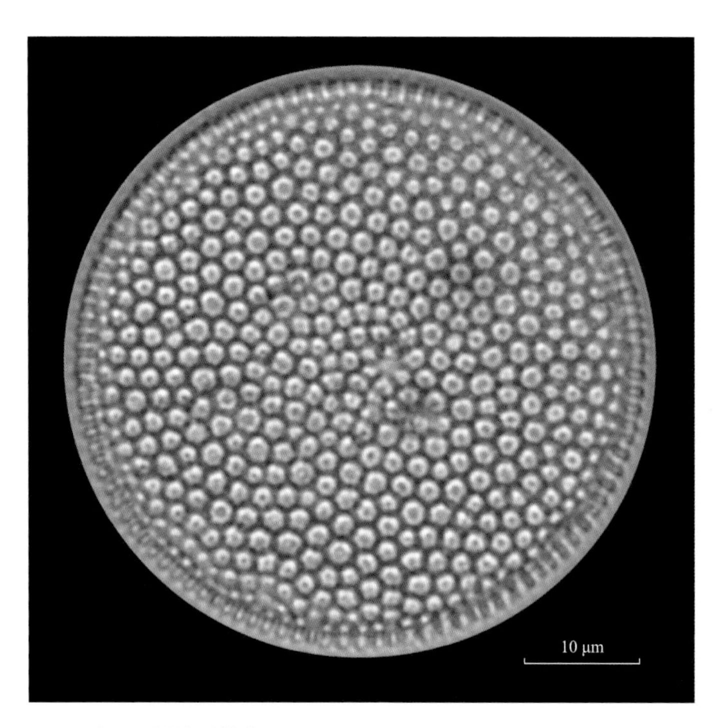

图 27 纤维圆筛藻 *Coscinodiscus fimbriatus* Ehrenberg, 1844

细胞壳面观

藻体细胞壳面呈圆盘形，无中心区，直径 50 μm［郭玉洁和钱树本（2003）记载的直径为 44 ~ 53 μm］。孔纹呈螺旋状排列，但不明显。壳面中央孔纹大小较均一，每 10 μm 约有 5 个。约在半径的 1/2 处，孔纹增大，然后缩小直到壳缘，近壳缘处孔纹每 10 μm 约有 6 ~ 7 个，壳缘具肋纹。

海水种。美国加利福尼亚、新西兰、法国、意大利和卡尔塔等附近海域有分布。中国广东湛江潮间带、福建罗源湾及浙江台州沿岸、东海大陆架、冲绳海槽表层沉积物中有记录。

28. 库氏圆筛藻 *Coscinodiscus kutzingii* A. Schmidt, 1878（图 28）

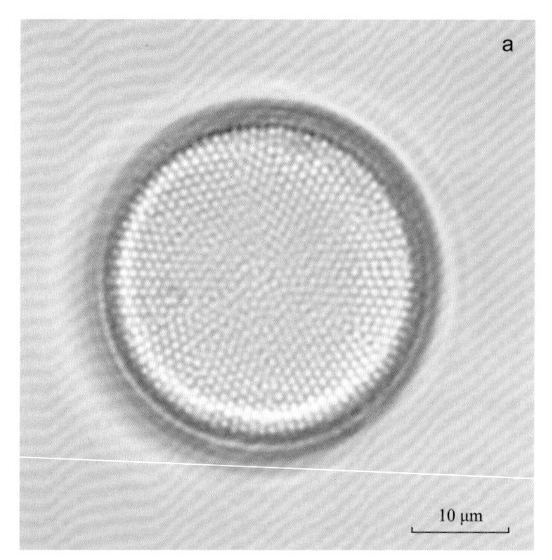

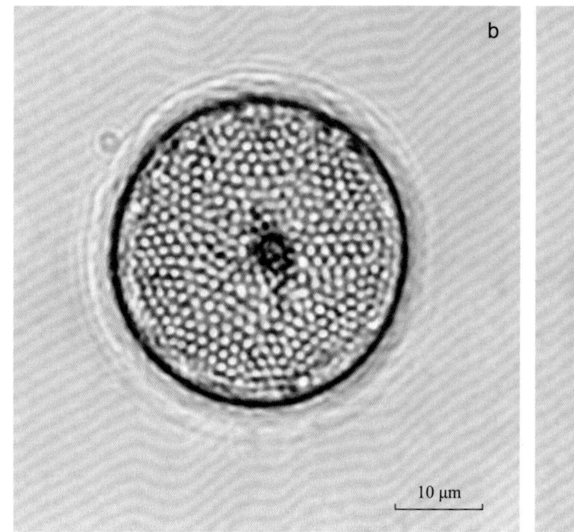

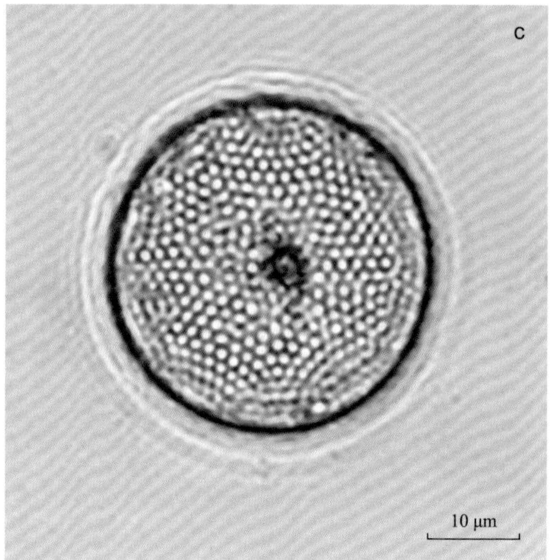

图 28　库氏圆筛藻 *Coscinodiscus kutzingii* A. Schmidt, 1878

a ~ c. 细胞壳面观

同物异名：*Actinocyclus kuetzing* (A.W.F. Schmidt) Simonsen, 1975

藻体细胞小型，直径 35 ~ 41 μm。壳面扁平，壳面孔纹呈束状和螺旋状排列。束内孔纹平行排列，每 10 μm 约有 8 个。壳缘内侧有一圈明显缩小的细孔纹。壳缘宽，具细条纹。

近岸海水种。数量少。波斯湾、西欧近岸海域和北极海域等有分布。中国厦门沿海有分布。

29. 结节圆筛藻 *Coscinodiscus nodulifer* Schmidt, 1878（图 29）

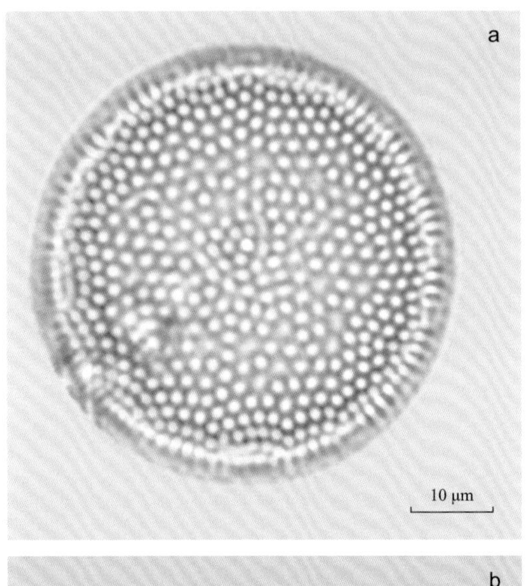

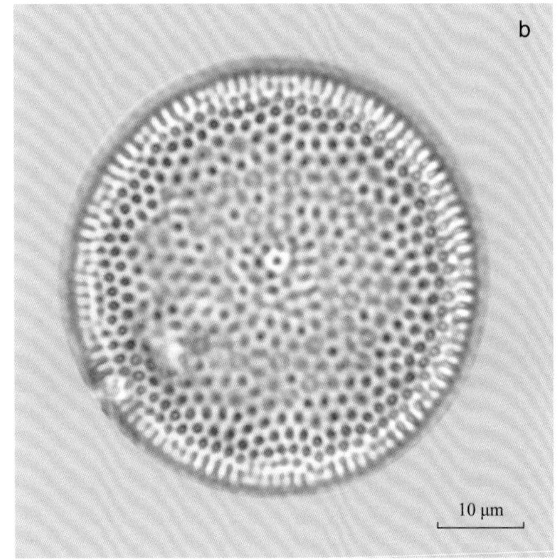

图 29　结节圆筛藻 *Coscinodiscus nodulifer* Schmidt, 1878

a ～ b. 细胞壳面观

同物异名：*Azpeitia nodulifera* (A. Schmidt) G. Fryxell & P. A. Sims (Fryxell et al., 1986b)

藻体细胞呈圆盘形，直径 40 μm。壳面小室大小几乎一致，每 10 μm 有 4 ～ 6 个，接近壳面边缘的室有时较小。壳面中央有小无纹区，区内有一个明显的小结（乳嘴状突起）。壳面边缘有明显的放射状条纹（每 10 μm 有 5 ～ 8 条），壳缘有一圈小缘刺，两缘刺间隔约 7 μm（郭玉洁和钱树本，2003）。

近海底栖性种，分布广，有时出现于浮游生物中。欧洲近岸海域、地中海、印度洋、太平洋及爪哇近岸海域有分布。中国东海和南海近岸有记录。

30. 肾形圆筛藻 *Coscinodiscus reniformis* Castracane, 1886（图 30）

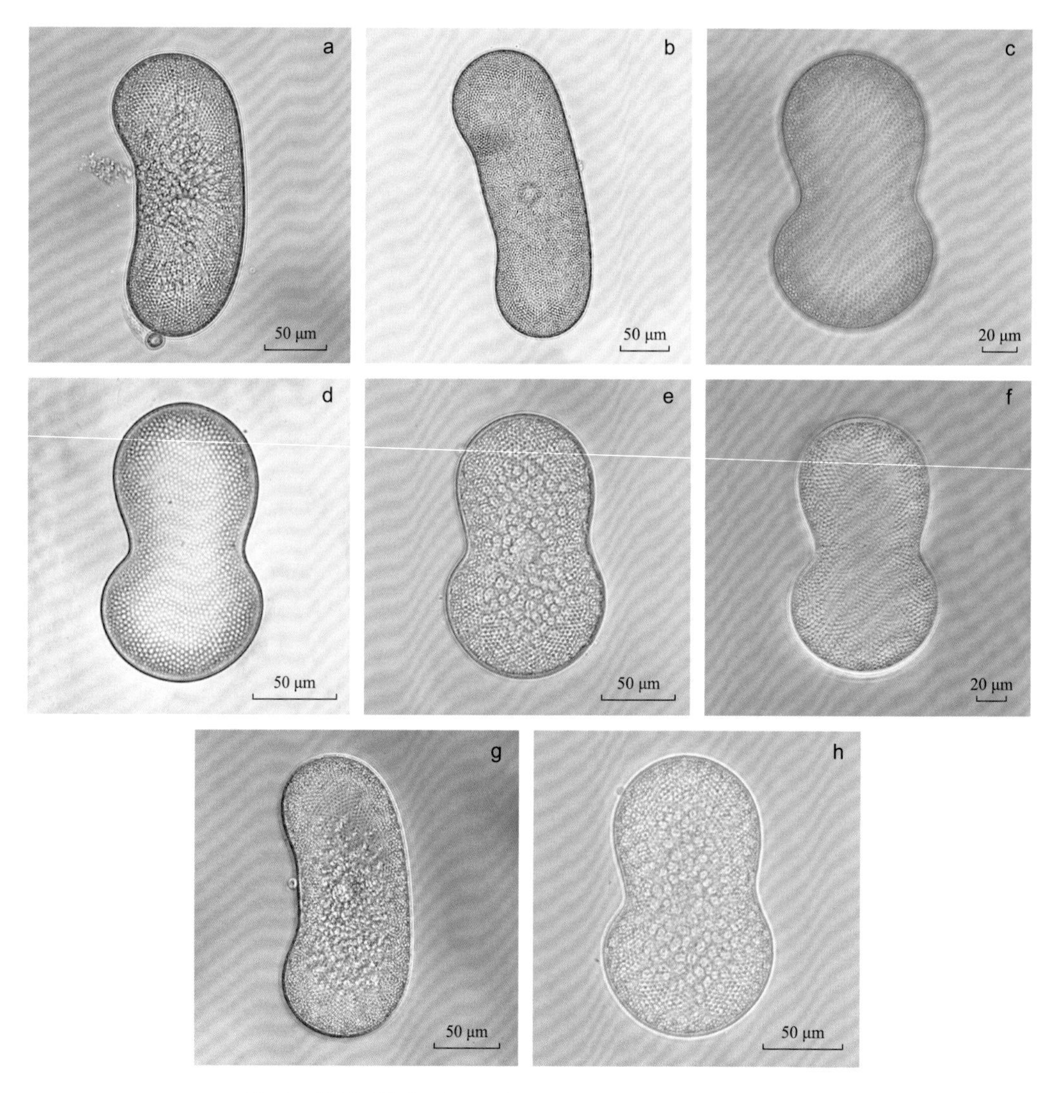

图 30　肾形圆筛藻 *Coscinodiscus reniformis* Castracane, 1886

a ~ h. 细胞壳面观

藻体细胞大型，长径 160 ~ 290 μm，短径 80 ~ 150 μm［杨世民等（2006）记载的长径为 300 μm，短径为 118 μm］。壳面呈肾形，表面孔径大小较均一，呈辐射状排列。壳缘狭。

海生种。菲律宾沿岸、非洲沿岸有分布。中国南海晚第四纪沉积物及冲绳海槽沉积物中有记录。

31. 圆筛藻 *Coscinodiscus* spp. Ehrenberg, 1838（图 31）

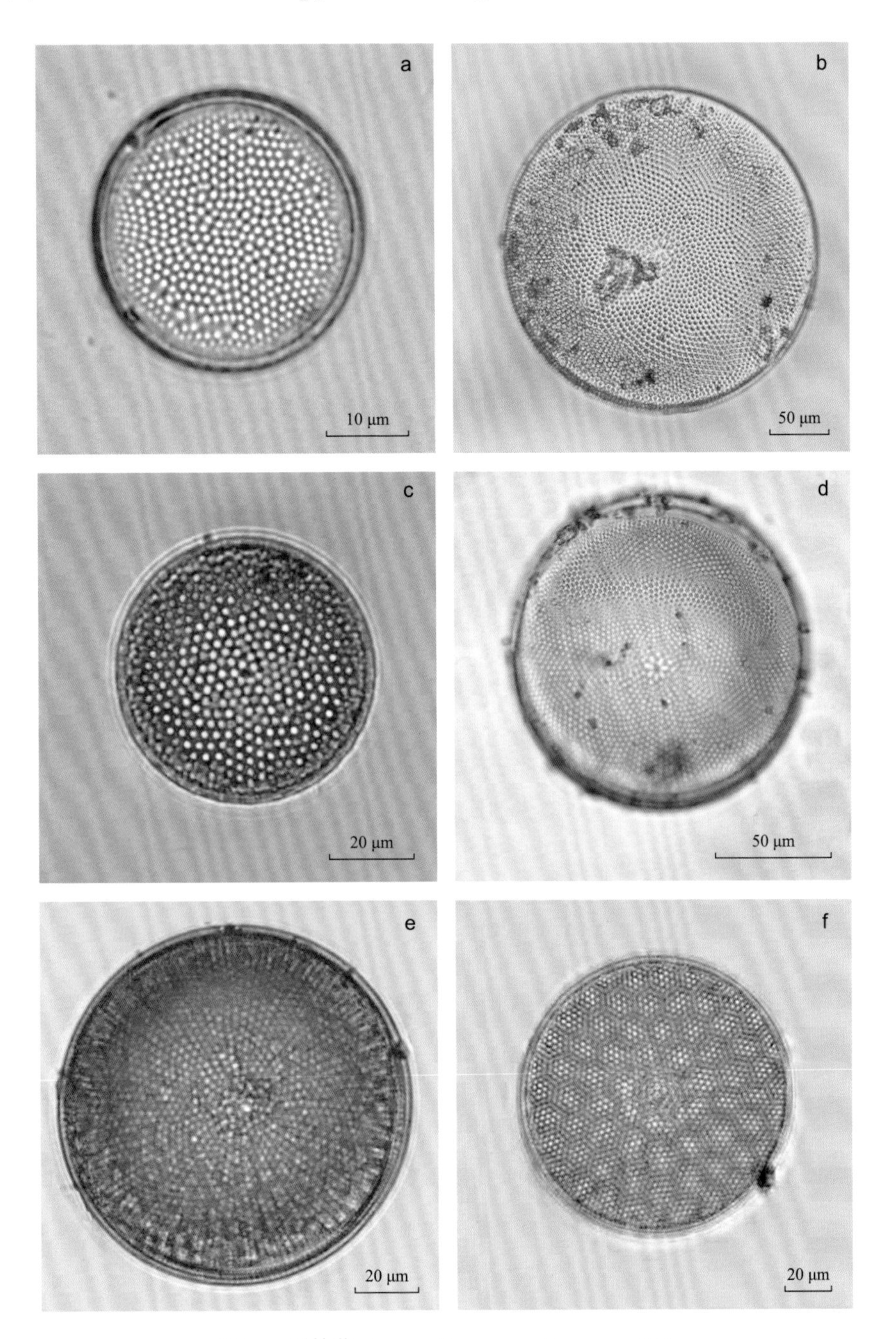

图 31　圆筛藻 *Coscinodiscus* spp. Ehrenberg, 1838

a ~ f. 细胞壳面观

小环藻属 *Cyclotella* Kutzing, 1834

32. 条纹小环藻 *Cyclotella striata* var. *striata* (Kuetz.) Grunow, 1880（图 32）

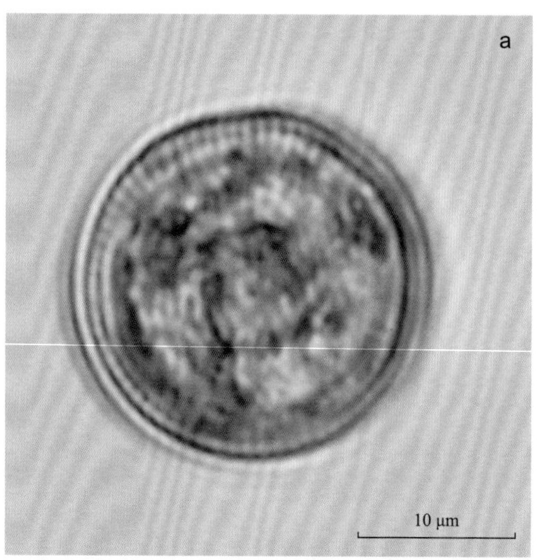

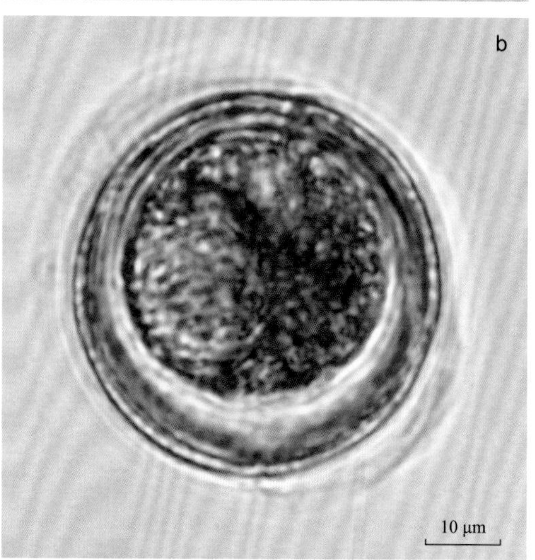

图 32　条纹小环藻 *Cyclotella striata* var. *striata* (Kuetz.) Grunow, 1880

a ~ b. 细胞壳面观

藻体细胞小型，细胞呈短圆柱形，直径 22 ~ 46 μm［金德祥等（1965）记载的直径为 10 ~ 50 μm］。壳面呈圆盘状，壳缘区肋纹明显，较宽，呈棒条状。肋纹两边的两排孔纹相对较大。壳缘有一圈支持突。色素体小，数目多。

世界广布种，沿岸浮游和附着生活，近海广泛分布。

33. 条纹小环藻波罗的海变种 *Cyclotella striata* var. *baltica* Grunow, 1881（图 33）

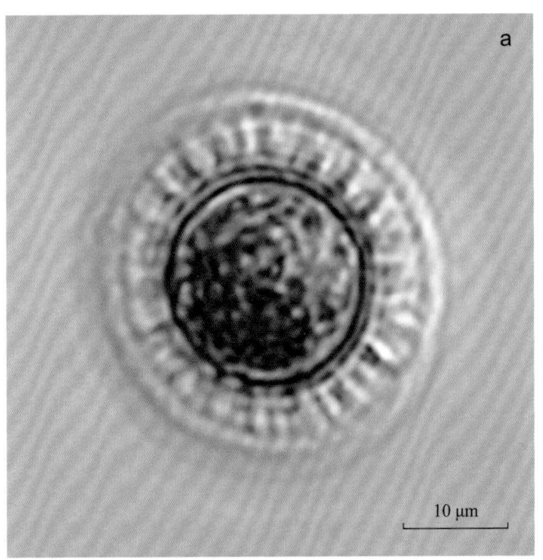

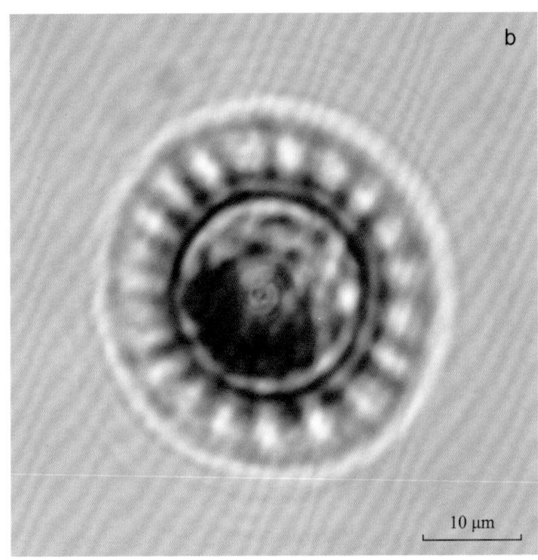

图 33　条纹小环藻波罗的海变种 *Cyclotella striata* var. *baltica* Grunow, 1881

a ~ b. 细胞壳面观

藻体细胞小型，直径约 32 μm。细胞中央区具模糊的粗斑点。本变种的主要特征是近壳缘处条纹加厚，色调较浓，与内侧条纹明显不同。

海水种。波罗的海、阿根廷沿岸海域有分布，印度洋首次记录。中国东海近岸有记录。

34. 柱状小环藻 *Cyclotella stylorum* Brightwell, 1860（图 34）

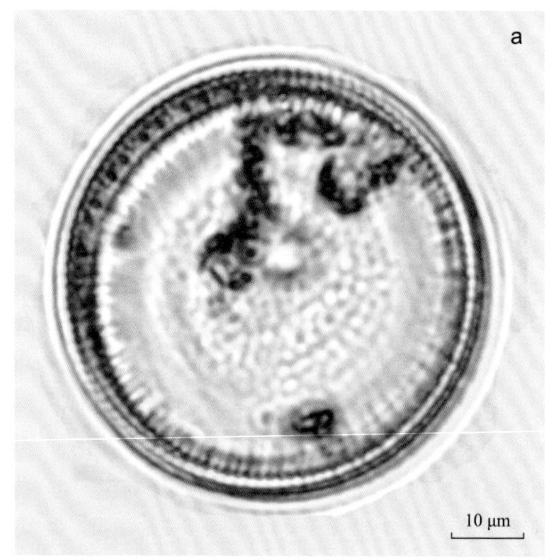

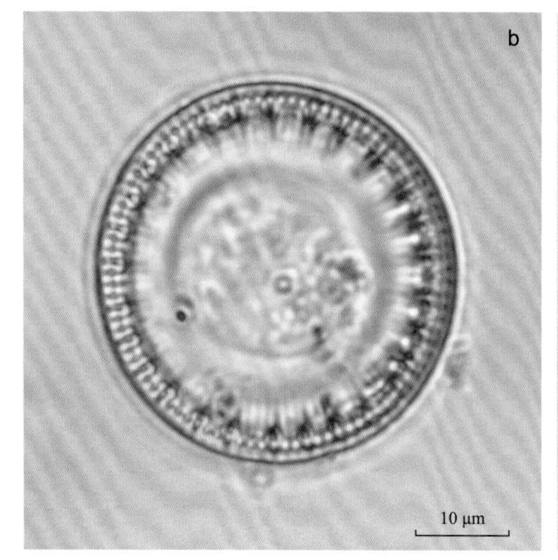

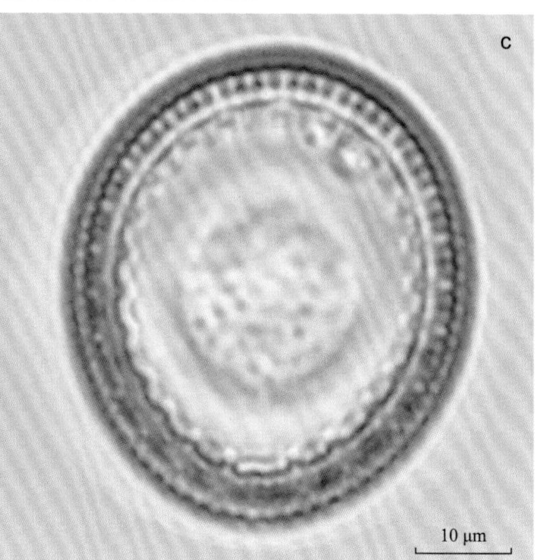

图 34 柱状小环藻 *Cyclotella stylorum* Brightwell, 1860

a ~ c. 细胞壳面观

藻体细胞中型，直径 30 ~ 55 μm［郭玉洁和钱树本（2003）记载的直径为 30 ~ 80 μm］。壳面呈圆形，壳缘宽，有射出条纹，在射出条纹最外围有马蹄形粗纹，每 10 μm 有 3 ~ 4 个。壳面中央区有排列不规则的斑点。壳环面波浪状，细胞单个生活。色素体块状，数目多。

常出现于暖海边缘，可能属广温性潮间带种。

辐环藻属 *Actinocyclus* Ehrenberg, 1873

35. 八幅辐环藻 *Actinocyclus octonarius* Ehrenberg, 1838（图 35）

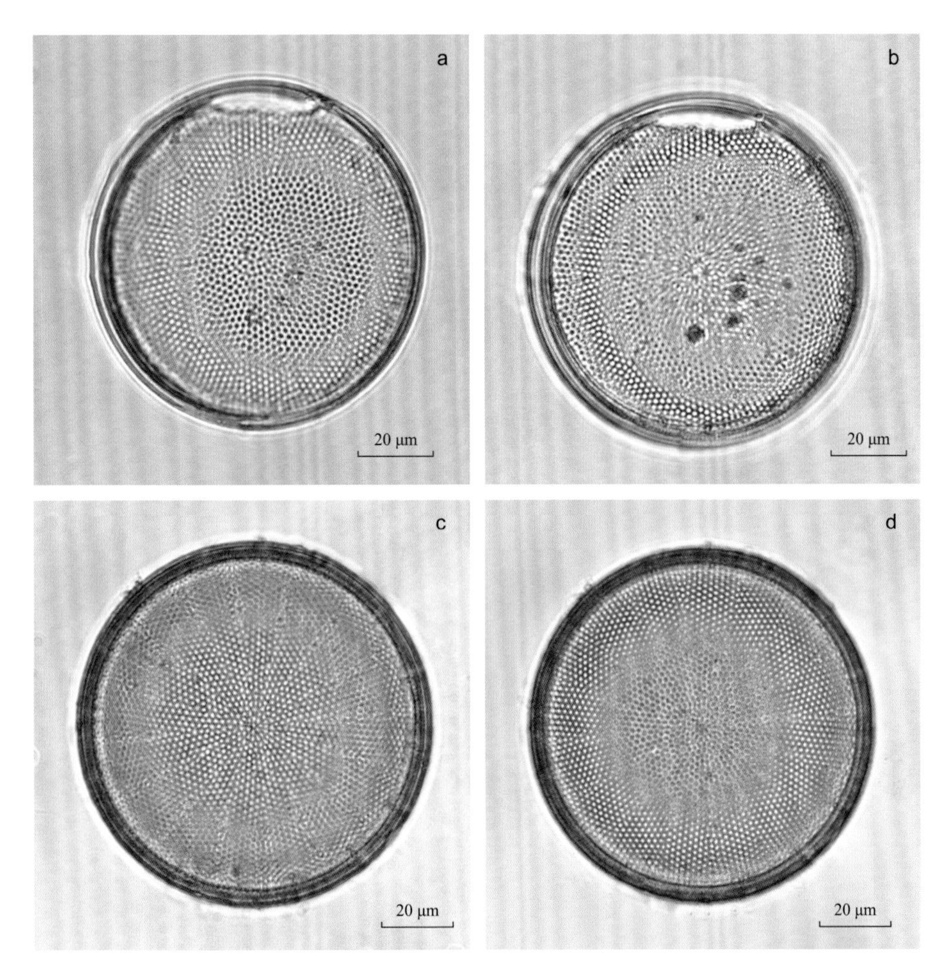

图 35　八幅辐环藻 *Actinocyclus octonarius* Ehrenberg, 1838

a ～ d. 细胞壳面观，a、b. 同一个细胞的不同焦面观

同物异名：爱氏辐环藻 *Actinocyclus ehrenbergii* var. *ehrenbergii* Ralfs, 1861

藻体细胞大型，直径 82 ～ 100 μm。壳面呈圆形，壳面孔纹多束状排列。壳壁厚，花纹清晰，中部孔纹稀疏，且排列不规则。壳缘有短条纹。在壳缘内侧有一个无纹眼斑。该种的典型特征是孔纹呈扇形束状排列，除了中心孔纹外，外部孔纹大小近一致，壳壁厚。色素体小颗粒状，数目多。

近岸广布种，尤以温带海域较多。欧洲各海域均有分布。中国各海域皆可采到。

36. 爱氏辐环藻辣氏变种 *Actinocyclus ehrenbergii* var. *ralfsii* (W. Sm.) Hustedt（图 36）

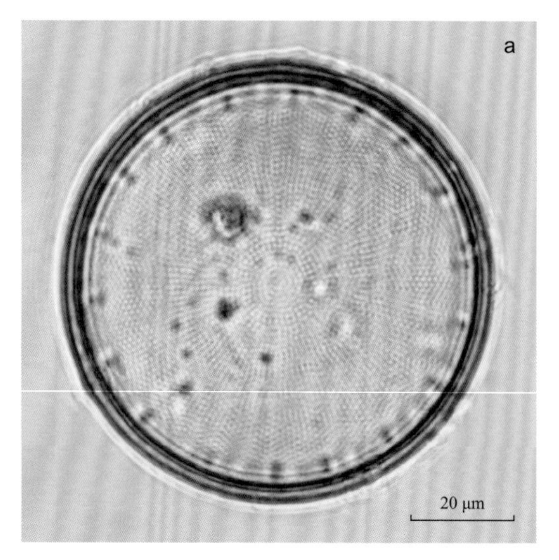

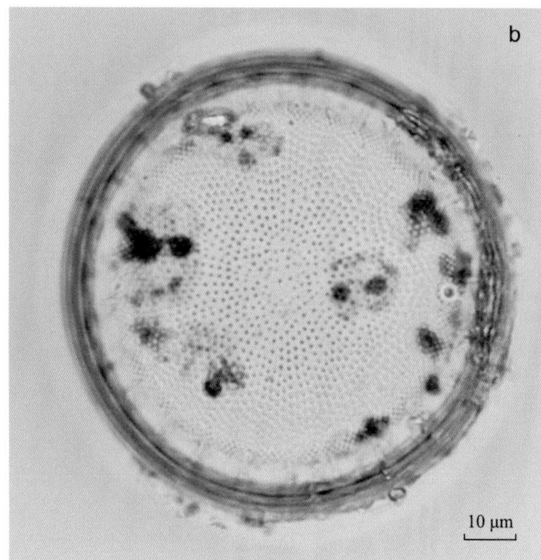

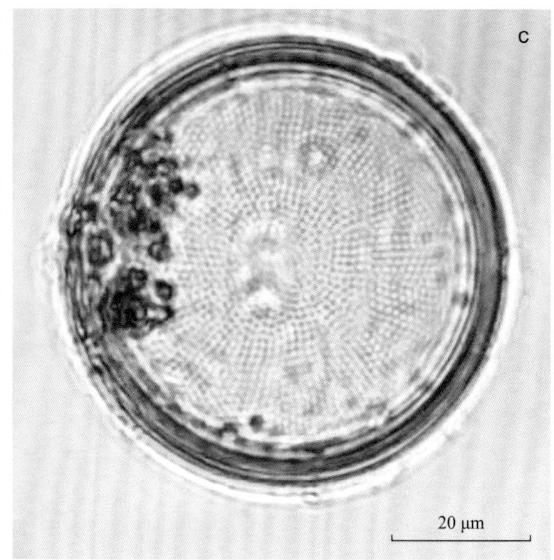

图 36　爱氏辐环藻辣氏变种 *Actinocyclus ehrenbergii* var. *ralfsii* (W. Sm.) Hustedt

a ~ c. 细胞壳面观

同物异名：*Eupodiscus ralfsii* W. Smith, Brit. Diat. 2/86 (1856)

藻体细胞中型，直径 58 ~ 80 µm，细胞呈圆盘形。与八幅辐环藻形态相近，不同之处在于，该变种的尢纹眼斑更靠近壳缘外侧，壳面中央区较大，点纹也较稀。

浮游或底栖性种。欧洲各海域均有分布。中国沿海皆有记录。

37. 细弱辐环藻 *Actinocyclus subtilis* (Greg.) Ralfs, 1861（图 37）

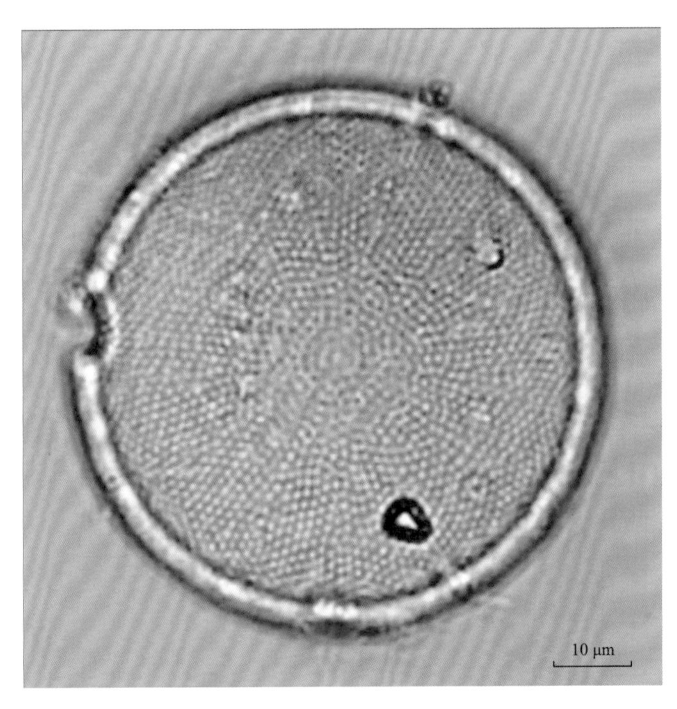

图 37 细弱辐环藻 *Actinocyclus subtilis* (Greg.) Ralfs, 1861

细胞壳面观

藻体细胞中型，直径约 60 μm。壳面呈圆形，中心区点纹排列不规则。壳面孔纹颗粒状，细而密，不分束，呈辐射状排列。孔纹每 10 μm 约有 16 个。壳缘很窄，无条纹。眼斑大而圆形，远离壳缘。壳缘具等距离分布的大刺（郭玉洁和钱树本，2003）。

海生浮游或底栖性种。北美洲太平洋沿岸、加勒比海，以及英国、比利时、印度、伊拉克附近海域等有记录。中国海南省西沙群岛永兴岛（3 月）数量较多。

罗氏藻属 *Roperia* Grunow, 1889

38. 方格罗氏藻 *Roperia tesselata* Grunow, 1889（图 38）

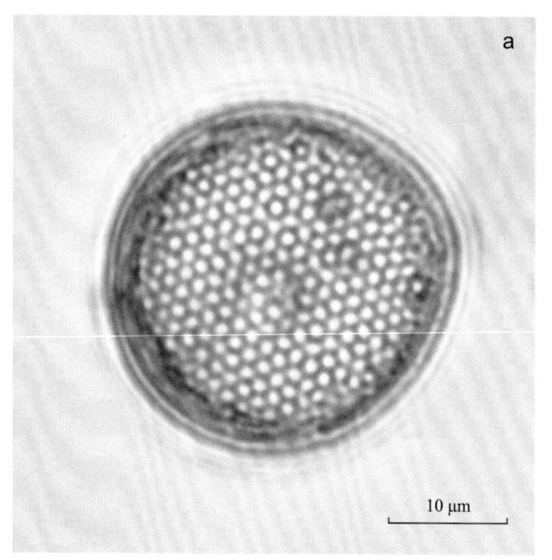

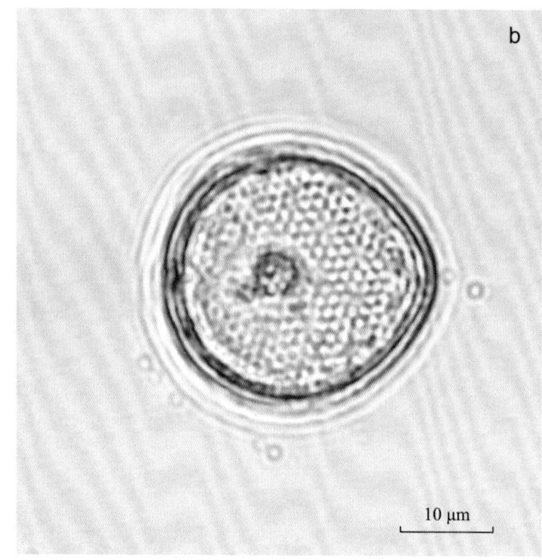

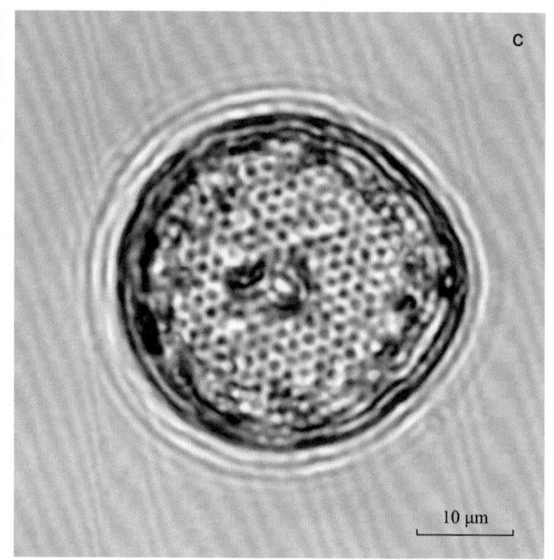

图 38　方格罗氏藻 *Roperia tesselata* Grunow, 1889

a ~ c. 细胞壳面观

藻体细胞小型，直径 29 ~ 34 μm。壳面呈近圆形，壳面孔纹在中央呈直线状和交叉状，每 10 μm 有 6 个，向外略转为束状，变小，每 10 μm 有 10 个。拟结直径 2 ~ 2.5 μm。壳缘狭，具放射状条纹。

海水种。北美洲太平洋沿岸，以及英国、印度附近海域有分布。中国黄海、东海和南海有记录。

掌状藻属 *Palmeria* Greville, 1865

39. 哈德掌状藻 *Palmeria hardmanniana* Greville, 1865（图 39）

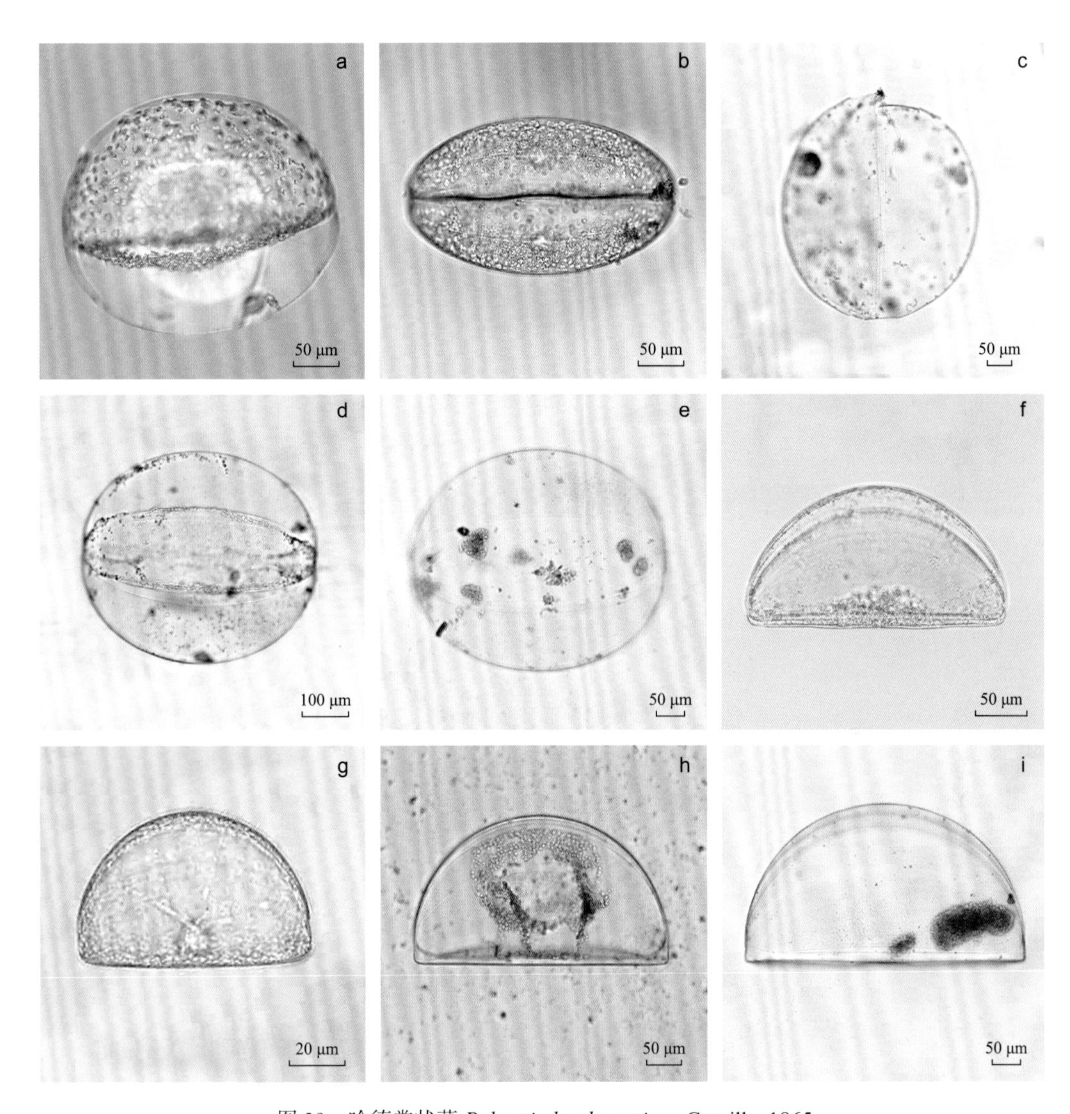

图 39　哈德掌状藻 *Palmeria hardmanniana* Greville, 1865

a ~ e. 细胞环面观；f ~ i. 细胞壳面观

同物异名：哈氏半盘藻 *Hemidiscus hardmannianus* (Greville) Mann, 1907

藻体细胞大型，环面观呈近半球形，顶轴长 270 ~ 480 μm，切顶轴长 220 ~ 390 μm。壳面呈近半月形，背侧弧形而腹面较直，两端钝圆。色素体颗粒状，小而多。

热带浮游性种。印度洋、太平洋有分布。中国南海分布多，东海有记录。

半盘藻属 *Hemidiscus* Wallich, 1860

40. 楔形半盘藻 *Hemidiscus cuneiformis* var. *cuneiformis* Wallich, 1860（图 40）

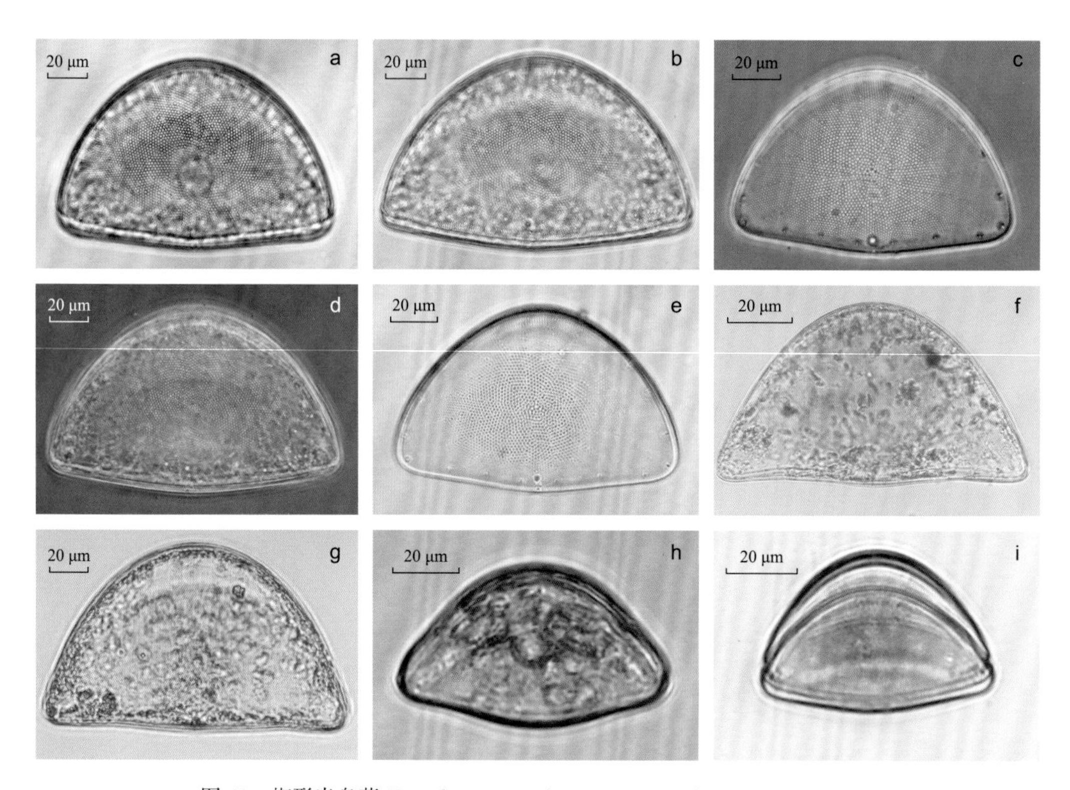

图 40　楔形半盘藻 *Hemidiscus cuneiformis* var. *cuneiformis* Wallich, 1860

a ~ i. 细胞壳面观

藻体细胞大型，壳面花纹清晰。细胞呈近橘瓣形，背面呈弧形，腹面平直但中央略凸，两端圆。本种与哈德掌状藻 *P. hardmannianus* 易混淆，两者的主要区别是后者细胞壁厚，花纹明显，腹面中央略稍凸。

暖海浮游性种。印度洋、大西洋、太平洋、地中海，以及日本、美国附近海域等受暖流影响的海域都曾采到。中国东海和南海有记录。

辐裥藻属 *Actinoptychus* Ehrenberg, 1843

41. 六幅辐裥藻 *Actinoptychus senarius* (Ehr.) Ehrenberg, 1843（图 41）

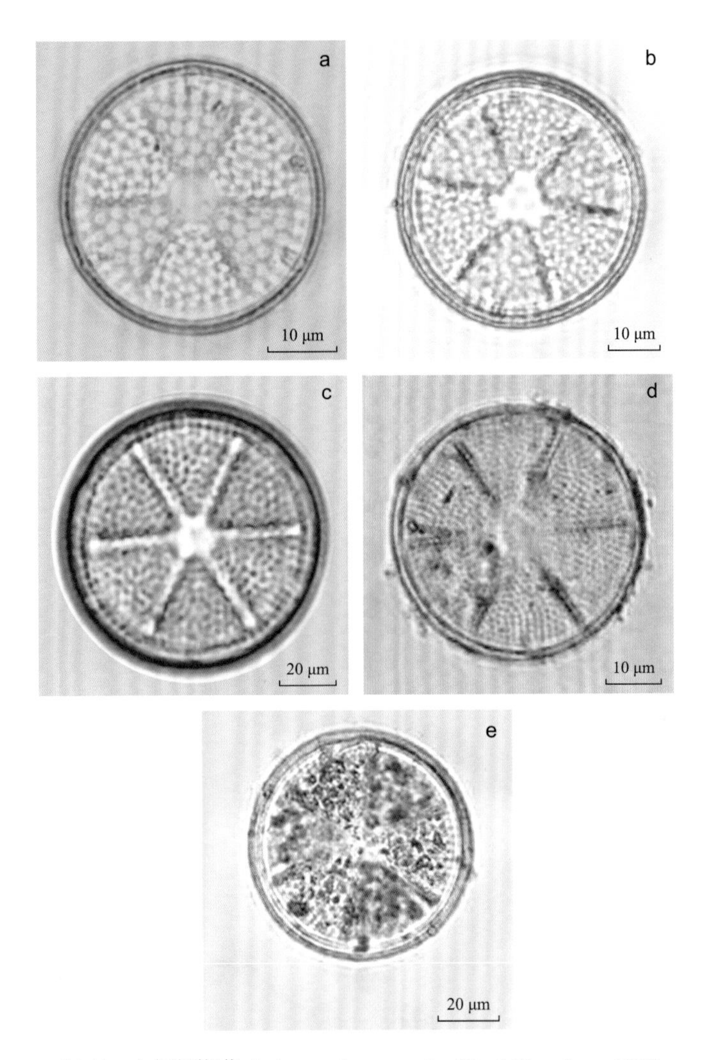

图 41　六幅辐裥藻 *Actinoptychus senarius* (Ehr.) Ehrenberg, 1843

a ~ e. 细胞壳面观

同物异名：波状辐裥藻 *Actinoptychus undulates* (Bailey) Ralfs, 1861

藻体细胞中型，直径 38 ~ 71 μm［郭玉洁和钱树本（2003）记载的直径为 50 μm］。壳面呈圆形，分成 6 个高低相间排列的扇形区，壳面中央有无纹区。凸起的 3 个扇形区外缘中央有唇形突开口。沿壳面边缘有一圈大小不一的小刺。色素体颗粒状，数目较多。

世界广布种。欧洲大西洋沿岸、地中海、黑海，以及印度尼西亚、美洲、日本、菲律宾附近海域等有记录。中国各海域皆有分布。

42. 六角辐裥藻 *Actinoptychus hexagonus* Grunow, 1874（图 42）

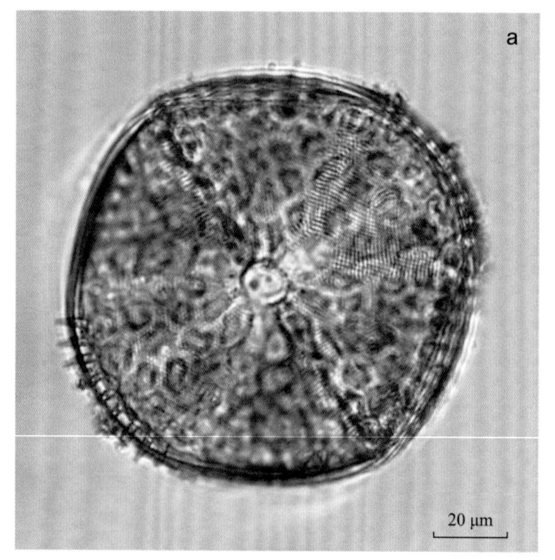

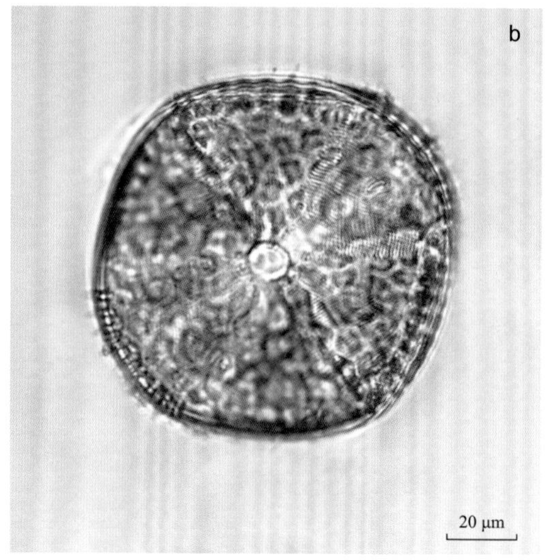

图 42　六角辐裥藻 *Actinoptychus hexagonus* Grunow, 1874

a ~ b. 细胞壳面观

藻体细胞中型，直径约 100 μm。壳面呈六角形，分成 6 个高低相间排列的扇形区，相邻两扇形区之间有无纹线。壳面中央有无纹区，有小圆形颗粒痕迹。细胞壁厚。壳面边缘有锥形突起。

世界罕见种。新加坡海域有记录，印度洋首次记录。中国南海有分布。

43. 三舌辐裥藻 *Actinoptychus trilingulatus* Brightwell, 1885（图 43）

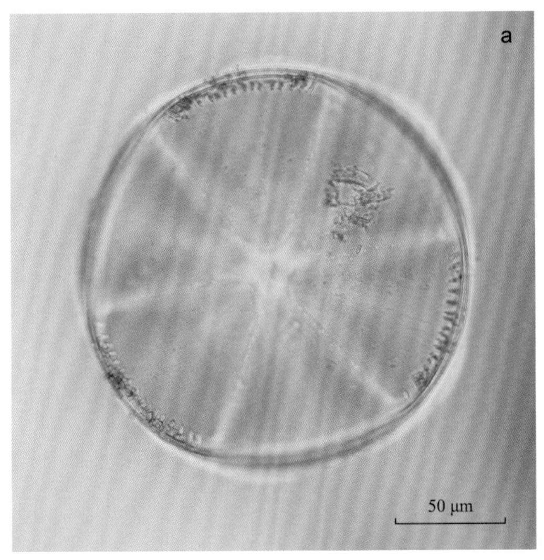

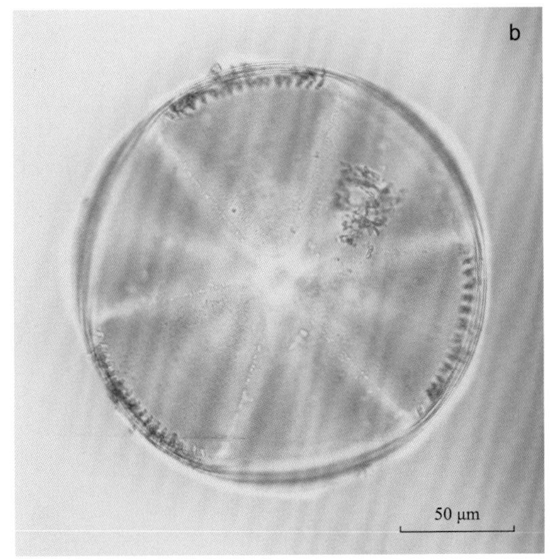

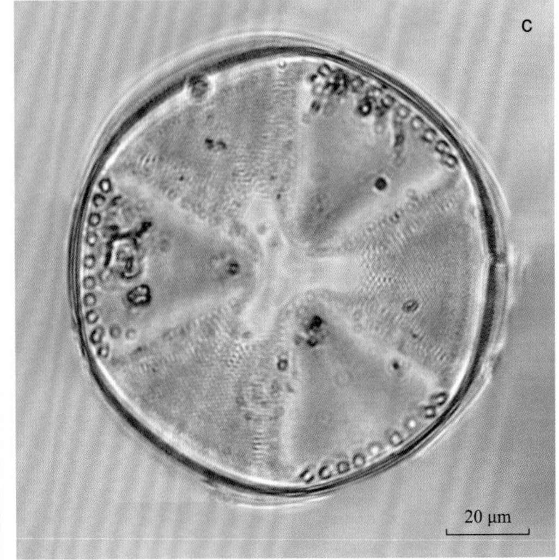

图 43　三舌辐裥藻 *Actinoptychus trilingulatus* Brightwell, 1885

a ~ c. 细胞壳面观

藻体细胞中大型，直径 100 ~ 170 μm。壳面呈圆盘形，壳面花纹分为 6 个高低相间排列的扇形区，相邻两扇形区之间的条纹粗。壳面中央无纹区呈三角形，各角末端钝圆呈舌状。壳缘厚。该种的显著分类特征是有 6 个高低相间排列的扇形区，壳面中央无纹区呈三角形。

暖水性种，数量少。印度和菲律宾附近海域有记录。中国南海有分布。

44. 澳大利亚辐裥藻 *Actinoptychus australis* (Gran.) Andrews, 1978（图 44）

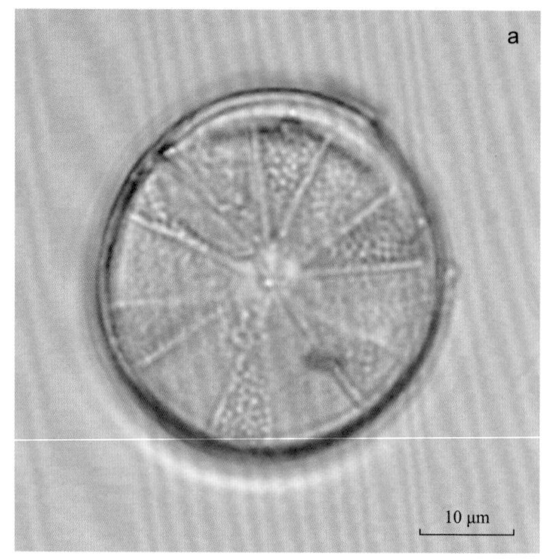

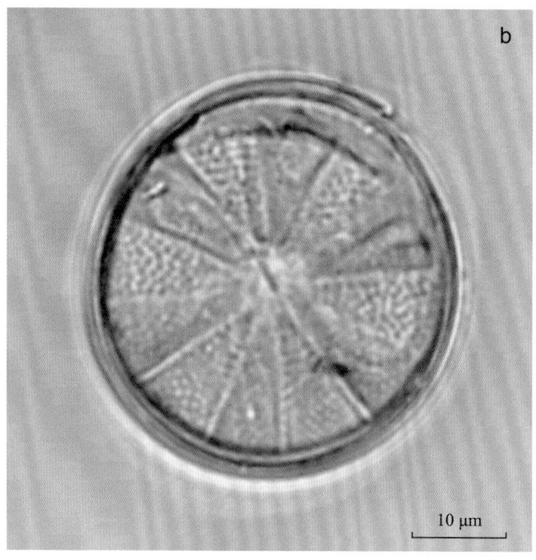

图 44　澳大利亚辐裥藻 *Actinoptychus australis* (Gran.) Andrews, 1978

a ~ b. 细胞壳面观

藻体细胞小型，直径 37 μm。壳面呈圆盘形，分为 12 个凹凸相间的扇形区，壳面外缘有半圆形的透明带。壳面中央无纹区呈圆形。

海洋浮游和底栖性种。澳大利亚和美国马里兰海域第三纪中新世沉积物中有分布。中国厦门海域和黄海海州湾至苏北浅滩内侧的表层沉积物中有记录。本样品通过浮游生物小网采自东印度洋。

蛛网藻属 *Arachnoidiscus* Bailey, 1850

45. 蛛网藻 *Arachnoidiscus ehrenbergii* var. *ehrenbergii* Bailey, 1862（图 45）

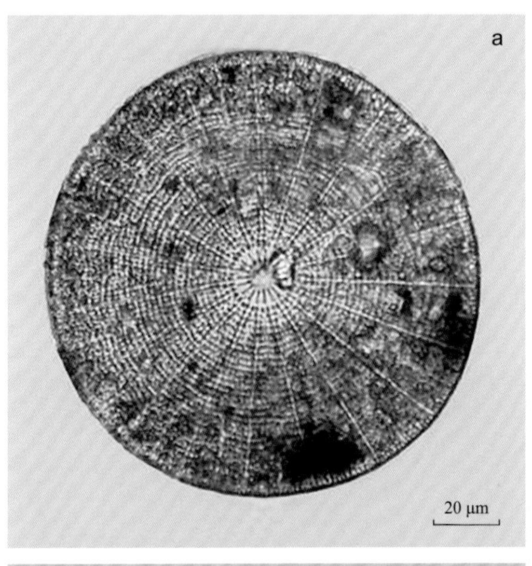

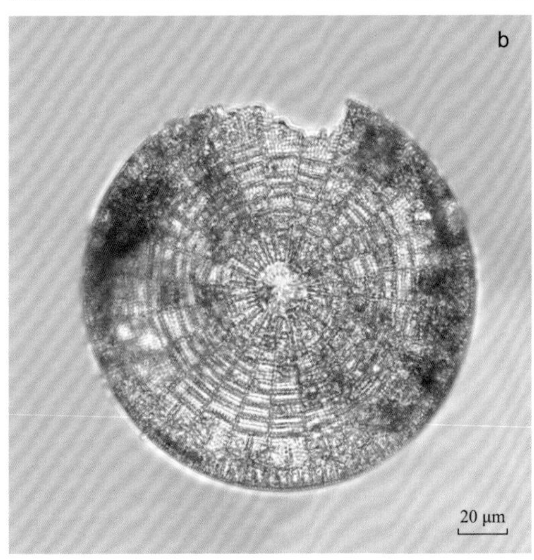

图 45　蛛网藻 *Arachnoidiscus ehrenbergii* var. *ehrenbergii* Bailey, 1862

a ~ b. 细胞壳面观

藻体细胞大型，直径 124 ~ 148 μm。壳面呈圆盘形，中央区无纹或具斑点。从中央圆形孔至壳面边缘有明显的肋状隆起，各隆起间有略呈直角交叉形似蛛网的轮状纹。壳面肋状凸起和轮状纹是识别该种的显著特征。

海水种。日本、菲律宾、印度附近海域，以及北美洲太平洋沿岸有分布。中国各海域皆有记录。

星芒藻属 *Asterolampra* Ehrenberg, 1844

46. 南方星芒藻 *Asterolampra marylandica* Ehrenberg, 1844（图 46）

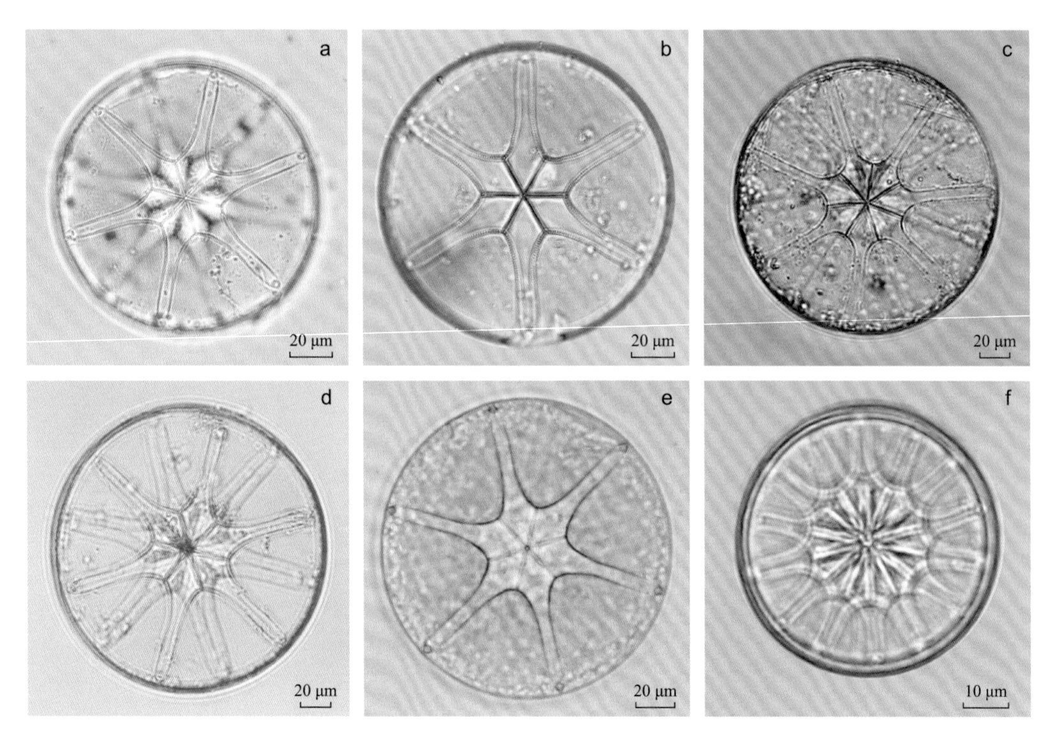

图 46　南方星芒藻 *Asterolampra marylandica* Ehrenberg, 1844

a ～ f. 细胞壳面观

藻体细胞中大型，直径 59 ～ 186 μm。壳面呈圆形，中央透明区的宽度至少是壳面直径的 1/3，其有 4 ～ 12 个均等的楔形区。从近壳面中心处向外辐射的粗放射线，其宽度约为 2.5 μm，末端有一短棘状突起（郭玉洁和钱树本，2003）。

热带大洋性种。地中海、孟加拉湾，以及美国加利福尼亚南部、美国东海岸、菲律宾、桑给巴尔等附近海域有记录。

47. 大星芒藻 *Asterolampra vanheurckii* Brun, 1891（图 47）

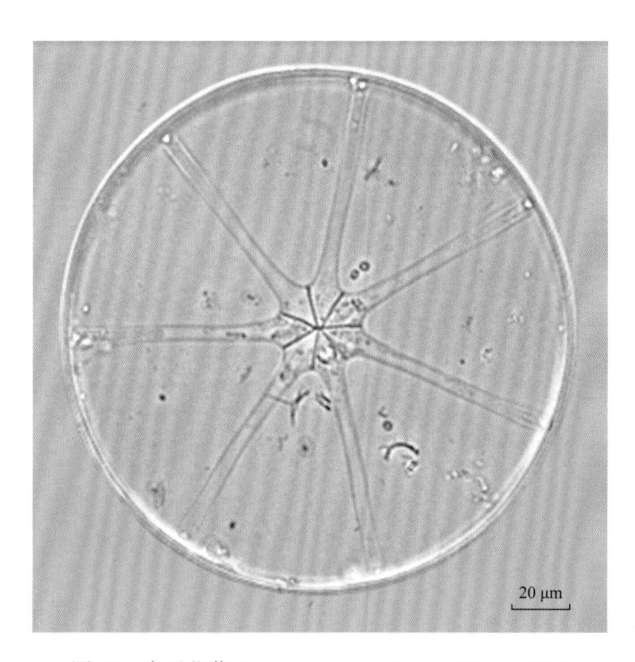

图 47　大星芒藻 *Asterolampra vanheurckii* Brun, 1891

细胞壳面观

藻体细胞呈圆鼓状，直径 170 μm［郭玉洁和钱树本（2003）记载的直径为 150 ~ 240 μm］。壳面中部的透明区约为细胞半径的 1/6 ~ 1/5。壳面凸起 7 条等粗的透明放射条纹，自壳面中心还放射有 7 根细纹。色素体小盘状，数目多。

热带性种。莫桑比克海峡、毛里求斯附近海域、查戈斯群岛以北水域和苏门答腊岛海域有记录。中国南海有分布。

星脐藻属 *Asteromphalus* Ehrenberg, 1844

48. 蛛网星脐藻 *Asteromphalus arachna* (Brib.) Ralfs, 1861（图 48）

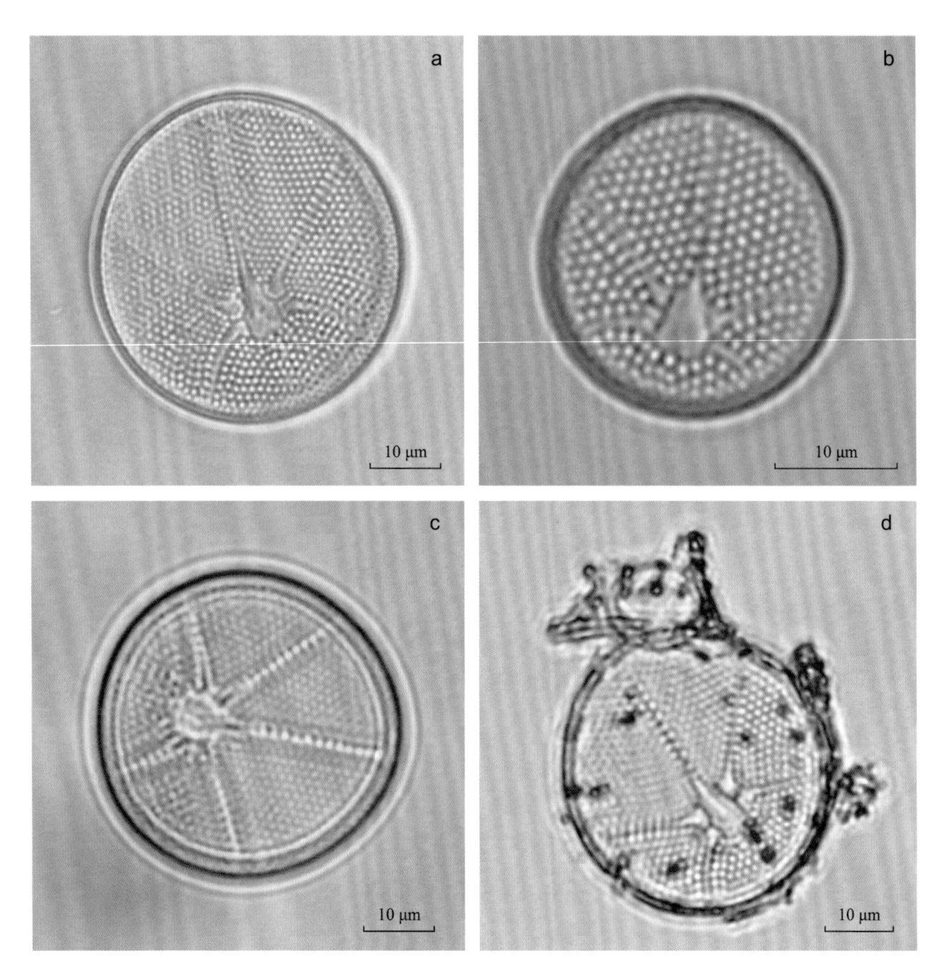

图 48　蛛网星脐藻 *Asteromphalus arachna* (Brib.) Ralfs, 1861

a ~ d. 细胞壳面观

藻体细胞小中型，直径 24 ~ 66 μm。壳面呈近圆形或椭圆形，中央区小，偏心，约为壳面直径的 1/7 ~ 1/5，有 5 条稍弯的纤细放射无纹区，居中一条较长，其余的两长两短。放射无纹区将壳面分成大小不等的 5 个扇形区。

热带大洋性种。印度洋、大西洋，以及亚得里亚海北部、日本附近海域、莫桑比克海峡等海域都有记录。中国南海有分布。

49. 扇形星脐藻 *Asteromphalus flabellatus* Greville, 1895（图 49）

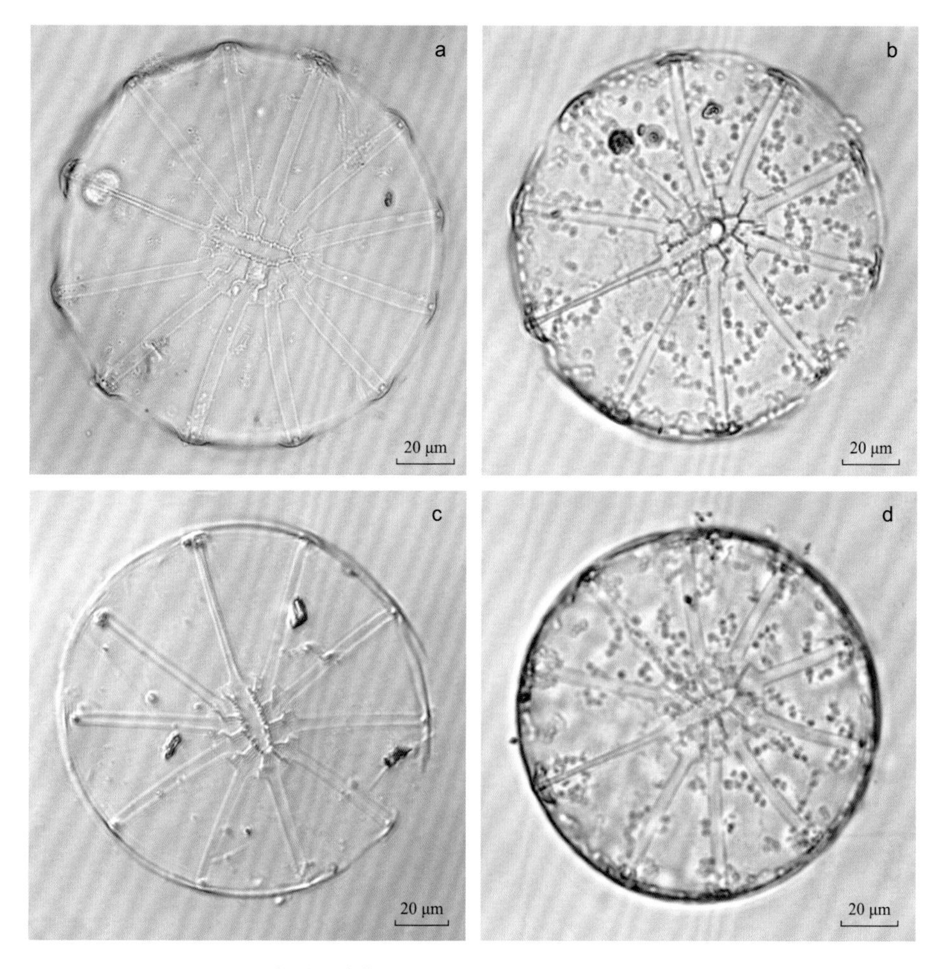

图 49 扇形星脐藻 *Asteromphalus flabellatus* Greville, 1895

a ~ d. 细胞壳面观

藻体细胞壳面呈近圆形，其星脐区发达，宽为细胞直径的 1/3 ~ 1/2。从星脐区射出 7 ~ 13 条透明无纹区，其中一条较细。透明无纹区间有自中部向边缘略缩小的六角形小室。

世界广布种。日本附近海域、爪哇海、欧洲北海，以及中国黄海、东海和南海等都有记录。

50. 粗星脐藻 *Asteromphalus rubustus* Castracane, 1875（图 50）

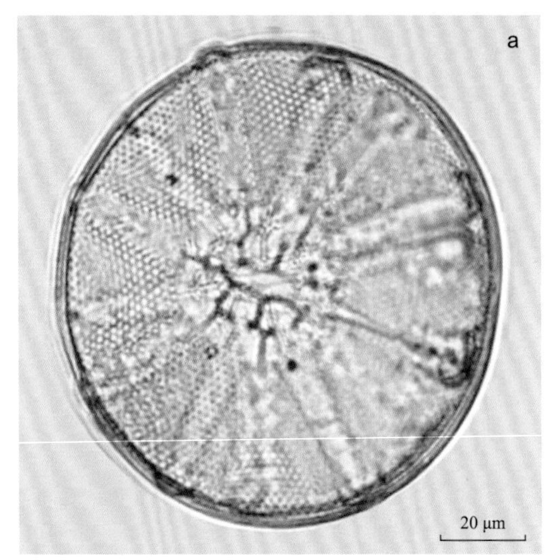

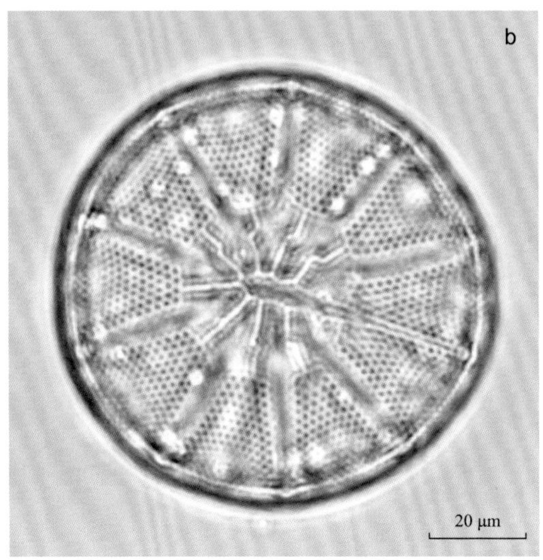

图 50　粗星脐藻 *Asteromphalus rubustus* Castracane, 1875

a ～ b. 细胞壳面观

藻体细胞呈几近圆盘形，少数略呈卵圆形，细胞单个生活，中央星脐区等于或大于壳面半径，有 8 ～ 9 条宽无纹区和一条细放射纹。

广温性种，数量少。印度洋首次记录。

51. 近圆星脐藻 *Asteromphalus heptactis* (Breb.) Ralfs, 1861（图 51）

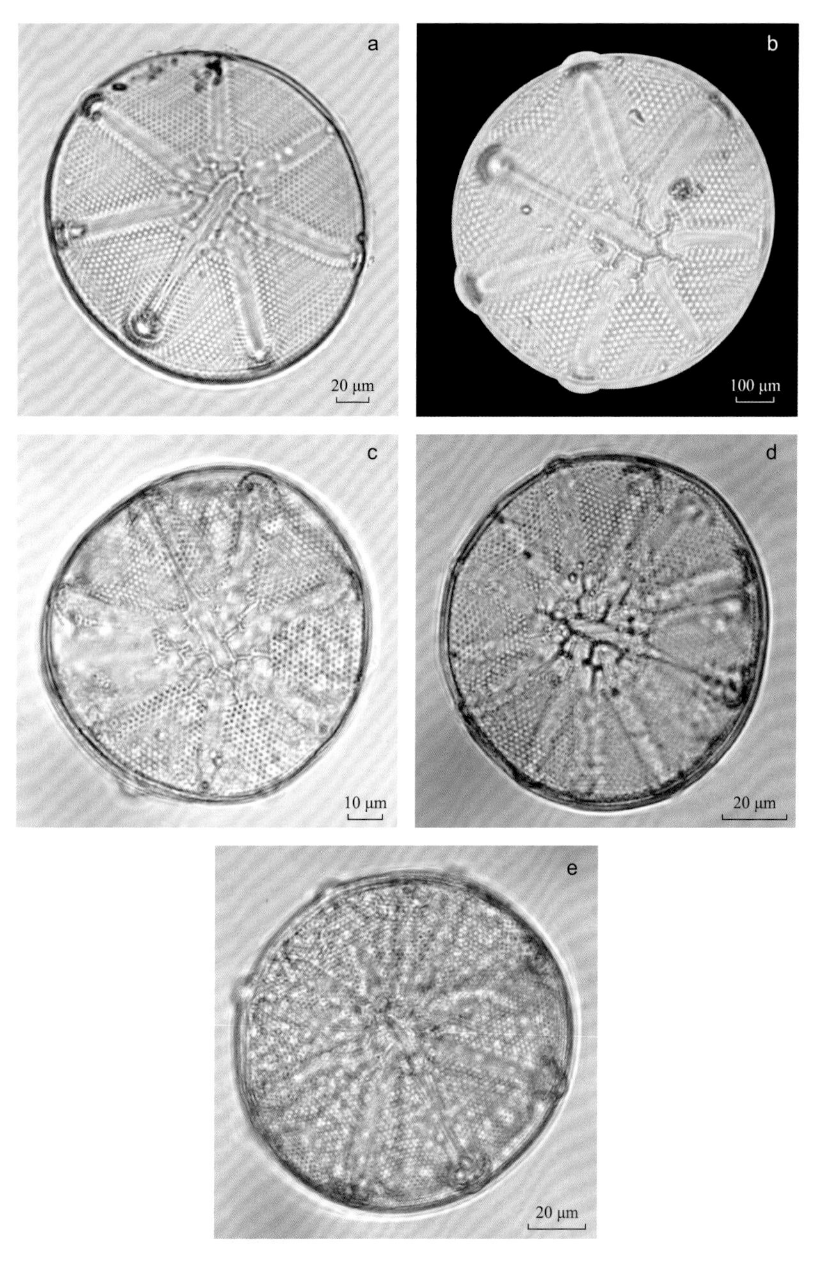

图 51　近圆星脐藻 *Asteromphalus heptactis* (Breb.) Ralfs, 1861

a ~ e. 细胞壳面观

藻体细胞单个生活，壳面呈多圆形或椭圆形，中部星脐区约为直径的 1/4。6 条粗透明无纹区（宽约 6 μm）和一条细透明无纹区（宽约 2 μm）（郭玉洁等，2003）。透明无纹区把壳面分隔成 7 个凹下的扇形区。

世界广布种。从寒带至热带，从极地到大洋均有分布。

52. 克氏星脐藻 *Asteromphalus cleveanus* Grunow, 1876（图 52）

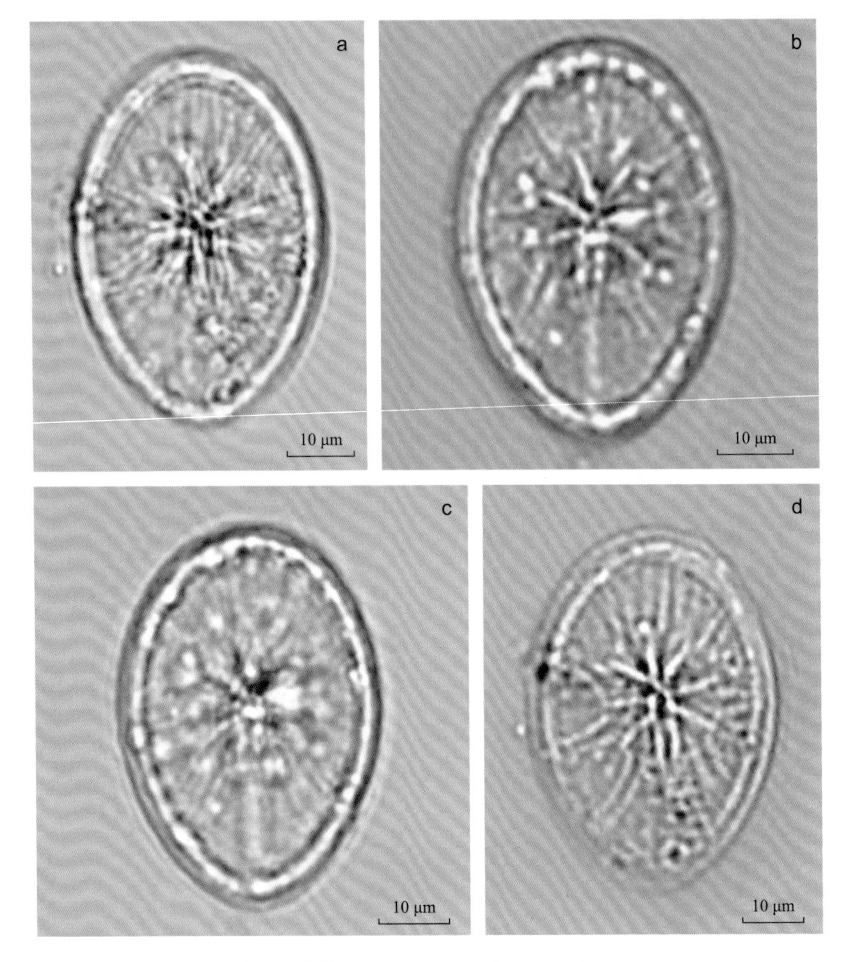

图 52 克氏星脐藻 *Asteromphalus cleveanus* Grunow, 1876

a ~ d. 细胞壳面观

藻体细胞壳面呈长卵圆形。星脐区呈近圆形，其直径约等于细胞直径的 1/2，从星脐区中央生出 10 条透明无纹区，其中一条甚细，都延伸到壳面边缘。

世界广布种。

53. 美丽星脐藻 *Asteromphalus elegans* Greville, 1859（图 53）

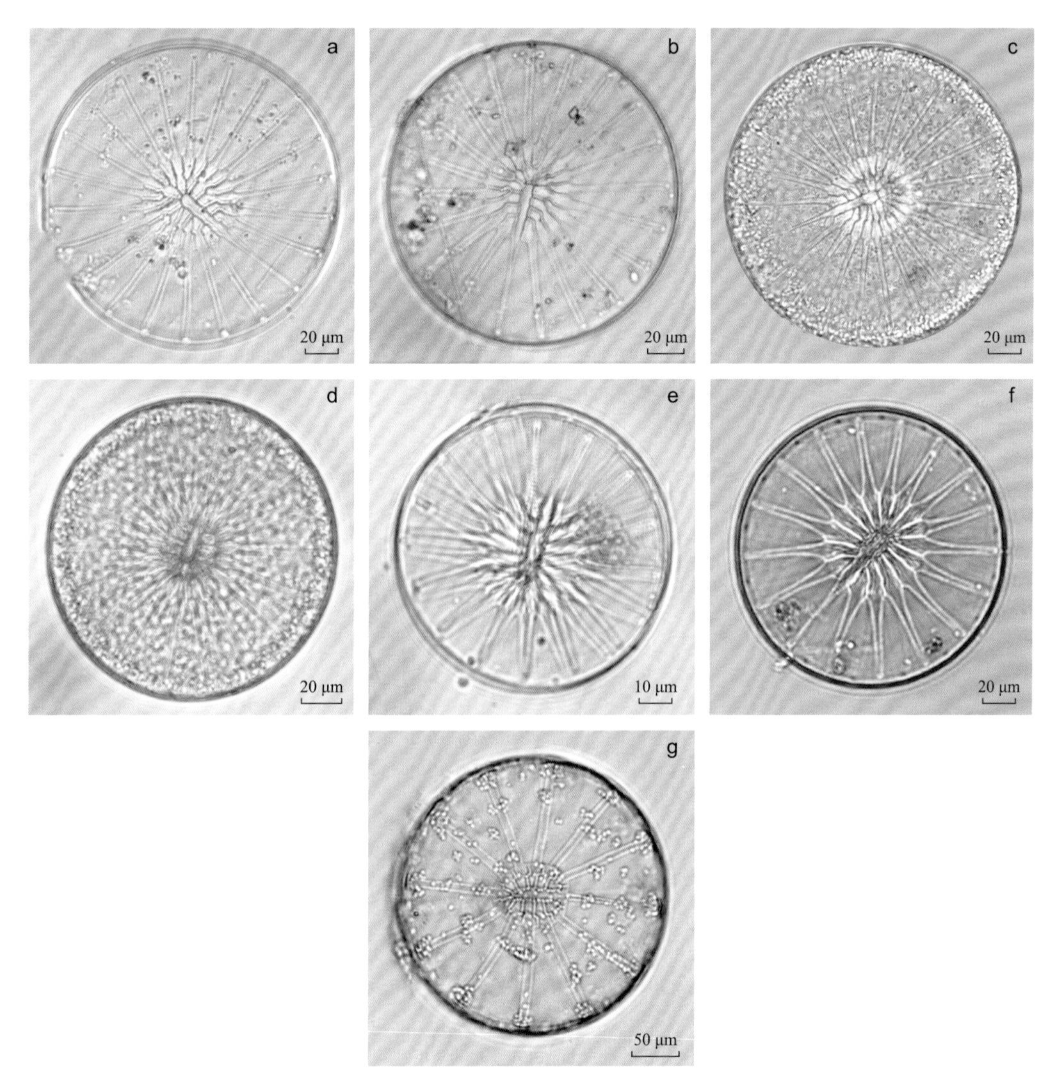

图 53　美丽星脐藻 *Asteromphalus elegans* Greville, 1859

a ～ g. 细胞壳面观

藻体细胞大型，直径 90 ～ 210 μm，不同种类藻体细胞个体差异大。壳面呈近圆形，壳面上有 13 ～ 29 条均匀排列的透明凸无纹区，其中一条较细，其余等粗。壳面星脐区小于或约为细胞直径的 1/2。细胞环面观呈长方形，上、下两壳面呈高低交错的波状。色素体小盘状，数目多。

热带浮游性种。印度洋、太平洋和墨西哥湾海域等均有记录。

54. 罗珀星脐藻 *Asteromphalus roperianus* (Greville) Ralfs, 1861（图 54）

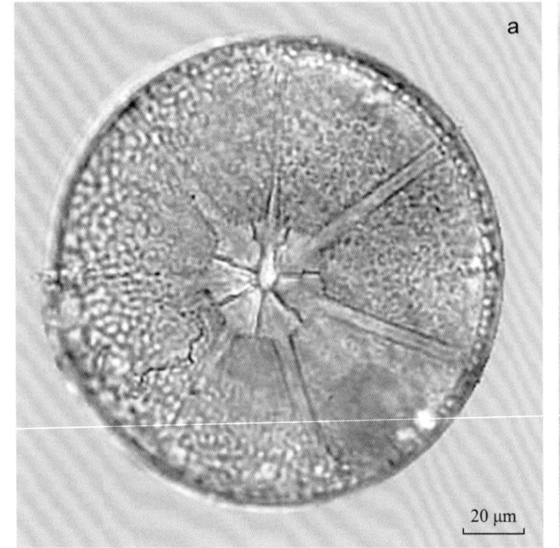

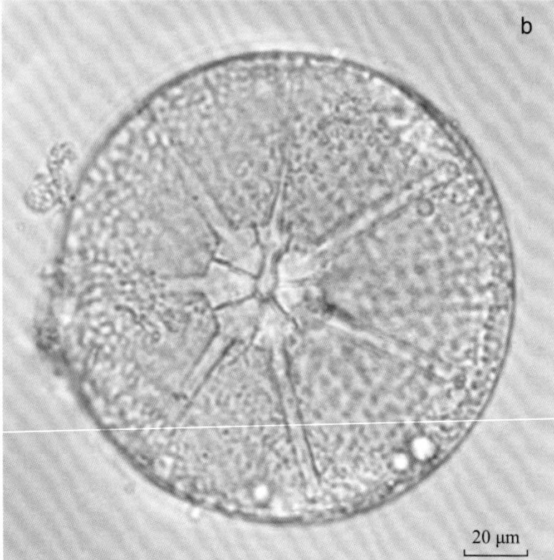

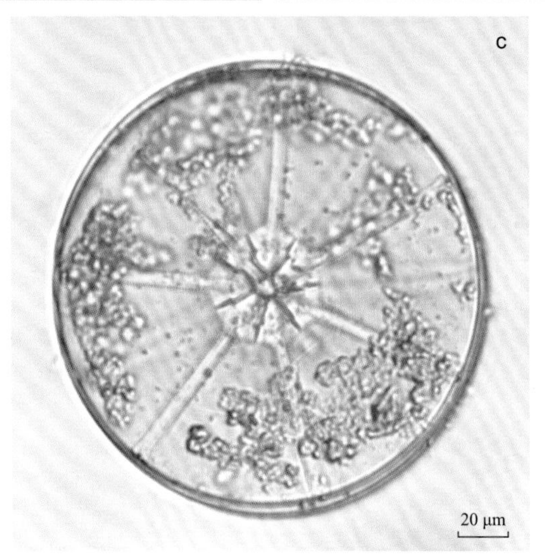

图 54 罗珀星脐藻 *Asteromphalus roperianus* (Greville) Ralfs, 1861

a ~ c. 细胞壳面观

藻体细胞大型，直径 150 ~ 167 μm［Tomas（1997）记载的直径为 80 ~ 120 μm］。壳面多呈圆形，中央星脐区相对小，从中部伸展出的透明无纹线明显，有 6 条宽无纹区和一条细放射纹，其中细放射纹清楚显示直达中心区。

暖水种。印度洋、大西洋，以及菲律宾群岛和南极岛屿附近海域等有记录。

第 3 科　海链藻科 Thalassiosiraceae Lebour

海链藻属 *Thalassiosira* Cleve, 1873

55. 细长列海链藻 *Thalassiosira leptopus* (Grun.) Hasle et G. Fryxell, 1977（图 55）

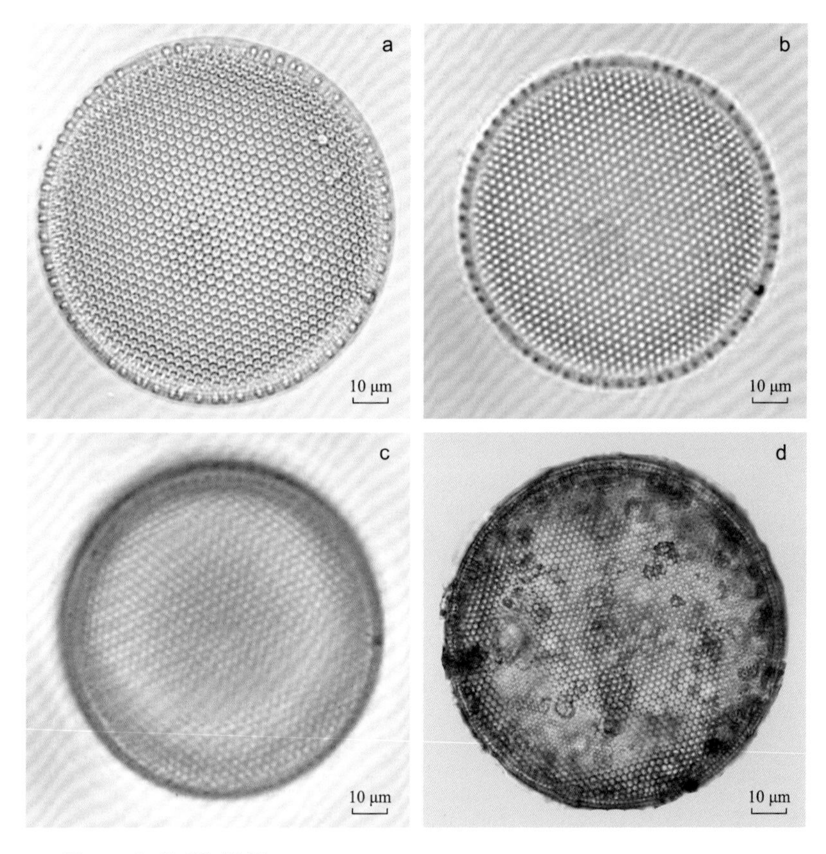

图 55　细长列海链藻 *Thalassiosira leptopus* (Grun.) Hasle et G. Fryxell, 1977

a ~ d. 细胞壳面观

同物异名：细长列圆筛藻 *Coscinodiscus leptopus* Grunow, in Van Heurch 1883；线形圆筛藻 *Coscinodiscus lineatus* Ehrenberg, 1839 (1841)

藻体细胞大型，直径 95 ~ 117 μm。壳面呈圆盘形，有规则的六角形筛室，每 10 μm 约有 4 个。无玫瑰纹或中央无纹区。壳面各筛室大小几乎相等，仅边缘 2 ~ 3 圈筛室较小，室的筛板上有许多排成直列的圆形筛孔。色素体小颗粒状，数目多。

远洋浮游性种，近岸亦能采到。广泛分布于热带和温带海域。印度洋、大西洋、太平洋，以及智利和美国加利福尼亚附近海域都曾有记录。中国海域常见。

56. 离心列海链藻 *Thalassiosira excentrica* (Ehr.) Cleve, 1904（图 56）

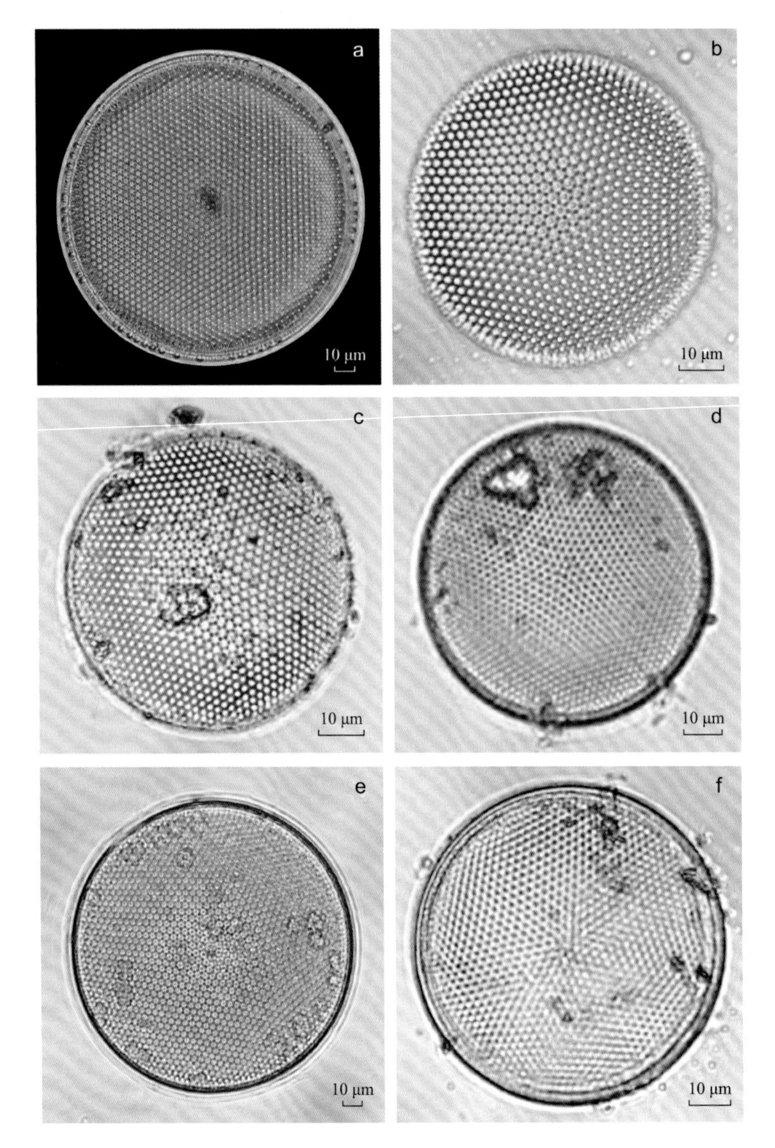

图 56　离心列海链藻 *Thalassiosira excentrica* (Ehr.) Cleve, 1904

a ~ f. 细胞壳面观

同物异名：偏心圆筛藻 *Coscinodiscus excentricus* Ehrenberg, 1841

藻体细胞中大型，直径 60 ~ 140 μm。壳面边缘处的小室略呈直线形，然后呈弧形向壳面中部排列，间或略呈束状排列。色素体小圆盘状，数目多。

本种与细长列海链藻的主要区别在于，前者壳面筛室呈直线排列，而后者呈弧形从边缘向壳面中部扩展。

世界广布种。

57. 对称海链藻 *Thalassiosira symnetrica* Fryxell et Hasle, 1972（图 57）

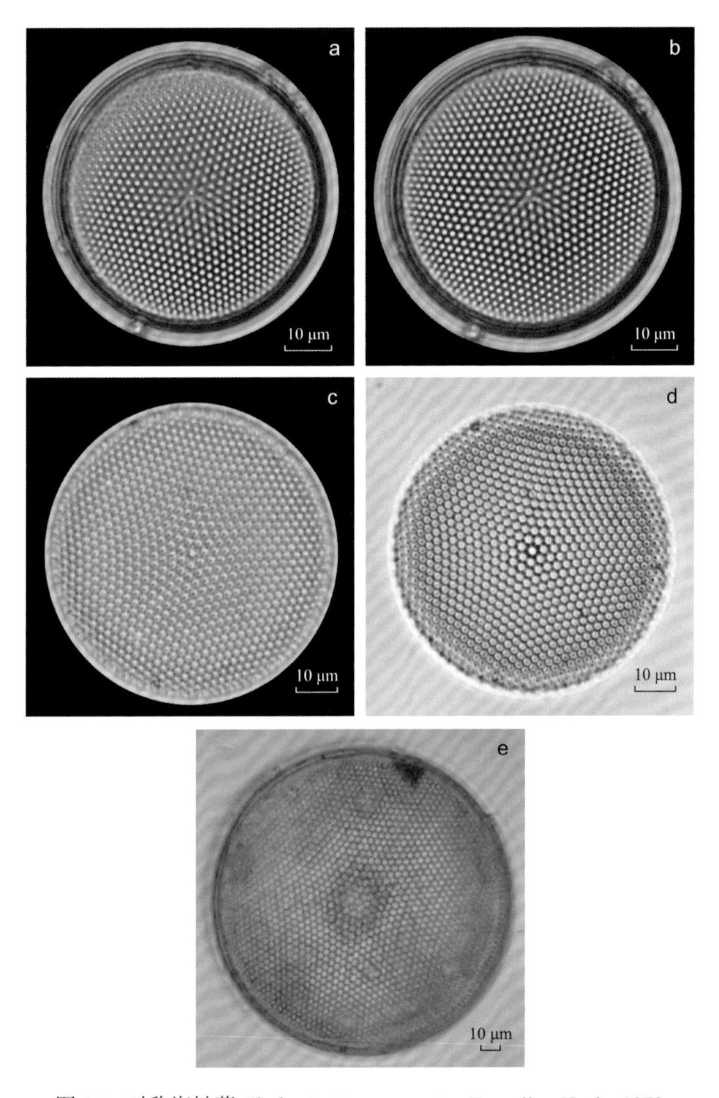

图 57　对称海链藻 *Thalassiosira symnetrica* Fryxell et Hasle, 1972

a ~ e. 细胞壳面观

藻体细胞中型，直径 50 ~ 120 μm。壳面通常呈圆形，壳面的室列分成相互交错的 7 个离心组，由细胞边缘向中部扩展。中部及近边缘的筛室为不规则的多角形，其余多为规则的六角形。壳面上无玫瑰纹和中央无纹区。壳面边缘有放射排列的细纹、短刺和两个相距 180º 的唇形突。色素体颗粒状，数目多。

本种与离心列海链藻相似，主要区别在于，前者两个唇形突在普通光学显微镜下十分明显，而后者仅有一个唇形突；从生态类型上来看，前者为大洋性种，而后者为近岸性种。

大洋性种，世界广泛分布，近岸亦较常见。印度洋、太平洋，以及墨西哥湾附近海域等有记录。

58. 诺氏海链藻 *Thalassiosira nordenskiöldii* Cleve, 1873（图 58）

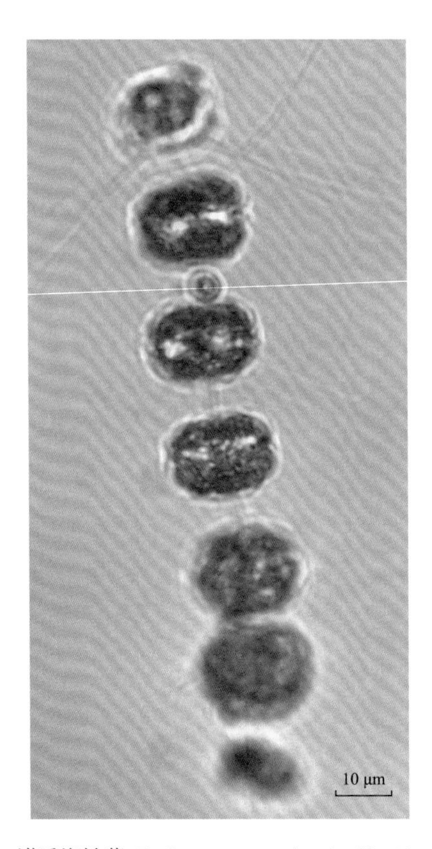

图 58　诺氏海链藻 *Thalassiosira nordenskiöldii* Cleve, 1873

细胞链环面观

藻体细胞呈厚圆盘状，环面观呈八角形。壳面呈圆形，直径 17 ~ 28 μm。壳面中央生出长胶质丝，将相邻细胞连成链状群体。此外，壳面中部边缘有一圈小刺，不规则，有时较长，向细胞链外放射生长。色素体小盘状，数目多。

北方或北极近海性种。北大西洋、北海、芬兰湾、爱尔兰海、英吉利海峡等冷水海域皆常见。中国渤海、黄海和东海有记录。

59. 细弱海链藻 *Thalassiosira subtilis* (Ostenfeld) Gran, 1900（图 59）

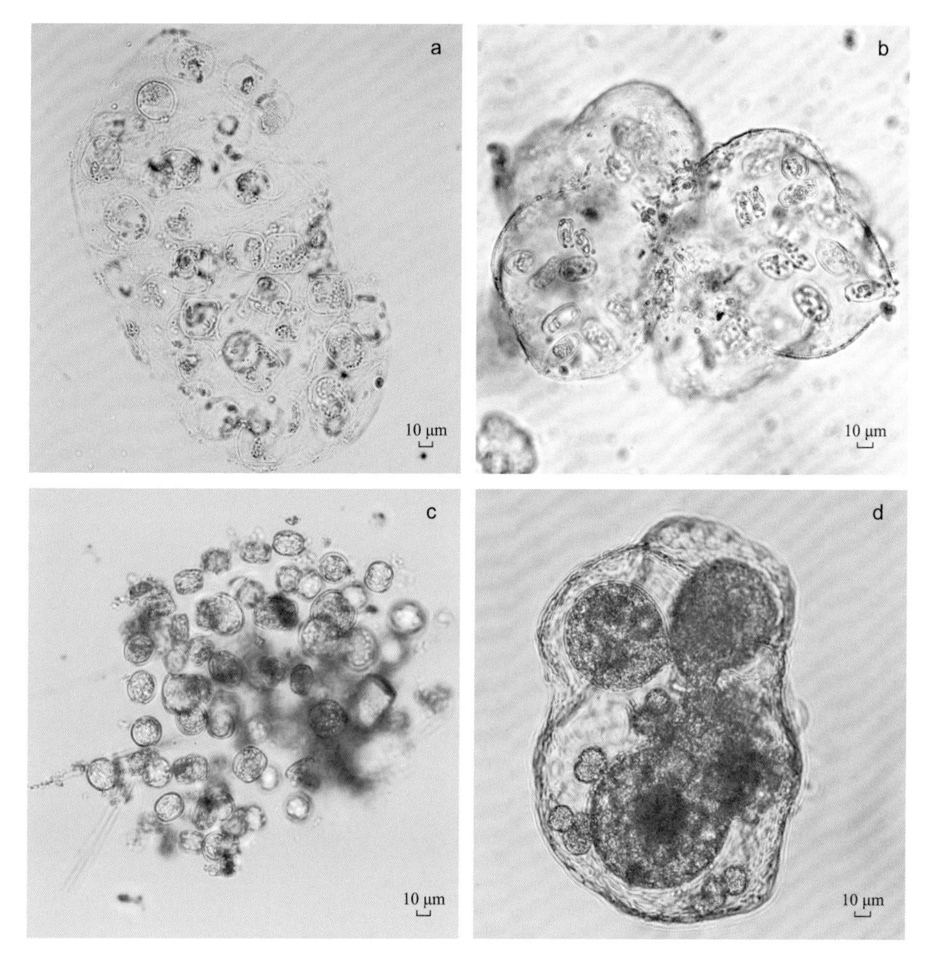

图 59 细弱海链藻 *Thalassiosira subtilis* (Ostenfeld) Gran, 1900

a ～ d. 胶质团块包裹的群体

该种的显著特征是十几个到几十个细胞包埋在不规则胶质块内，营群体生活。藻体细胞壳面呈圆形。

温带外洋性种，主要在温带至热带海域。广泛分布于太平洋、印度洋和北大西洋。中国黄海、东海和南海都有发现。

60. 圆海链藻 *Thalassiosira rotula* Meunier, 1910（图 60）

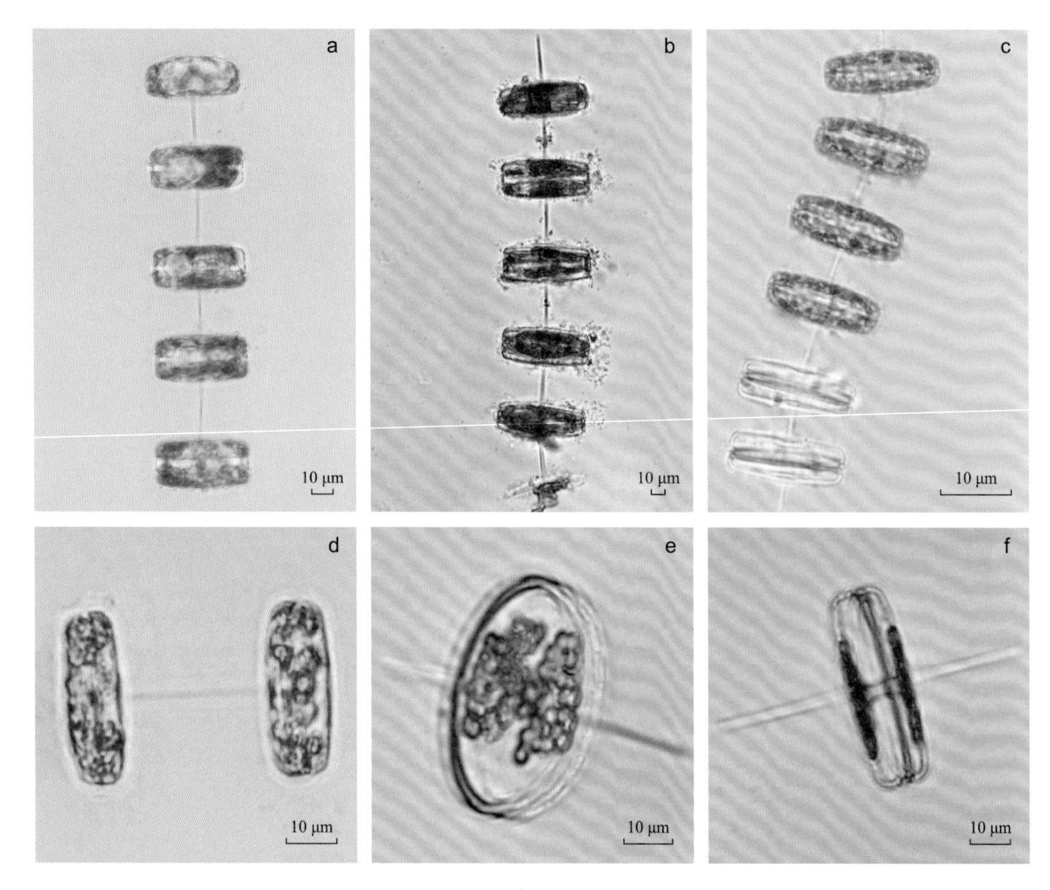

图 60　圆海链藻 *Thalassiosira rotula* Meunier, 1910

a ~ d. 细胞链环面观；e. 细胞壳面观

藻体细胞壳面呈圆形，直径 28 ~ 45 μm，环面观呈扁长方形。壳面中央生一较粗的黏液丝，将相邻细胞连接成链状群体。色素体小而多。可形成球状的复大孢子。

温带浮游性种。日本东京湾和三河湾，以及澳大利亚、法国及美国沿岸海域都有少量出现。中国黄海、东海及南海北部湾有记录。

61. 太平洋海链藻 *Thalassiosira pacifica* Gran et Angst, 1931（图 61）

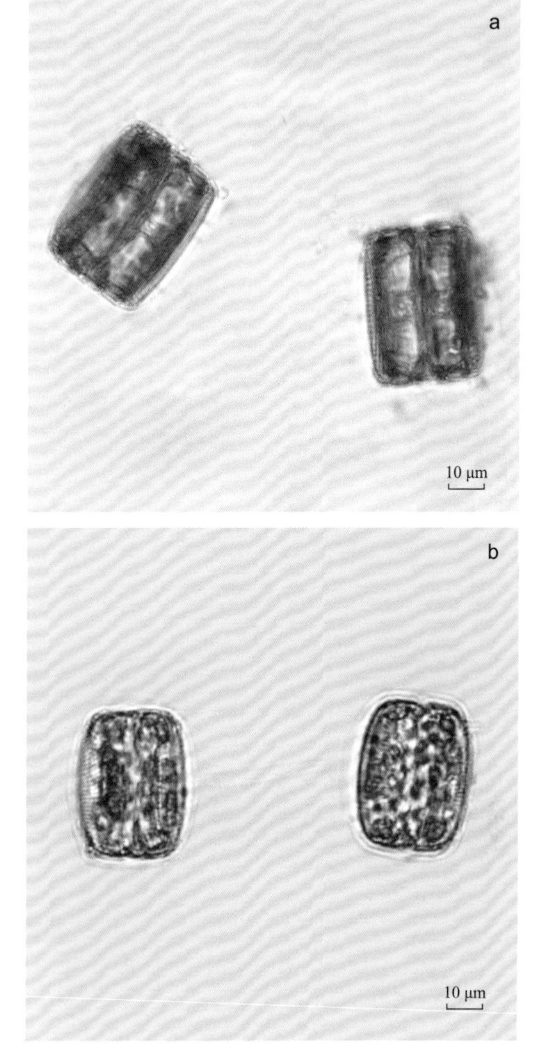

图 61　太平洋海链藻 *Thalassiosira pacifica* Gran et Angst, 1931

a ~ b. 细胞链环面观

同物异名：*Thalassiosira pulchella* Takano (1963)

藻体细胞呈厚盘状或短圆柱状，环面观呈扁长方形。壳面呈圆形，直径 34 ~ 40 µm，壳面边缘生一圈小刺。相邻细胞借壳面中央一条黏液丝相连成链状群体。

近岸浮游性种。广泛分布于北温带沿岸海域，在太平洋（日本沿岸）、北大西洋和北海沿岸海域都有采到。中国黄海和东海有少量出现。

62. 旋转海链藻 *Thalassiosira curviseriata* Takano, 1981（图 62）

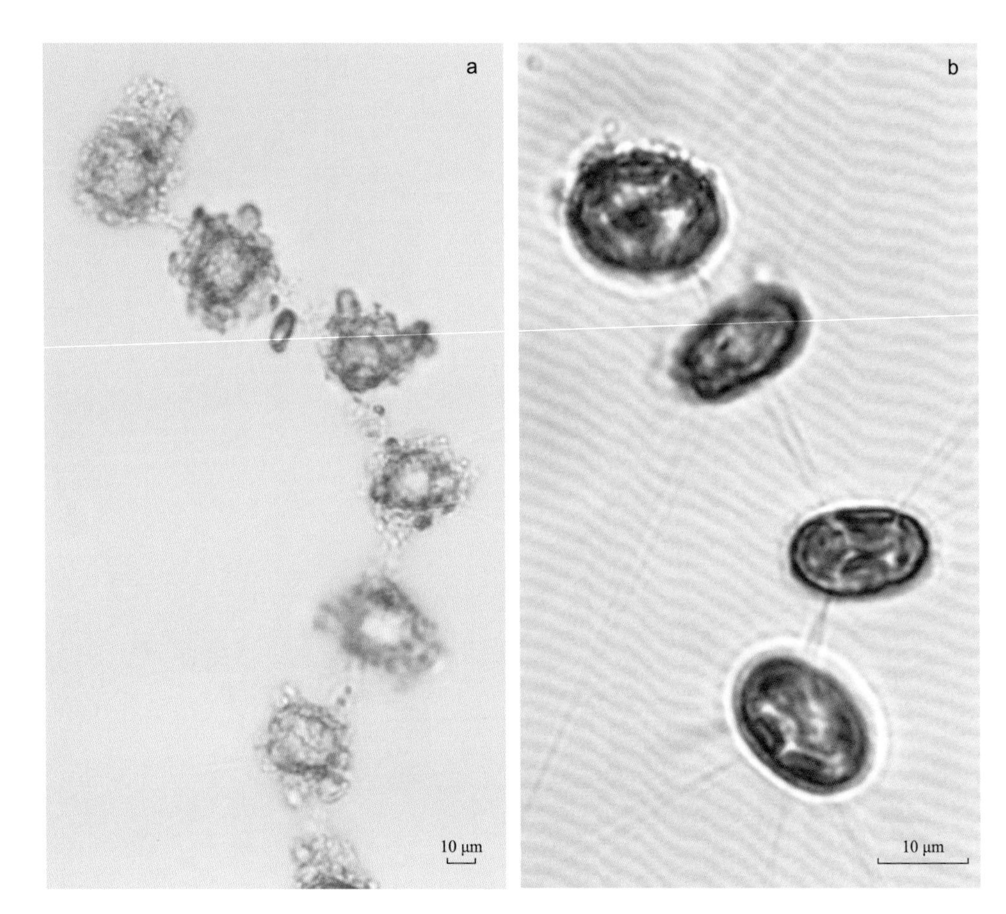

图 62　旋转海链藻 *Thalassiosira curviseriata* Takano, 1981

a ~ b. 细胞链环面观

本种营群体生活，细胞依靠中央支持突分泌的胶质丝连成弯形群体，壳面直径约 14 μm［Takano（1981）记载的直径为 7.8 ~ 14.5 μm］。藻体细胞壳面呈圆形或椭圆形，壳环面高度小于壳面直径。

近岸浮游性种。本种首次记录于日本沿岸（Takano，1981），澳大利亚海域亦有记录。中国广东大亚湾有分布。

63. 海链藻 *Thalassiosira* spp.（图 63）

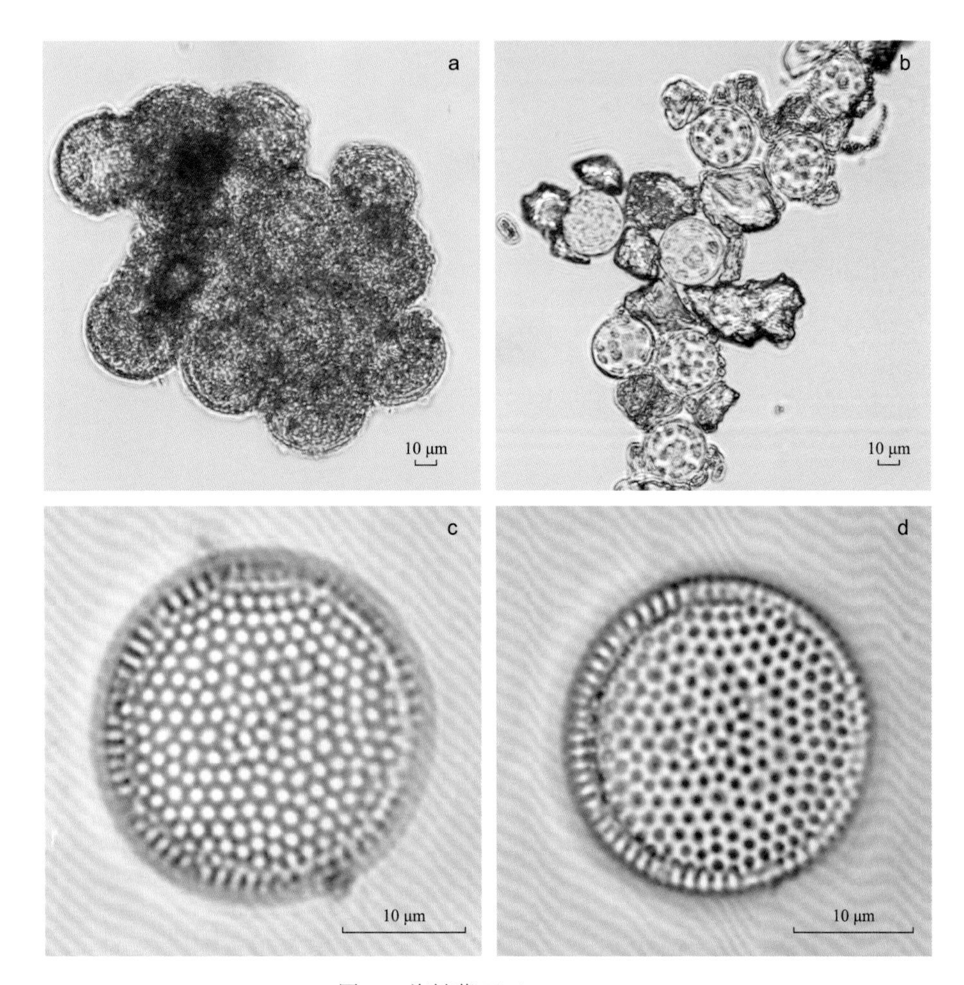

图 63　海链藻 *Thalassiosira* spp.

a ～ b. 群体；c ～ d. 单个细胞壳面观

短棘藻属 *Detonula* Schütt, 1894

64. 矮小短棘藻 *Detonula pumila* (Castracane) Gran, 1900（图 64）

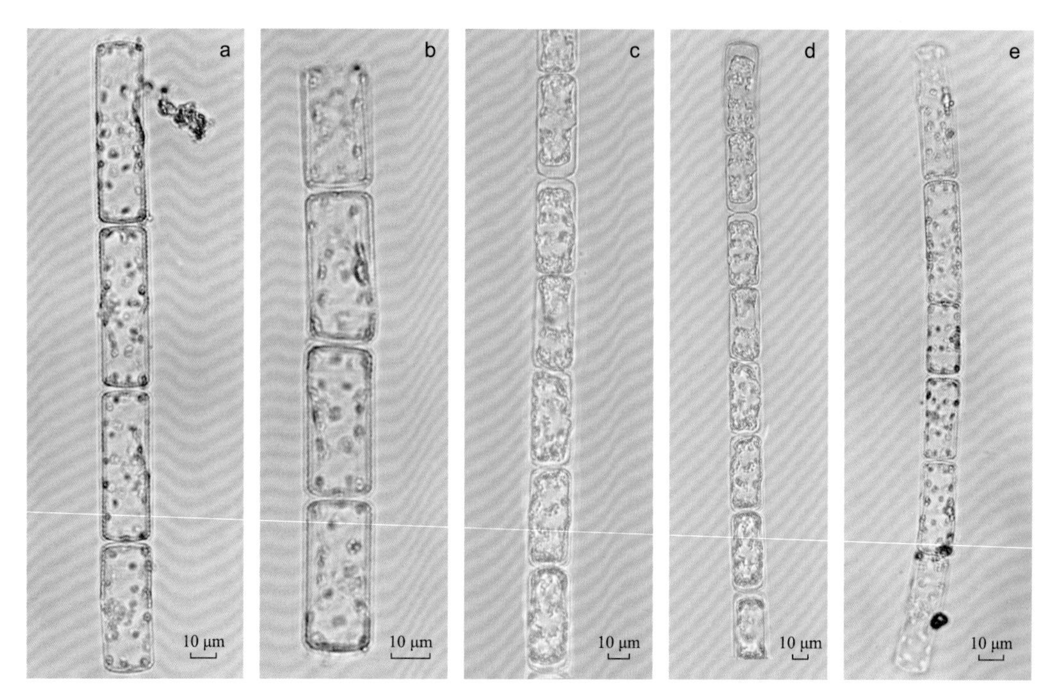

图 64　矮小短棘藻 *Detonula pumila* (Castracane) Gran, 1900.

a ~ e. 群体环面观

同物异名：优美旭氏藻 *Schröderella delicatula* f. *delicatula* (Peragllo) Pavillard, 1913

藻体细胞呈长圆柱形。细胞两顶端中央有一大刺，边缘生一圈小刺，如锯齿形，相邻细胞通过这一圈小刺相互连接成长链。环面上的领状间插带多，而且非常明显。色素体星状，数目多。

暖海近岸种。爪哇海、地中海、北大西洋沿岸海域等有记录。美国西岸海域普遍出现。中国黄海、东海和南海均有分布。

旭氏藻属 *Schröderella* Pavillard, 1913

65. 优美旭氏藻矮小变型 *Schröderella delicatula* f. *schröderi* (Bergon) Sournia, 1968（图 65）

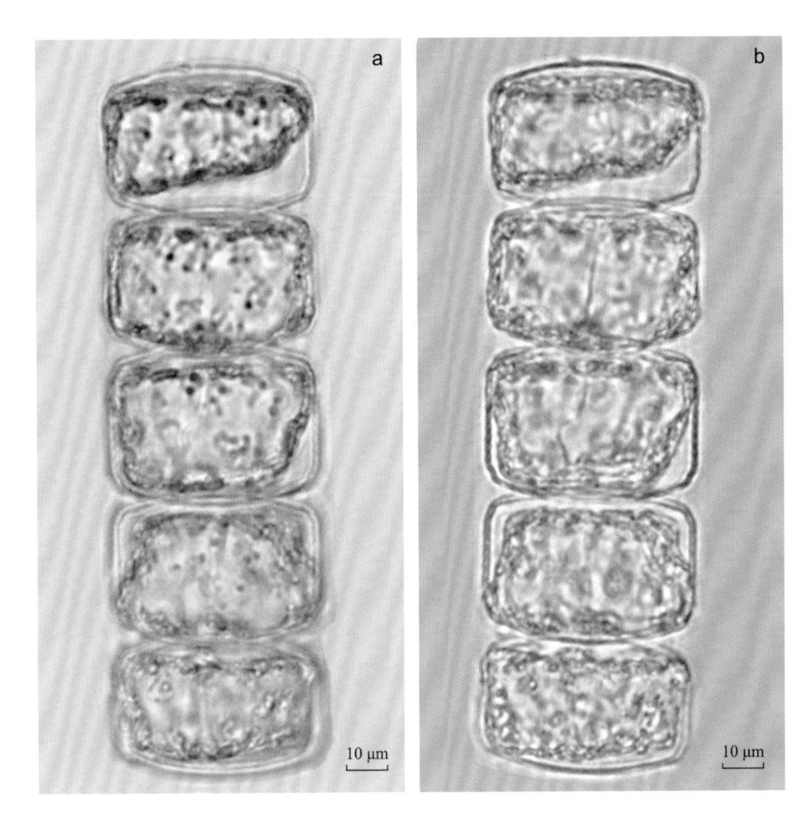

图 65 优美旭氏藻矮小变型 *Schröderella delicatula* f. *schröderi* (Bergon) Sournia, 1968

a ~ b. 群体环面观

同物异名：*Lauderia schröderi* Bergon, 1903; *Schröderella schröderi* (Bergon) Pavillard, 1925

本变型细胞高度小于宽度，较原种矮小短棘藻 *D. pumila* 明显粗短，中央刺与边缘刺都较原种长。色素体小盘状，数目多。

暖海浮游性种。北大西洋和莫桑比克海峡曾有记录。中国西沙群岛附近海域有分布，但近年来，黄海和渤海海域常有出现，是春季优势种之一（杨世民等，2006）。

娄氏藻属 *Lauderia* Cleve, 1873

66. 环纹娄氏藻 *Lauderia annulata* Cleve, 1873（图 66）

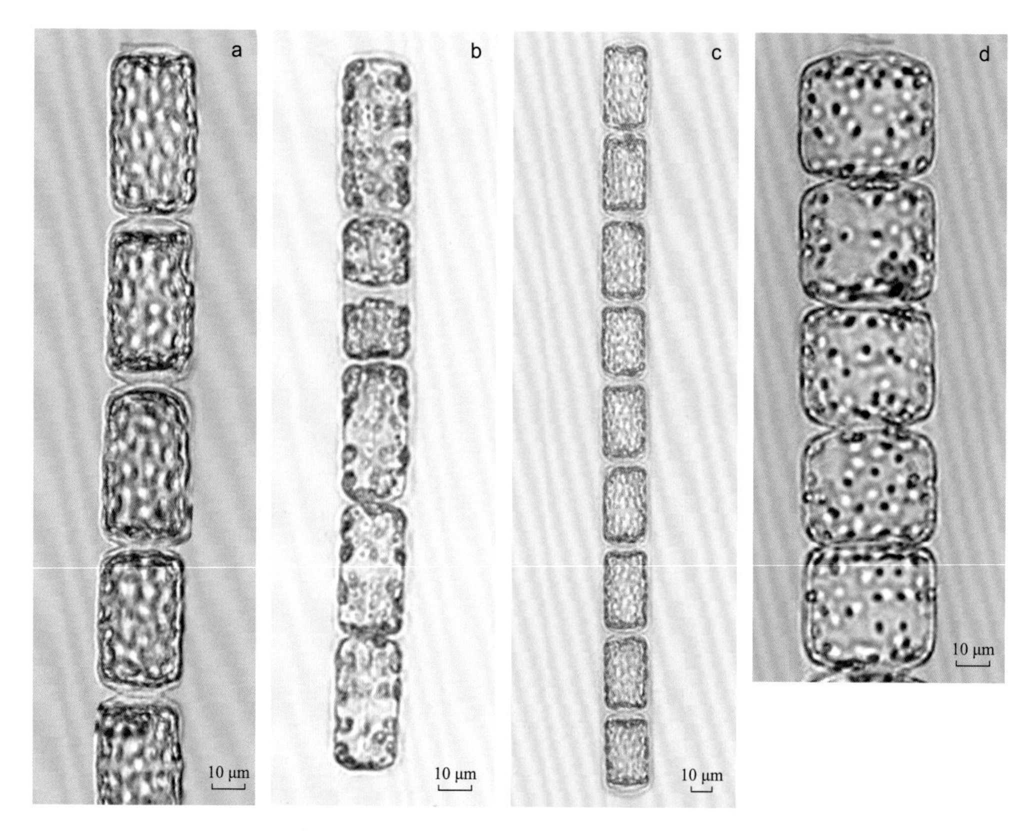

图 66　环纹娄氏藻 *Lauderia annulata* Cleve, 1873

a ~ d. 群体环面观

同物异名：北方娄氏藻 *Lauderia borealis* Gran, 1900

藻体细胞呈筒形，直径 23 ~ 32 μm，贯壳轴长度 33 ~ 47 μm，细胞之间通过顶端长短不一的小棘相连形成直链。壳面略突，中央略凹。

广温近岸性种。爪哇海、地中海、北大西洋、北海，以及美国西岸附近海域等有记录。中国渤海、黄海、东海和南海都有分布。

第4科　骨条藻科 Skeletonemaceae Lebour

骨条藻属 *Skeletonema* Greville, 1865

67. 中肋骨条藻 *Skeletonema costatum* (Greville) Cleve, 1878（图 67）

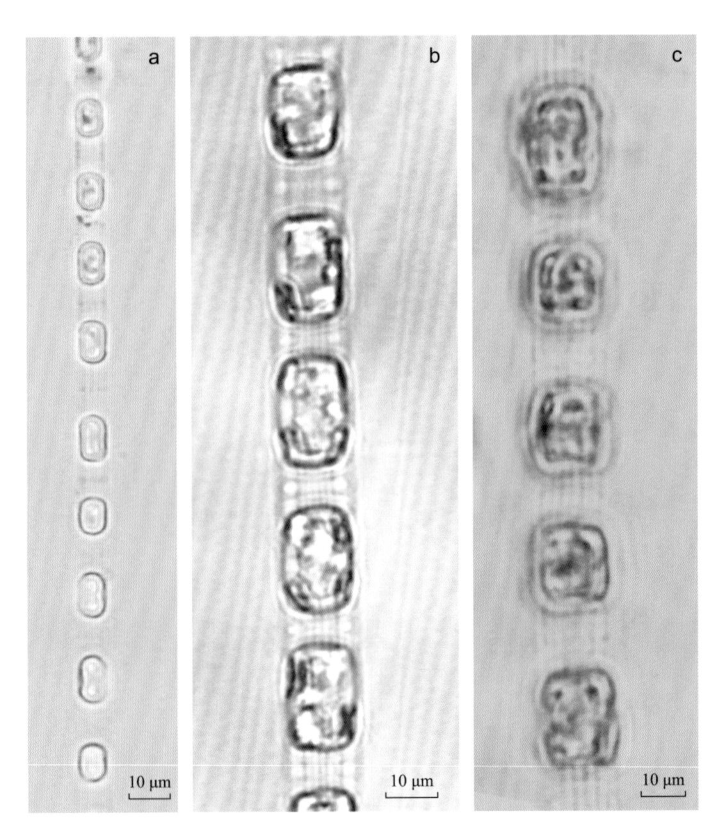

图 67　中肋骨条藻 *Skeletonema costatum* (Greville) Cleve, 1878

a ~ c. 细胞链环面观

同物异名：*Melosira costata* Greville, 1866

藻体细胞呈透镜形或短圆柱形，相邻细胞极易以壳面边缘一圈支持突相接而形成长链，群体细胞多达几个到几十个。色素体一个或两个。

世界广布性种，沿岸常见的赤潮生物，是沿岸流的良好指示生物。中国沿海常见赤潮种。

68. 热带骨条藻 *Skeletonema tropicum* Cleve, 1900（图 68）

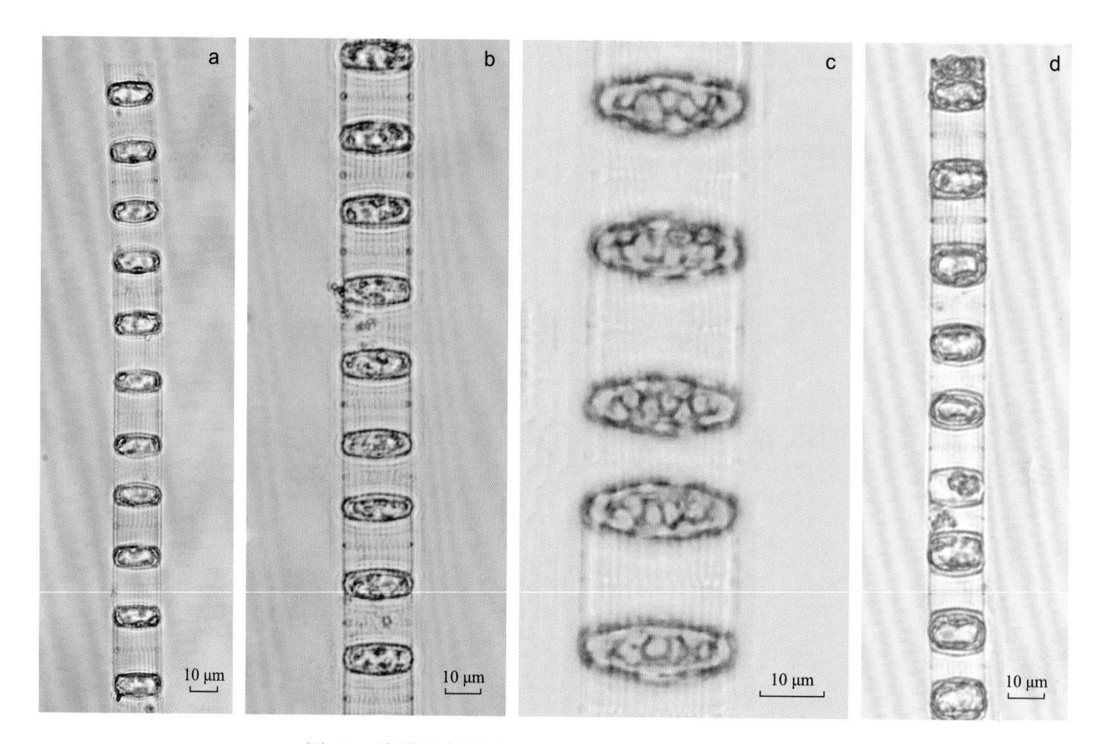

图 68　热带骨条藻 *Skeletonema tropicum* Cleve, 1900

a ~ d. 细胞链环面观

同物异名：*Skeletonema costatum* f. *tropicum*

藻体细胞宽扁，亦呈长链状群体生活，相邻细胞亦通过顶端支持突相连。本种与中肋骨条藻的主要区别在于本种细胞直径大而扁，壳面顶端的支持突多，适温范围高。

热带性种。加勒比海南美沿岸、美国大西洋沿岸、墨西哥湾东北部海域均曾采到。中国琼州海峡、福建沿海和台湾海峡有分布。

69. 骨条藻 *Skeletonema* spp.（图 69）

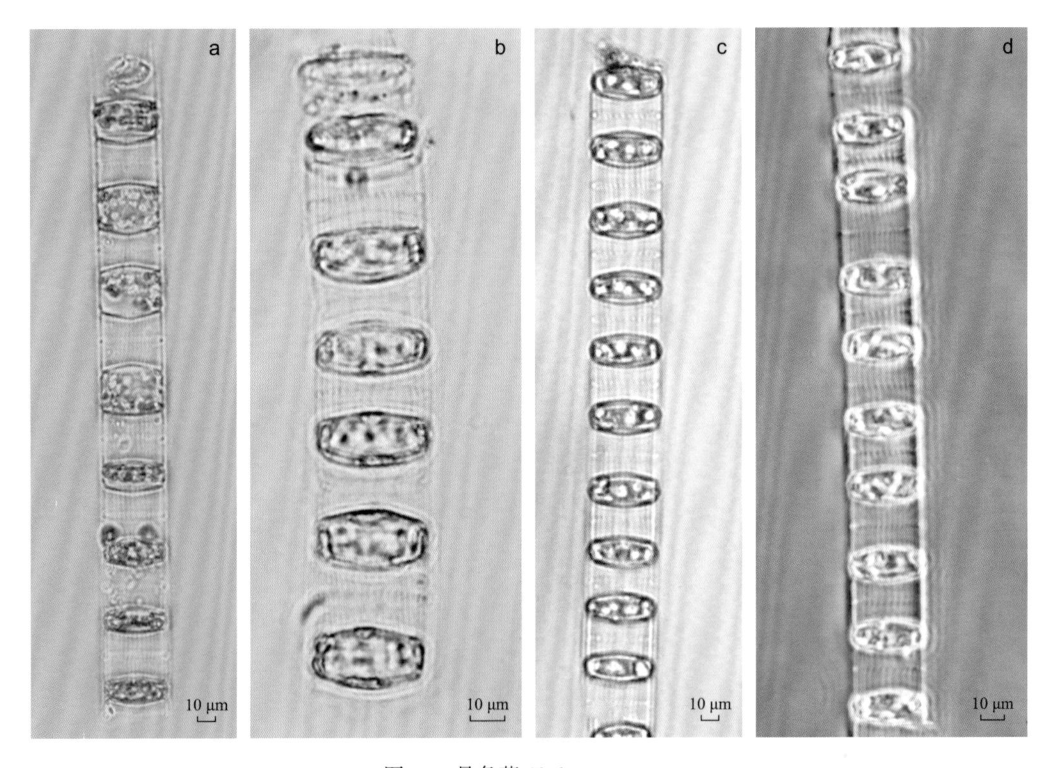

图 69　骨条藻 *Skeletonema* spp.

a ~ d. 细胞链环面观

冠盖藻属 *Stephanopyxis* Ehrenberg, 1844

70. 掌状冠盖藻 *Stephanopyxis palmeriana* (Grev.) Grunow, 1884（图 70）

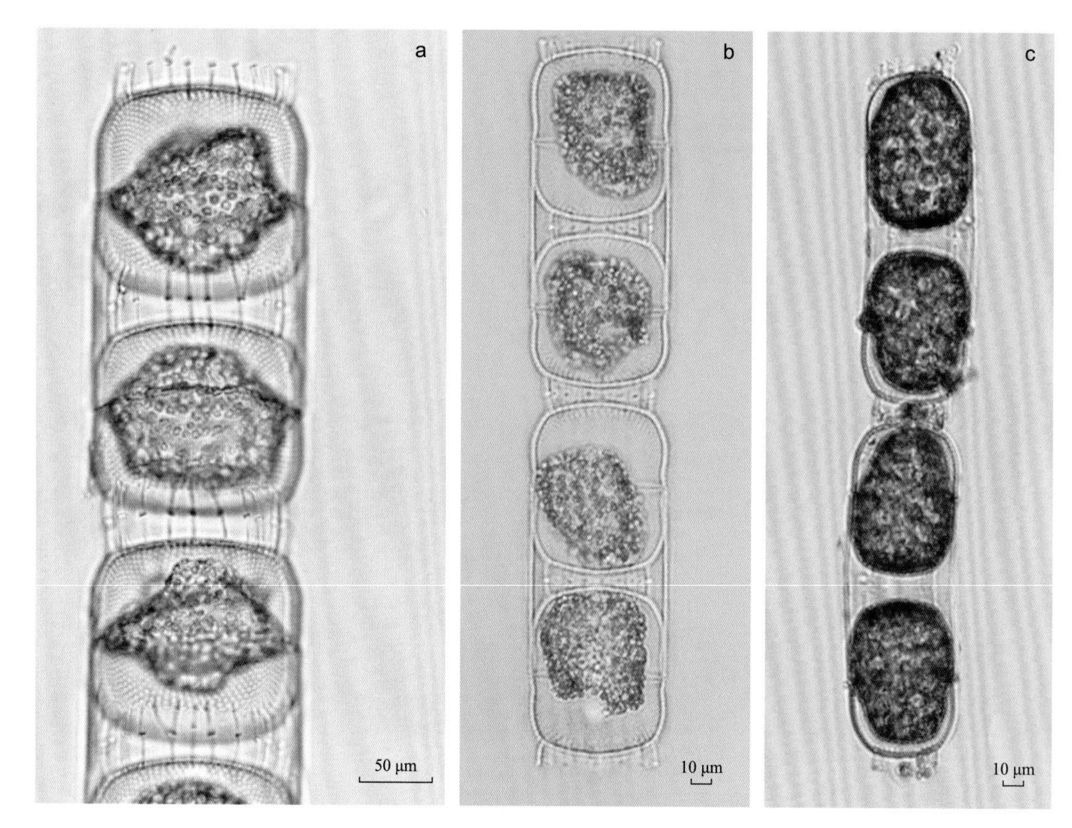

图 70　掌状冠盖藻 *Stephanopyxis palmeriana* (Grev.) Grunow, 1884

a ~ c. 细胞链环面观

藻体细胞呈短圆柱形，直径 40 ~ 136 μm，壳面边缘生一圈粗刺，相邻细胞通过粗刺相连接，形成直的链状群体。细胞环面呈长方形，角稍圆。色素体多数。

热带近岸浮游性种。印度洋、地中海、大西洋南部（含欧洲南部）、美国加利福尼亚南部暖水海域等有分布。中国黄海、东海和南海有记录。

71. 塔形冠盖藻 *Stephanopyxis turris* var. *turris* (Grev. et Arnott) Ralfs, 1861（图 71）

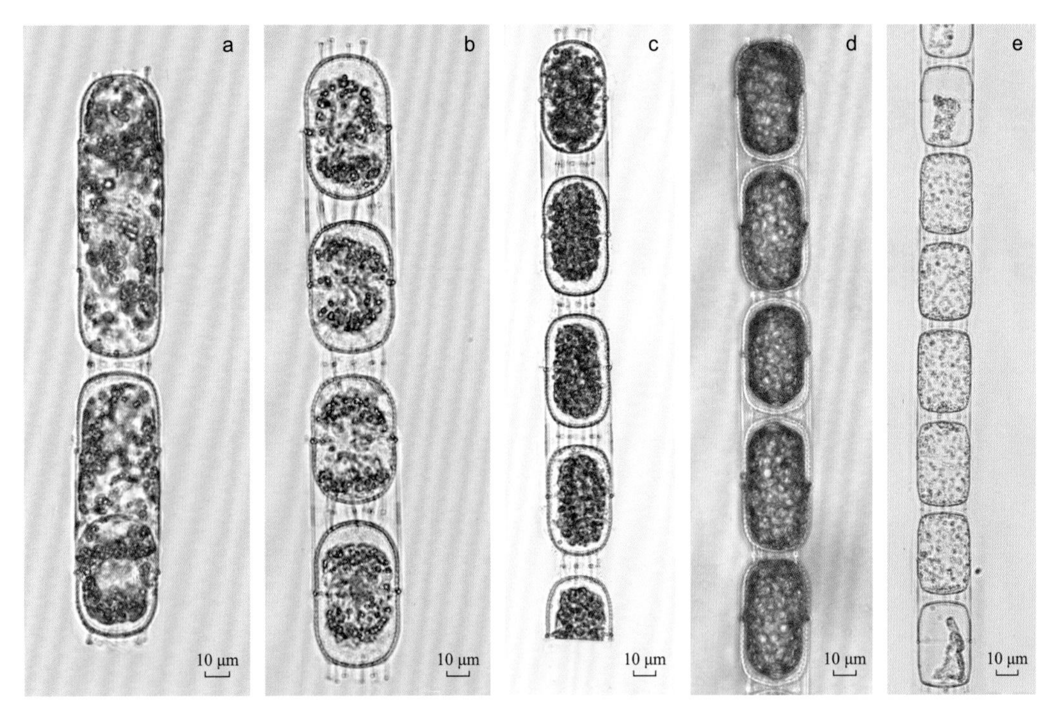

图 71　塔形冠盖藻 *Stephanopyxis turris* var. *turris* (Grev. et Arnott) Ralfs, 1861

a ～ e. 细胞链环面观

藻体细胞呈长圆柱形，直径 32 ～ 40 μm。壳面边缘亦生一圈粗刺，相邻细胞通过粗刺相接合，形成直的链状群体。细胞贯壳轴长。色素体多。

本种与掌状冠盖藻易混淆，主要区别在于①本种细胞壳面边缘的管状刺数目较少，仅有 9 ～ 10 条，后者有 16 ～ 20 条；②本种细胞贯壳轴长，细胞高与宽的比例远大于后者。

温带近海种。大西洋、加利福尼亚湾、北海、爱尔兰海，以及澳大利亚、丹麦附近海域有记录。中国渤海和黄海近海有分布。

第 5 科　细柱藻科 Leptocylindraceae Lebour

几内亚藻属 *Guinardia* Peragallo, 1892

72. 薄壁几内亚藻 *Guinardia flaccida* (Castracane) Peragallo, 1892（图 72）

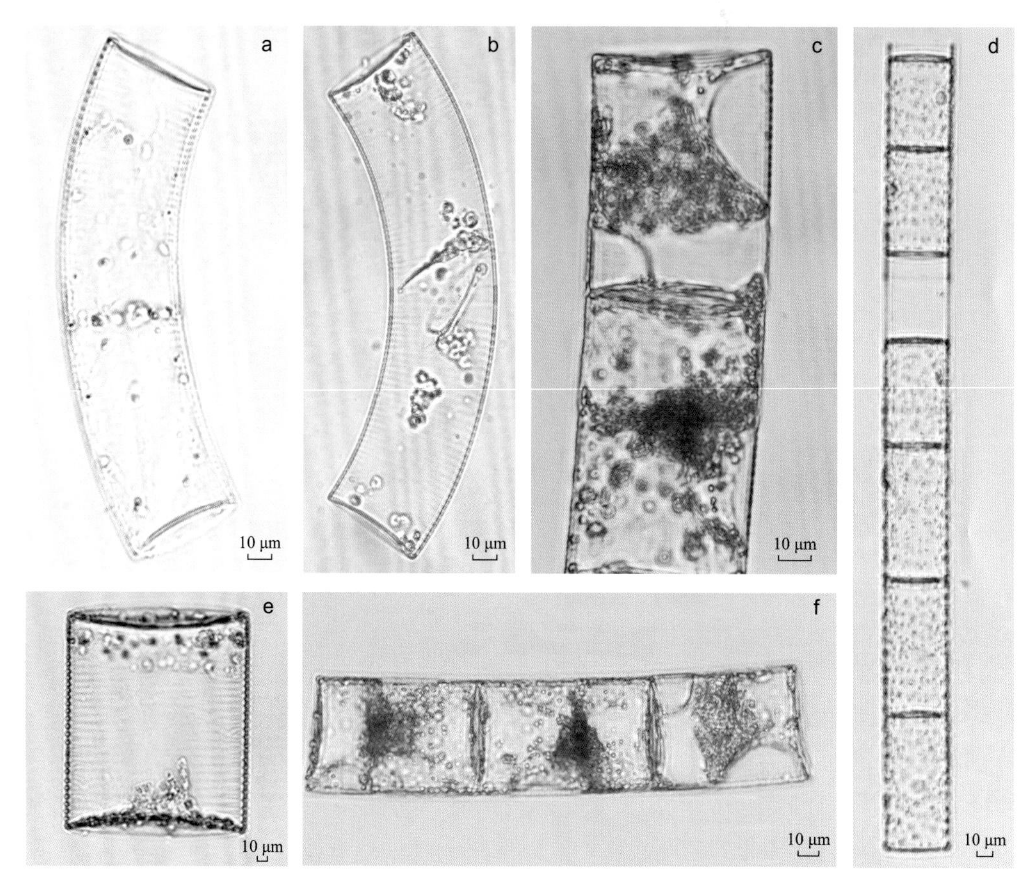

图 72　薄壁几内亚藻 *Guinardia flaccida* (Castracane) Peragallo, 1892

a、b 和 e. 单细胞环面观；c、d 和 f. 群体环面观

薄壁几内亚藻又称萎软几内亚藻。

藻体细胞壳面呈圆形，边缘有 1 ~ 2 个短的钝齿状突起。相邻细胞常以壳缘及齿状突相接成直链，细胞间隙狭，或无明显空隙。环面领状间插带明显。色素体多数，弯棒状或较大颗粒状。

热带近海浮游性种。印度洋西南部海域、北大西洋、地中海、爪哇海、日本海、美国加利福尼亚附近海域等均有分布。中国黄海、东海和南海均产。

73. 柔弱几内亚藻 *Guinardia delicatula* Cleve, 1900（图 73）

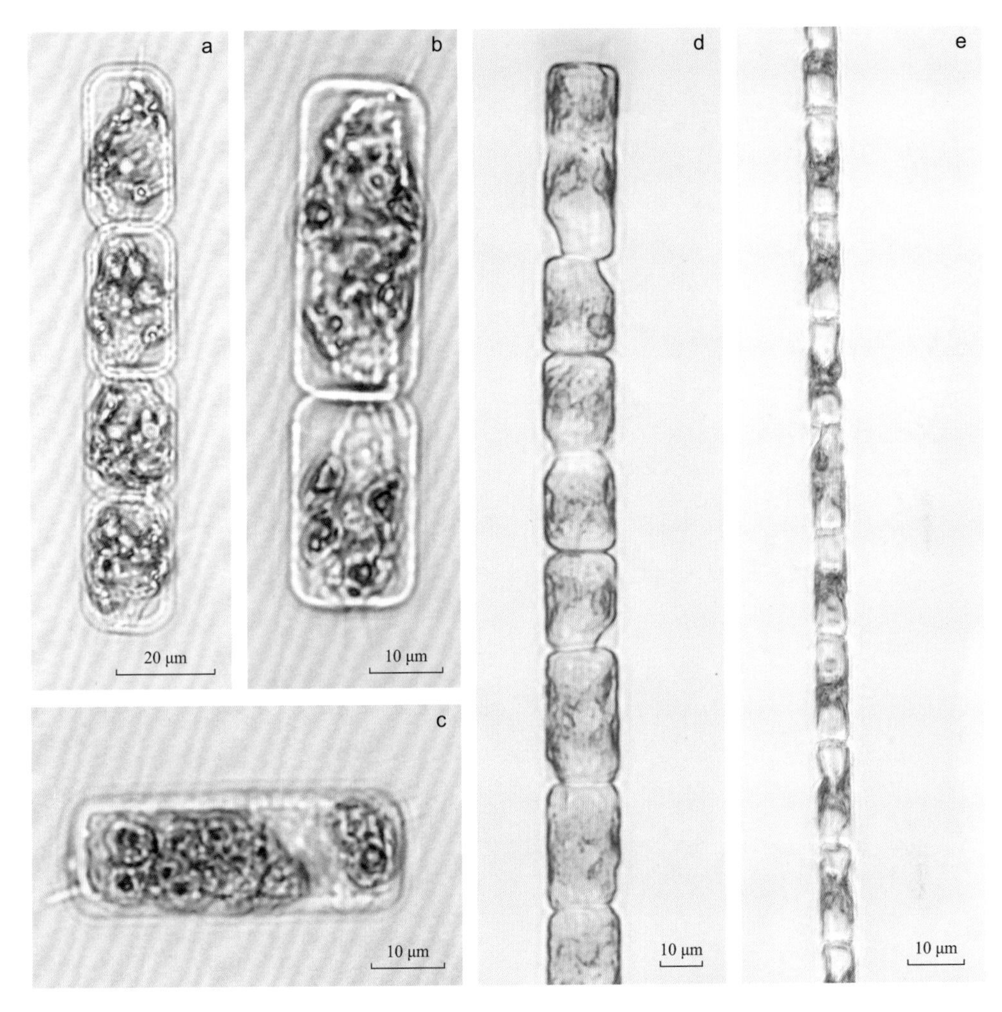

图 73　柔弱几内亚藻 *Guinardia delicatula* Cleve, 1900

a ~ b 和 d ~ e. 群体环面观；c. 单细胞环面观

同物异名：柔弱根管藻 *Rhizosolenia delicatula* Cleve, 1900

藻体细胞呈圆柱形，直径约 16 μm。壳面生有一小刺，斜向上伸出。该种在自然海域通常形成几个至十几个的链状群体，由相邻细胞以壳面直接相连组成短链。间插带环状。色素体较大，板状。

温带近岸性种。分布于大西洋、北海、英吉利海峡、北美洲太平洋沿岸、加利福尼亚湾、秘鲁外海等海域。中国渤海、黄海、东海和南海海域均有记录。

74. 斯氏几内亚藻 *Guinardia stolterfothii* Peragallo, 1888（图 74）

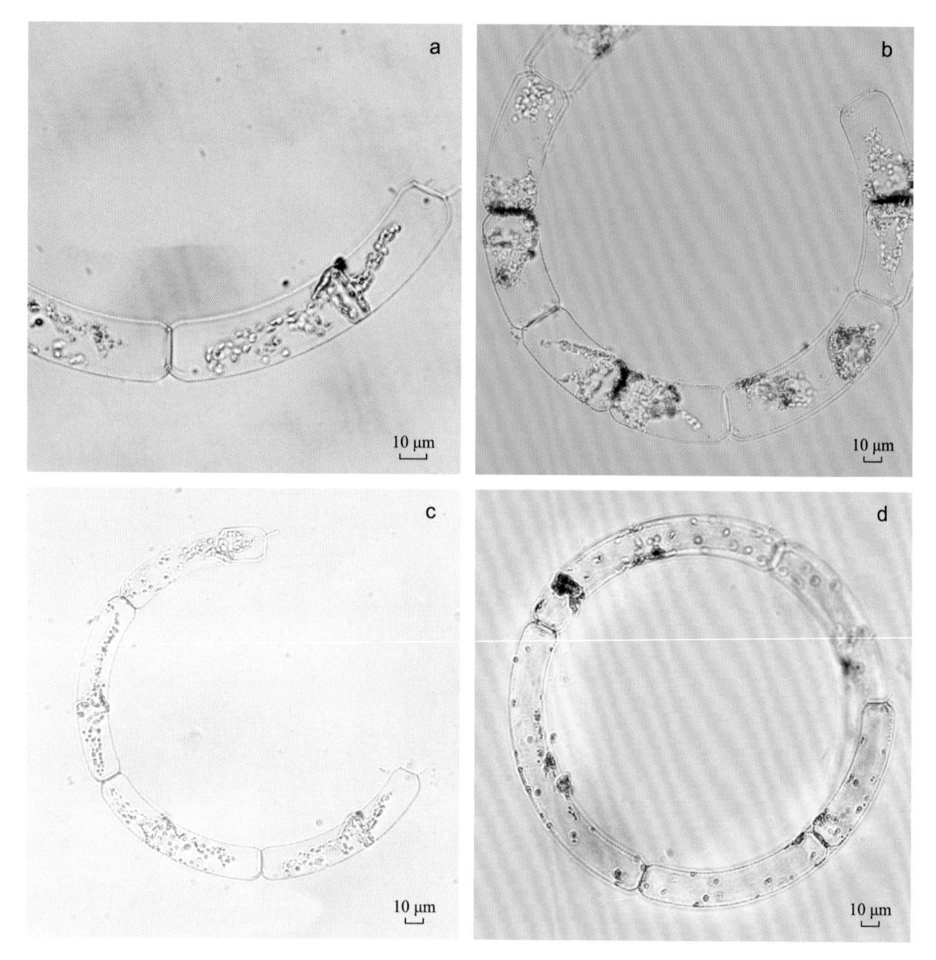

图 74　斯氏几内亚藻 *Guinardia stolterfothii* Peragallo, 1888

a ~ d. 细胞链环面观

同物异名：斯托根管藻 *Rhizosolenia stolterfothii* Peragallo, 1888

藻体细胞呈圆柱形，直径 18 ~ 37 μm。细胞常弧形弯曲，其顶端向外的一侧边缘上生有小刺，相邻细胞通过其小刺插入壳壁凹沟连成群体。间插带领状，多数。色素体较大，数目多。

广温广盐性种，世界广布种，热带至北极均有分布。

75. 圆柱几内亚藻 *Guinardia cylindrus* (Cleve) Hasle et al., 1996（图 75）

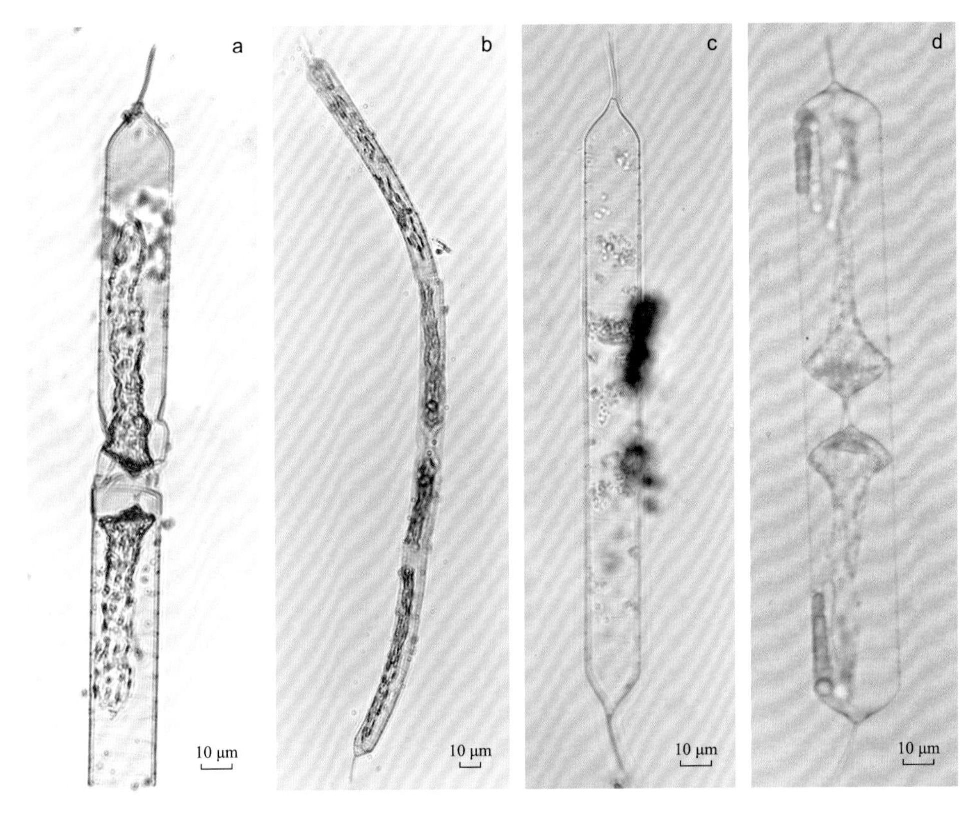

图 75 圆柱几内亚藻 *Guinardia cylindrus* (Cleve) Hasle et al., 1996

a ~ d. 细胞环面观；a. 正在分裂的细胞

同物异名：圆柱根管藻 *Rhizosolenia cylindrus* Cleve, 1897

藻体细胞呈圆柱状，单个生活或组成短链。细胞直径 10 ~ 29 μm，浮游生物网采集的标本与水样的标本差异大［金德祥等（1965）记载的直径为 10.5 μm；郭玉洁等（1964）记载的直径为 9 ~ 29 μm］。壳面凸起呈半球形，顶端生一根粗的长刺，稍有弯曲。相邻细胞通过长刺交叉相连，形成短链群体。间插带环状。色素体颗粒状，数目多。

热带外洋性种。加利福尼亚湾、日本北太平洋沿岸、爪哇海、阿拉伯海、美洲大西洋沿岸海域有分布。中国黄海南部、东海和南海有记录。

细柱藻属 *Leptocylindrus* Cleve, 1889

76. 丹麦细柱藻 *Leptocylindrus danicus* Cleve, 1889（图 76）

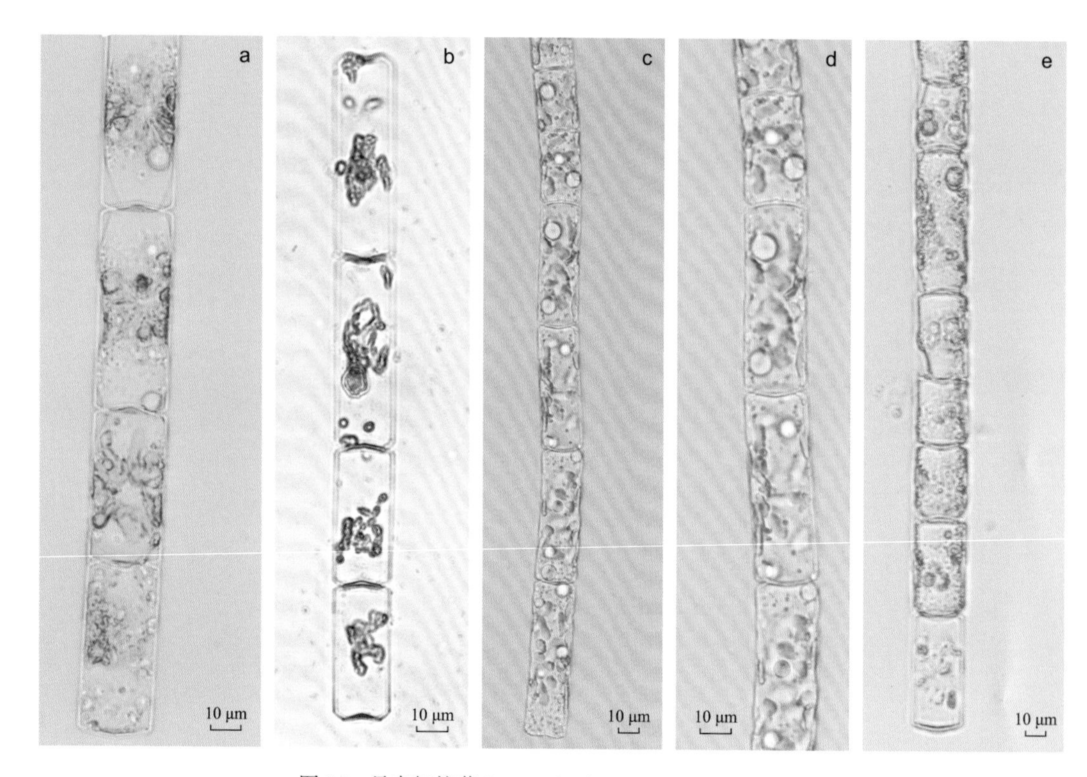

图 76　丹麦细柱藻 *Leptocylindrus danicus* Cleve, 1889

a ~ e. 细胞链环面观

藻体细胞呈长圆筒状，直径 12 ~ 18 μm，贯壳轴长 44 ~ 80 μm。自然海域该种多以链状出现，主要是相邻细胞的壳面相连接形成细长的细胞链。色素体小板状。

本种与柔弱几内亚藻易混淆，两者的主要区别在于后者壳面生有一小刺，斜向上伸出，而本种没有。

温带近岸性种，分布广。爪哇海、欧洲各海域、英吉利海峡、南北美洲两侧的大西洋和太平洋等海域皆有记录。中国各海域均有出现。

77. 地中海细柱藻 *Leptocylindrus mediterraneus* (H. Peragallo) Hasle, 1975（图 77）

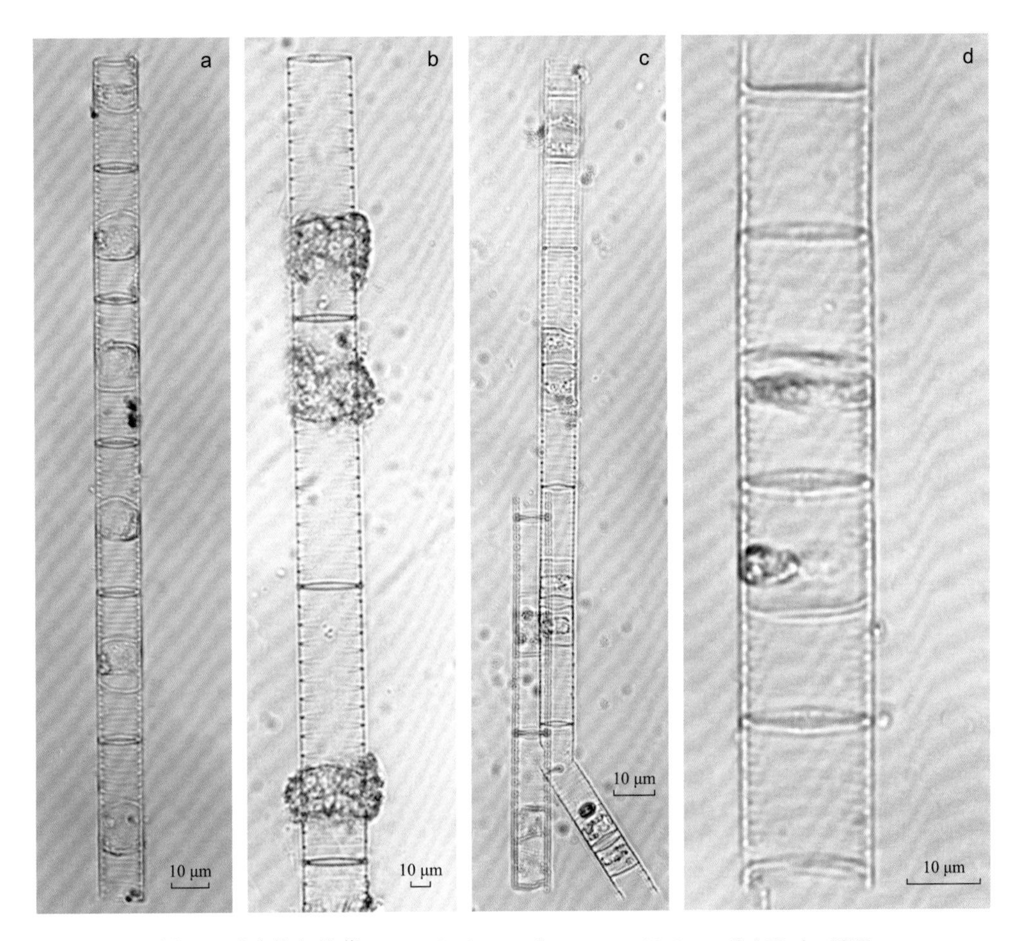

图 77　地中海细柱藻 *Leptocylindrus mediterraneus* (H. Peragallo) Hasle, 1975

a ~ d. 群体环面观

同物异名：地中海指管藻 *Dactyliosolen mediterraneus* (Peragallo) Peragallo, 1892

藻体细胞呈圆柱形，相邻细胞通过壳面紧密相连成直链，直径 7.5 ~ 30 µm。藻体环面观呈长方形，间插带明显且多。色素体较大，片状。

热带浮游性种。印度洋西南部、北大西洋、地中海、美国加利福尼亚附近海域等有分布。中国黄海中部、东海和南海有记录。

78. 微小细柱藻 *Leptocylindrus minimus* Gran, 1915（图 78）

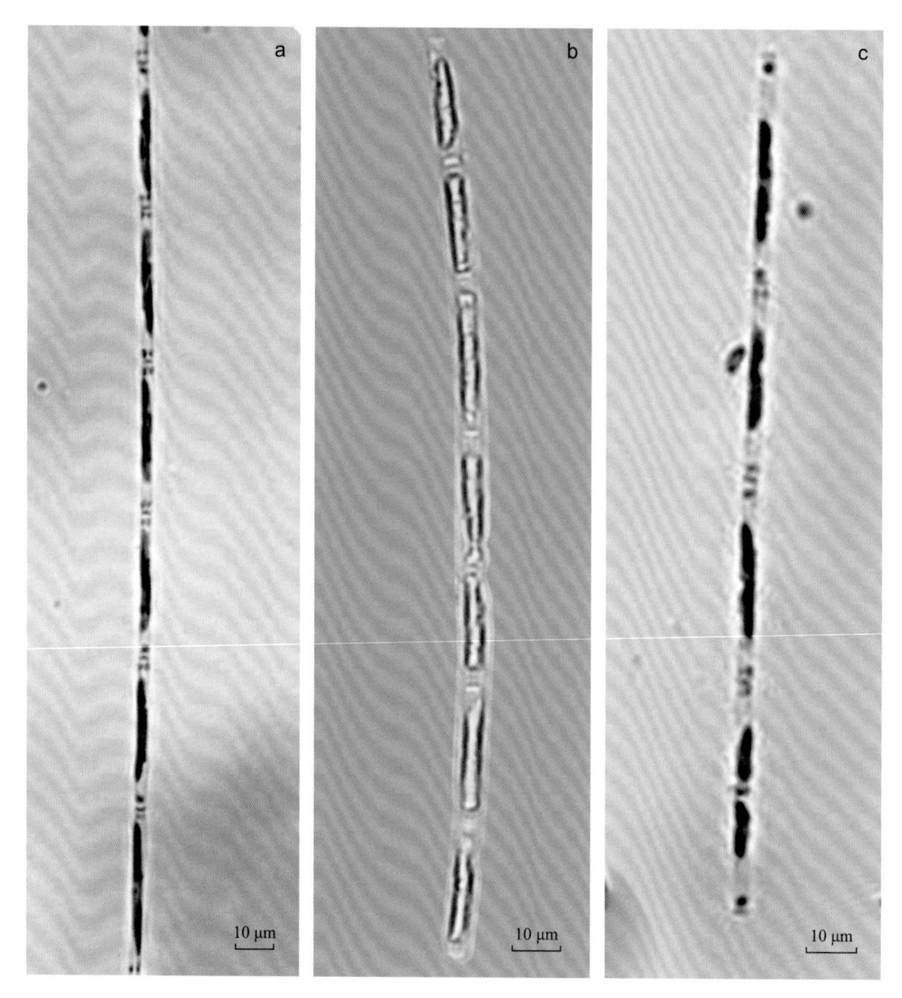

图 78　微小细柱藻 *Leptocylindrus minimus* Gran, 1915

a ~ c. 群体环面观

藻体细胞呈非常细的圆柱形，直径 3 ~ 4 µm，细胞高度 26 ~ 35 µm，高宽比近 10 倍。相邻细胞通过壳面紧密相连成直链，几乎看不到细胞间隙。色素体片状。

暖温带至热带性种。北大西洋、北海、加拿大芬迪湾、墨西哥湾，以及比利时、爱尔兰、黎巴嫩、新西兰、瑞典附近海域等有记录。中国南海有发现。

第 6 科　棘冠藻科 Corethronaceae Lebour

棘冠藻属 *Corethron* Castracane, 1886

79. 棘冠藻 *Corethron criophilum* Castracane, 1886（图 79）

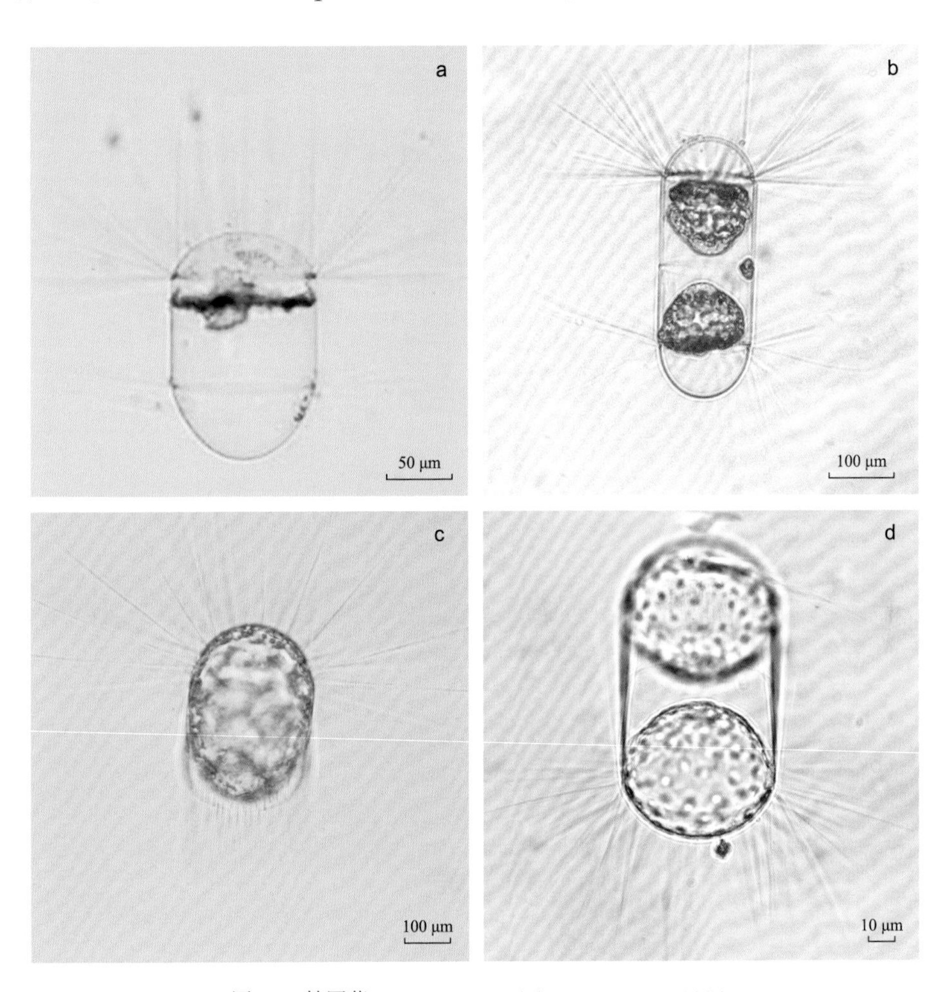

图 79　棘冠藻 *Corethron criophilum* Castracane, 1886

a ~ d. 细胞环面观

同物异名：豪猪棘冠藻 *Corethron hystrix* Hensen, 1887

藻体细胞呈短圆柱状，两壳面突起呈半球形，直径 60 ~ 128 µm。贯壳轴长度一般为直径的 1.5 ~ 2.5 倍。上、下壳边缘各生一圈长刺，其末端变细。色素体小盘状，数目多。

世界广布种，从近岸到外洋，从热带到两极普遍出现。中国近海常采到。

第二目

管状硅藻目

Rhizosoleniales Schütt

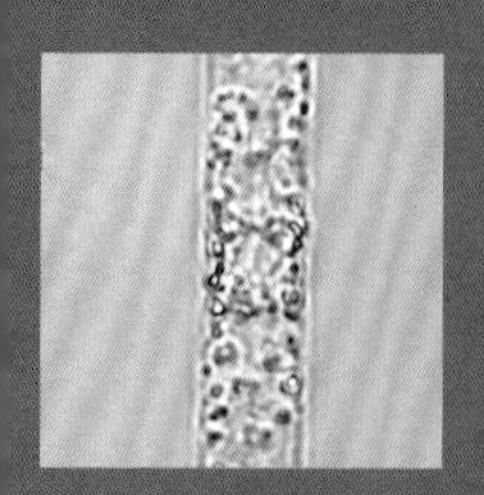
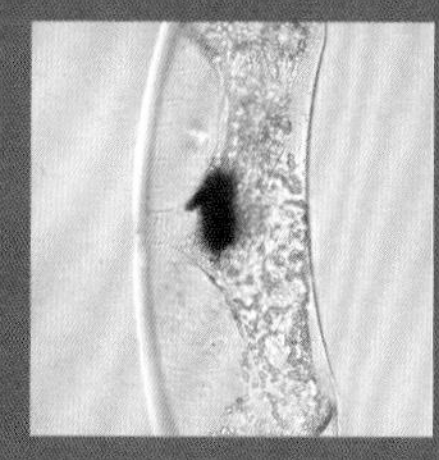
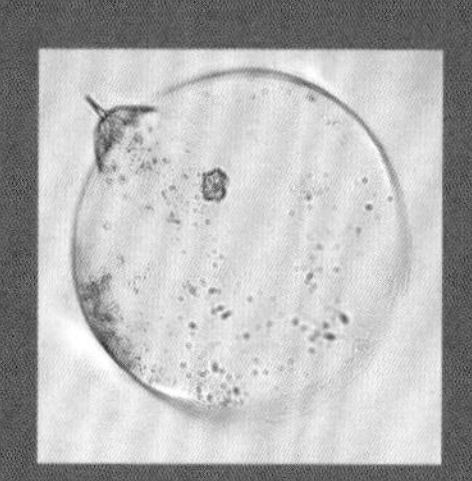
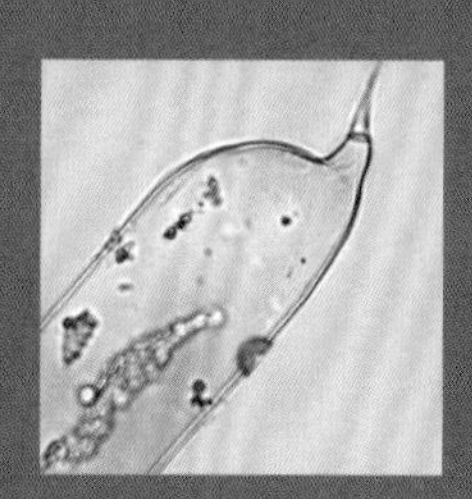
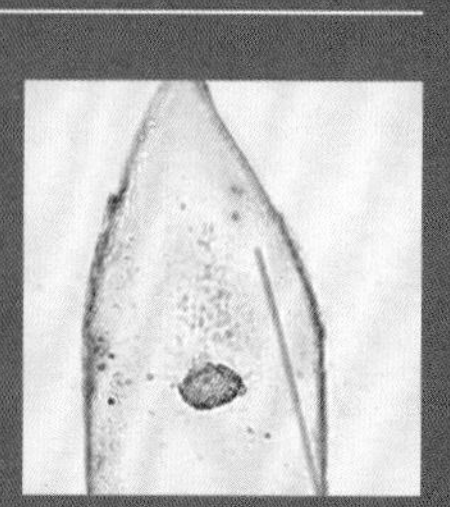

第 7 科　根管藻科 Rhizosoleniaceae Schöder

鼻状藻属 *Proboscia* Sundström, 1986

80. 翼鼻状藻 *Proboscia alata* (Brightwell) Sundström, 1986（图 80）

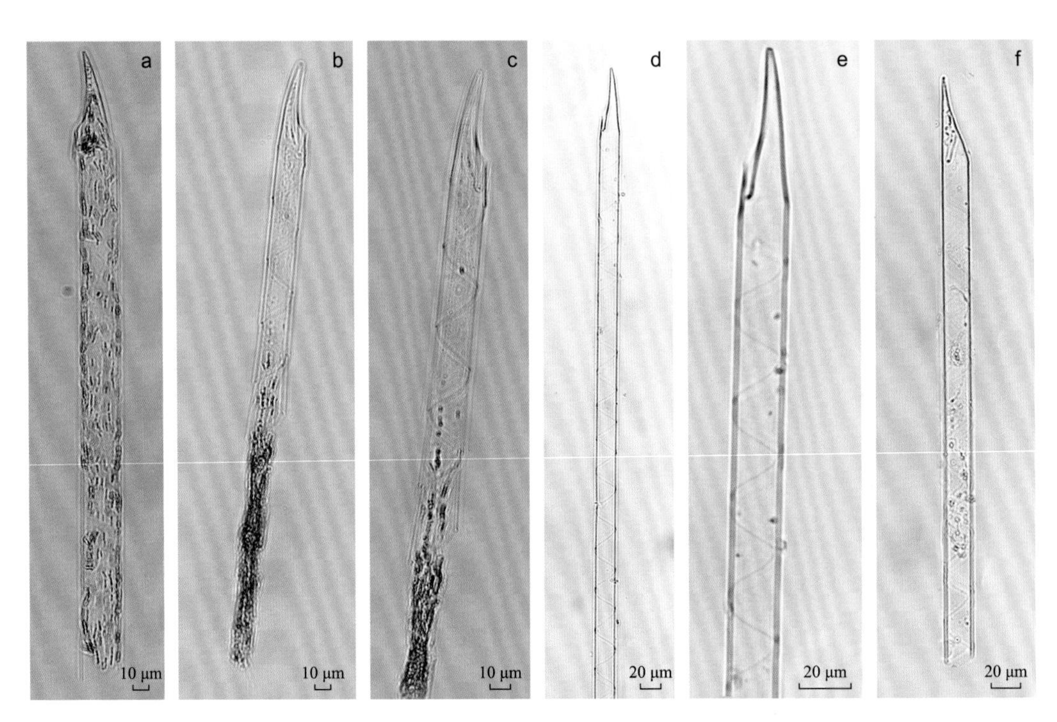

图 80　翼鼻状藻 *Proboscia alata* (Brightwell) Sundström, 1986

a ~ f. 细胞侧面观

同物异名：翼根管藻（原型）*Rhizosolenia alata* f.genuina Gran, 1908

藻体细胞壳面有凸起，凸起上无刺及其他构造。壳面突较细长，向背腹面略弯。细胞壳面凸起插入相邻细胞壳面后，有明显插入的凹痕。细胞直径 15 ~ 22 μm，不同标本会有差异［郭玉洁和钱树本（2003）记载的直径为 13.5 ~ 16 μm；金德祥等（1965）记载的直径为 11 ~ 12 μm］。色素体颗粒状，数目多。

暖温外洋性种。北海、爪哇海有报道。中国各海域有分布。

根管藻属 *Rhizosolenia* (Ehr.) Brightwell, 1858

81. 脆根管藻 *Rhizosolenia fragilissima* f. *fragilissima* Bergon, 1903（图 81）

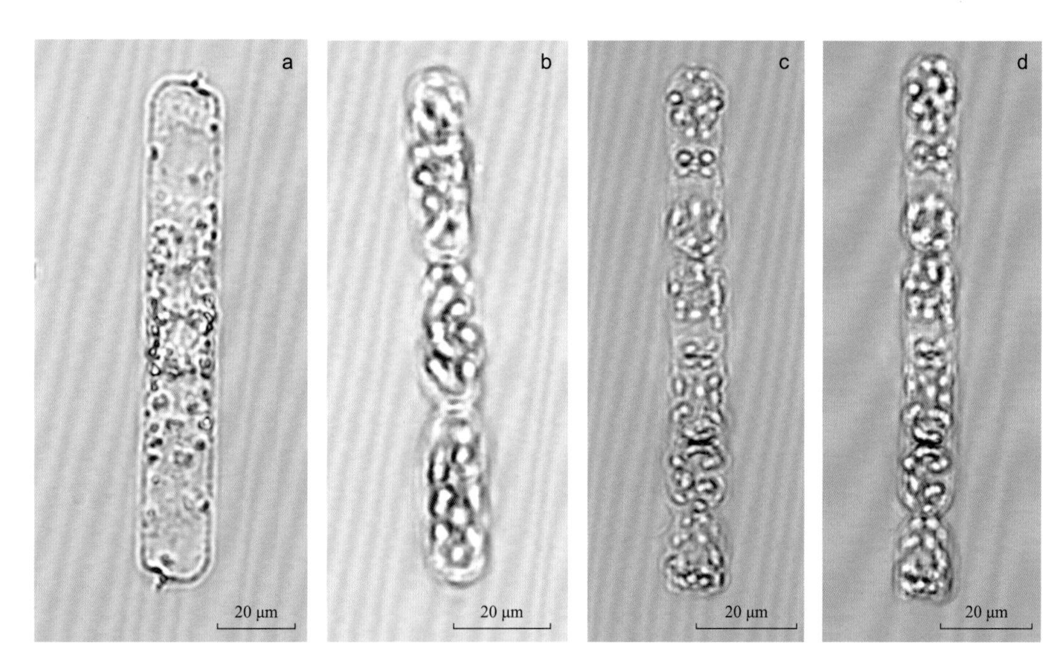

图 81　脆根管藻 *Rhizosolenia fragilissima* f. *fragilissima* Bergon, 1903

a. 单细胞环面观；b ~ d. 群体环面观

同物异名：脆根管藻 *Dactyliosolen fragilissimus* (Bergon) Hasle et al., 1997

藻体细胞呈圆柱状，直径 11 ~ 23 μm。壳面凸出部分中央边缘着生一根小刺，在光学显微镜下能清晰看到。相邻细胞以凸出部分的壳面直接相连成群体。间插带环状。色素体小片状，数目多。

温带至亚热带近岸性种。阿拉伯海、北大西洋、北海、亚速海、地中海、黑海、加利福尼亚湾，以及美国西岸附近海域等有记录。中国渤海、黄海、东海和南海均有分布。

82. 翼根管藻印度变型 *Rhizosolenia alata* f. *indica* (Peragallo) Ostenfeld, 1901（图 82）

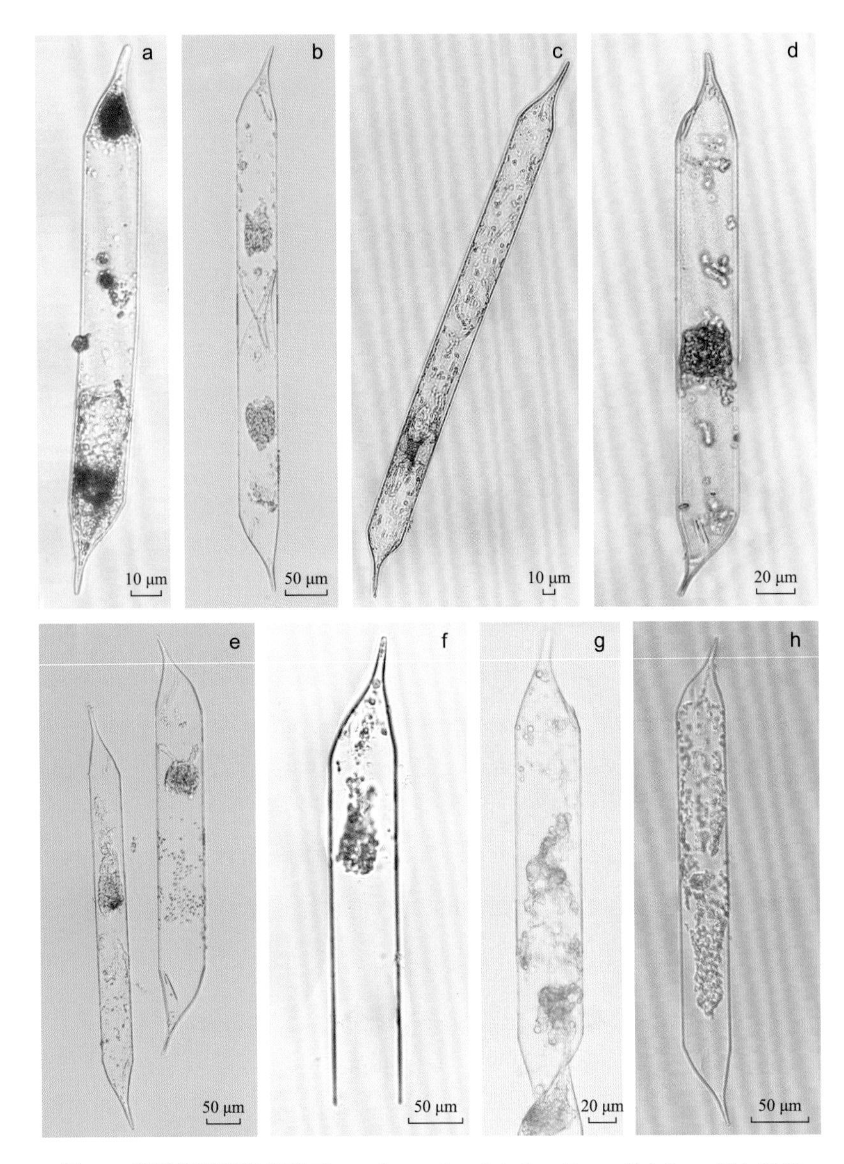

图 82　翼根管藻印度变型 *Rhizosolenia alata* f. *indica* (Peragallo) Ostenfeld, 1901

a ~ h. 细胞侧面观，其中 e 和 g 为群体侧面观（g 第二个细胞仅露出顶端）

同物异名：印度翼根管藻 *Rhizosolenia indica* Peragallo, 1892

本变型比原型明显粗壮，壳面上具有明显凹痕，细胞直径 33 ~ 61 μm。网采和水采样品中该种类大小差异很大。

暖温带浮游性种，常见种。印度洋、北大西洋和太平洋等均有记录。中国近海有分布。

83. 翼根管藻纤细变型 *Rhizosolenia alata* f. *gracillima* (Cleve) Grunow, 1882（图 83）

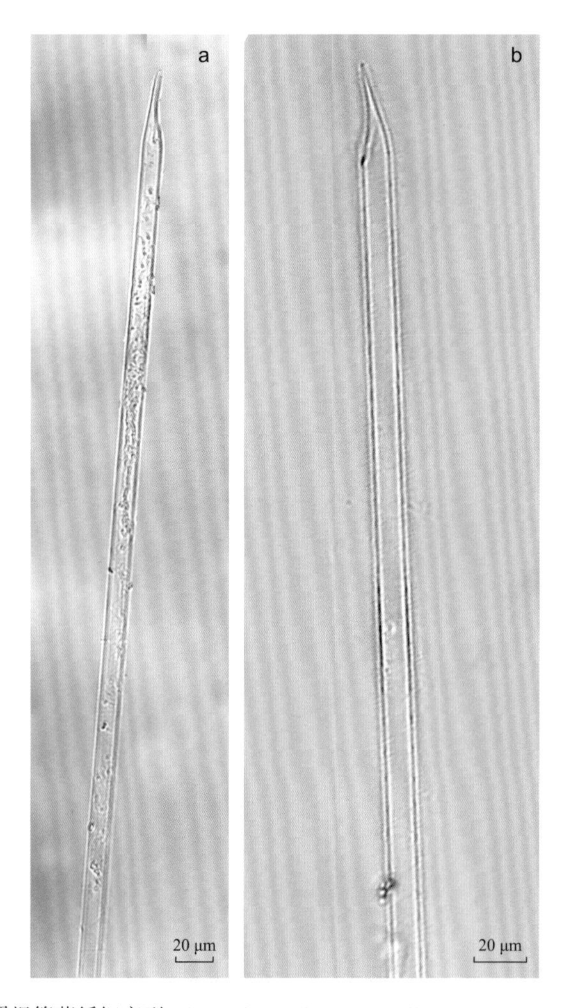

图 83 翼根管藻纤细变型 *Rhizosolenia alata* f. *gracillima* (Cleve) Grunow, 1882

a ～ b. 细胞侧面观

同物异名：*Rhizosolenia gracillima* Cleve, 1878；*Rhizosolenia alata* var. *genuina* f. *gracillima* Cleve, 1881

本变型的藻体细胞更纤细，直径 10 ～ 12.5 μm。壳面呈锥形，更细长，顶端略弯向内方；壳面凹痕凸出。

近海浮游性种。印度洋、大西洋和太平洋均有记录。中国各海域均有分布。

84. 中华根管藻 *Rhizosolenia sinensis* Qian, 1981（图 84）

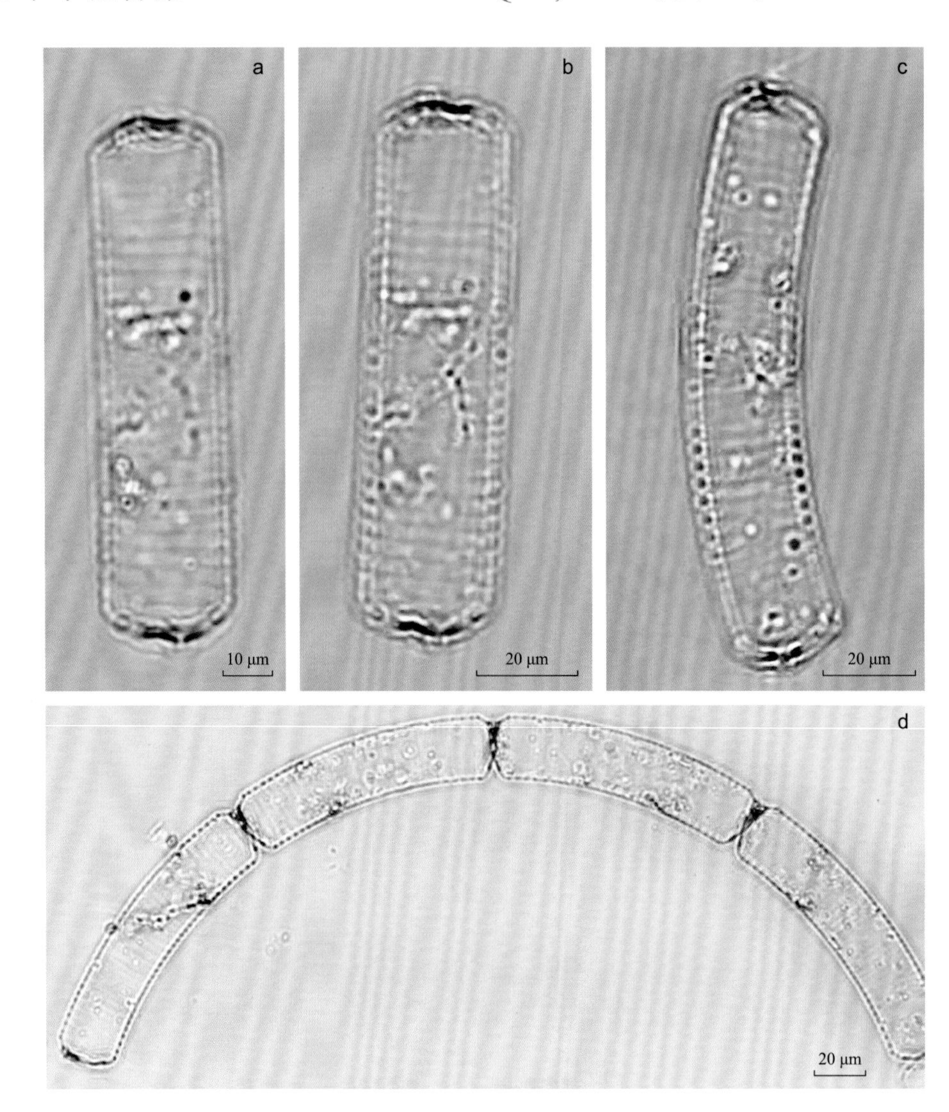

图 84　中华根管藻 *Rhizosolenia sinensis* Qian, 1981

a ~ d. 细胞环面观，间插带明显

藻体细胞中型，细胞呈圆柱形，直径 24 ~ 26 μm，长 96 ~ 126 μm。壳面凹凸不平，边缘生锥形小刺。相邻细胞借小刺及壳面边缘相连成链，群体呈螺旋状。间插带为半环形，明显，相邻间插带的两端交互呈锯齿形连接。色素体卵形，数目多。

暖水性广布种。中国黄海南部、东海和南海海域均有分布。印度洋首次记录。

85. 伯氏根管藻 *Rhizosolenia bergonii* Peragallo, 1892（图 85）

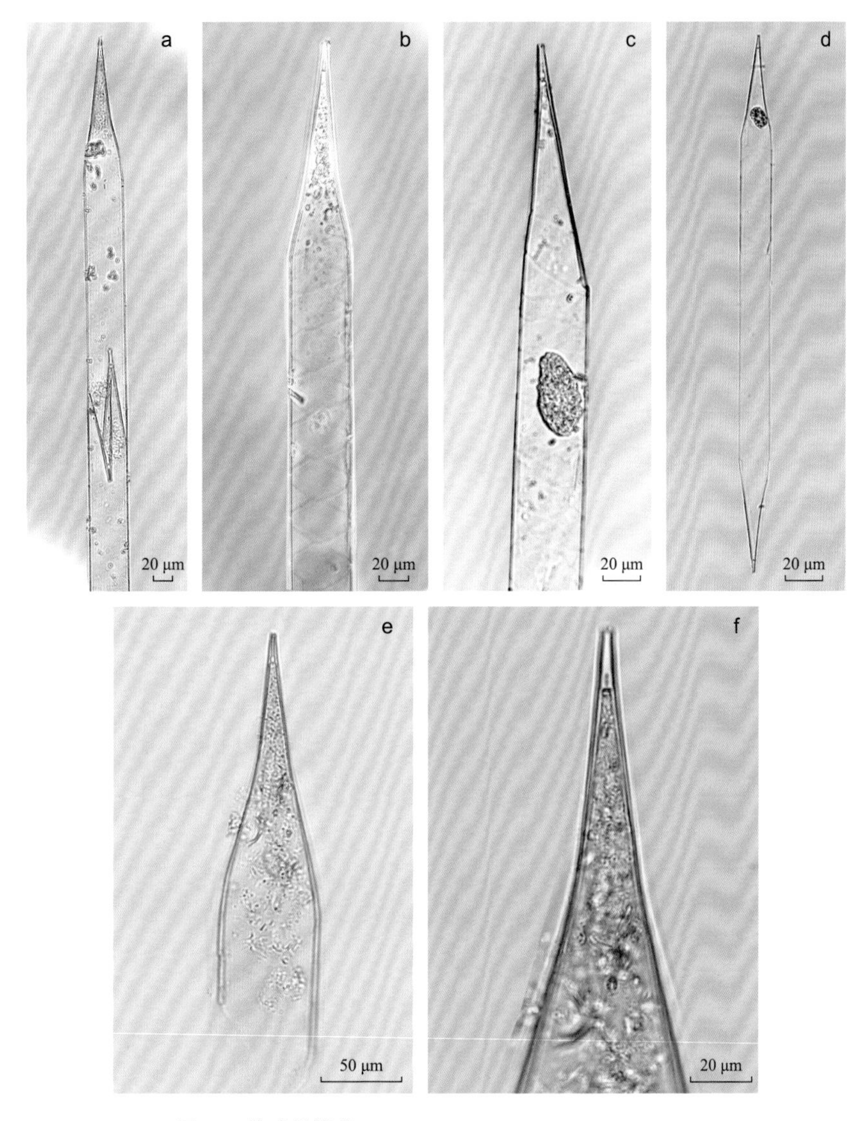

图 85 伯氏根管藻 *Rhizosolenia bergonii* Peragallo, 1892

a ～ c 和 e. 细胞壳面顶部短突；d. 完整细胞

伯氏根管藻又称培氏根管藻（金德祥等，1965）和锥端根管藻（郭玉洁等，1978）。

藻体细胞个体大，整体呈圆柱状，顶部具一中空短突，末端截平，无刺状。直径 40 ～ 58 μm［金德祥等（1965）记载的直径为 27 ～ 100 μm；郭玉洁和钱树本（2003）记载的直径为 14 ～ 151 μm］。间插带覆瓦状排列。色素体小颗粒状，数目多。

热带外洋性种。印度洋中部及东北部、太平洋中部、美国西部海域及鄂霍次克海、爪哇海、地中海等海域有发现。中国东海和南海有记录。

86. 粗根管藻 *Rhizosolenia robusta* Norman, 1861（图 86）

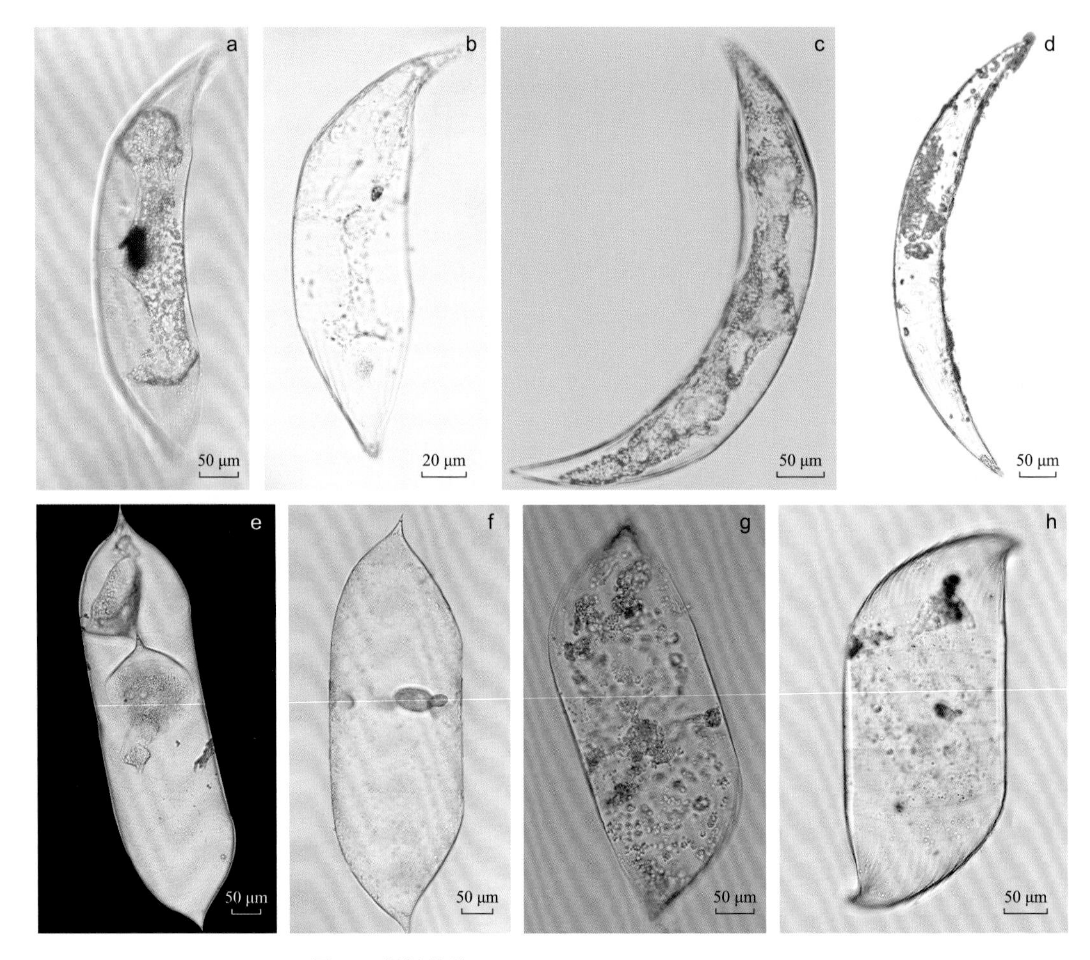

图 86　粗根管藻 *Rhizosolenia robusta* Norman, 1861

a ~ h. 细胞环面观，其中 e 和 f 顶端小刺明显

同物异名：*Rhizosolenia sigama* schütt, 1839

藻体细胞两端弧形弯曲，略呈新月形或“S”形。壳面呈近锥形，顶端生小刺。壳面上有纵列线。间插带明显，领状纹。色素体小颗粒状，数目多。

暖水外洋性种。阿拉伯海、爪哇海、北海、欧洲和美洲北大西洋沿岸、地中海、非洲大西洋沿海、马来群岛附近海域等有记录。中国渤海、黄海、东海和南海均有出现。

87. 刚毛根管藻 *Rhizosolenia setigera* Brightwell, 1858（图 87）

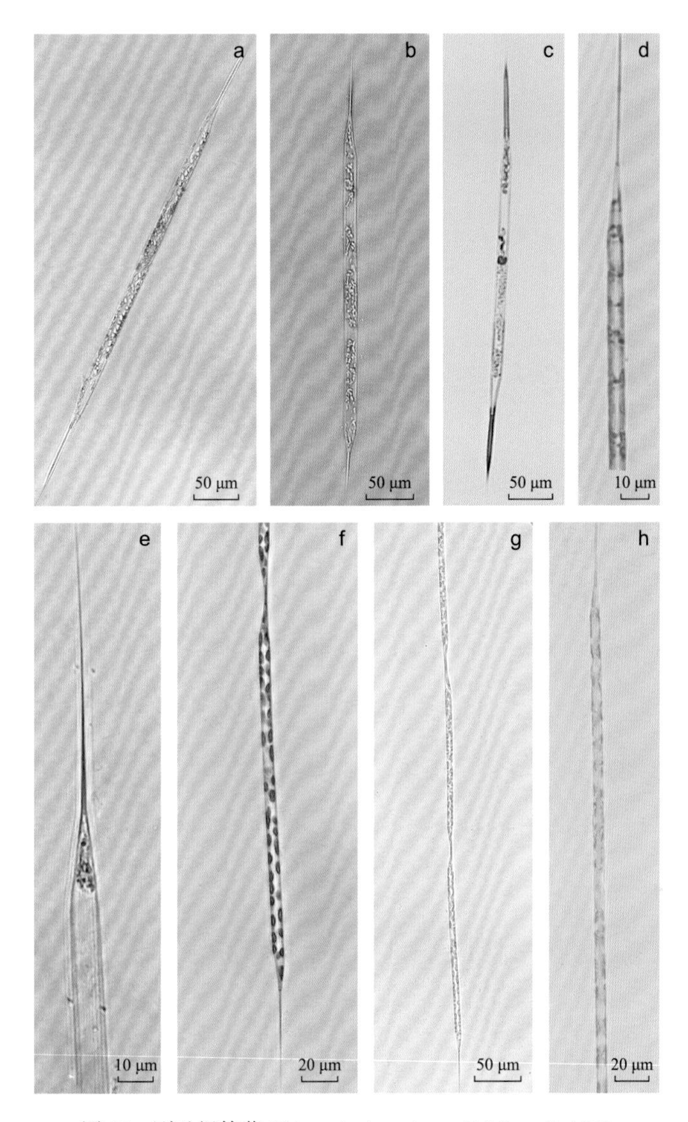

图 87　刚毛根管藻 *Rhizosolenia setigera* Brightwell, 1858

a ～ c. 完整细胞；d ～ e. 顶端长刺；f ～ h. 群体

同物异名：*Rhizosolenia japonica* Castracane, 1886; *Rhizosolenia hensenii* Schütt, 1900; *Rhizosolenia setigera* var. *kariana* Henckel, 1925

藻体细胞细长，呈圆柱状，直径 8 ～ 13 μm。壳面凸起呈偏锥形。顶端长刺，实心，无耳状突。该种的显著特征是具一长刺，刺基部较粗，一段距离后变细成长刺状。色素体小椭圆形，数目多。

温带近岸广布种。阿拉伯海、爪哇海、北大西洋、地中海、太平洋中部，以及菲律宾、美国加利福尼亚附近海域等有记录。中国近海常见。

88. 覆瓦根管藻 *Rhizosolenia imbricata* f. *imbricata* Brightwell, 1858（图 88）

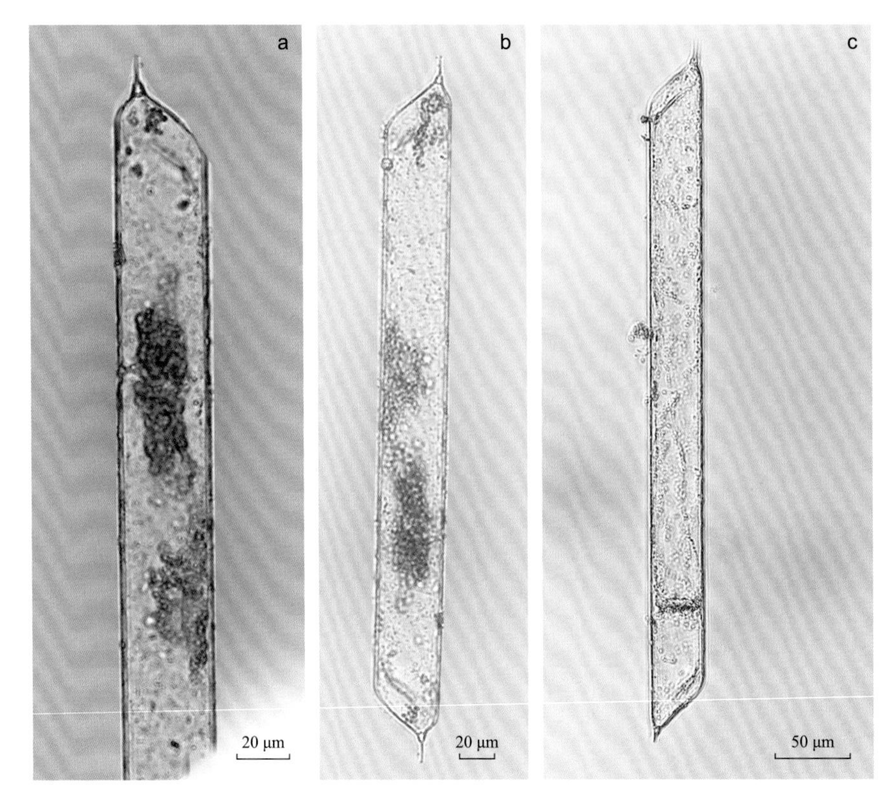

图 88　覆瓦根管藻 *Rhizosolenia imbricata* f. *imbricata* Brightwell, 1858

a. 细胞腹面观；b ~ c. 细胞侧面观

同物异名：*Rhizosolenia striata* Greville, 1865; *Rhizosolenia imbricata* var. *striata* Grunow, 1882

藻体细胞呈长圆柱形，直径 35 ~ 38 μm，长 357 ~ 439 μm［金德祥等（1965）记载的直径为 33 ~ 82 μm，长为 1000 μm］。壳面呈矮斜锥形，锥顶具一短刺，刺基部中空，其左右两侧具耳状突。间插带鳞状。色素体小颗粒状。

热带近海浮游性种。印度洋西南部、爪哇海、北大西洋、地中海等海域有分布。中国近海常能采到。

89. 覆瓦根管藻细径变型 *Rhizosolenia imbricata* f. *schrubsolei* (Cleve) Schröder, 1960（图 89）

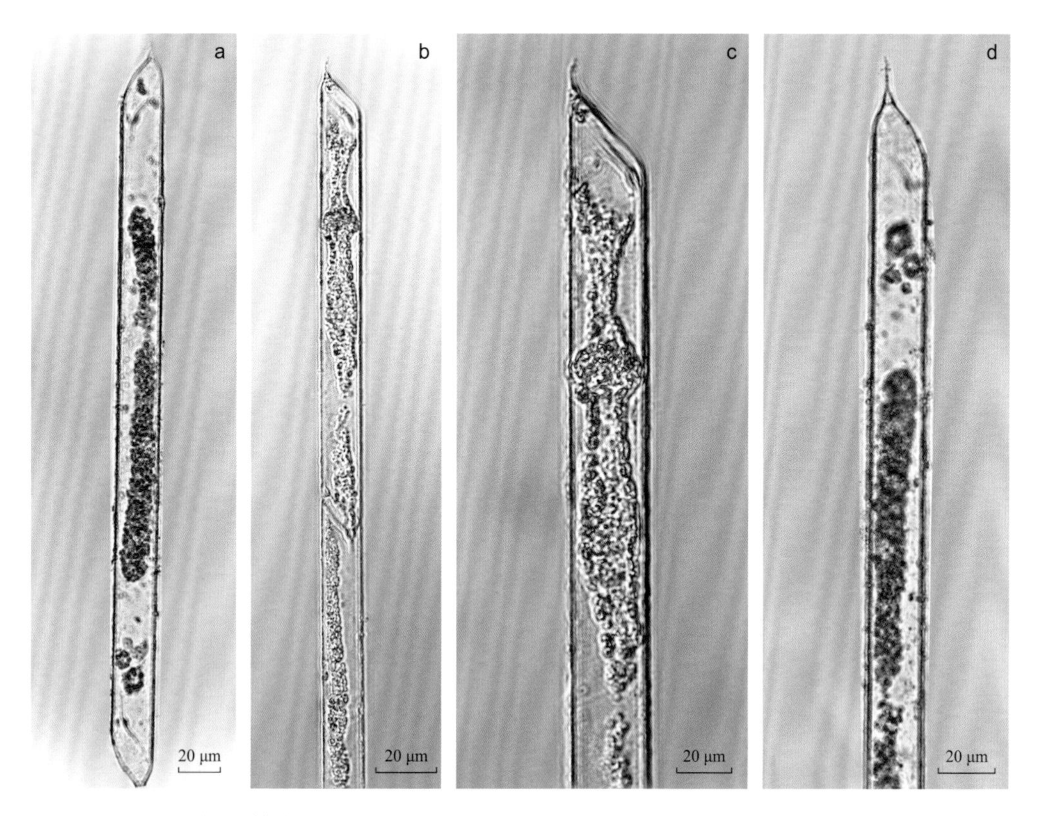

图 89　覆瓦根管藻细径变型 *Rhizosolenia imbricata* f. *schrubsolei* (Cleve) Schröder, 1960

a. 细胞腹面观；b ~ c. 细胞侧面观；d. 细胞背面观

同物异名：*Rhizosolenia schrubsolei* Cleve, 1881; *Rhizosolenia stlantica* Peragallo, 1892; *Rhizosolenia pacifica* Peragallo, 1892

本变种与原种的不同之处在于，本变种的直径 14 ~ 24 μm，较细；壳面斜锥部顶端的刺和耳状突都较小。

热带浮游性种。印度洋西南部、北大西洋、地中海、日本东南沿海海域有记录。中国东海和南海海域有分布。

90. 笔尖形根管藻 *Rhizosolenia styliformis* var. *styliformis* Brightwell, 1858（图 90）

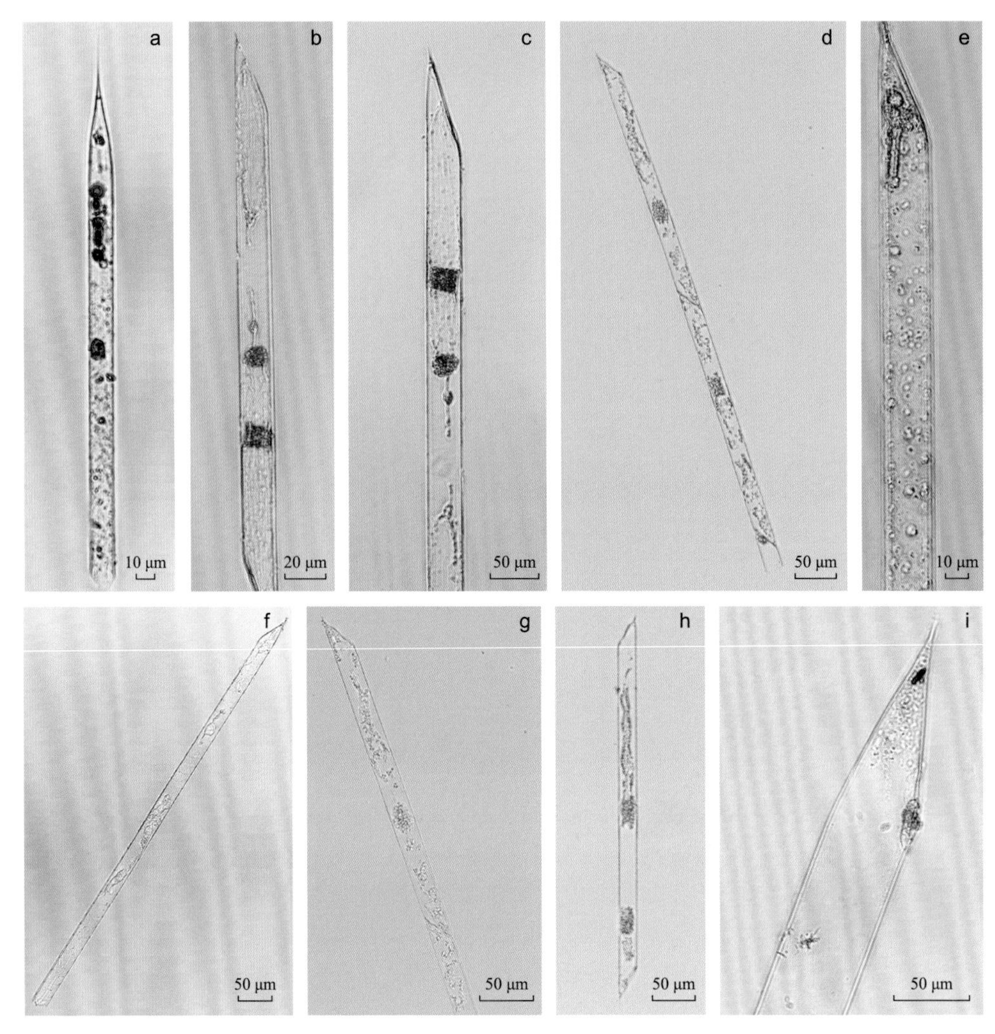

图 90　笔尖形根管藻 *Rhizosolenia styliformis* var. *styliformis* Brightwell, 1858

h. 完整细胞；b ~ g. 细胞环面观；a 和 i. 小刺和耳翼

同物异名：*Rhizosolenia styliformis* f. *bidens* Heiden & Kolve, 1928

藻体细胞呈直圆筒形，细长，直径 12 ~ 50 μm，不同标本个体差异大［金德祥等（1965）记载的直径为 12 ~ 70 μm］。壳面呈高斜锥形，顶端有一短刺，两侧具翼。间插带鳞片状。色素体颗粒状，数目多。

广温外洋性种，常见种。印度洋、北大西洋、太平洋、北冰洋、南极洲各海域均有报道。中国渤海、黄海、东海和南海均有分布。

91. 笔尖形根管藻粗径变种 *Rhizosolenia styliformis* var. *latissima* Brightwell, 1858（图 91）

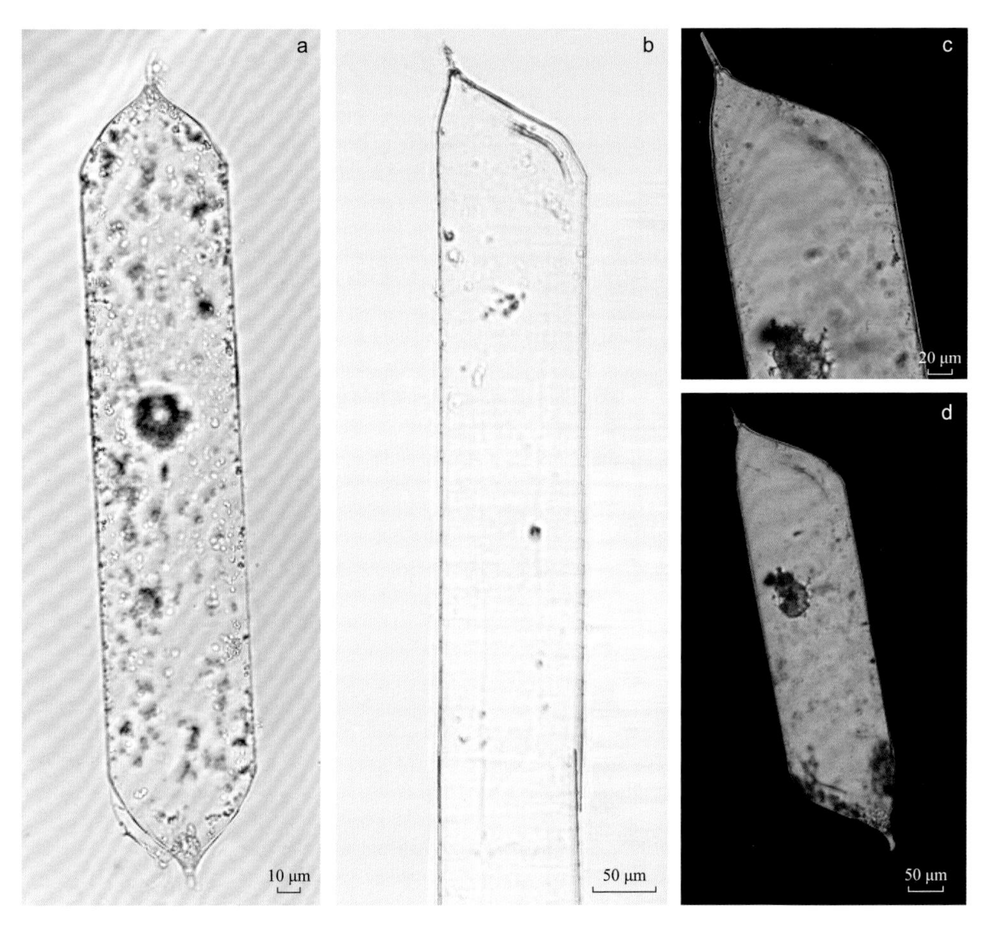

图 91 笔尖形根管藻粗径变种 *Rhizosolenia styliformis* var. *latissima* Brightwell, 1858

a ~ d. 完整细胞；b ~ c. 细胞环面观

同物异名：*Rhizosolenia polydactyla* Castracane, 1886; *Rhizosolenia styliformis* var. *lata* Lemmermann, 1899; *Rhizosolenia crassa* Schimper & Karsten, *Rhizosolenia crassa* Hendey, 1937

笔尖形根管藻粗径变种又称为宽笔尖形根管藻、宽长柱根管藻。

本变种与原种的主要区别在于，细胞直径粗，为 65 ~ 130 μm［金德祥等（1965）记载的直径为 27 ~ 192 μm］；壳面锥形凸起较原种矮，锥顶更靠近壳面中央。

暖水外洋性种。阿拉伯海、孟加拉湾、爪哇海、北大西洋、地中海等海域有分布。中国主要分布于东海和南海。

92. 卡氏根管藻 *Rhizosolenia castracanei* Peragallo, 1888（图 92）

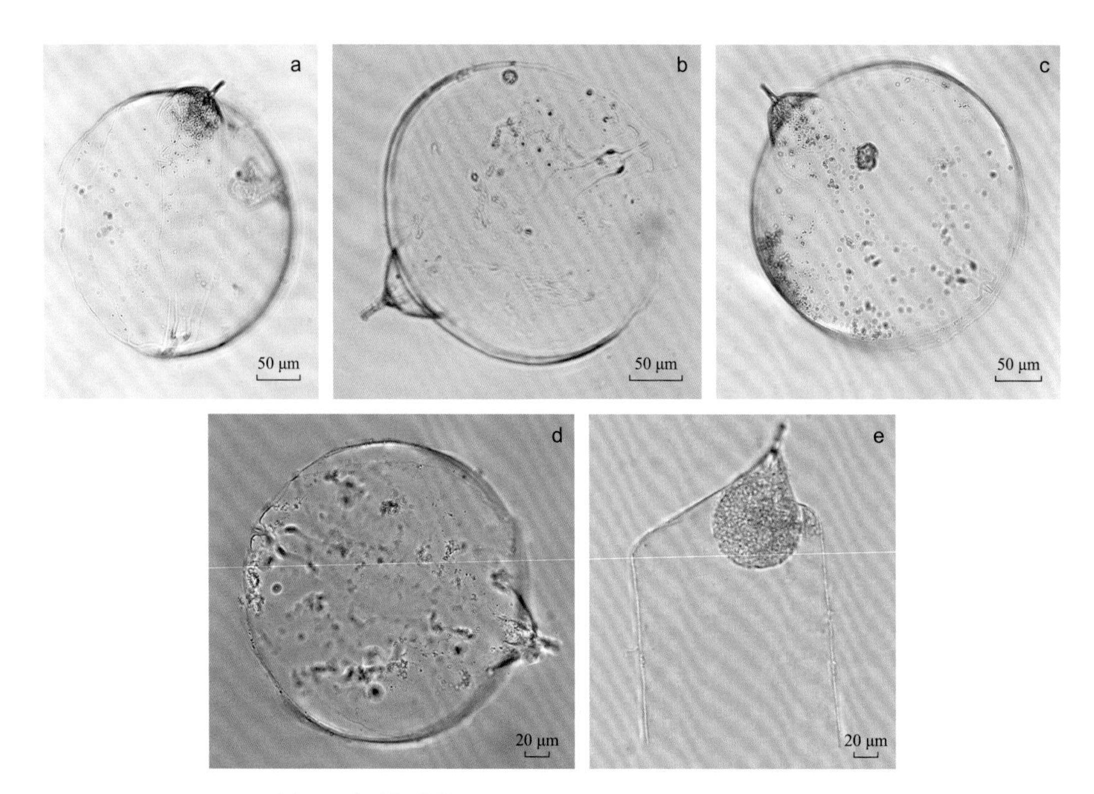

图 92　卡氏根管藻 *Rhizosolenia castracanei* Peragallo, 1888

a ~ d. 完整细胞，细胞壳面观；e. 细胞侧面观

藻体细胞呈粗短的圆柱形，壳面呈近圆形，细胞直径 228 ~ 289 μm。壳面斜锥形凸起非常低，具一小刺，刺基部具侧翼，并伸展到壳面顶部。间插带扁菱形、多列。色素体小颗粒状、数目多。

热带外洋性种。阿拉伯海、地中海、南非近海、美国加利福尼亚外海、太平洋中部、北大西洋有发现。中国黄海南部外海、东海和南海有分布。

93. 克莱根管藻 *Rhizosolenia clevei* Ostenfeld, 1902（图 93）

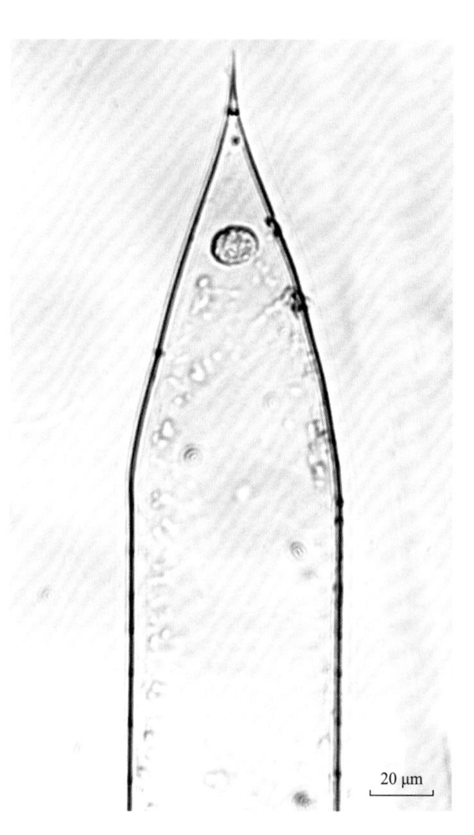

图 93　克莱根管藻 *Rhizosolenia clevei* Ostenfeld, 1902

细胞侧面观

克莱根管藻又称克氏根管藻。

藻体细胞呈圆柱形，粗壮，直径 68 μm。壳面呈斜锥形，凸起较高且偏心，顶端具短刺，刺基部中空，两侧具小翼。间插带多行纵列。色素体颗粒状，数目多。

热带外洋性种。暹罗湾、爪哇海和日本南部海域有报道。中国黄海南部、东海和南海有记录。

94. 螺端根管藻 *Rhizosolenia cochlea* Brun, 1891（图 94）

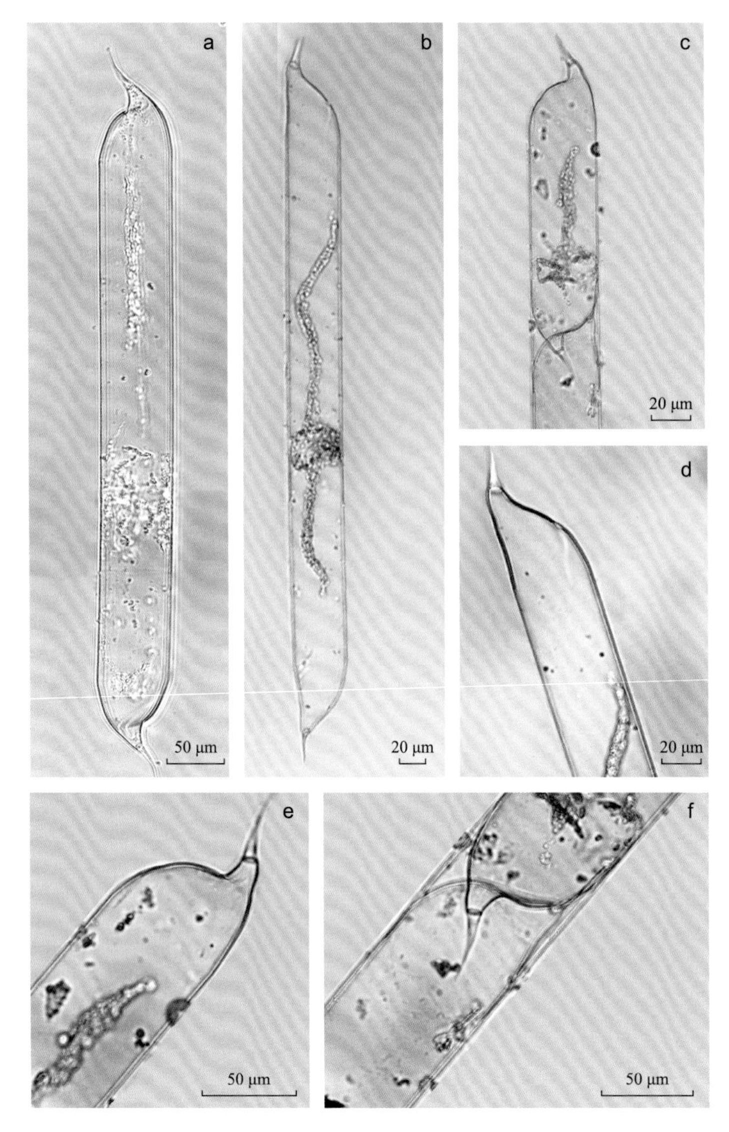

图 94　螺端根管藻 *Rhizosolenia cochlea* Brun, 1891

a ～ b. 完整细胞；d ～ e. 顶端长刺；c 和 f. 相邻细胞壳面连接

藻体细胞大型，细胞呈圆筒形，粗壮，直径 29 ～ 69 μm，细胞高度达 560 μm。壳面凸出部分呈歪锥形，顶端具鸟喙状的刺，短而粗状，刺中空，基部无小翼。色素体颗粒状，数目多。

热带种。印度洋、西太平洋沿岸有记录。中国台湾海峡和南海有分布。

95. 钝根管藻半刺变型 *Rhizosolenia hebetata* f. *semispina* (Hensen) Gran, 1905（图 95）

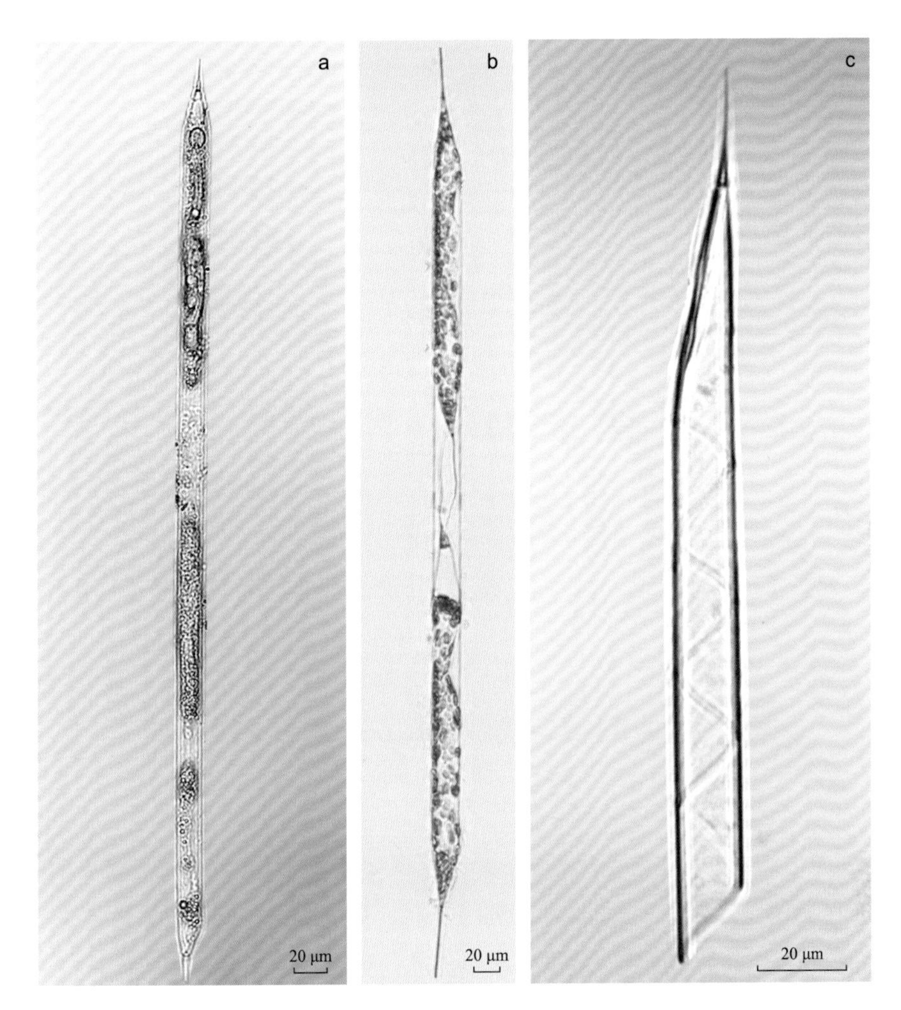

图 95　钝根管藻半刺变型 *Rhizosolenia hebetata* f. *semispina* (Hensen) Gran, 1905

a ~ b. 完整细胞，其中 b 为正在分裂的细胞；c. 细胞侧面观，示间插带

钝根管藻半刺变型又称为半棘钝根管藻、细棘钝根管藻。

藻体细胞呈圆柱状，细长，直径 13 ~ 25 μm，高度 518 ~ 845 μm。壳面呈斜锥状凸出，顶端长刺基部膨大，中空，无小翼。间插带呈鳞形，相交线呈波状。色素体小颗粒状，数目多。

暖水外洋性种。印度洋中部、阿拉伯海、爪哇海、挪威海、格陵兰海、北海、地中海、非洲近海和秘鲁沿岸海域等有记录。中国各海域均有分布。

96. 透明根管藻 *Rhizosolenia hyalina* Ostenfeled et Schmidt, 1901（图 96）

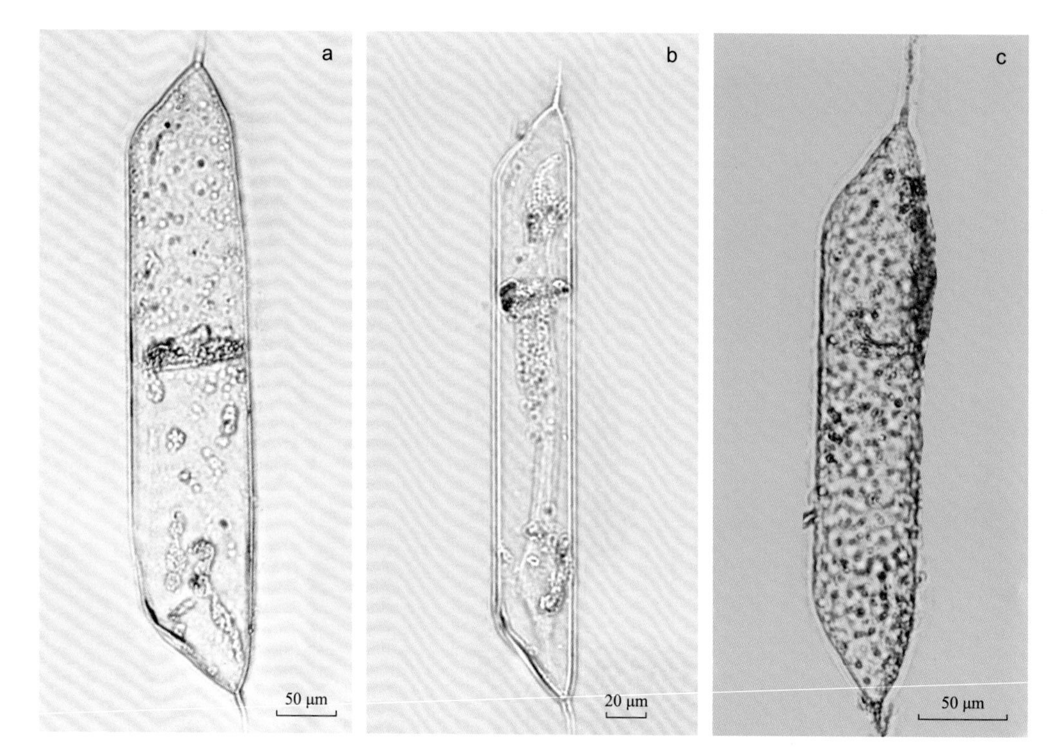

图 96　透明根管藻 *Rhizosolenia hyalina* Ostenfeled et Schmidt, 1901

a ~ c. 完整细胞，侧面观

藻体细胞呈圆筒状，直径 38 ~ 96 μm，高度 292 ~ 517 μm，不同标本细胞大小差异大。壳面凸出呈斜锥形，末端具刺，刺稍弯曲，基部中空，两侧无明显小翼。斜锥部波状，侧面观间插带呈鱼鳞状。色素体小颗粒状，数目多。

热带外洋性种。阿拉伯海、红海、日本北太平洋沿岸海域、对马暖流区有记录。中国东海和南海常采到。

97. 厚刺根管藻 *Rhizosolenia crassispina* Schröder, 1906（图 97）

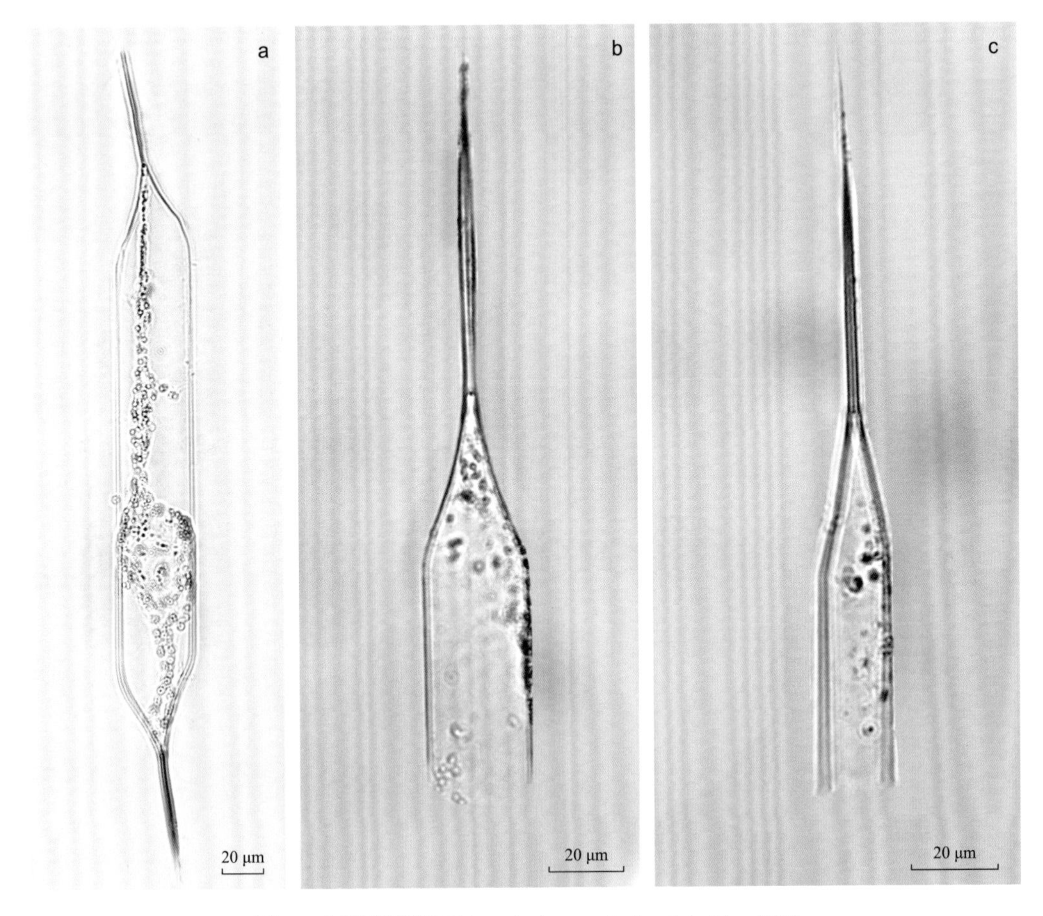

图 97　厚刺根管藻 *Rhizosolenia crassispina* Schröder, 1906

a. 完整细胞；b ～ c. 部分细胞，示刺

同物异名：*Rhizosolenia setigera* var. *daga* Muller-melchers, 1957

藻体细胞呈圆柱形，直径 15 ～ 22 μm。壳面呈锥形凸出，锥顶生一长刺，粗壮均匀，中空，直或稍倾斜，刺长 55 ～ 131 μm。壳面顶端中空长刺是该种明显的识别特征。色素体小颗粒状，数目多。

本种可能是广温外洋性种，稀少。日本海域有记录。中国黄海南部、东海和南海曾有报道。

98. 尖根管藻 *Rhizosolenia acuminata* (H. Peragallo) Gran, 1905（图 98）

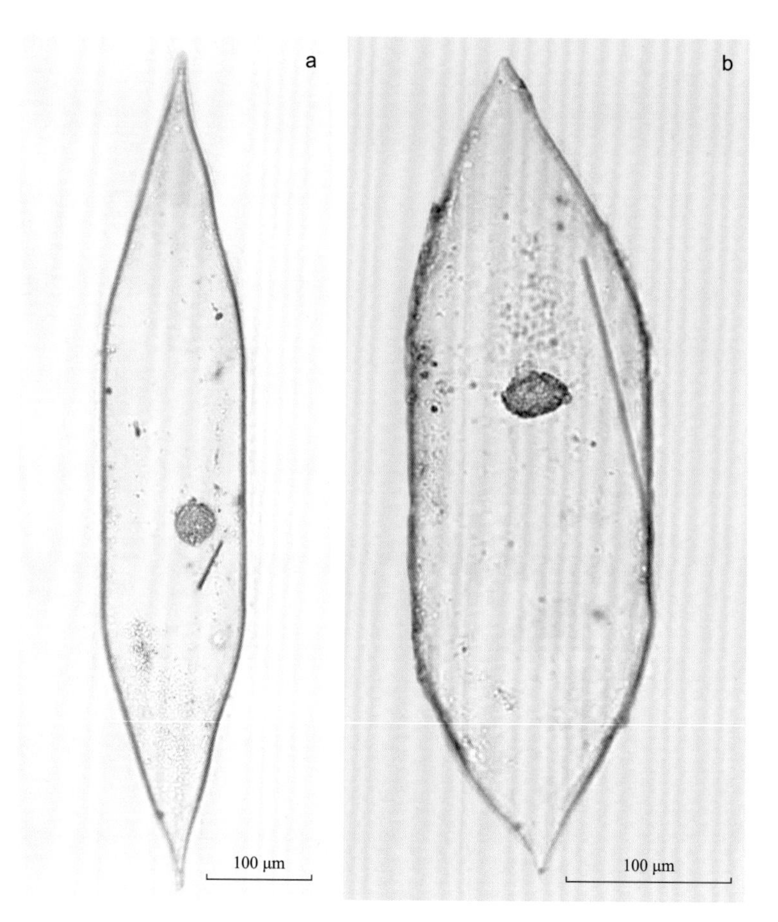

图 98　尖根管藻 *Rhizosolenia acuminata* (H. Peragallo) Gran, 1905

a ~ b. 完整细胞，侧面观

同物异名：*Rhizosolenia temperei* var. *acuminata* Peragallo, 1892; *Rhizosolenia debyana* Gran, 1902; *Rhizosolenia acuminata* f. *debelis* Gran, 1905

尖根管藻也称为渐尖根管藻。

藻体细胞呈梭形，粗壮，直径 115 ~ 151 μm，高度 493 ~ 774 μm。壳面呈圆锥形凸起，顶生一小刺，无侧翼。间插带呈鳞片状，多行纵列。色素体小颗粒状，数目多。

热带外洋性种。印度洋、阿拉伯海、爪哇海、北大西洋、美国加利福尼亚外海、地中海、黑海等有记录。中国东海外海、台湾海峡和南海有分布，数量较少。

假管藻属 *Pseudosolenia* Sundström, 1986

99. 距端假管藻 *Pseudosolenia calcar-avis* (Schultze) Sundström, 1986（图 99）

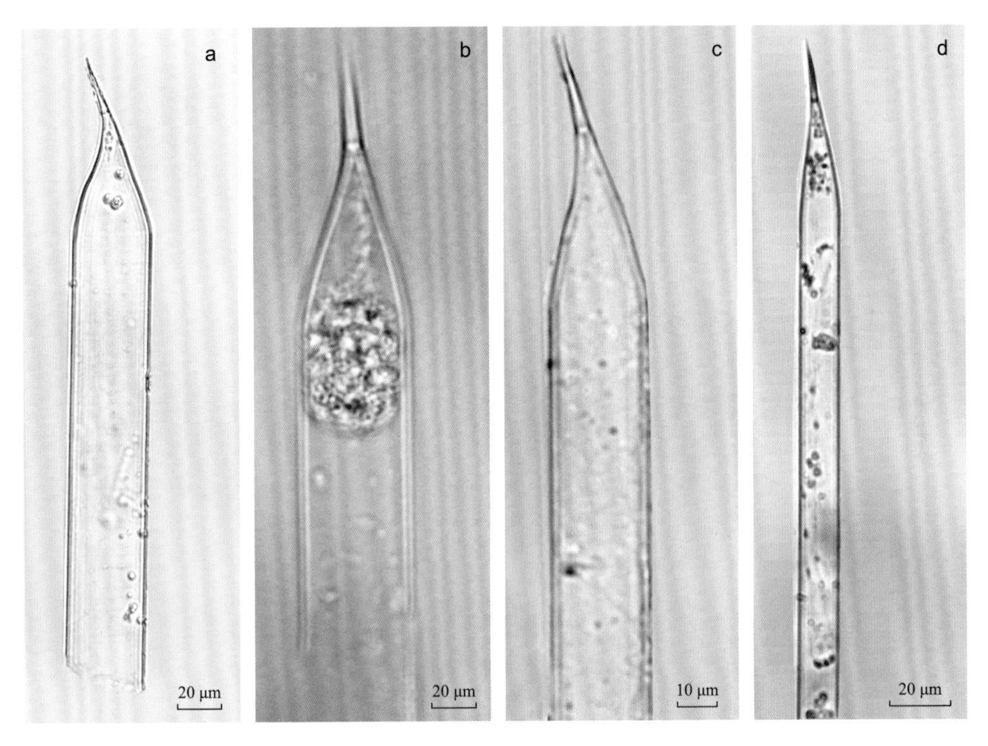

图 99　距端假管藻 *Pseudosolenia calcar-avis* (Schultze) Sundström, 1986

a ~ d. 部分细胞，示壳面凸起和刺

同物异名：距端根管藻 *Rhizosolenia calcar-avis* var. *cochlea* Brun, 1891; *Rhizosolenia calcar-avis* f. *lata* Schröder, 1911; *Rhizosolenia calcar-avis* f. *gtacilis* Schröder, 1911

藻体细胞呈圆柱形，直径 22 ~ 50 μm，不同细胞个体直径变化大。壳面呈锥状，顶部弯向一侧，中空刺基部粗大，末端尖细，无小翼。色素体颗粒状，数目多。

本种与螺端根管藻易混淆，但后者细胞直径更粗，斜锥部短，刺呈鸟喙状且弯曲度大。

暖水性广布种。印度洋、大西洋、阿拉伯海、爪哇海、秘鲁近海、北海、亚速海、地中海、美国加利福尼亚外海等亚热带到热带海域有分布。中国东海和南海有分布。

第三目
盒形硅藻目
Biddulphiales

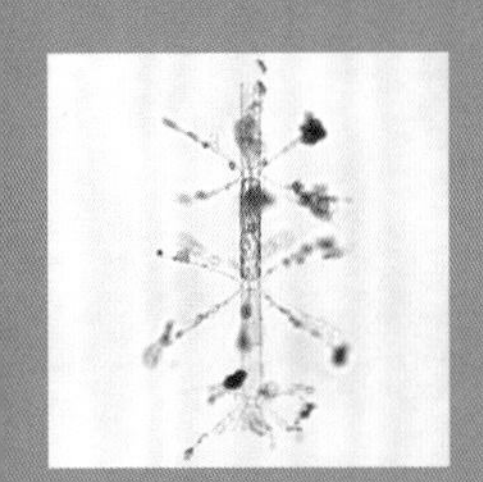

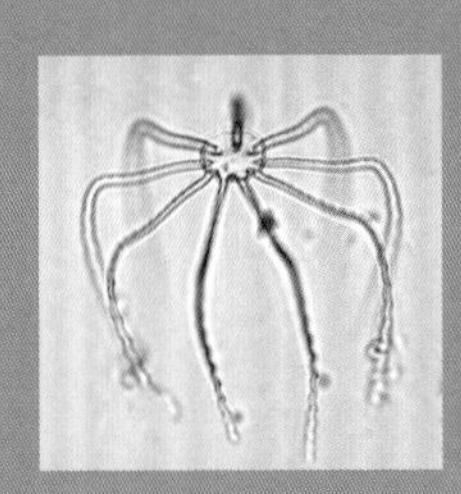
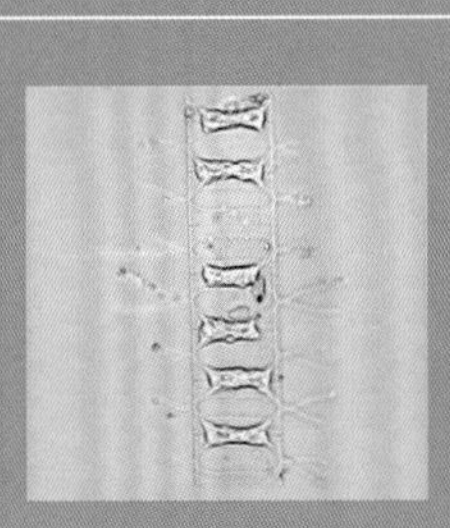
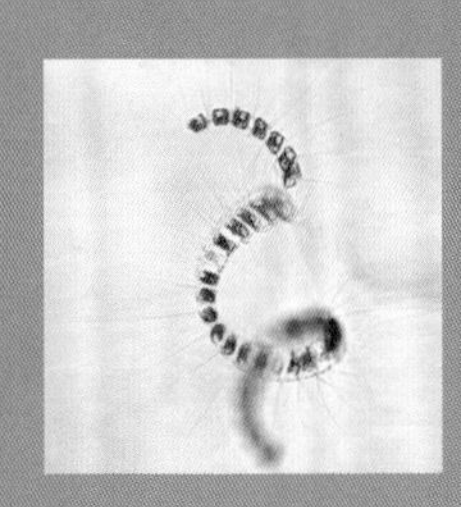

第 8 科　辐杆藻科 Bacteriastraceae Lebour

辐杆藻属 *Bacteriastrum* Shadbolt, 1854

100. 长辐杆藻 *Bacteriastrum elongatum* var. *elongatum* Cleve, 1897（图 100）

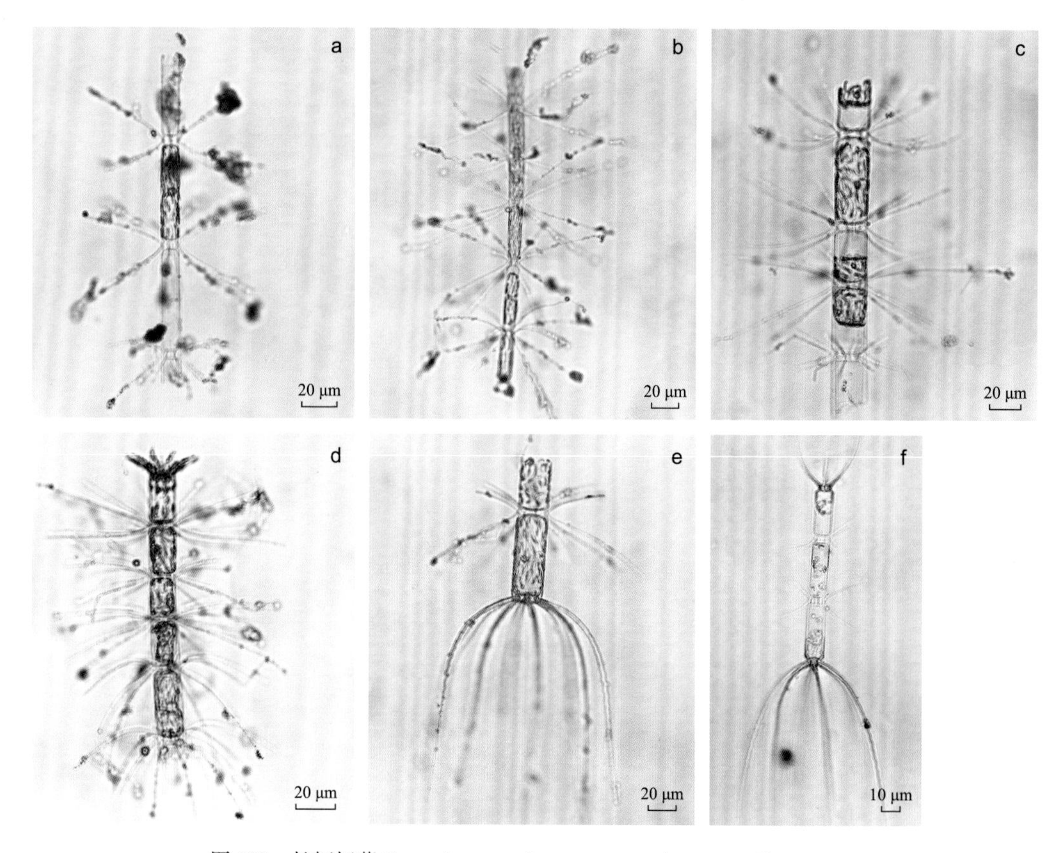

图 100　长辐杆藻 *Bacteriastrum elongatum* var. *elongatum* Cleve, 1897

a ~ f. 细胞链环面观

藻体细胞呈细长圆筒形，直径 10 ~ 33 μm，细胞高度为宽度的 2 ~ 5 倍。壳面边缘生数根细短刺毛，相邻细胞刺毛基部交会后即分开，与链轴平行。链内细胞间隙明显。链两端刺毛较链内刺毛粗壮，自壳面与链轴斜生出，后弯向链端。色素体多数。

外洋性种。北大西洋、地中海，以及美国加利福尼亚、印度和日本东南部附近海域有记录。中国东海和南海曾少量采到。

101. 优美辐杆藻 *Bacteriastrum delicatulum* Cleve, 1897（图 101）

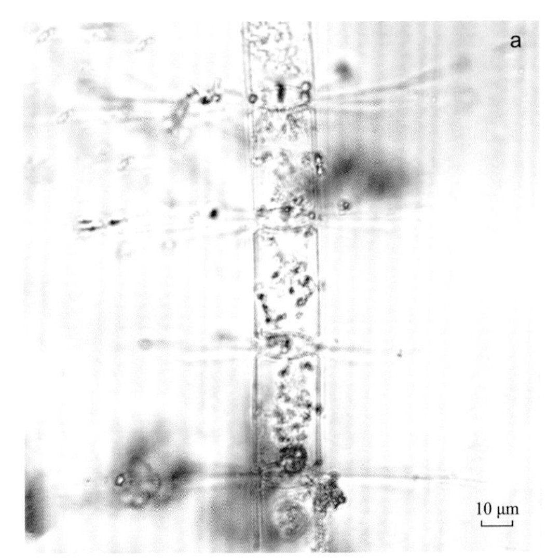

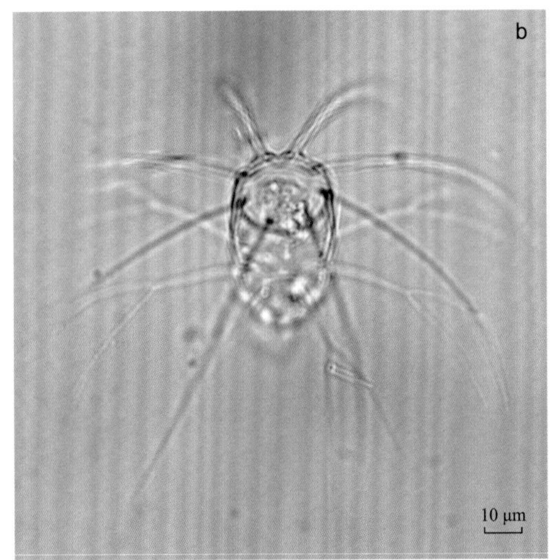

图 101 优美辐杆藻 *Bacteriastrum delicatulum* Cleve, 1897

a. 部分细胞链环面观；b. 端细胞壳面观

藻体细胞呈圆柱形，直径约 18 μm，细胞高度明显大于宽度，常多细胞形成直链，细胞间隙明显。从壳面边缘稍内方生出 6 ~ 12 条刺毛。链内刺毛基部较长，往外是二分叉，其分叉部分平滑或略呈波状，链内刺毛粗壮。

温带外洋性种。爪哇海、北大西洋、太平洋东部、地中海等有分布。中国南海，如北部湾、海南岛和西沙群岛附近海域、台湾海峡等能采到。

102. 叉状辐杆藻 *Bacteriastrum furcatum* Shadbolt (Boalch), 1975（图 102）

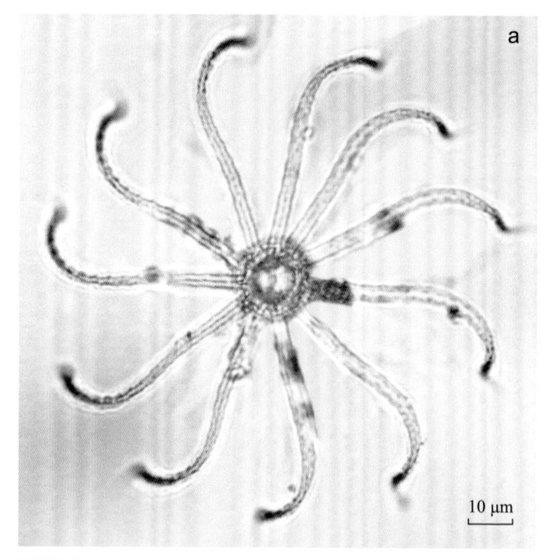

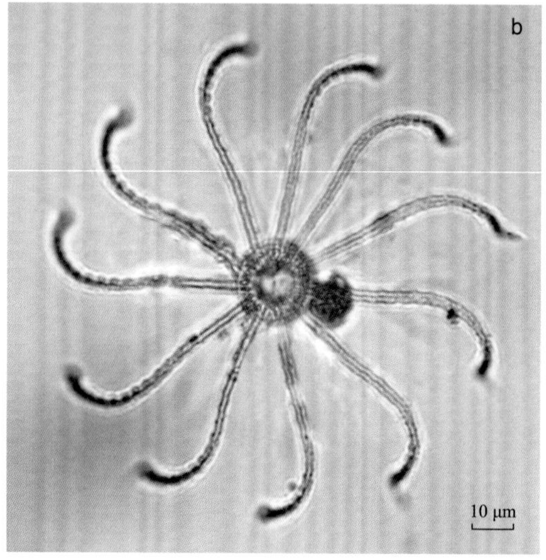

图 102　叉状辐杆藻 *Bacteriastrum furcatum* Shadbolt (Boalch), 1975

a ~ b. 端细胞壳面观

同物异名：变异辐杆藻 *Bacteriastrum varians* Lauder, 1863

藻体细胞呈短圆柱形。壳面边缘一般生 10 ~ 26 条刺毛。链内刺毛细，基部短，分叉部分呈波状。链的两端刺毛粗壮，有呈螺旋状排列的小刺。端刺毛自链端壳面与链轴垂直射出，末段向链轴急转弯约 90°。本种细胞直径、链内刺毛和链端刺毛的变化较大（郭玉洁和钱树本，2003）。

大洋性广布种。印度洋、大西洋、太平洋和爪哇海有分布。中国东海和南海曾少量采到。

103. 透明辐杆藻 *Bacteriastrum hyalinum* var. *hyalinum* Lauder, 1860（图 103）

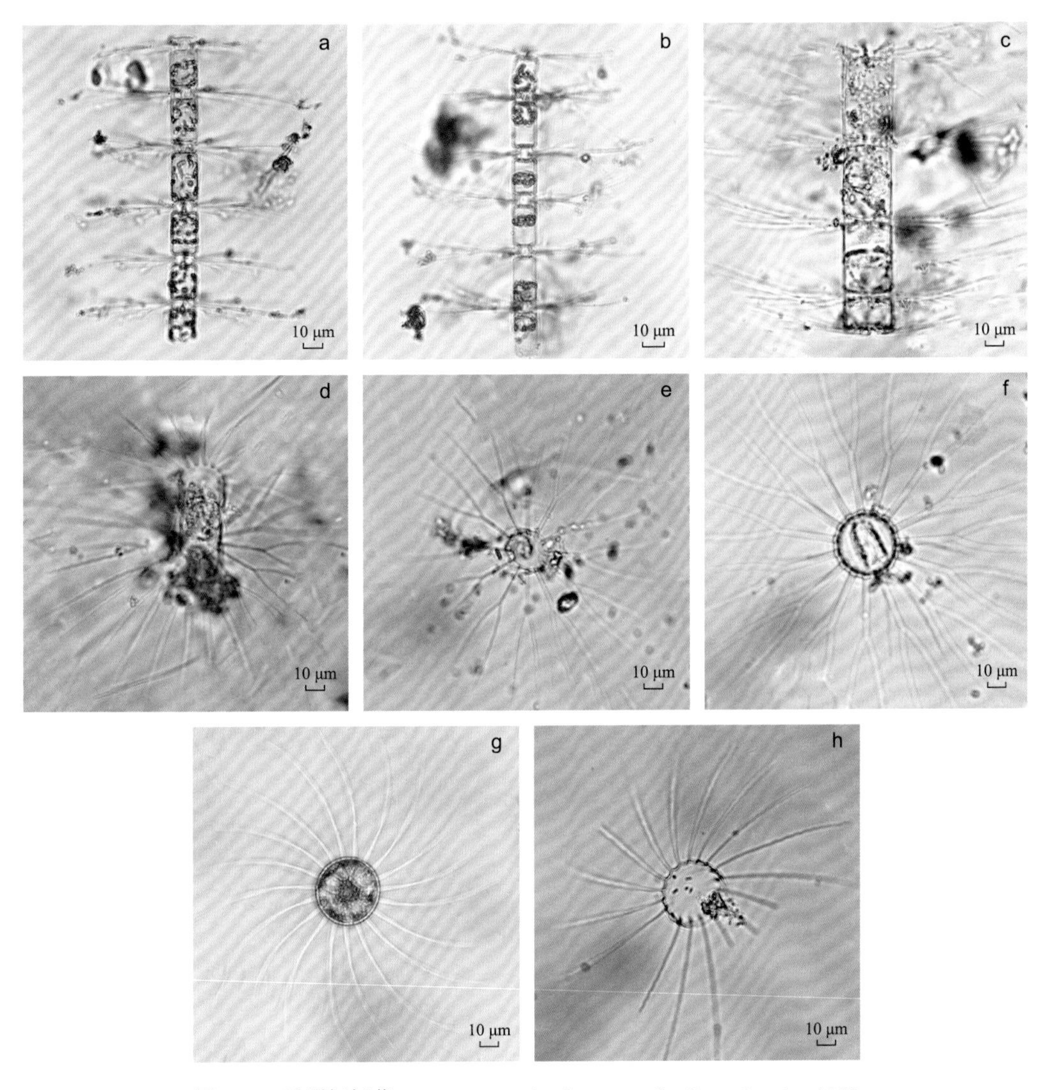

图 103　透明辐杆藻 *Bacteriastrum hyalinum* var. *hyalinum* Lauder, 1860

a ~ d. 细胞链环面观；e ~ f. 链内细胞壳面观；g ~ h. 端细胞壳面观

藻体细胞呈圆柱形，直径 13 ~ 33 μm。多细胞相连呈直链状群体，胞间隙小，明显可见。壳面呈圆形，生出 7 ~ 25 条刺毛。细胞链内刺毛与链轴垂直伸出，基部短于分叉部。细胞链上、下两端刺毛同型，均弯向链内。

近海性广布种。印度近海、爪哇海、菲律宾近海、欧洲近海、黑海、地中海、大西洋和太平洋东部等有记录。中国黄海、东海和南海近海常见。

104. 丛毛辐杆藻 *Bacteriastrum comosum* var. *comosum* Pavillard, 1916（图 104）

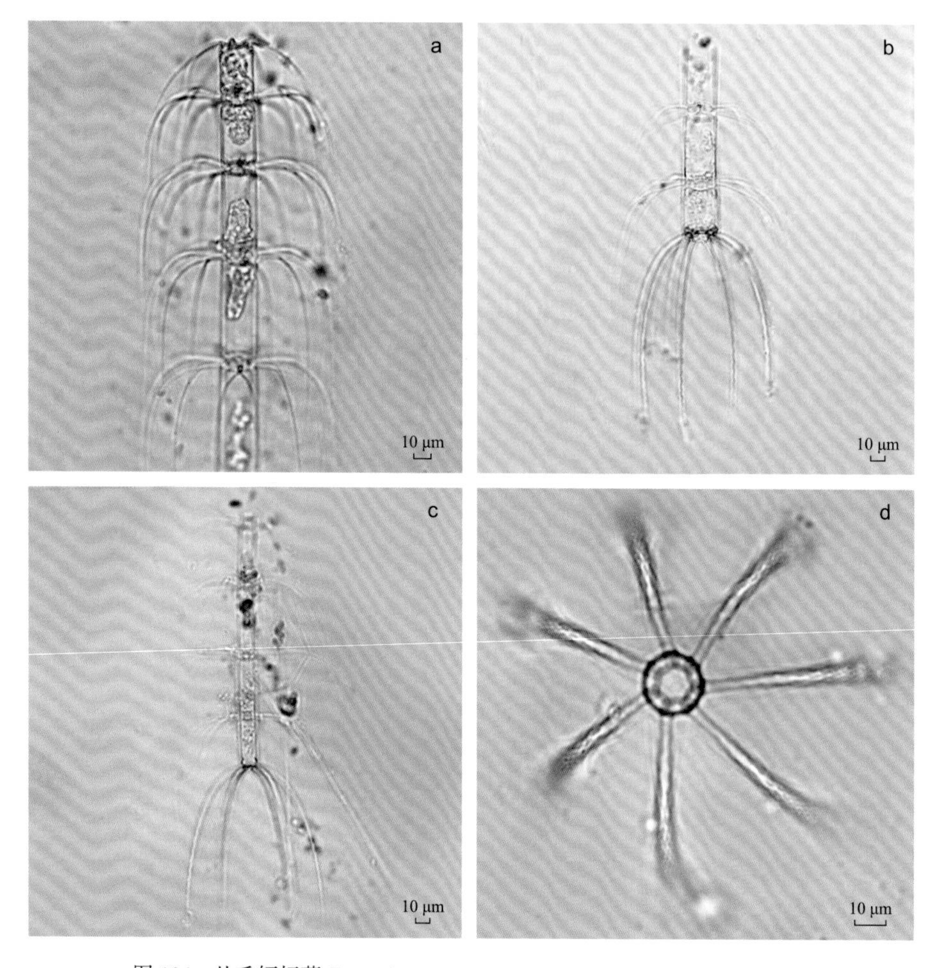

图 104　丛毛辐杆藻 *Bacteriastrum comosum* var. *comosum* Pavillard, 1916

a ~ c. 细胞链环面观；d. 端细胞壳面观

藻体细胞呈圆柱形，细胞高度大于宽度，直径 17 ~ 25 μm。链内刺毛细长，相邻细胞刺毛交叉部分短，分叉部分长，皆弯向链的后方。链两端刺毛形态不同，上端弯向链后端，环面观呈伞形；后端刺毛长且粗，其环面观呈吊钟状。

热带或亚热带外洋性种。爪哇海、地中海，以及美国加利福尼亚、朝鲜半岛附近海域等有分布。中国东海和南海有记录，量少。

105. 从毛辐杆藻刚刺变种 *Bacteriastrum comosum* var. *hispida* (Castracane) Ikari, 1972（图 105）

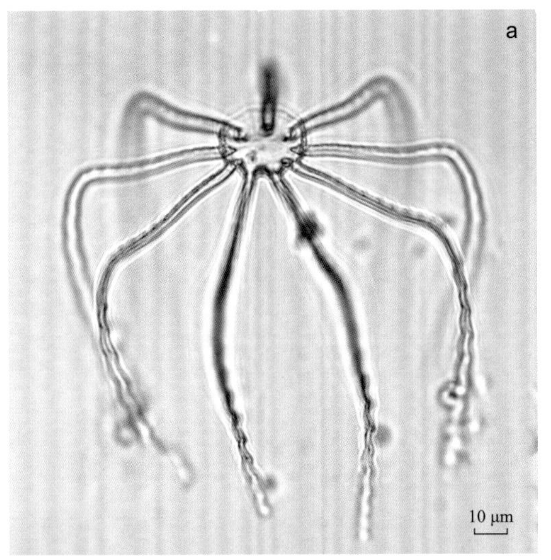

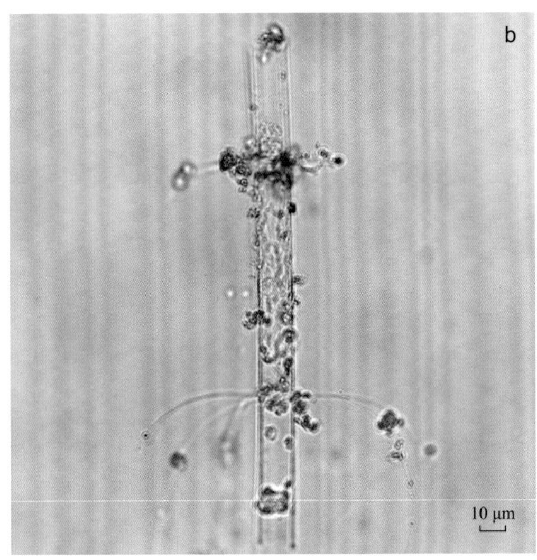

图 105 从毛辐杆藻刚刺变种 *Bacteriastrum comosum* var. *hispida* (Castracane) Ikari, 1972

a. 端细胞壳面观；b. 细胞链环面观

本变种较原种链后端刺毛更粗壮，呈波状弯曲，环面观为一粗吊钟形。

暖海性种。爪哇海、日本附近海域有分布。中国南海秋、冬季较多。

106. 地中海辐杆藻 *Bacteriastrum mediterraneum* Pavillard, 1916（图 106）

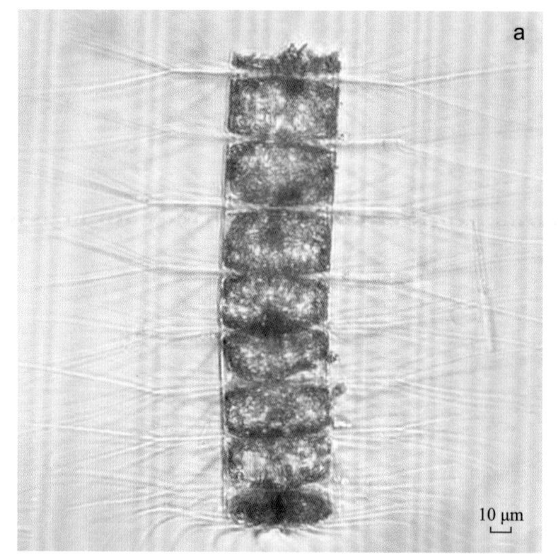

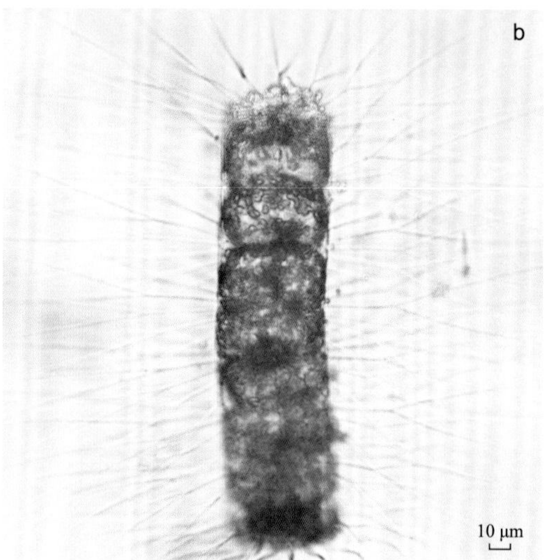

图 106　地中海辐杆藻 *Bacteriastrum mediterraneum* Pavillard, 1916

a ~ b. 细胞链环面观

藻体细胞呈扁圆柱形，直径 40 μm。细胞间隙窄。刺毛纤细，相邻细胞刺毛结合部与链轴近垂直。链两端刺毛形态不同，伸出方向亦相反，前端刺毛向外与链轴倾斜射出，如半张开的伞状，后端刺毛弯向链后方，如吊钟状。

热带外洋性种。墨西哥湾、地中海、黎巴嫩附近海域、日本纪州濑户海域等有分布。中国东海有记录。

第 9 科 角毛藻科 Chaetocerоceae Schöder

角毛藻属 *Chaetoceros* Ehrenberg, 1844

单色体亚属 *Subgenus Monochromatophorus* Chu et Kno, 1957

107. 简单角毛藻 *Chaetoceros simplex* Ostenfeld, 1902（图 107）

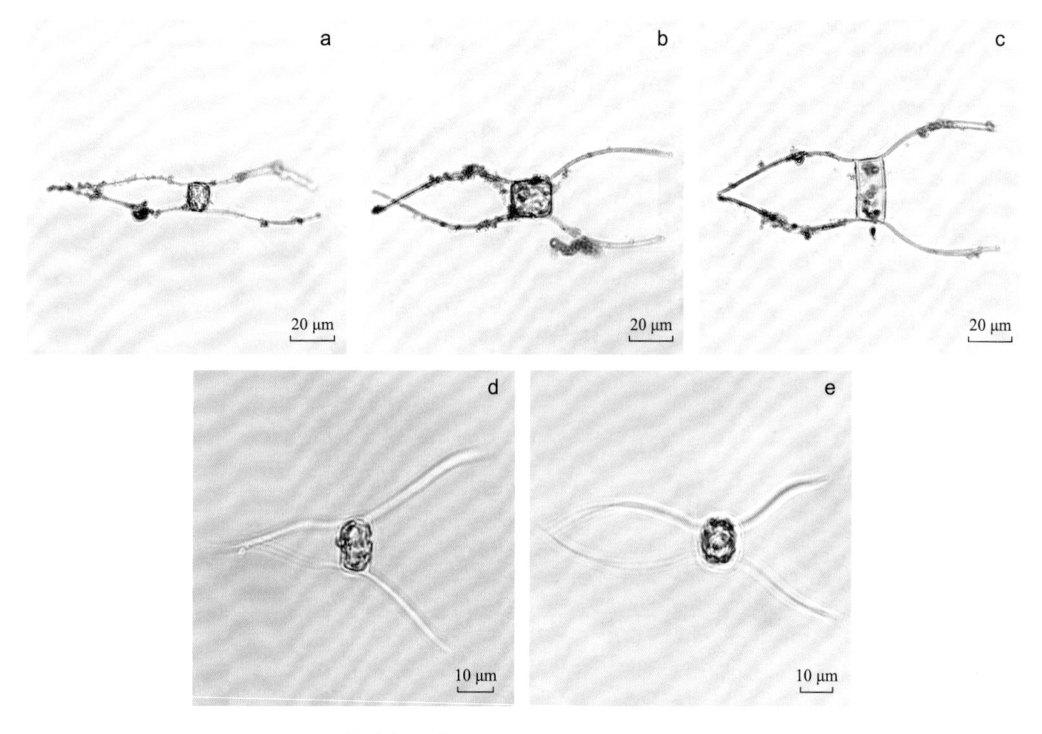

图 107 简单角毛藻 *Chaetoceros simplex* Ostenfeld, 1902

a ~ e. 细胞环面观

藻体细胞个体小，常单个生活，宽 8.6 ~ 18.9 μm，高 12.9 ~ 25.9 μm，呈长方形或椭圆形。角毛自贯壳轴顶端生出，略倾斜伸展，其上、下壳面的角毛常有一侧在伸出一段距离后交叉，而另一侧不交叉。

温带至热带浮游性种。北大西洋、芬迪湾，以及比利时、爱尔兰、印度、新西兰、瑞典附近海域等有分布。印度洋水样中普遍存在。

108. 扭链角毛藻 *Chaetoceros tortissimus* Gran, 1900（图 108）

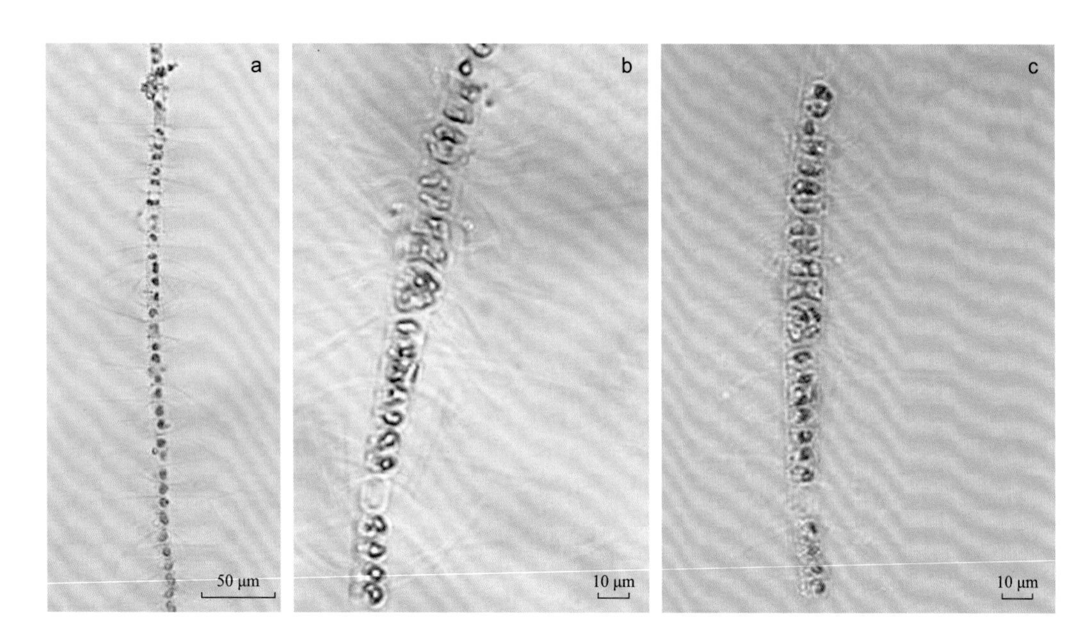

图 108　扭链角毛藻 *Chaetoceros tortissimus* Gran, 1900

a ～ c. 细胞链环面观

该种常以群体出现，细胞链直或略弯，细胞在链上排列较疏松并逐次扭转。宽环面呈长方形，宽大于高。相邻细胞壳面中央部分常接触。角毛细短，自细胞角稍内处生出，经一短距离后，始与邻细胞角毛交叉相会，然后略与链轴垂直伸出。链端角毛与链上其他角毛的形态近似。每个细胞有一个色素体，呈片状，靠近细胞宽环面。

近岸性种。墨西哥湾、波罗的海、孟加拉湾、马尔代夫附近海域等有分布。

109. 发状角毛藻 *Chaetoceros crinitus* Schütt, 1895（图 109）

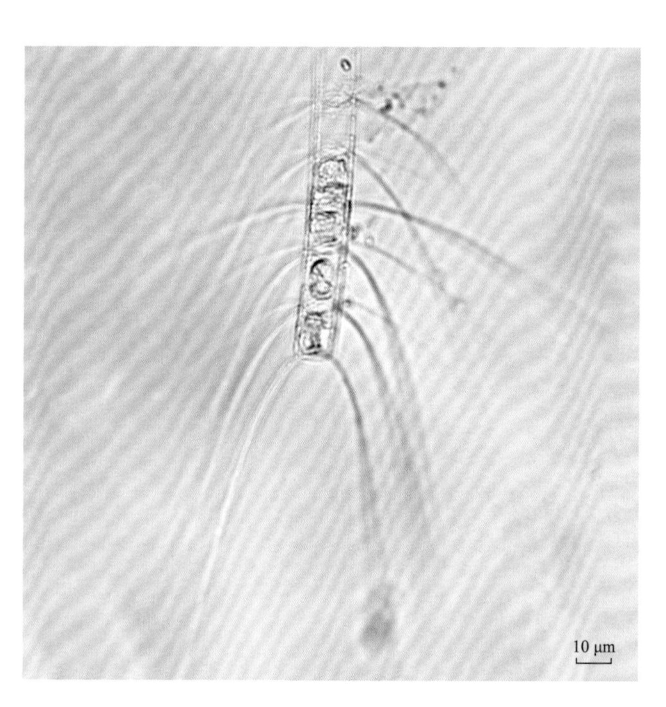

图 109　发状角毛藻 *Chaetoceros crinitus* Schütt, 1895

细胞链宽环面观

藻体细胞宽环面呈四方形，宽 11 μm。壳套高于细胞高度的 1/3，细胞间隙狭窄。链内角毛生出即与邻细胞角毛相交，伸出后逐渐弯向链端。端角毛稍粗，与链轴近垂直伸出后，弯曲近与链轴平行往外伸展。每个细胞内有一个色素体，呈片状。

温带近岸性种。欧洲中部及北部沿岸、地中海、日本近岸海域有记录。中国黄海和台湾海峡采到少量。

110. 冕孢角毛藻 *Chaetoceros diadema* (Ehrenberg 1854) Gran, 1897（图 110）

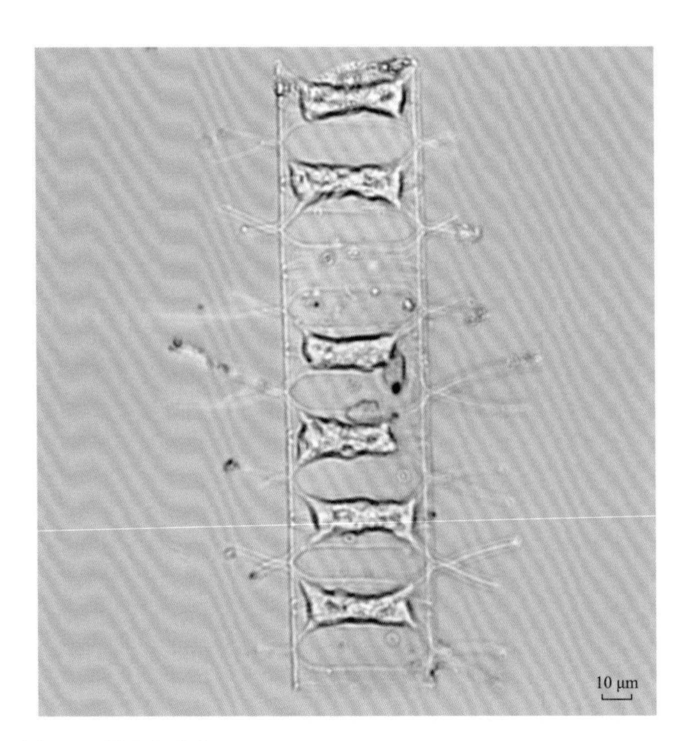

图 110 冕孢角毛藻 *Chaetoceros diadema* (Ehrenberg 1854) Gran, 1897

细胞链宽环面观

同物异名：*Chaetoceros subsecundus* (Grun.) Hustedt, 1930

藻体细胞宽环面呈长方形，细胞宽度大于高度，宽 47 μm，高 15 μm。细胞间隙扁长条形，中部略窄。壳面高于细胞高度的 1/3。每个细胞有一个色素体，呈大片状。

北方近岸种，适温范围较宽。太平洋、北冰洋至欧洲沿海、巴仑支海、北海、鄂霍次克海、白令海、日本海、地中海、黑海有记录。中国渤海、黄海和东海可采到。

111. 海洋角毛藻 *Chaetoceros pelagicus* Cleve, 1873（图 111）

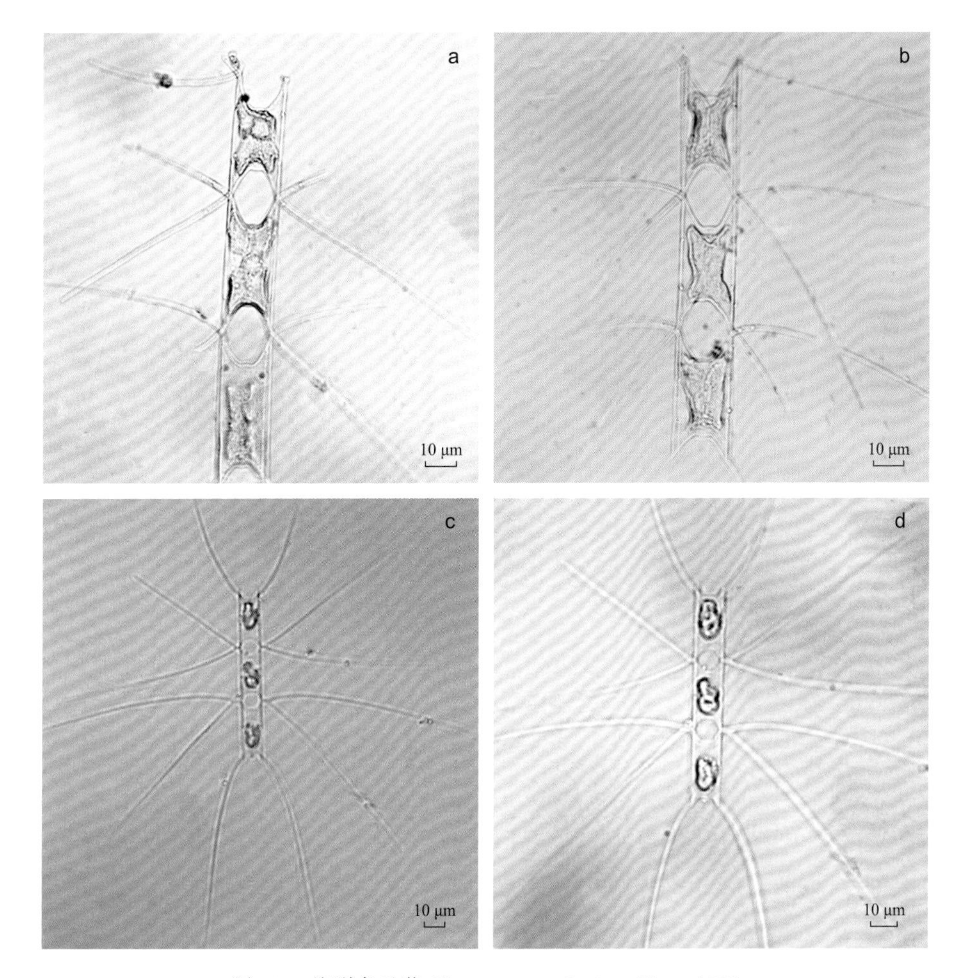

图 111　海洋角毛藻 *Chaetoceros pelagicus* Cleve, 1873

a ~ d. 细胞链宽环面观

藻体细胞一般高度大于宽度，高 20 ~ 32 µm，宽 10 ~ 18 µm。细胞连接不紧密，细胞间隙大，环面观呈四角形或略呈六角形。壳套高，与环带连接处无凹沟。链端角毛较链内角毛粗。每个细胞中有一个色素体。

近岸种。大西洋沿岸，以及马尔代夫、美国加利福尼亚南部及日本北部附近海域有分布。中国渤海、黄海和东海有发现，数量不多。

112. 短孢角毛藻 *Chaetoceros brevis* Schütt, 1895（图 112）

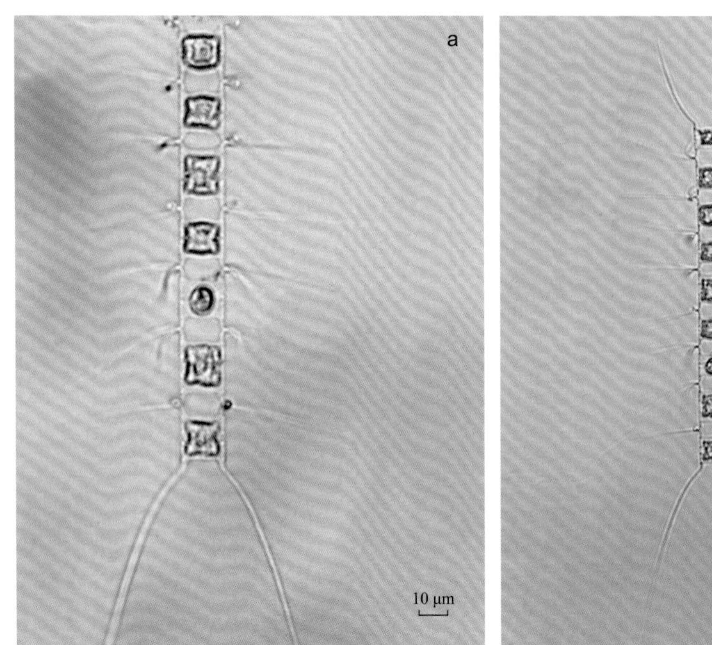

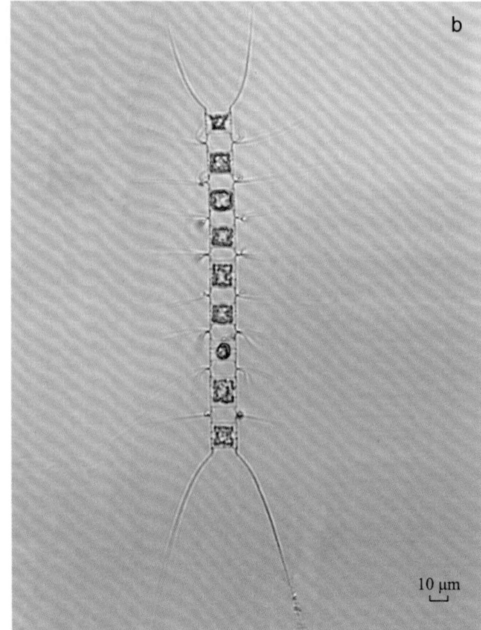

图 112　短孢角毛藻 *Chaetoceros brevis* Schütt, 1895

a ~ b. 细胞链宽环面观

同物异名：*Chaetoceros didymus* var. *hiemalis* Cleve, 1900; *Chaetoceros brevis* var. Karsten, 1907; *Chaetoceros pseudobrevis* Pavillard, 1991

藻体细胞宽环面呈长方形，细胞间隙宽大，呈四角形或六角形。角毛细，相邻细胞角毛交叉点常在链轴外，交叉后略与链轴垂直伸出或即弯向链端。链端角毛倾斜生出后即向链轴两侧呈近似“V”形分开。每个细胞中有一个色素体。

暖水近岸性种。印度洋、北大西洋、北海、波罗的海、爪哇海、日本沿岸及对马暖流支流中有记录。中国黄海、东海和南海有分布。

113. 远距角毛藻 *Chaetoceros distans* Cleve, 1894（图 113）

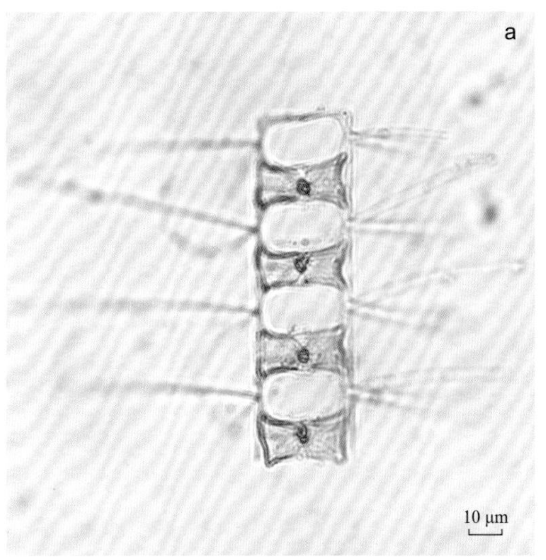

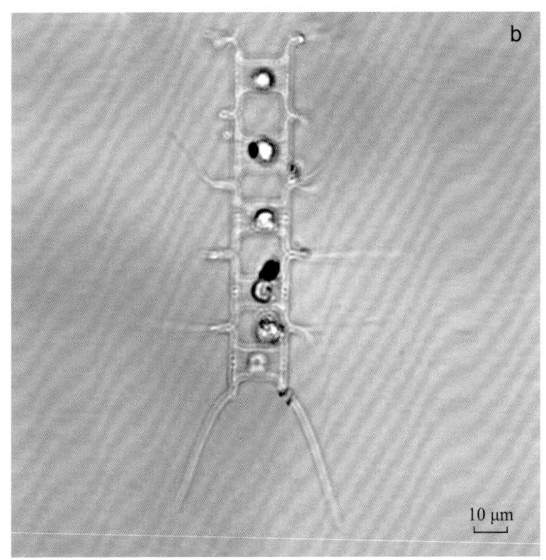

图 113　远距角毛藻 *Chaetoceros distans* Cleve, 1894

a ～ b. 细胞链宽环面观

藻体细胞宽环面呈长方形，细胞宽 17 ～ 24 μm。细胞间隙大，略呈扁长方形。本种与短孢角毛藻相似，但本种壳套与环带相接处呈凹沟弯曲，后者更直。

暖水近岸性种。爪哇海、北海道高岛近海有记录。中国渤海、黄海和东海近岸均可采到，数量不多。

114. 窄隙角毛藻 *Chaetoceros affinis* var. *affinis* Lauder, 1864（图 114）

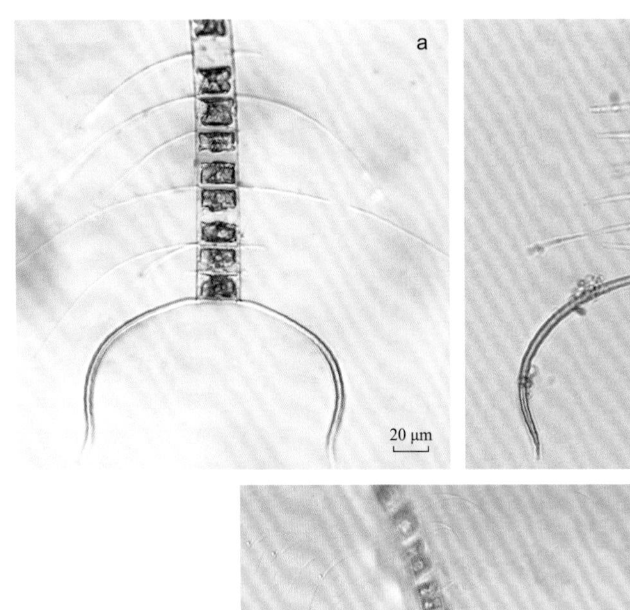

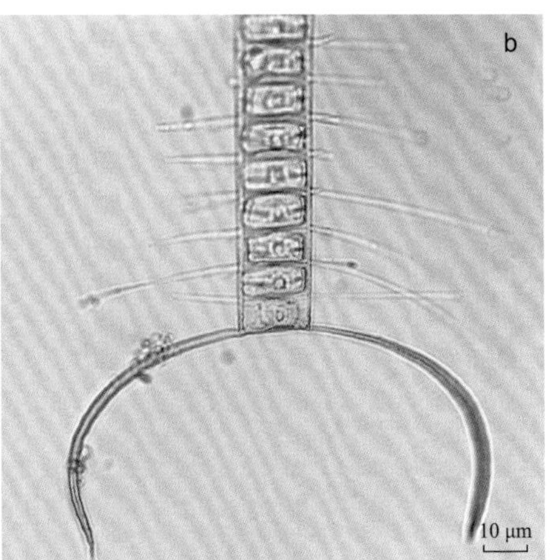

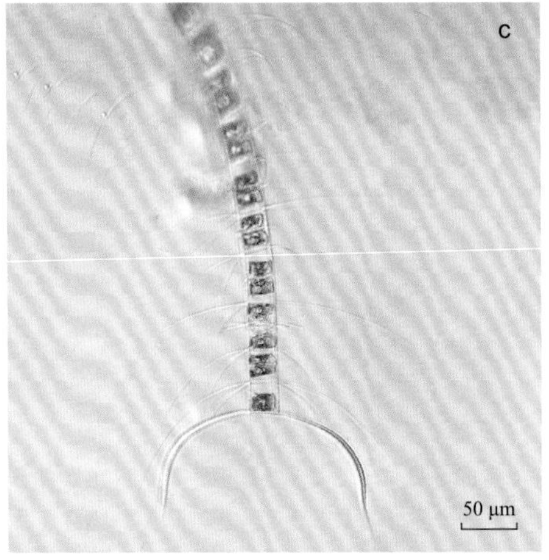

图 114　窄隙角毛藻 *Chaetoceros affinis* var. *affinis* Lauder, 1864

a ~ c. 细胞链宽环面观

同物异名：*Chaetoceros javanicus* Cleve, 1873; *Chaetoceros schuettii* Cleve, 1894

藻体细胞宽环面呈长方形，细胞间隙甚小。链内角毛常见较细，端角毛粗壮，向外斜伸或垂直伸出时加粗，末端内弯如镰刀形。有时候链中间也出现粗短角毛。每个细胞有一个色素体。

温带近岸性种，世界广布种，分布普遍。

115. 粗股角毛藻 *Chaetoceros femur* Schütt, 1895（图 115）

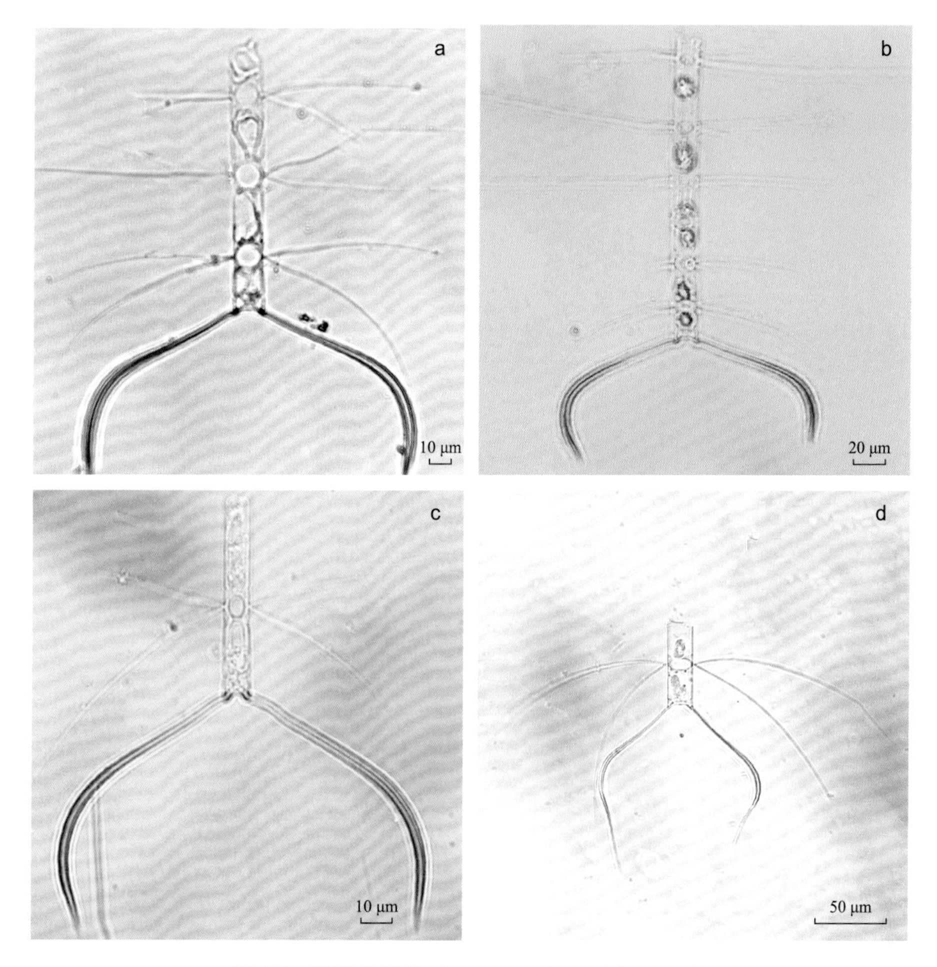

图 115　粗股角毛藻 *Chaetoceros femur* Schütt, 1895

a ~ d. 细胞链宽环面观

同物异名：*Chaetoceros affinis* f. *femur* Taylor, 1966

藻体细胞宽环面观呈长方形，细胞间隙近似圆形或椭圆形，环带较高。链内角毛自边缘生出即与邻细胞相交。端角毛与链内角毛不同，粗壮，其形态及伸展方向与窄隙角毛藻近似，但本种端角毛更粗壮，链内细胞间隙大，窄隙角毛藻细胞间隙非常狭小。

热带外洋浮游性种。印度洋西南部及大西洋南赤道流有记录。中国西沙群岛和中沙群岛海域少量采到。

116. 平滑角毛藻 *Chaetoceros laevis* Leuduger-Fortmorel, 1892（图 116）

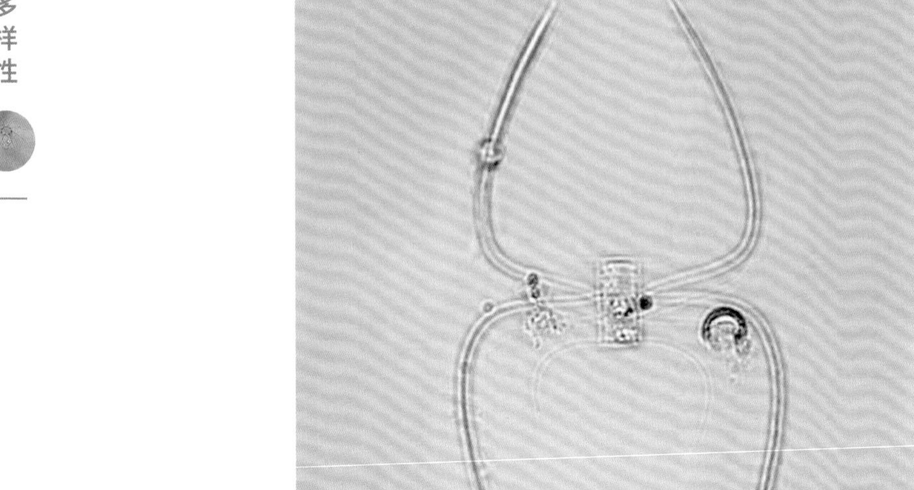

图 116　平滑角毛藻 *Chaetoceros laevis* Leuduger-Fortmorel, 1892

细胞链宽环面观

藻体细胞链短，细胞间隙窄。端角毛细，自壳面边缘生出后，先与链轴呈近垂直方向伸展一段距离，后即弯向与链轴平行方向。链内常有粗大角毛，其伸展方向与链端角毛基本一致。每个细胞有一个色素体。

热带外洋性种。日本海对马暖流区、爪哇海，以及美国加利福尼亚南部、韩国南部附近海域有记录。中国东海和南海的外海区有出现，数量少。

117. 异角毛藻 *Chaetoceros diversus* Cleve, 1873（图 117）

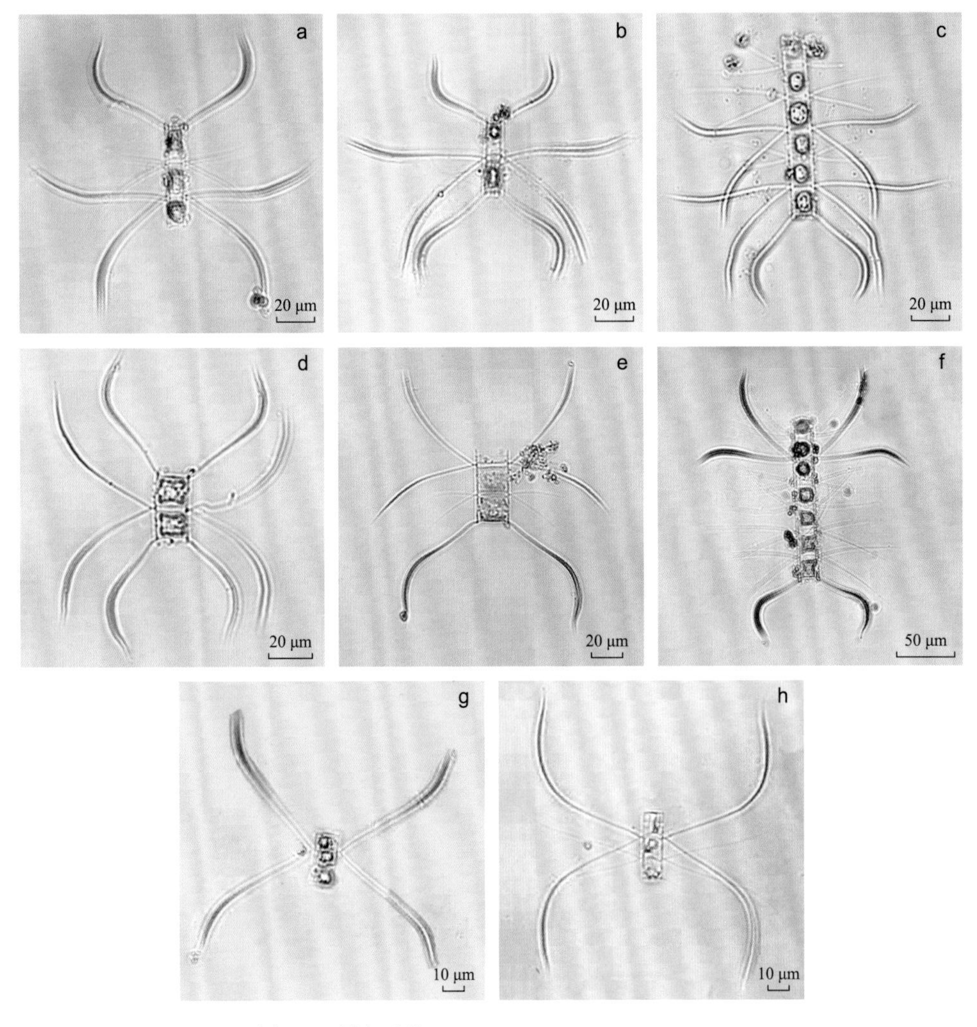

图 117　异角毛藻 *Chaetoceros diversus* Cleve, 1873

a ～ h. 细胞链宽环面观

异角毛藻又称异角角毛藻。

藻体细胞宽环面观，宽略大于高。细胞链直，常由 2 ～ 7 个细胞组成，细胞间隙窄。两端角毛和链内角毛均较细，但链内常有粗大角毛。链内角毛自壳面边缘生出后即相交，约呈 45° 弯曲，后近链轴平行方向伸出。每个细胞中有一个色素体。

本种与平滑角毛藻的形态相似，但本种粗角毛约呈 45° 向链的两侧伸出；其次，两者地理分布有差异，平滑角毛藻是适温、盐高的热带大洋性种而本种属热带近岸性种（金德祥，1965）。

热带近岸性种。爪哇海、日本近海的暖水区、北海、地中海等有记录。中国东海和南海近海有分布。

118. 短叉角毛藻 *Chaetoceros messanence* Castracane, 1875（图 118）

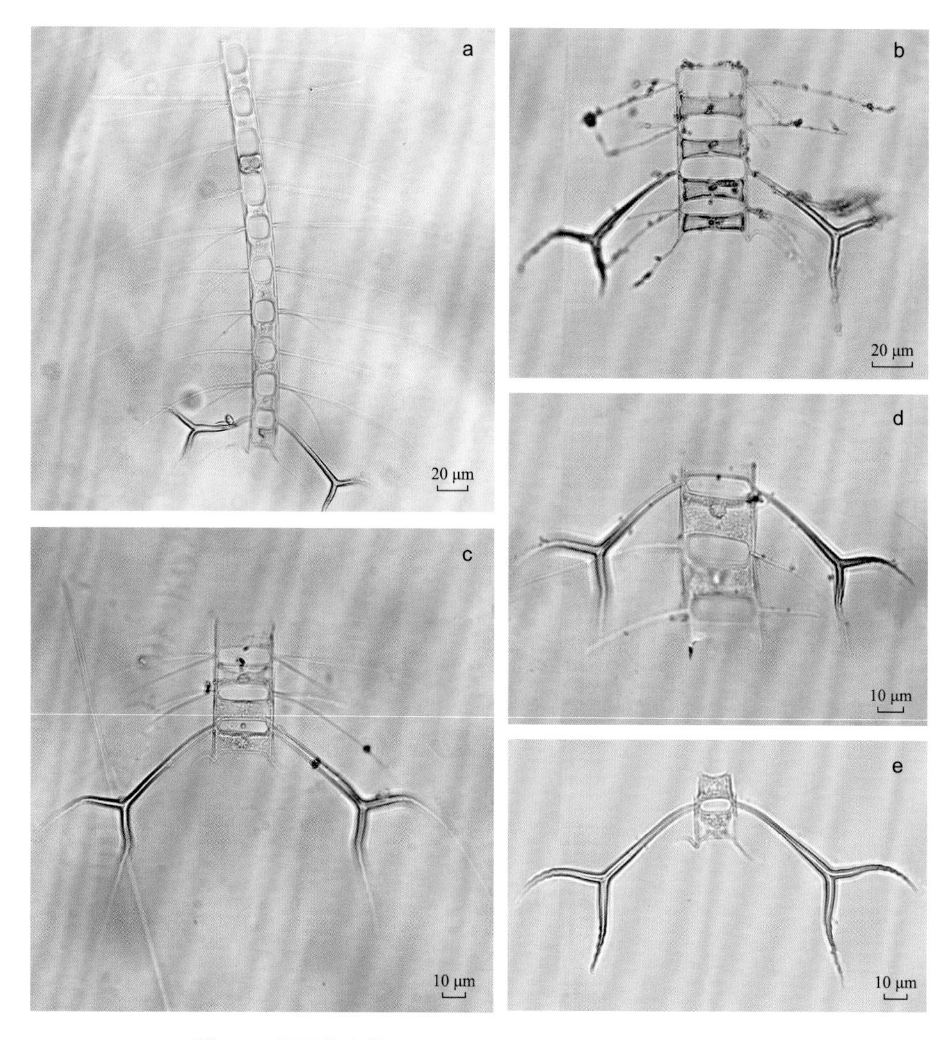

图 118　短叉角毛藻 *Chaetoceros messanence* Castracane, 1875

a ~ e. 细胞链宽环面观

同物异名：*Chaetoceros furca* Cleve, 1897; *Chaetoceros furca* var. *macroceros* Schröder, 1906; *Chaetoceros cornutus* Leuduger-Fortmorel, 1898

短叉角毛藻又称短刺角毛藻。

藻体细胞宽环面观呈长方形，宽 16 ~ 30 μm，细胞间隙略呈宽大的六角形，但变化大，有的略扁。链内常生有一组或几组粗壮角毛，其向链端外斜伸出，及至距角毛长度的 1/3 处又呈钝角分开，末端弯曲如叉状，其是识别该种类的典型特征。多数角毛细。色素体一个，呈大片状。

热带外海性种。中国东海和南海有分布。

119. 柔弱角毛藻 *Chaetoceros debilis* Cleve, 1894（图 119）

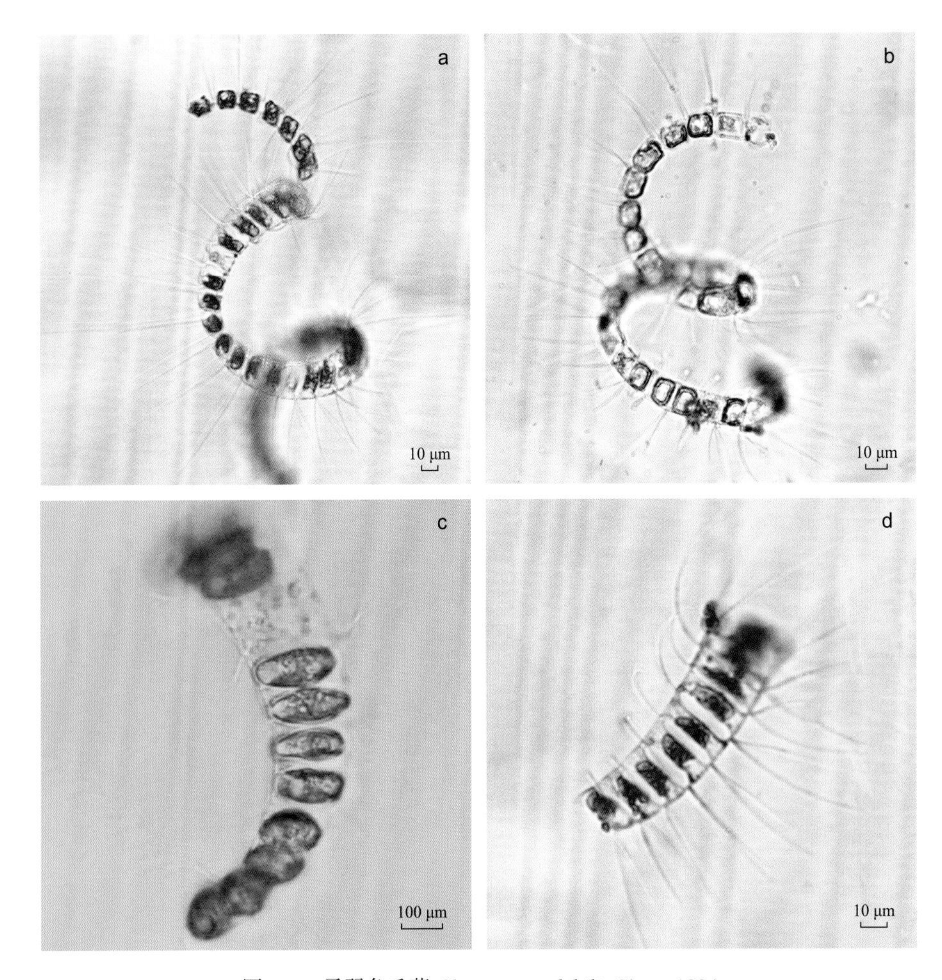

图 119　柔弱角毛藻 *Chaetoceros debilis* Cleve, 1894

a ~ d. 细胞链环面观

同物异名：*Chaetoceros vermiculus* Schütt, 1895; *Chaetoceros vermiculus* var. *typical* Schütt, 1895; *Chaetoceros vermiculus* var. *curvata* Schütt, 1895

藻体细胞宽环面观呈四角形，宽度大于高度，细胞链螺旋状弯曲。细胞间隙小，呈长条形。角毛细而弯，向螺旋状链凸起的方向与链轴垂直伸出。端角毛与链内角毛基本相同。每个细胞有一个色素体。

温带近岸性种。欧洲大西洋沿岸、英吉利海峡、波罗的海、日本海北部，以及美国加利福尼亚、澳大利亚近海等有记录。中国近海均可采到。

120. 旋链角毛藻 *Chaetoceros curvisetus* Cleve, 1889（图 120）

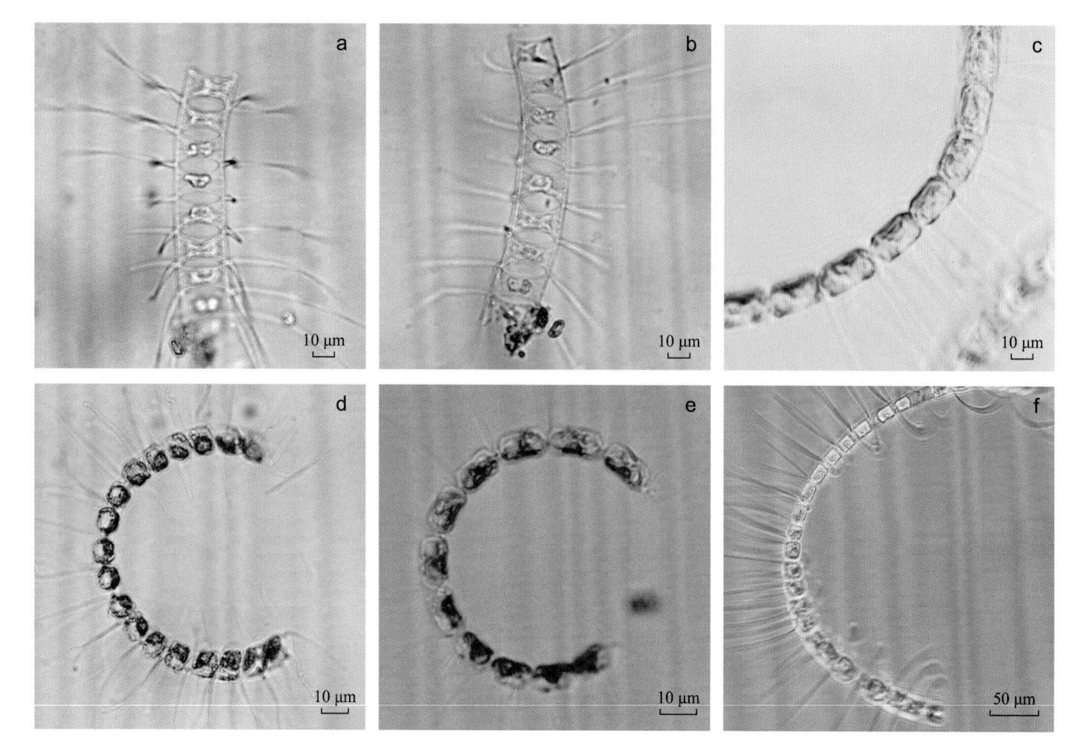

图 120　旋链角毛藻 *Chaetoceros curvisetus* Cleve, 1889

a ~ b. 细胞链宽环面观；c ~ e. 细胞链窄环面观

同物异名：*Chaetoceros cochlea* Schütt, 1895

细胞链呈螺旋状弯曲。细胞宽环面观呈四方形。壳面呈椭圆形，凹下。细胞间隙呈纺锤形或椭圆形。角毛细，均弯向细胞链的凸起一侧。端角毛与链内角毛无明显差别。每个细胞有一个色素体。

温带性种。欧洲各海如北海、巴仑支海，以及澳大利亚、美国加利福尼亚附近海域等有记录。中国各海域均有分布。

121. 根状角毛藻 *Chaetoceros radicans* Schütt, 1895（图 121）

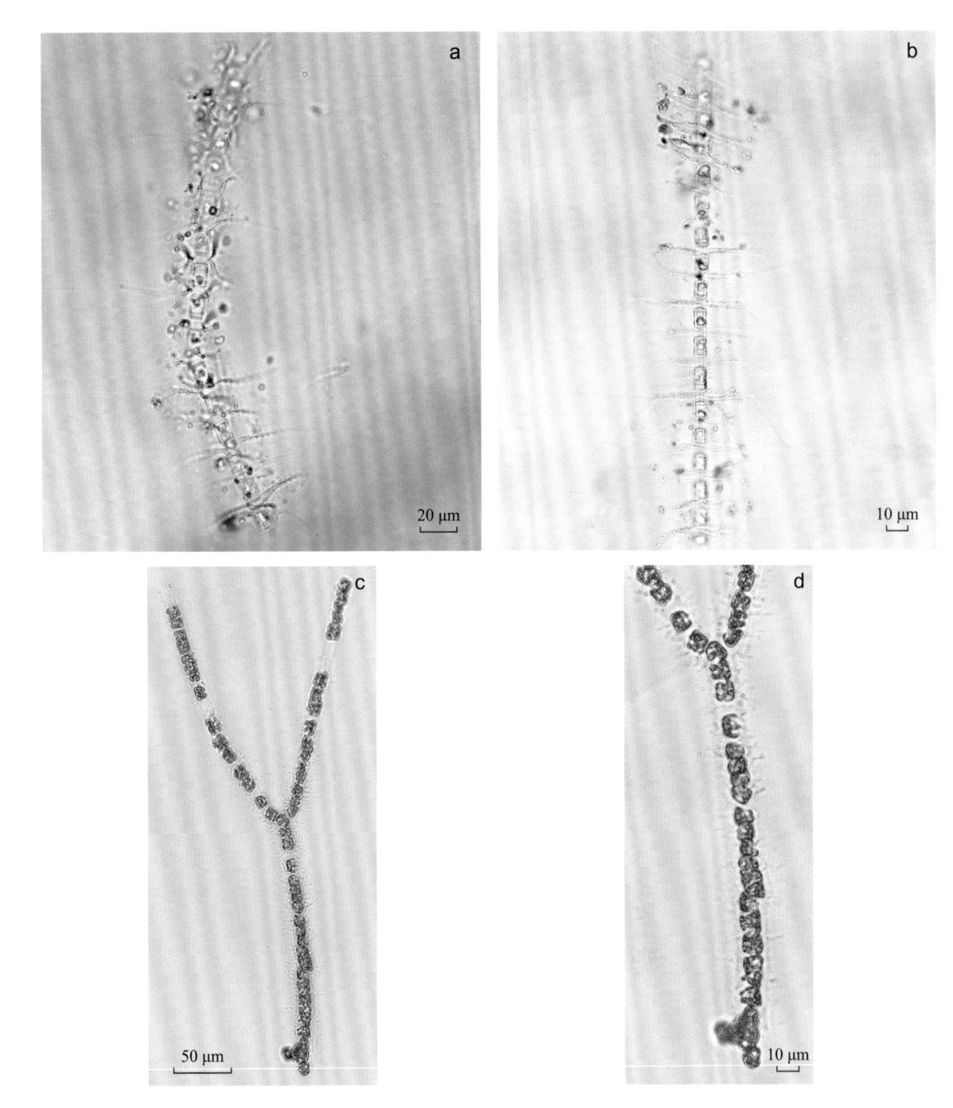

图 121　根状角毛藻 *Chaetoceros radicans* Schütt, 1895

a ~ d. 细胞链窄环面观

细胞常扭转排列成长链，常呈窄环面观，链侧常粘有碎屑。细胞宽环面观呈长方形，细胞间隙小。角毛生出小段距离后，才与邻细胞角毛相交。大部分角毛都与链轴垂直。色素体有一个。

热带近岸性种。印度洋西南部、日本高岛附近海域、北大西洋、加拿大魁北克外海、北海、英吉利海峡等有记录。中国黄海、东海和南海有采到。

122. 拟旋链角毛藻 *Chaetoceros pseudocurvisetus* Mangin, 1910（图 122）

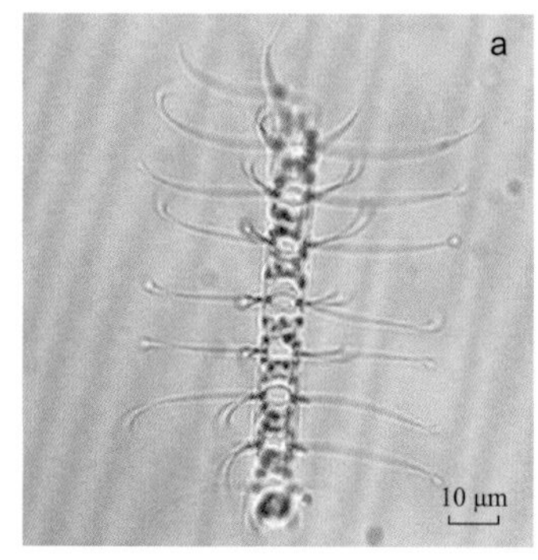

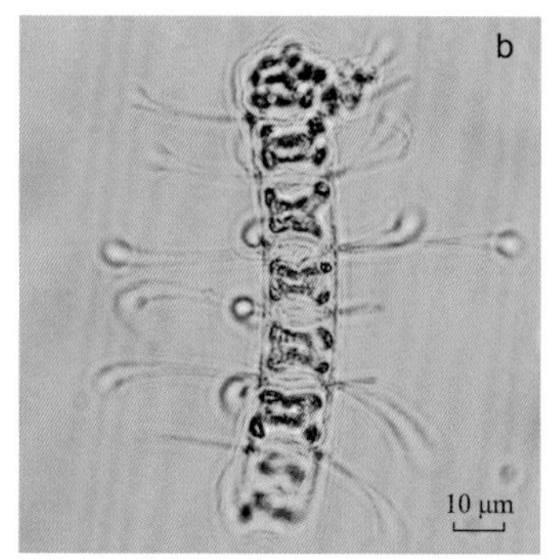

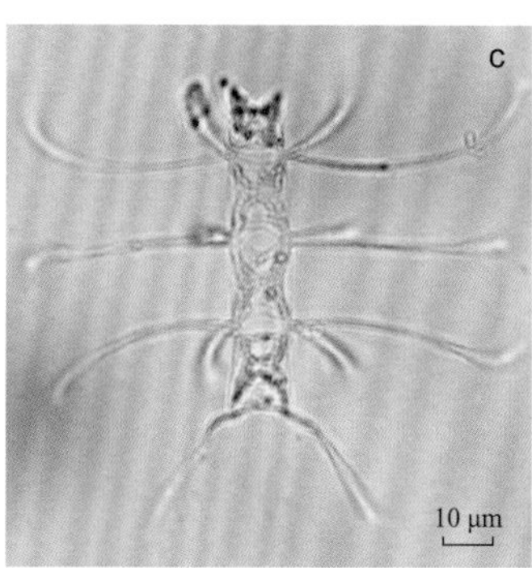

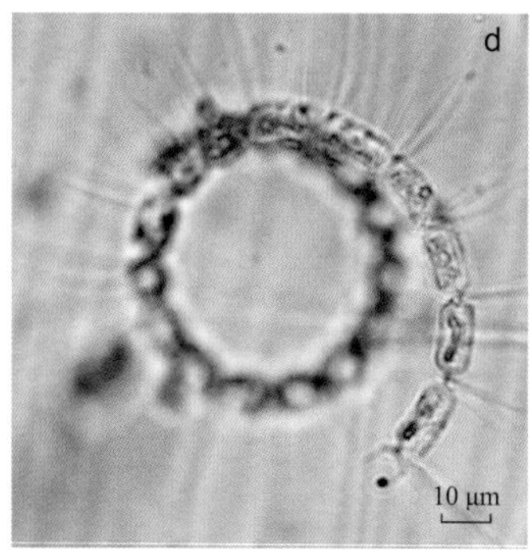

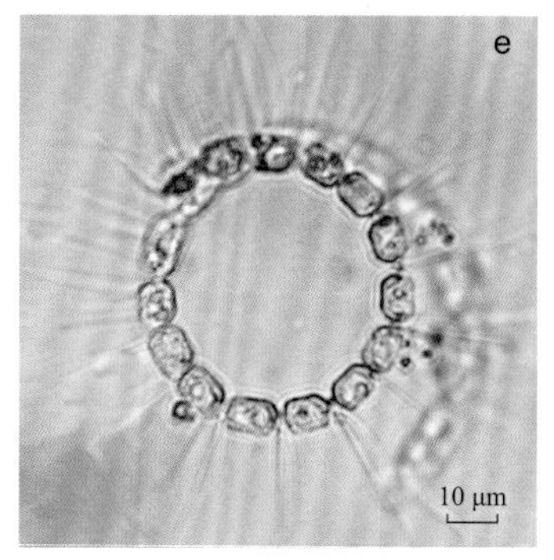

图 122　拟旋链角毛藻 *Chaetoceros pseudocurvisetus* Mangin, 1910

a ~ c. 细胞链宽环面观；d ~ e. 细胞链窄环面观

拟旋链角毛藻又称假弯角毛藻。

细胞链常呈螺旋状弯曲，与旋链角毛藻极易混淆。但本种在壳面长轴两端两侧各生一个小突起，共 4 个小突起，与邻细胞的突起相连接。在光学显微镜下，可以看到该突起亮亮的，而旋链角毛藻没有。

热带、亚热带近岸性种。爪哇海、地中海、西欧大西洋沿岸、日本海及澳大利亚沿岸等广泛分布。中国近海常见种类，均能采到。

123. 聚生角毛藻 *Chaetoceros socialis* Lauder, 1864（图 123）

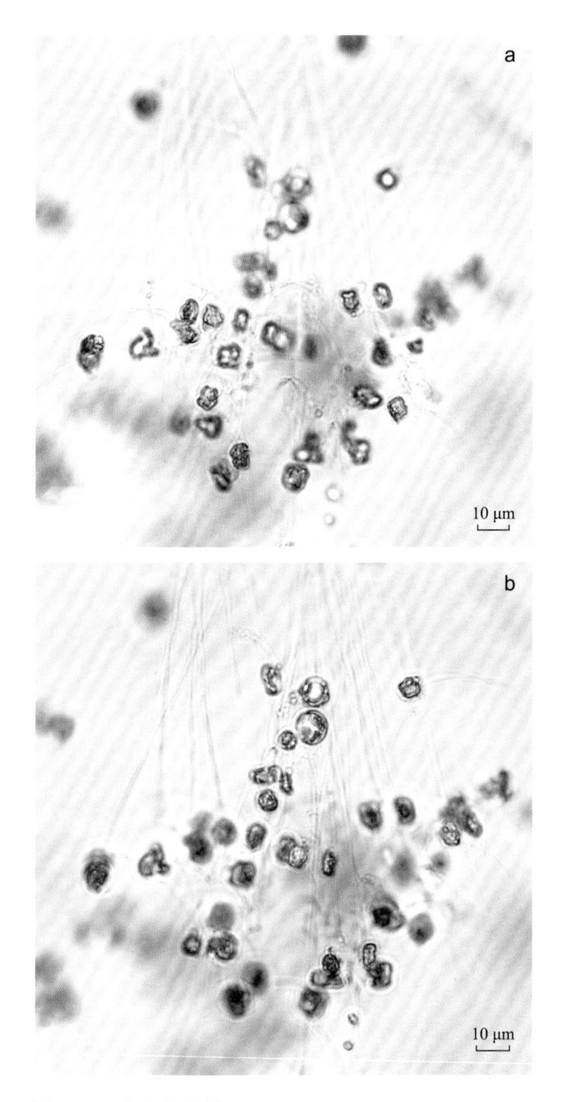

图 123 聚生角毛藻 *Chaetoceros socialis* Lauder, 1864

a ~ b. 细胞群体

细胞角毛细，角毛等长或一长三短，大量细胞的长角毛借胶状物质聚集在一起，形成不规则的、多细胞的群体。每个细胞有一个色素体。

温带近岸性种。美国加利福尼亚外海、黑海，以及印度、澳大利亚、南极岛屿、日本和俄罗斯北部附近海域都有记录。中国渤海、黄海和东海近岸常见。

二色体亚属 ***Subgenus Dichromatophorus*** **Chu et Kuo, 1957**

124. 双孢角毛藻 *Chaetoceros didymus* var. *didymus* Ehrenberg, 1846（图 124）

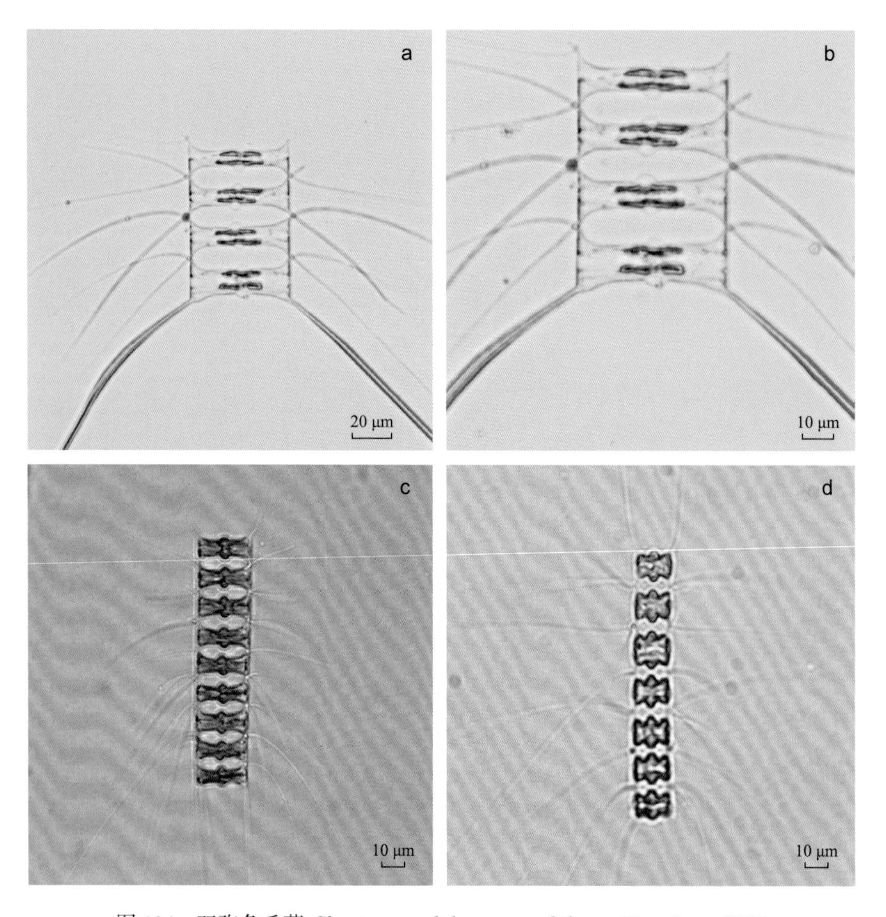

图 124　双孢角毛藻 *Chaetoceros didymus* var. *didymus* Ehrenberg, 1846

a ~ d. 细胞链宽环面观

同物异名：*Chaetoceros didymus* var. *hiemalis* Tempere et Peragallo, 1907; *Chaetoceros didymus* var. *genuina* Gran et Yendo, 1914

双孢角毛藻又称双突角毛藻。

藻体细胞宽环面观呈四角形，壳面中央生一半球形小突起，显著易鉴。细胞间隙大，呈纺锤形或近圆形。角毛生出后经短距离即与相邻细胞的角毛交会，然后斜向外伸出。端角毛常比链内其他角毛粗大或有时差别不大。色素体有两个。

温带近岸性种，世界广泛分布。中国各海域均有分布。

125. 双孢角毛藻隆起变种 *Chaetoceros didymus* var. *protuberans* Gran et Yendo, 1914（图 125）

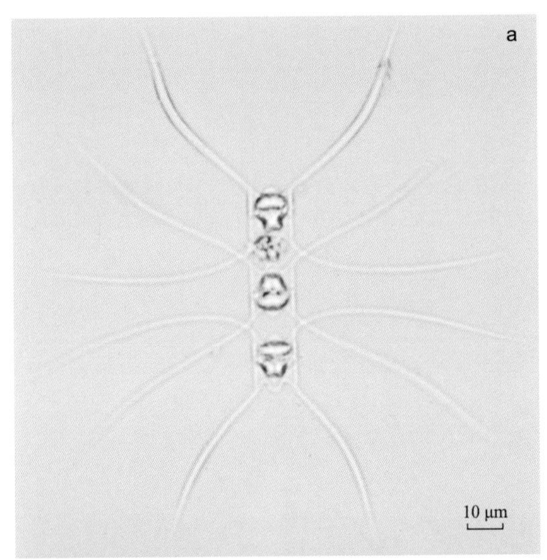

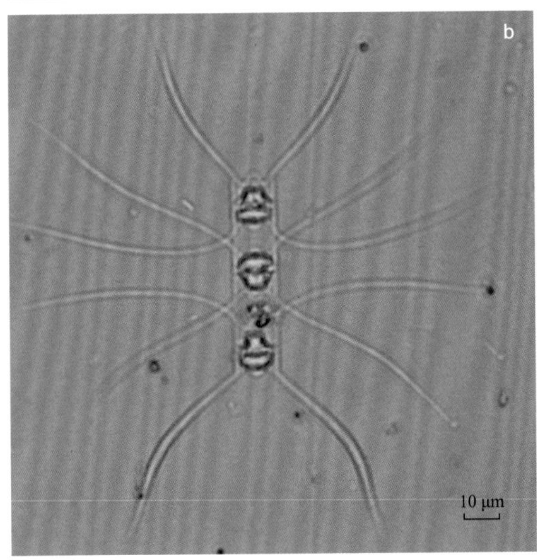

图 125　双孢角毛藻隆起变种 *Chaetoceros didymus* var. *protuberans* Gran et Yendo, 1914

a ~ b. 细胞链宽环面观

双孢角毛藻隆起变种又称隆起双突角毛藻。

本变种与原种不同之处在于，①本变种的端角毛较链内角毛粗大；②该种角毛向链轴伸展的角度及与链轴的距离也较原种更大。

暖海性种。爪哇海、地中海及日本沿海等常见。中国黄海、东海和南海有分布。

126. 双孢角毛藻英国变种 *Chaetoceros didymus* var. *anglicus* (Grunow) Gran, 1905（图 126）

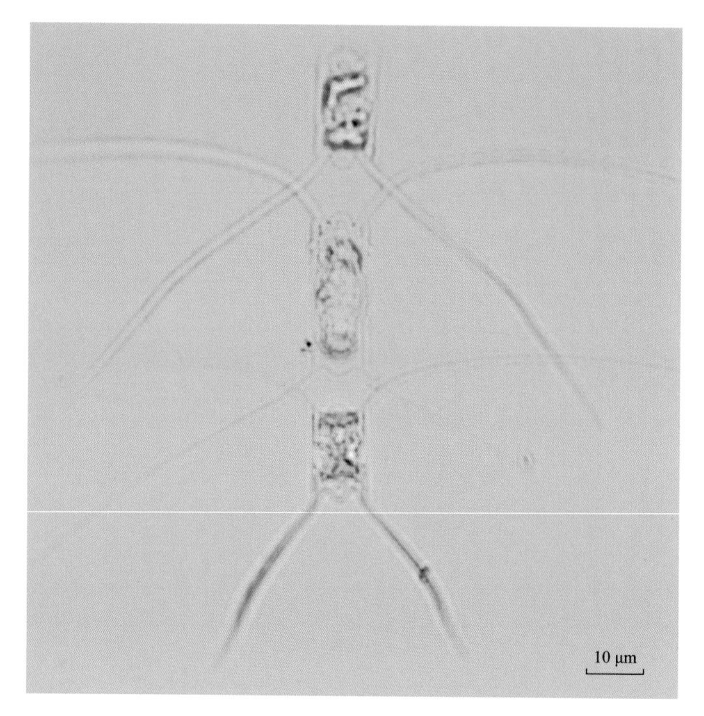

图 126　双孢角毛藻英国变种 *Chaetoceros didymus* var. *anglicus* (Grunow) Gran, 1905

细胞链宽环面观

同物异名：*Chaetoceros furcellatus* var. *anglica* Grunow, 1880—1885

本变种与原种的主要区别在于，①细胞间隙更宽大，多呈六角形；②链内相邻细胞的角毛生出往外伸展，链外相交的距离比原种更远。

暖海近岸性种。爪哇海、暹罗湾，以及美国加利福尼亚近海等有记录。中国各海域均能采到，数量少。

127. 暹罗角毛藻 *Chaetoceros siamense* Ostenfeld, 1902（图 127）

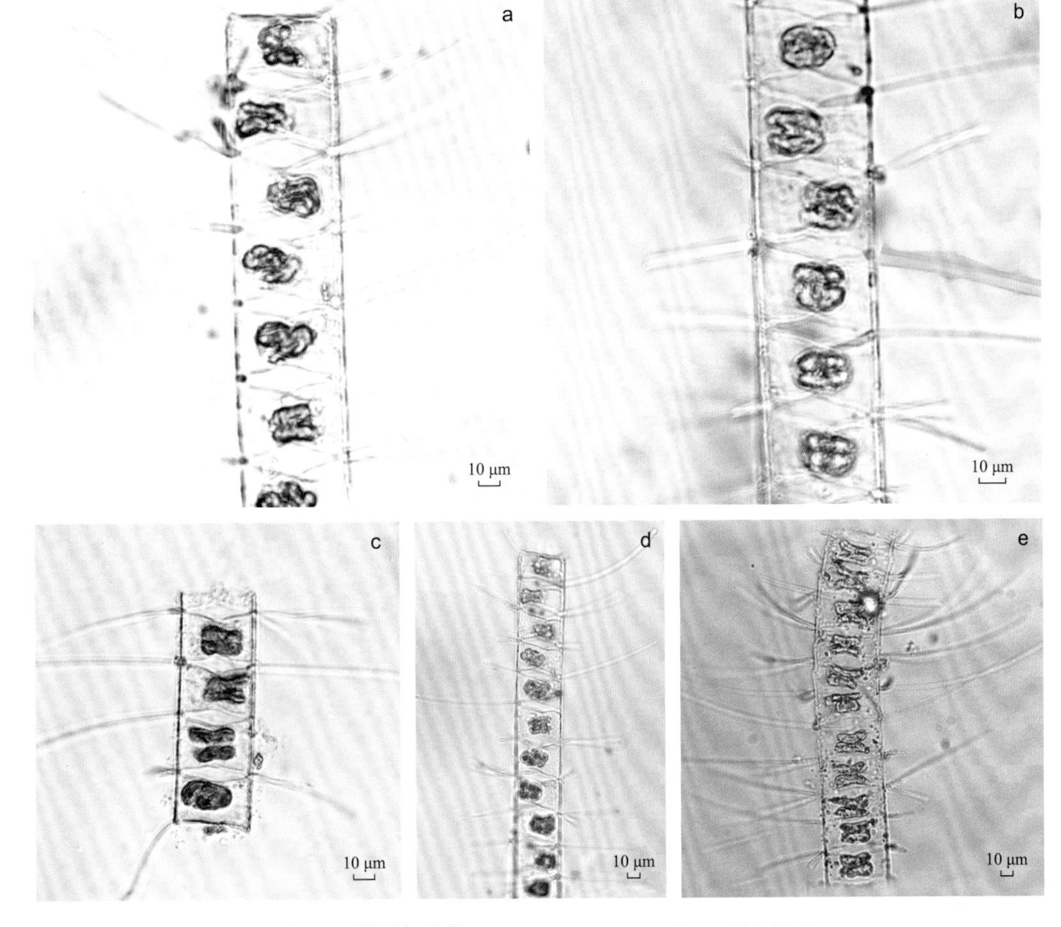

图 127 暹罗角毛藻 *Chaetoceros siamense* Ostenfeld, 1902

a ~ e. 细胞链宽环面观

同物异名：*Chaetoceros misumense* Gran & Yendo, 1914

藻体细胞宽环面观呈四角形，壳套与环带相接处有明显凹沟。细胞间隙呈纺锤形，每一壳面中部有两个小凹陷。每个细胞内有两个色素体，呈片状。

近岸性种。曾发现于里海、朝鲜海峡、日本近岸海域，印度洋首次记录。中国各海域均有分布。

128. 深环沟角毛藻 *Chaetoceros constrictus* Gran, 1897（图 128）

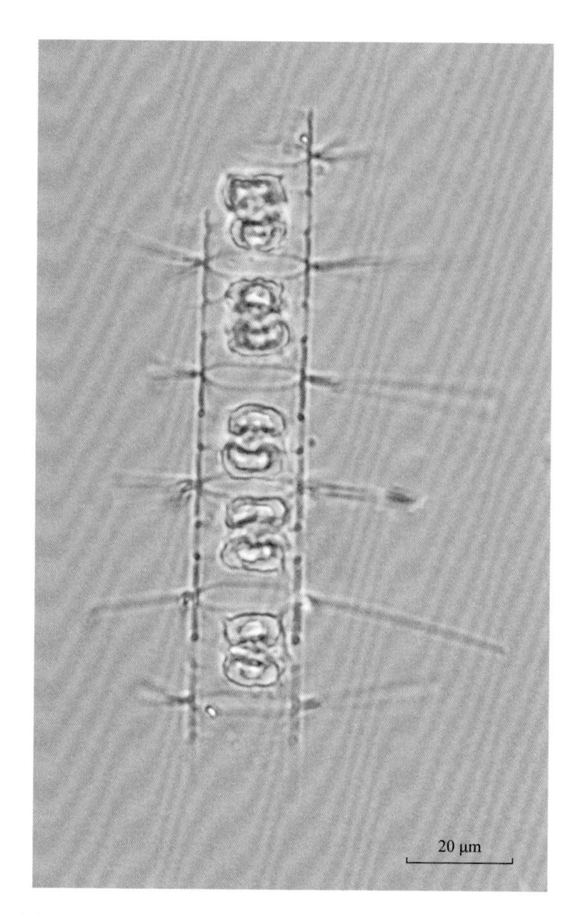

图 128　深环沟角毛藻 *Chaetoceros constrictus* Gran, 1897

细胞链宽环面观

深环沟角毛藻又称为缢缩角毛藻。

藻体细胞宽环面观呈长方形，壳套与环带相接处有深凹沟。细胞间隙呈纺锤形。角毛细长，自细胞生出即与邻细胞角毛相交，然后略与链轴垂直伸出，逐渐弯向链端。链端角毛与链内角毛粗细相近。每个细胞内有两个色素体。

广温沿岸性种。北大西洋沿岸、东太平洋沿岸、日本海沿岸，以及马尔代夫、美国加利福尼亚附近海域有记录。中国各海域均有分布。

129. 窄面角毛藻 *Chaetoceros paradoxus* Cleve, 1873（图 129）

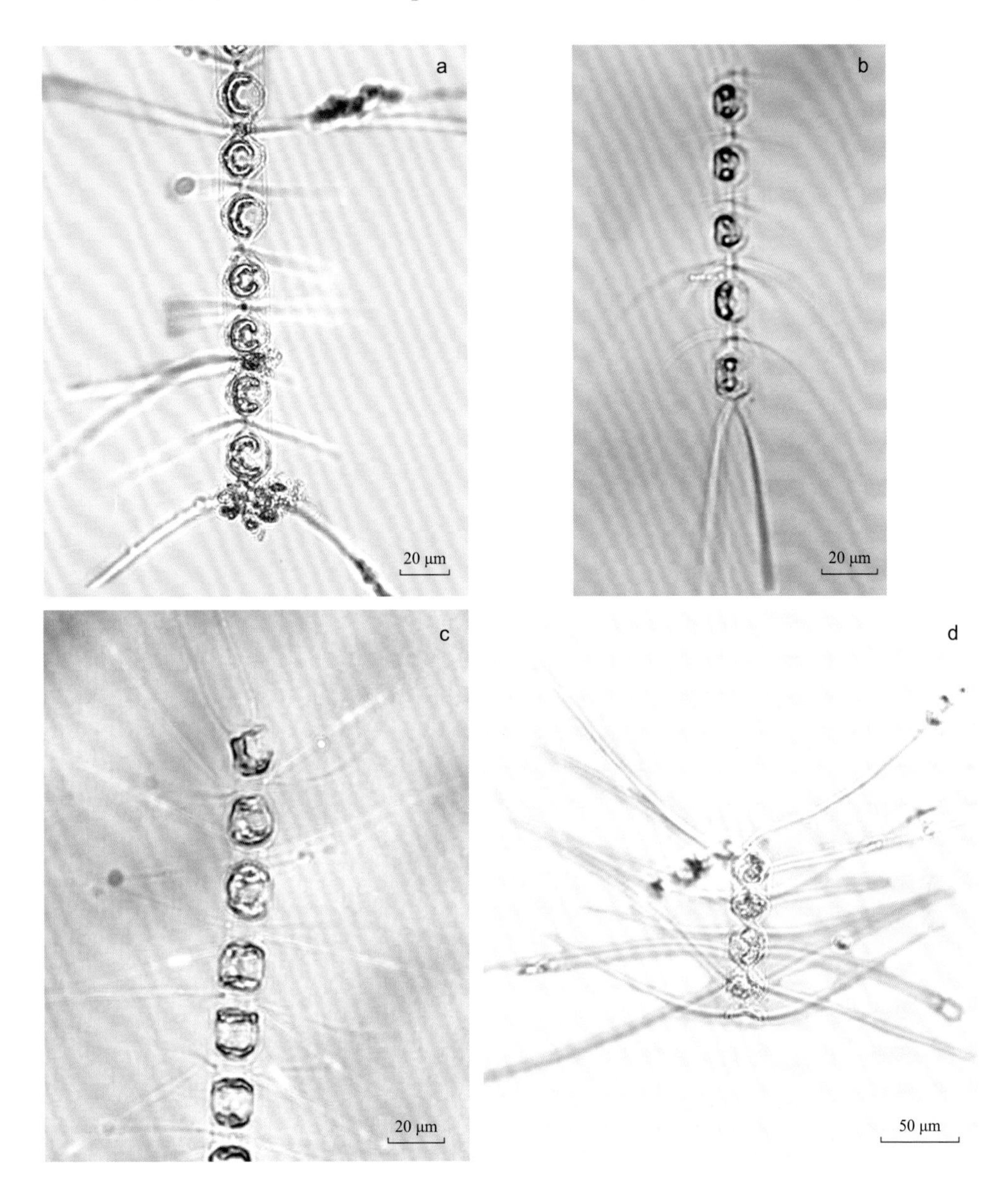

图 129 窄面角毛藻 *Chaetoceros paradoxus* Cleve, 1873

a ~ d. 细胞链窄环面观

窄面角毛藻又称奇异角毛藻。

细胞链常以窄环面观出现。壳套相接处有深凹沟。细胞间隙略呈椭圆形。端角毛与链内角毛无明显区别。每个细胞中有两个色素体。

暖海性种。爪哇海、日本沿岸海域有记录。中国沿岸常采到，尤以夏、秋季较多。

130. 范氏角毛藻 *Chaetoceros vanheurckii* Gran, 1897（图 130）

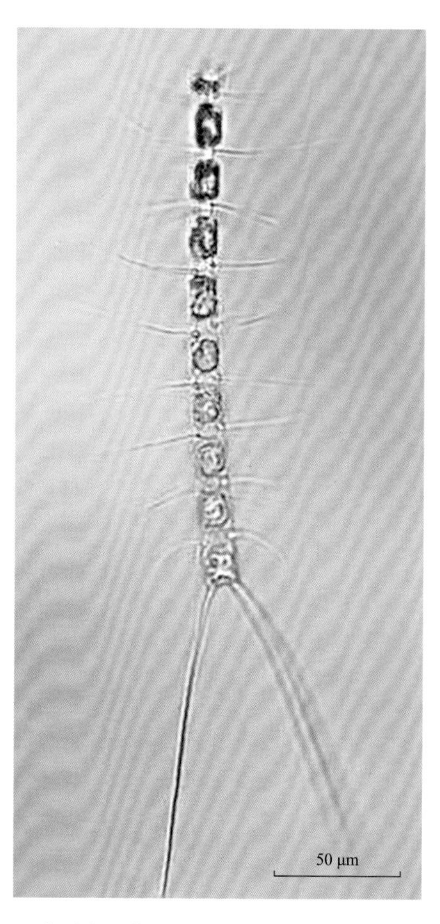

图 130　范氏角毛藻 *Chaetoceros vanheurckii* Gran, 1897

细胞链宽环面观

藻体细胞宽环面观呈四角形，壳套与环带相接处有明显深沟，细胞间隙呈纺锤形。角毛细长，约与链轴垂直伸出。端角毛比链内角毛粗壮，其与链轴约呈 45° 生出。本种与深环沟角毛藻极相似，但本种链端角毛较粗状。每个细胞有两个色素体。

温带近岸性种。爪哇海、日本沿岸有记录。中国黄海和东海近岸有采到。

多色体亚属 *Subgenus Polychromatophorus* Chu et Kuo, 1957

无色角毛组 Section 1. Achromatocerae Chu et Kuo, 1957

131. 扁面角毛藻 *Chaetoceros compressus* Lauder, 1864（图 131）

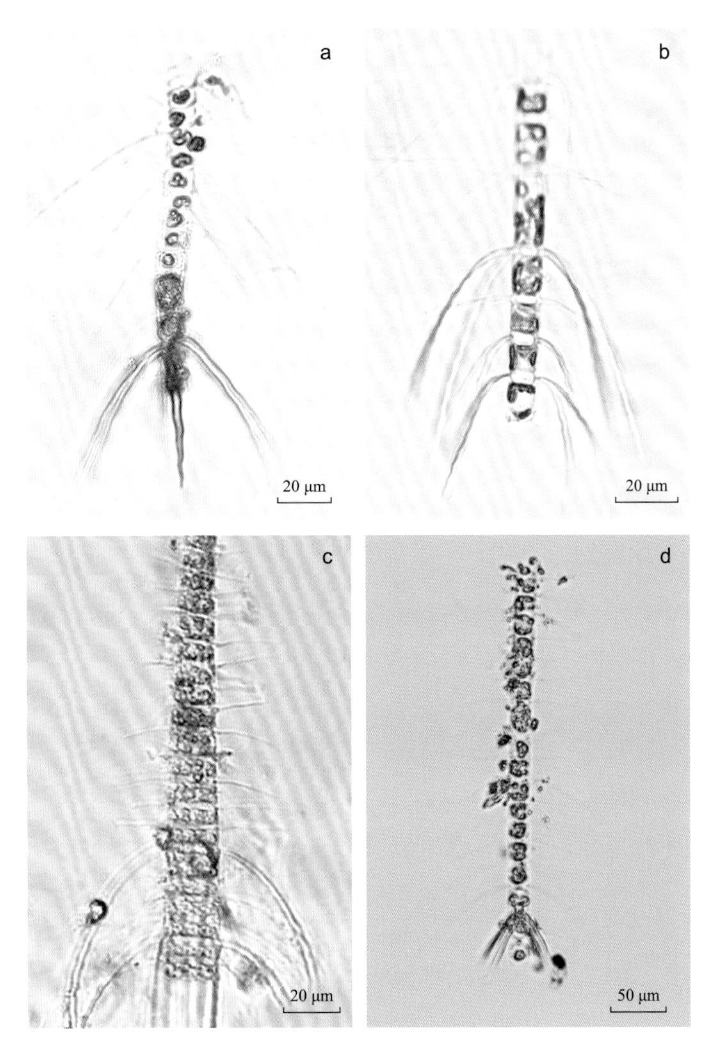

图 131　扁面角毛藻 *Chaetoceros compressus* Lauder, 1864

a ~ d. 细胞链宽环面观

同物异名：*Chaetoceros Contortus* Schütt, 1895; *Chaetoceros Suncomorssus* Schröder, 1900

藻体细胞宽环面观呈长方形，角圆。细胞链直或微弯，常略扭转。壳套与环带分界处无凹沟。角毛多数细弱，但链内常生出粗大角毛，其上有刺。色素体小片状，数目多。

世界广布种。从北极到热带海域均有分布。中国近海常可采到。

132. 并基角毛藻 *Chaetoceros decipiens* f. *decipiens* Cleve, 1973（图 132）

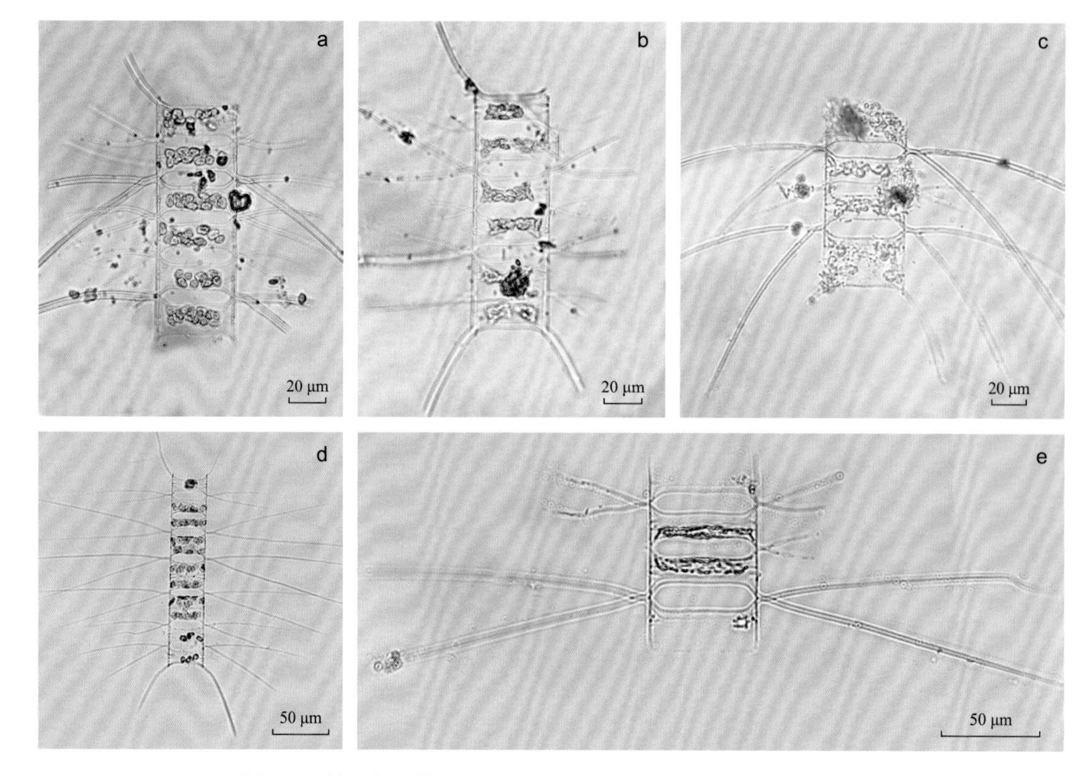

图 132　并基角毛藻 *Chaetoceros decipiens* f. *decipiens* Cleve, 1973

a ~ d. 细胞链宽环面观

同物异名：*Chaetoceros decipiens* var. *concreta* Grunow, 1880; *Chaetoceros decipiens* var. *divaricata* Schussning, 1915

藻体细胞宽环面观呈长方形，角尖，环带相接处有明显凹沟。细胞间隙变化大，呈椭圆形、窄缝形及线形。链内角毛自生出后与相邻细胞相交叉，粘连一小段距离后角毛近与细胞轴垂直或略偏斜的状态往外伸展。色素体小盘状，数目多。

北极及温带广盐性种。北大西洋、北冰洋，以及欧洲、澳大利亚、美国加利福尼亚附近海域有分布。中国渤海、黄海、东海和南海均可采到。

133. 并基角毛藻单胞变型 *Chaetoceros decipiens* f. *singularis* Gran, 1904（图 133）

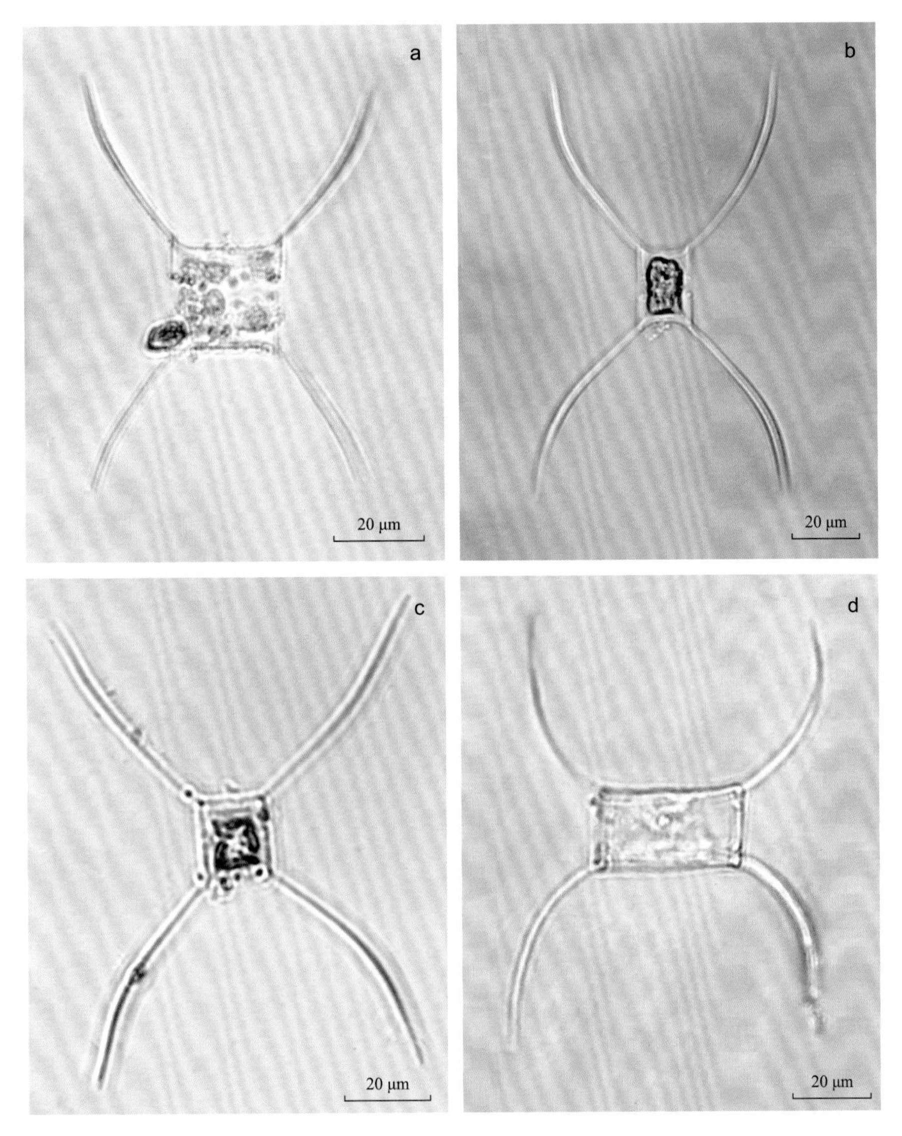

图 133　并基角毛藻单胞变型 *Chaetoceros decipiens* f. *singularis* Gran, 1904

a ～ d. 单细胞宽环面观

并基角毛藻单胞变型又称单独型并基角毛藻。

本变型与原种的主要区别在于，细胞常单个生活，宽 15 ～ 34 μm。原种常形成不同长度的细胞链群体。本变型在印度洋常见。色素体多数。

暖海性种。西南印度洋有记录。中国黄海、东海和南海有分布。

134. 棘角毛藻 *Chaetoceros imbricatus* Mangin, 1912（图 134）

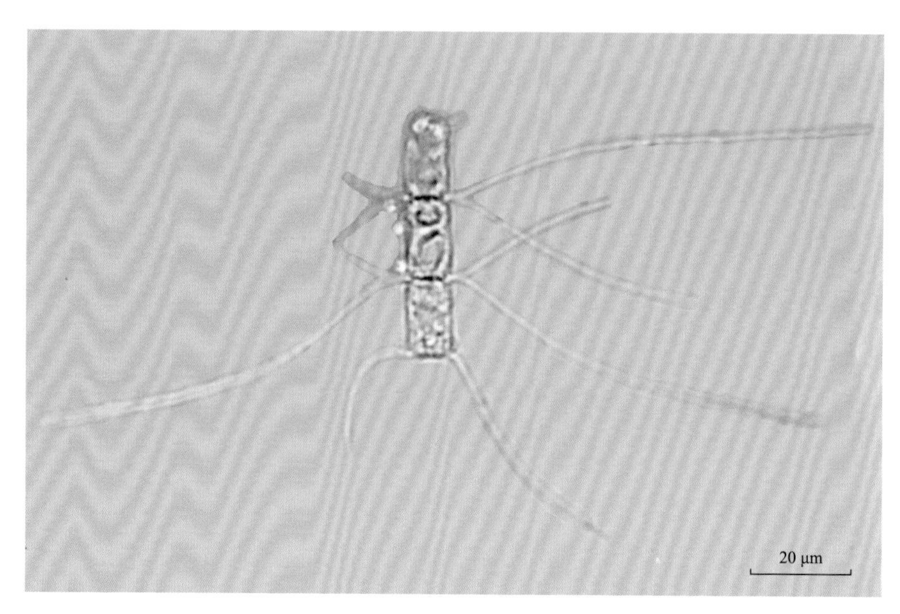

图 134　棘角毛藻 *Chaetoceros imbricatus* Mangin, 1912

细胞链宽环面观

藻体细胞环面观呈四边形，角尖，宽 10 ~ 15 μm。壳套与壳环相接处无明显凹沟。角毛较粗，链内角毛与端角毛伸展方向明显不同，前者自生出即与邻细胞角毛相交重合，经一段距离后向链轴两侧分开。而端角毛其中一根自生出后略呈 45° 斜向伸展；另一端角毛自生出后几乎与链轴垂直伸展，经一段较长的距离后急转 90° 再与链轴平行伸直，这也是该种较易识别的特征。色素体多个大块状。

暖水性种。印度洋有分布。

135. 劳氏角毛藻 *Chaetoceros lorenzianus* Grunow, 1863（图 135）

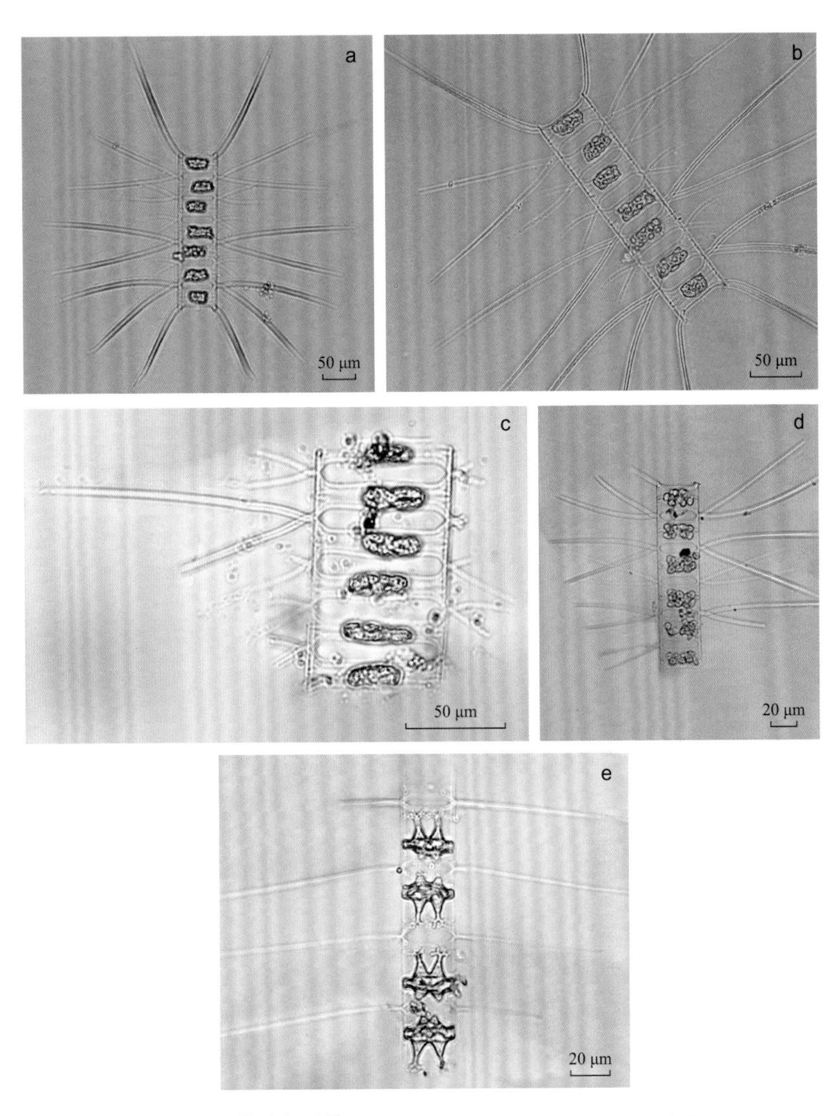

图 135　劳氏角毛藻 *Chaetoceros lorenzianus* Grunow, 1863

a ~ d. 细胞链宽环面观；e. 休眠孢子

同物异名：*Chaetoceros cellulosum* Lauder, 1864

劳氏角毛藻又称洛氏角毛藻。

藻体细胞宽环面观呈长方形，角尖。细胞间隙略呈长椭圆形或扁形。角毛粗硬，上有小刺。链内角毛自生出即与邻细胞角毛相交黏接于一点。该种与并基角毛藻易混淆，两者主要区别在于，后者链内角毛自生出后即与相邻细胞相交叉，粘连一小段距离后往外伸展，而该种没有。色素体多数。

暖水近岸性种。世界广布种。该种全球海域广泛分布，尤以暖海中出现多。

136. 圆柱角毛藻 *Chaetoceros teres* Cleve, 1896（图 136）

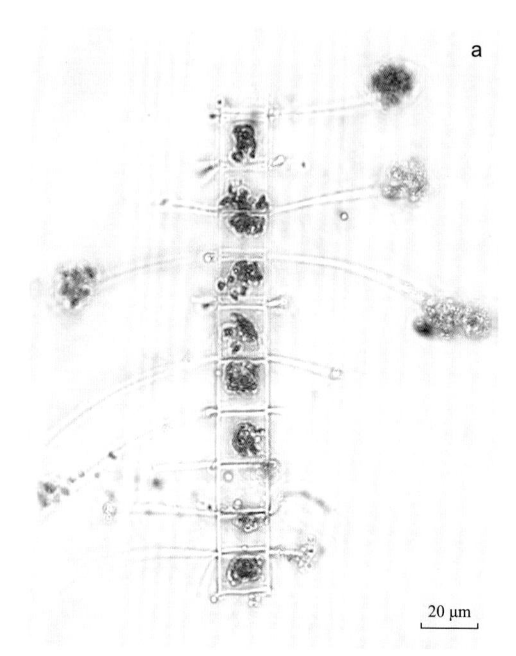

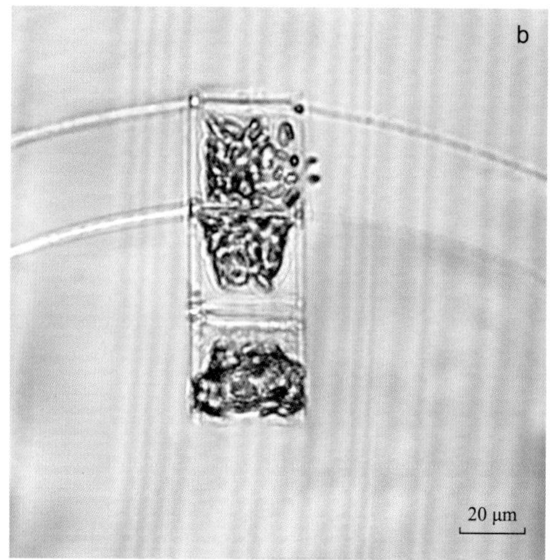

图 136　圆柱角毛藻 *Chaetoceros teres* Cleve, 1896

a ~ b. 细胞链宽环面观

藻体细胞宽环面观呈长方形，高度常大于宽度或差别不大，角尖。壳套与环带相接处无凹沟。细胞排列紧密，间隙狭窄。角毛细长，端角毛与其他角毛大致相同。色素体多数小盘状。

北温带近岸性种。美洲北大西洋沿岸、巴仑支海、北海，以及欧洲北部、美国加利福尼亚、日本附近海域有记录。中国渤海、黄海和东海有分布。

137. 罗氏角毛藻 *Chaetoceros lauderi* Ralfs, 1865（图 137）

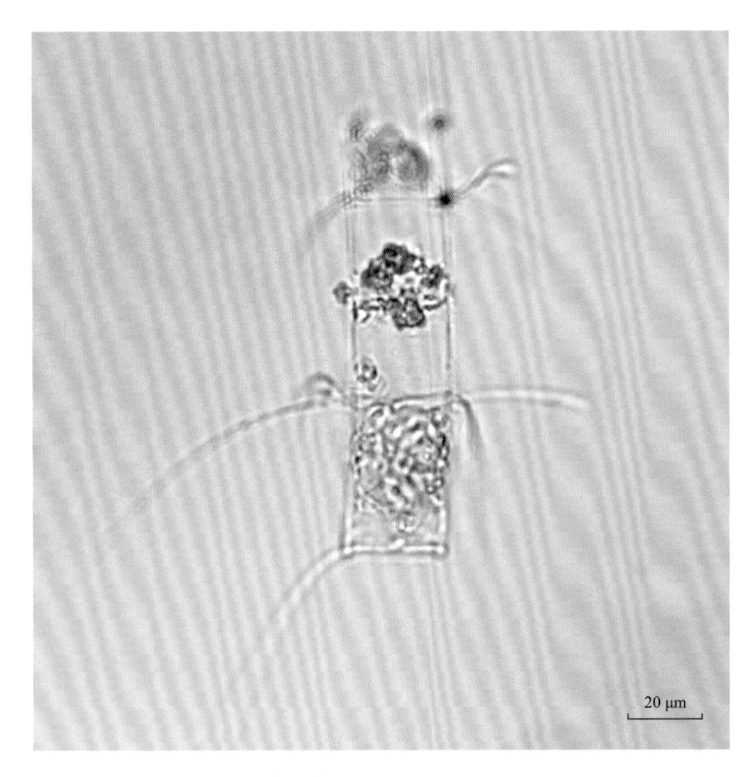

图 137 罗氏角毛藻 *Chaetoceros lauderi* Ralfs, 1865

细胞链宽环面观

藻体细胞宽环面观呈长方形或近正方形，壳套与环带间无凹沟。细胞间隙呈扁长方形。链内角毛自生出后即与邻细胞角毛相交。端角毛较链内角毛稍粗，有短刺。色素体数目多。

暖温带近海性种。爪哇海、北海、波罗的海、英吉利海峡，以及日本、美国加利福尼亚南部附近海域等有记录。中国各海域均有分布。

138. 牛角状角毛藻 *Chaetoceros buceros* Karsten, 1907（图 138）

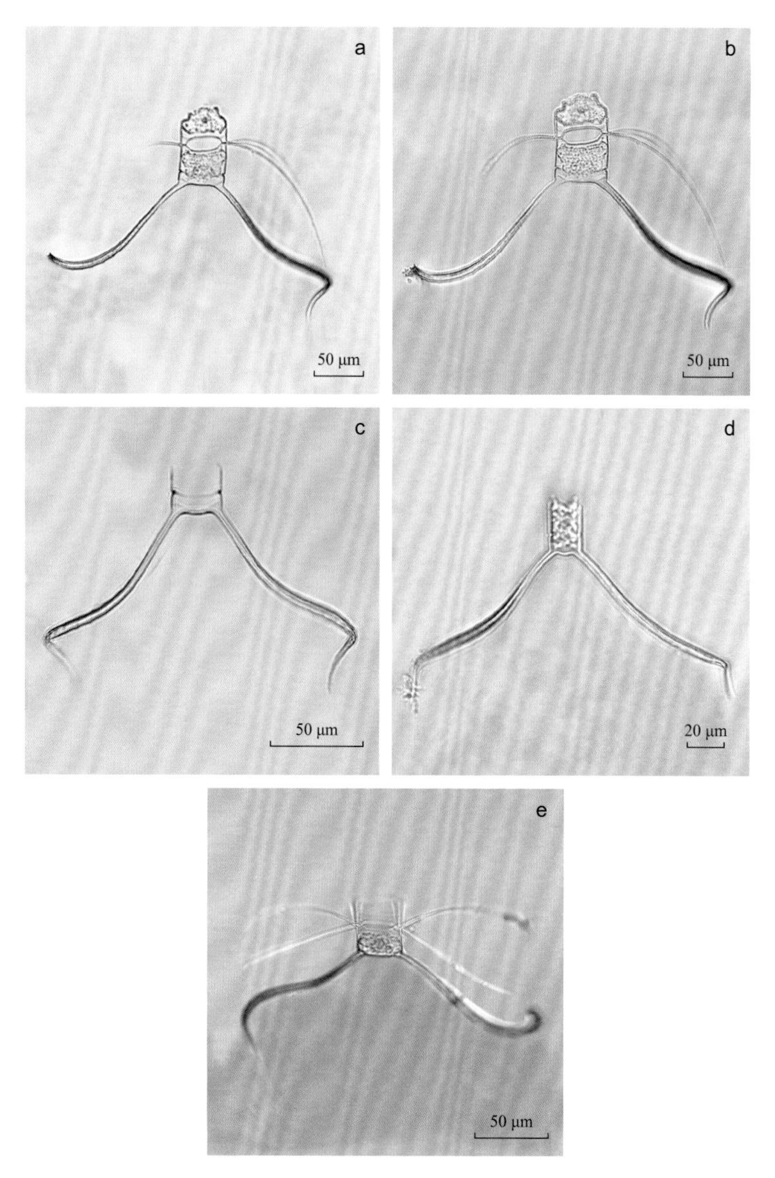

图 138　牛角状角毛藻 *Chaetoceros buceros* Karsten, 1907

a ~ e. 细胞宽环面观，端角毛

藻体细胞宽环面观略呈正方形，细胞间隙呈椭圆形，壳套与环带相接处无凹沟。端角毛粗状，自生出后往外倾斜伸展，向链轴方向弯转如牛角状，末梢尖细。端角毛的弯折形态是该种较易识别的特征。色素体小盘状，数目多。

可能是热带外海浮游性种。在苏门答腊岛以西海域和非洲以东的印度洋水域曾采到（Karsten et al., 1906）。中国南海有分布。

139. 西沙角毛藻 *Chaetoceros xishaensis* Kuo, Ye et Zhou, 1978（图 139）

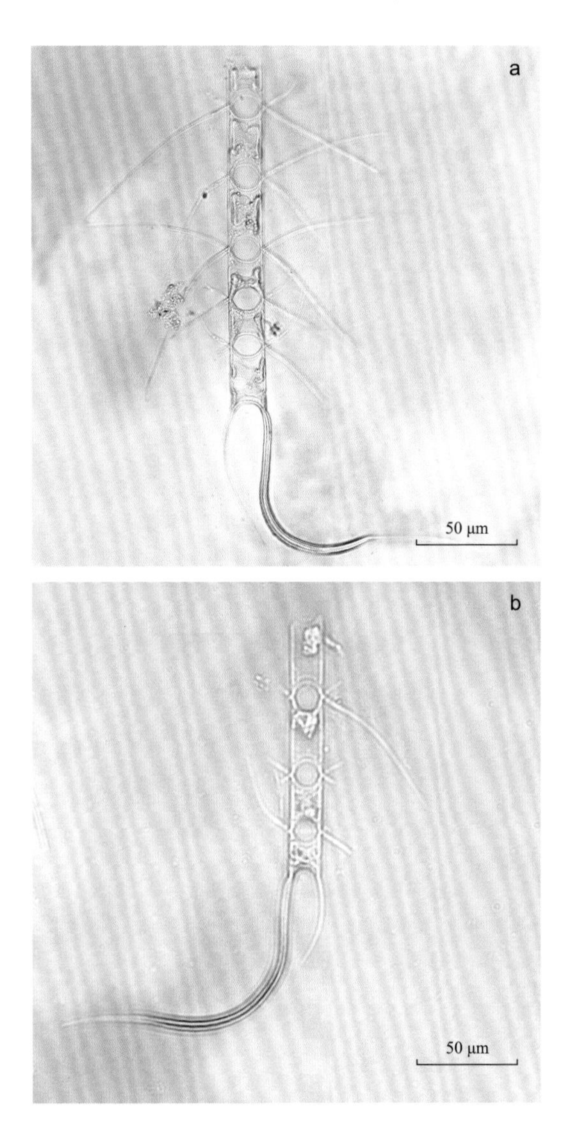

图 139　西沙角毛藻 *Chaetoceros xishaensis* Kuo, Ye et Zhou, 1978

a ~ b. 细胞链宽环面观

藻体细胞宽环面观呈长方形，角尖。细胞间隙宽大，呈近六边形。链内角毛与端角毛明显不同，前者自生出后即与邻细胞角毛相交一点，然后倾斜往外伸展。端角毛其中一根向外弯转，如镰刀状，中部明显加粗，末端尖细。每个细胞中有色素体 4 个或 6 个。

热带外海浮游性种。中国南海有采到，数量不多。印度洋首次记录。

140. 多瘤面角毛藻 *Chaetoceros bacteriastroides* Karsten, 1907（图 140）

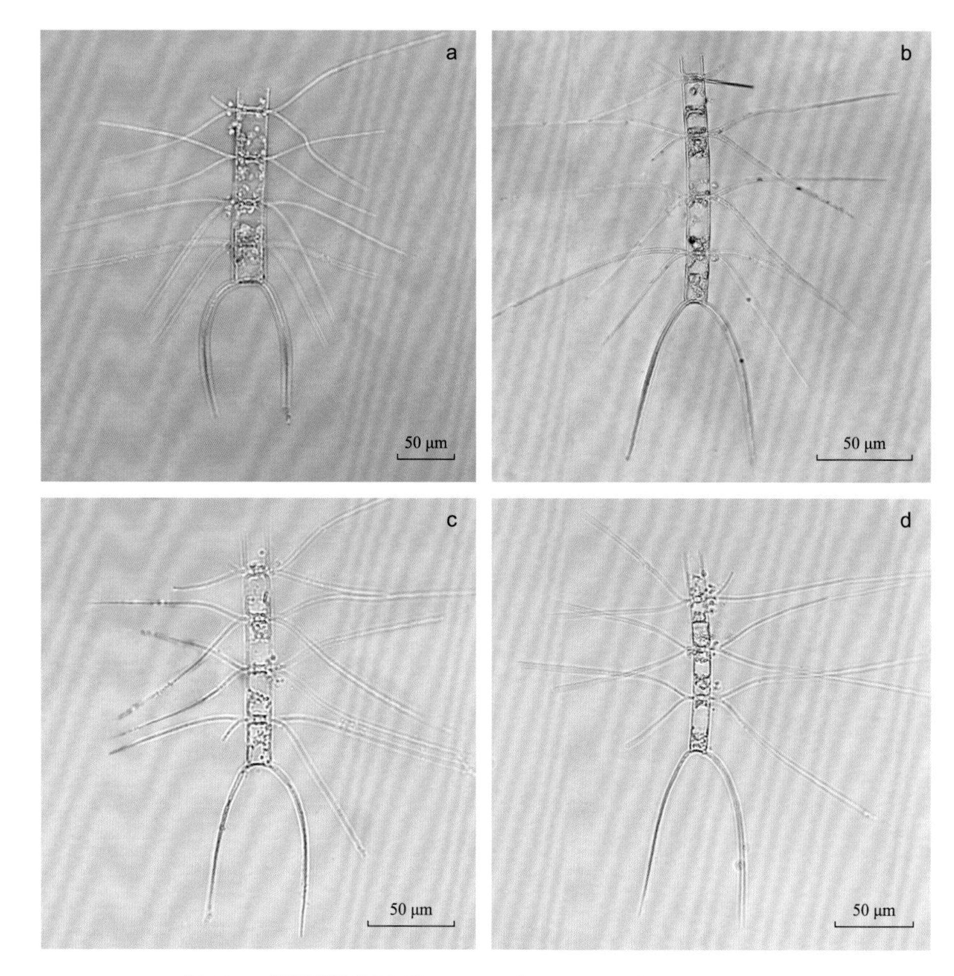

图 140　多瘤面角毛藻 *Chaetoceros bacteriastroides* Karsten, 1907

a ～ d. 细胞链宽环面观

藻体细胞宽环面观呈近长方形，细胞高度明显大于宽度。壳面常生有 2 ～ 4 个小突起，似瘤状，把细胞间隙分成 4 部分。壳套与环带相接处有小凹沟。链内角毛细长，端角毛比链内角毛稍粗或等粗，生出后，微张开，呈拱形朝外伸出。

热带外海性种类。印度洋有记录。中国南海有分布。

色体角毛藻组 Section 2. Chromatocerae Chu et Kuo, 1957

141. 均等角毛藻 *Chaetoceros aequatoriale* Cleve, 1907（图 141）

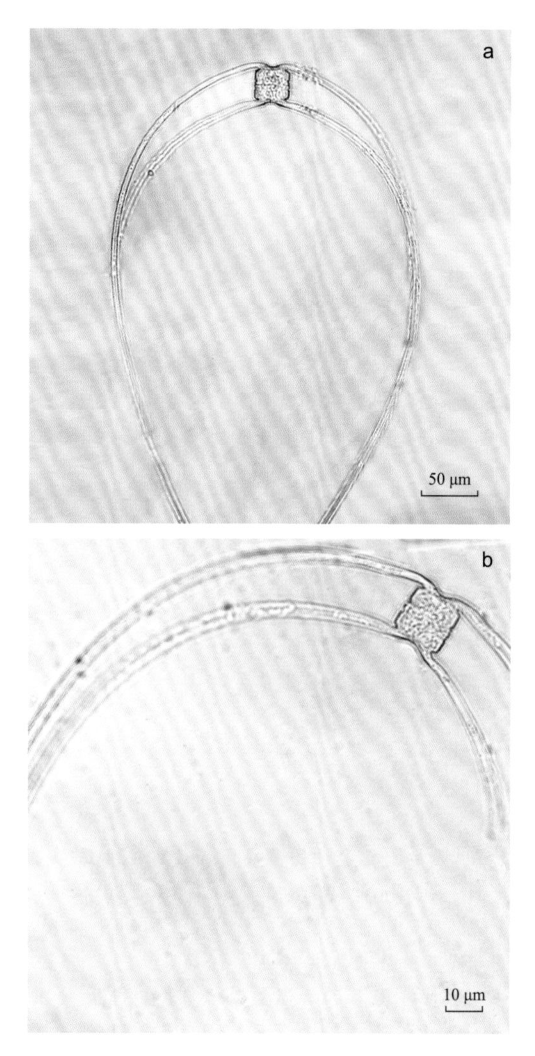

图 141　均等角毛藻 *Chaetoceros aequatoriale* Cleve, 1907

a ～ b. 细胞宽环面观

同物异名：*Chaetoceros aequatorialis* Yendo, 1905

藻体细胞常单个生活。壳套与环带相接处有小凹沟。上、下壳的角毛均粗壮，上壳角毛在近壳面中部生出后即弯向细胞后方，下壳角毛生出后亦弯向细胞后方，上、下壳角毛的末梢都略向贯壳轴方向收拢。色素体数目很多。

本种与秘鲁角毛藻很近似，但两者上壳面角毛生出的位置不同。

热带浮游性种。爪哇海、新加坡海域有分布。中国南海有采到。

142. 后垂角毛藻 *Chaetoceros pendulus* Karsten, 1905（图 142）

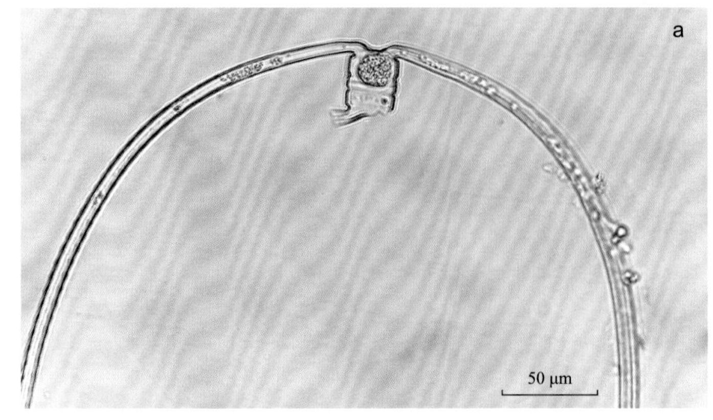

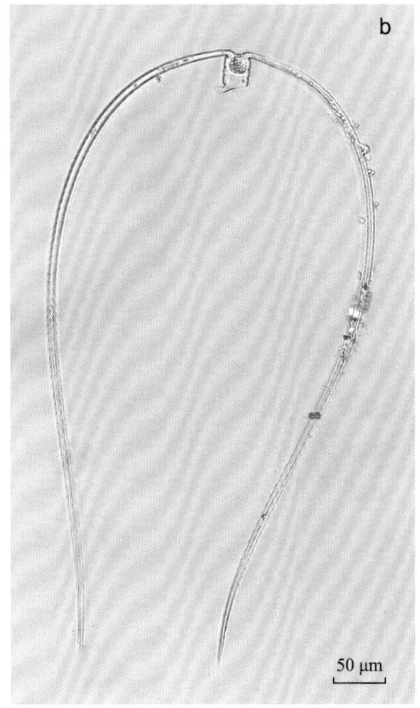

图 142　后垂角毛藻 *Chaetoceros pendulus* Karsten, 1905

a ~ b. 细胞宽环面观

后垂角毛藻又称悬垂角毛藻。

藻体细胞常单个生活。宽环面观呈长方形，宽 8 ~ 10 μm，高 12 ~ 13 μm，高度大于宽度。壳套与环带间的凹沟不明显。上壳角毛自壳缘内侧生出，往外伸展一段距离后往外斜伸。角毛长，其上无小刺。色素体多数，细胞体及角毛内均有。

远洋浮游性种。北大西洋、墨西哥湾，以及美国加利福尼亚、南极岛屿和澳大利亚附近海域有记录。中国渤海和南海有采到。

143. 秘鲁角毛藻 *Chaetoceros peruvianus* Brightwell, 1856（图 143）

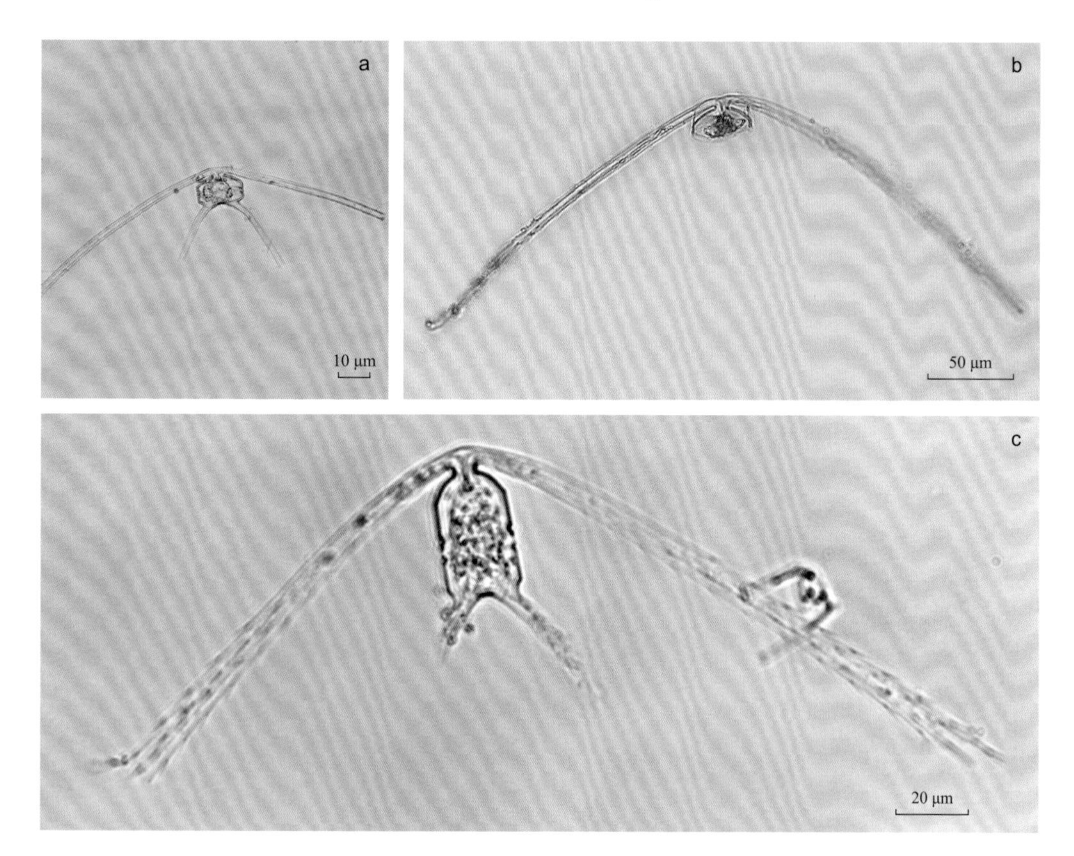

图 143　秘鲁角毛藻 *Chaetoceros peruvianus* Brightwell, 1856

a ~ c. 细胞宽环面观

同物异名：*Chaetoceros pervianus* var. *currens* Peragallo, 1904; *Chaetoceros perivanus* var. *currens* Forti, 1922; *Chaetoceros pervianus* f. *gracilis* (Schröder) Hustedt, 1930

藻体细胞常单个生活。宽环面观略呈长方形或正方形。壳套与环带相接处有明显凹沟。角毛粗壮，上壳角毛近中央生出，基部互相黏接一点后弯下，向下方倾斜伸出；下壳角毛自角内生出，向细胞靠拢或向两侧分开。细胞及角毛内有许多小盘状色素体。

外洋性种，近岸常采到，暖海分布广。大西洋及太平洋的温带及热带海域等有记录。中国各海域均能采到。

144. 舞姿角毛藻 *Chaetoceros saltans* Cleve, 1897（图 144）

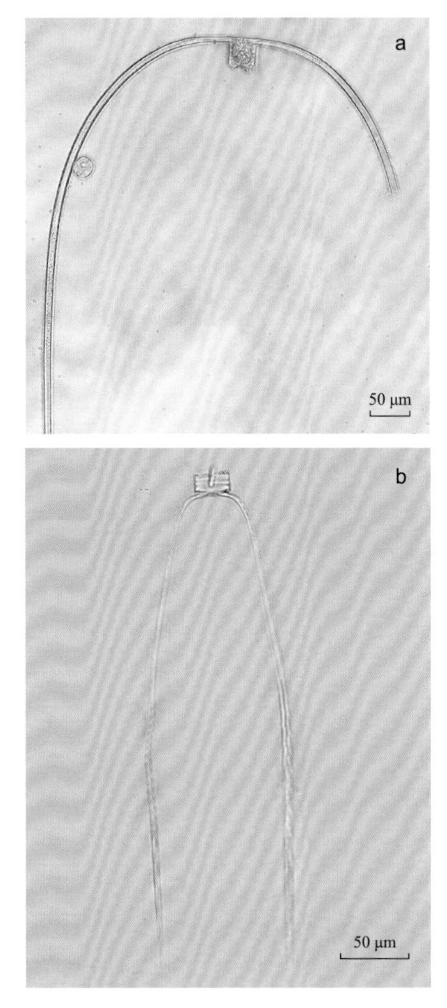

图 144　舞姿角毛藻 *Chaetoceros saltans* Cleve, 1897

a ～ b. 细胞宽环面观

同物异名：*Chaetoceros peruvianus* var. *saltans* (Cleve) Forti, 1922

藻体细胞单个生活。宽环面观呈扁长方形，角圆，壳套与壳环间有明显凹沟。上、下壳面的角毛均自壳缘内侧生出，与链轴趋于平行。角毛粗壮，生有小刺。色素体颗粒状，数目多，角毛内亦有。

本种与秘鲁角毛藻易混淆，但两者上壳面角毛着生位置不同，本种比秘鲁角毛藻更靠近壳缘，两角毛无靠近相接；下壳面中央亦无小刺。

热带外洋性种，加拿大和土耳其海域有分布，印度洋首次记录。中国南海可采到。

145. 北方角毛藻 *Chaetoceros borealis* Bailey, 1854（图 145）

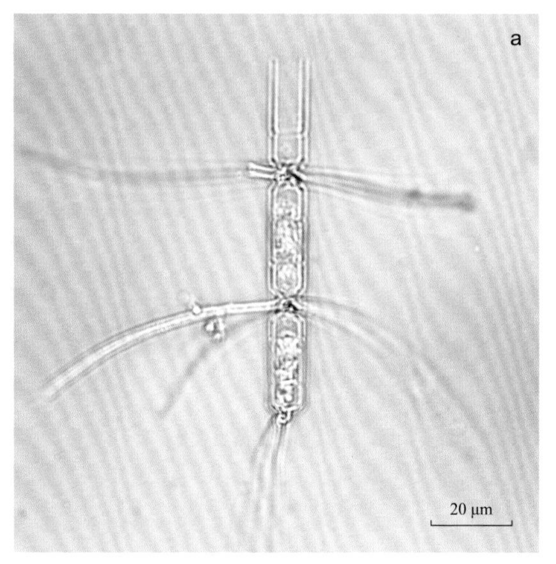

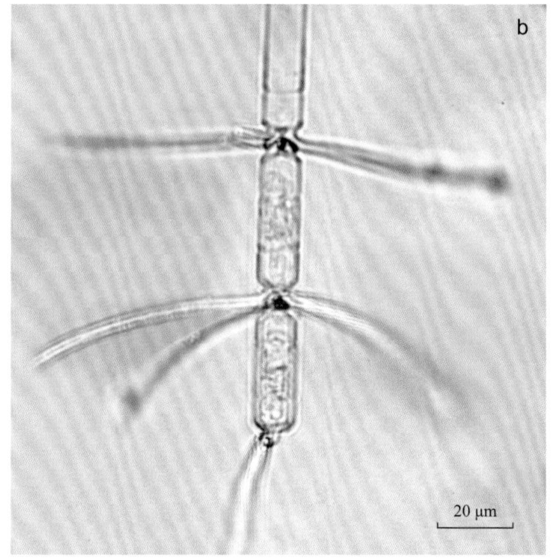

图 145　北方角毛藻 *Chaetoceros borealis* Bailey, 1854

a ~ b. 细胞链窄环面观

藻体细胞宽环面观呈长方形，高度大于宽度。链内角毛自细胞内斜生，显著凹入壳套，与邻细胞的角毛相交后，几乎与链轴垂直伸出。端角毛与链轴呈大于 45° 向外延伸。色素体多数，角毛中也有色素体。

广温外洋性种。大西洋及太平洋之温带及热带海域等有记录，中国东海和南海可采到。

146. 卡氏角毛藻 *Chaetoceros castracanei* Karsten, 1905（图 146）

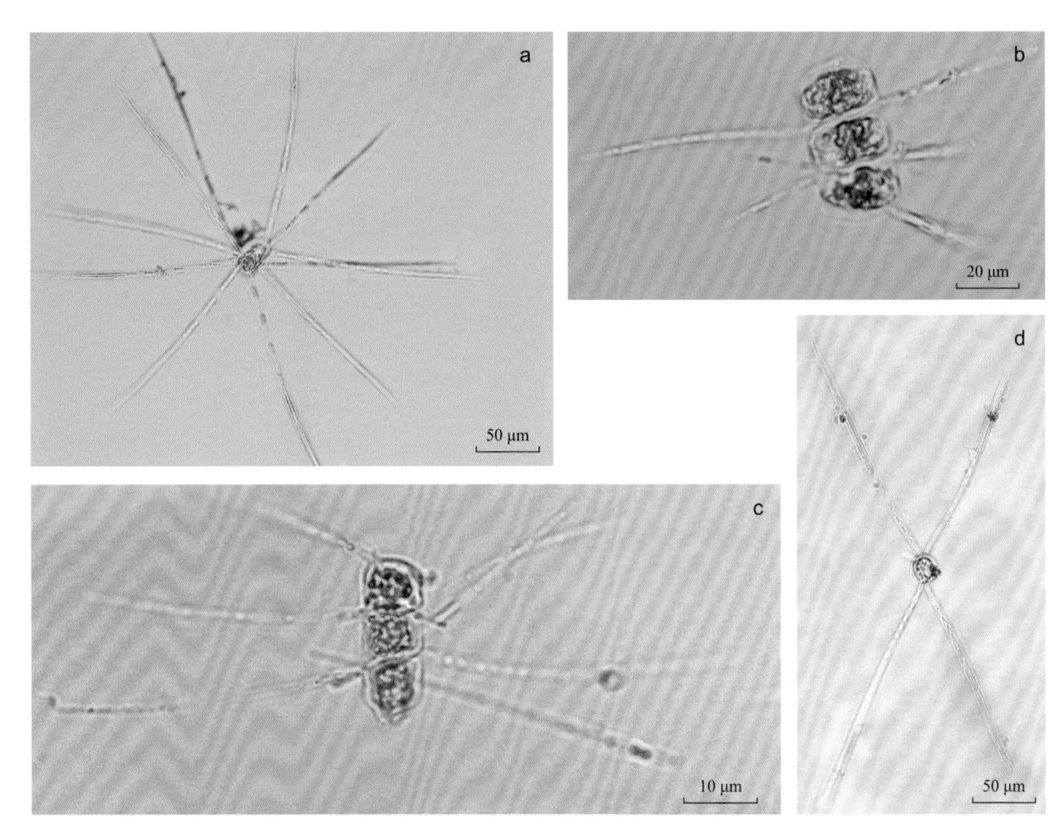

图 146　卡氏角毛藻 *Chaetoceros castracanei* Karsten, 1905

a、d. 细胞壳面观；b、c. 细胞环面观

同物异名：*Chaetoceros* sp. Castracane, 1886

细胞链短，细胞和角毛常扭转排列。细胞宽环面观呈正方形或长方形。壳套与环带相接处有小凹沟。细胞间隙狭小。角毛粗壮，生小刺，自角内向各方向生出，即与相邻细胞角毛相交。因链内细胞向各方向扭转，故角毛也向不同方向伸出。端角毛与其他角毛相同。色素体小而多。

温带近岸性种，分布广泛。

147. 拟金色角毛藻 *Chaetoceros pseudoaurivillii* Ikari, 1926（图 147）

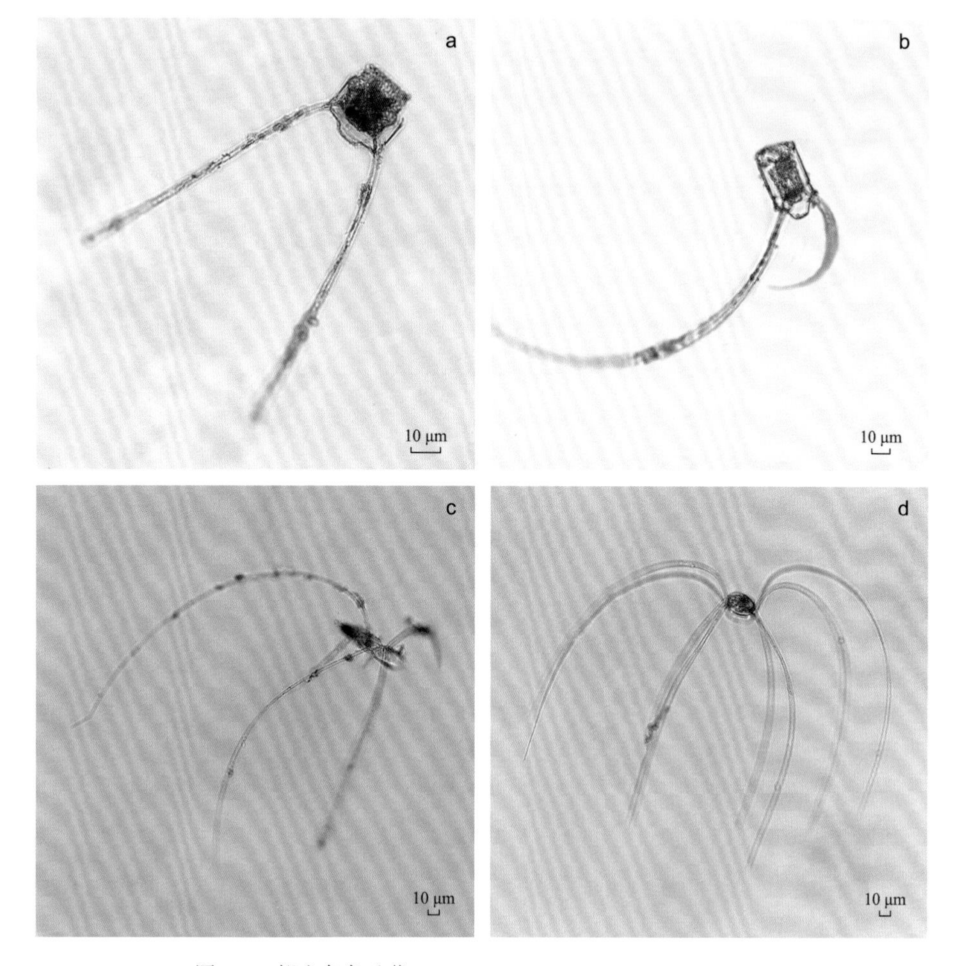

图 147　拟金色角毛藻 *Chaetoceros pseudoaurivillii* Ikari, 1926

a ~ b. 细胞宽环面观；c. 细胞窄环面观；d. 细胞壳面观

藻体细胞宽环面观呈长方形，高度大于宽度。壳套与环带间有轻微凹陷。细胞间隙呈扁六角形。端角毛和链内角毛基本一样，粗壮，角毛上均有细线状纹。端细胞壳面中央有明显凸起，是该种比较明显的分类特征。色素体小颗粒状，数目多。

世界罕见种。墨西哥湾、日本的濑户和串本湾样品中有发现。印度洋首次记录。中国西沙群岛和中沙群岛附近海域有记录。

148. 嘴状角毛藻 *Chaetoceros rostratus* var. *rostratus* Lauder, 1864（图 148）

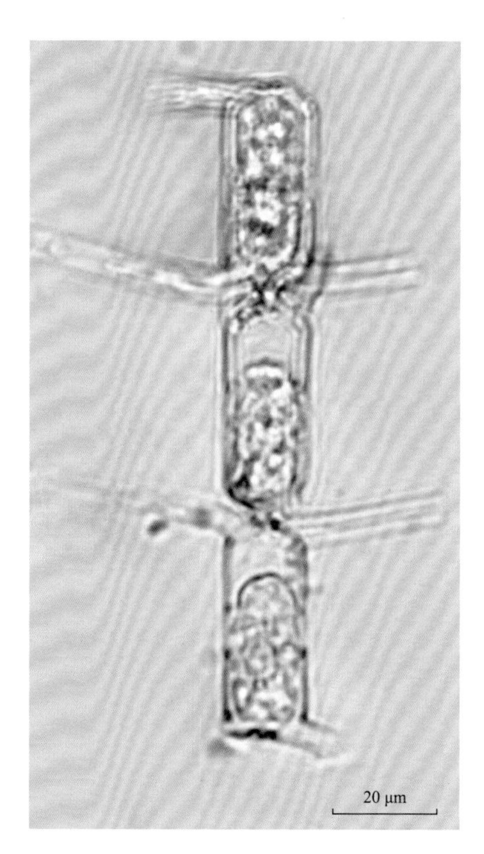

图 148　嘴状角毛藻 *Chaetoceros rostratus* var. *rostratus* Lauder, 1864

细胞链宽环面观

藻体细胞宽环面观呈长方形，角圆，壳套高，与环带相接处有明显凹沟。链内细胞壳面中央生一管状突起，相邻细胞通过此突起相互连接，突起短。端角毛与链内角毛同形，均粗壮。链内相邻细胞的角毛不相交。色素体数目多。

热带浮游性种。印度洋西南部、日本的忍路湾等海域有记录。中国南海有分布。

149. 拟双刺角毛藻 *Chaetoceros pseudodichaeta* Ikari, 1926（图 149）

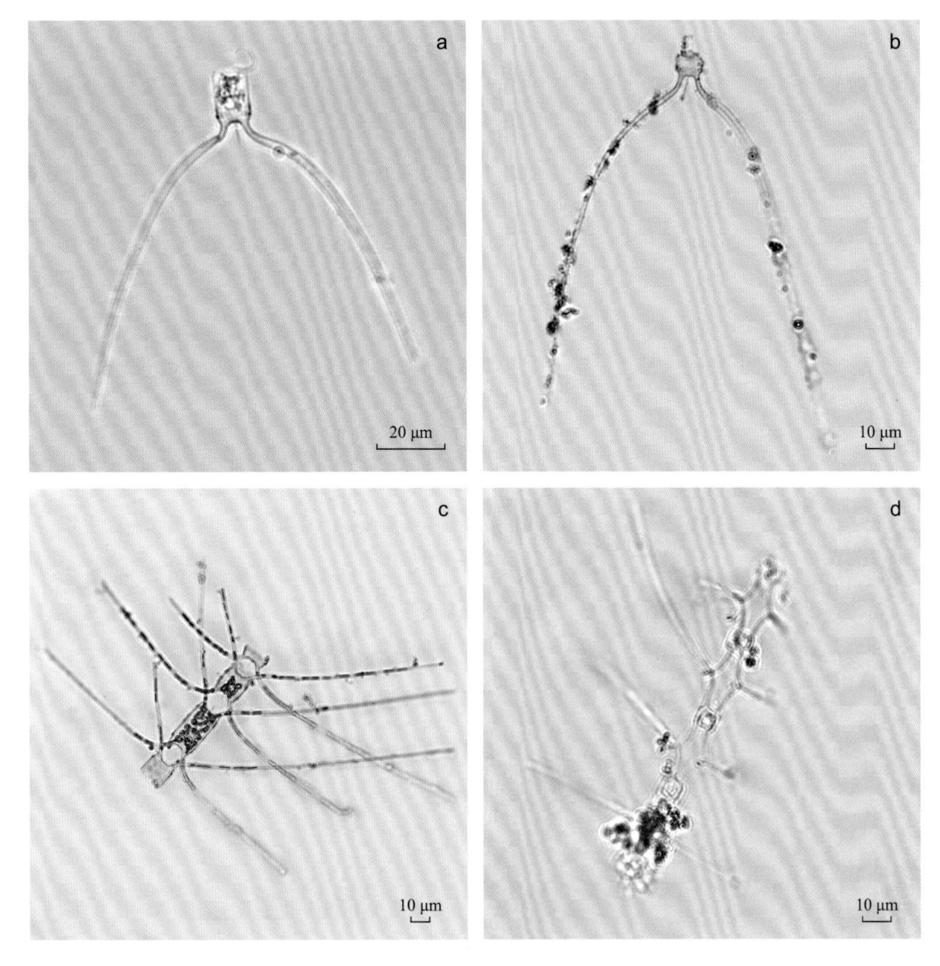

图 149　拟双刺角毛藻 *Chaetoceros pseudodichaeta* Ikari, 1926

a ~ b. 端细胞壳面长刺；c ~ d. 细胞链宽环面观

藻体细胞宽环面观呈长方形，角稍圆。壳套与环带之间无凹沟。壳面呈椭圆形，中央微凸。链内角毛自壳面内侧生出，经一段距离后与邻细胞相交，细胞间隙呈长六边形。端角毛不发达。端细胞壳面中央有一长刺，是该种比较显著的形态特征。色素体数目多。

热带浮游性种。韩国附近海域、墨西哥西部沿岸等海域有记录。中国南海有分布。

150. 密连角毛藻 *Chaetoceros densus* Cleve, 1901（图 150）

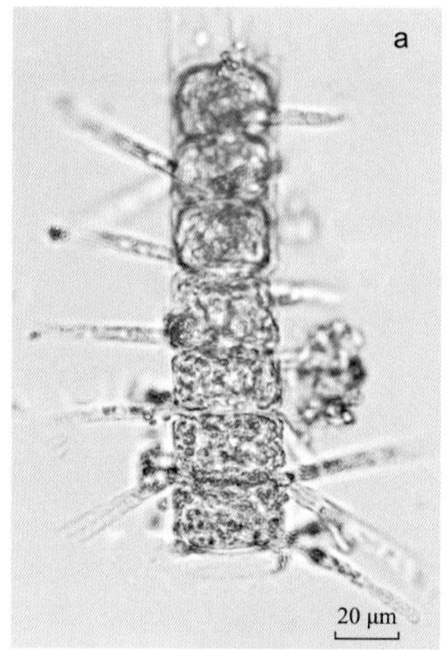

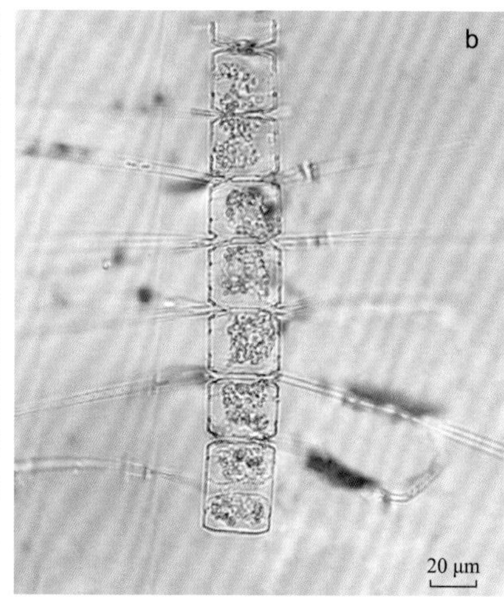

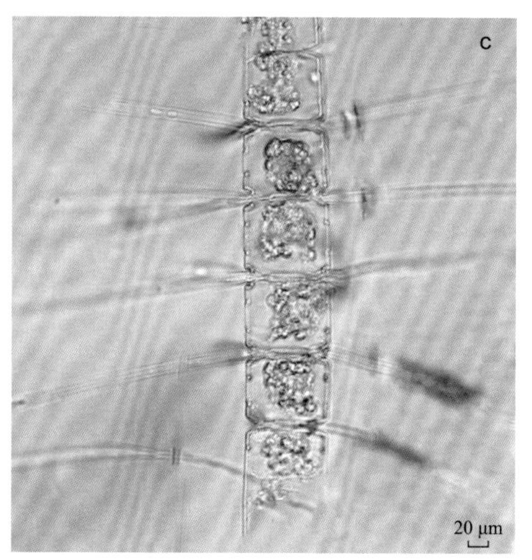

图 150　密连角毛藻 *Chaetoceros densus* Cleve, 1901

a ~ c. 细胞链环面观

同物异名：*Chaetoceros borealis* var. *densua* Cleve, 1897; *Chaetoceros densus* f. *solitaria* Pavillard, 1905

密连角毛藻又称密联角毛藻。

藻体细胞宽环面观呈四方形，细胞间隙甚小。角毛粗长，断面呈四角形，角毛自生出后即与相邻细胞角毛相交，随即弯向下端。色素体小而多，分布于细胞及角毛内。

外洋性种，但在近岸常出现，世界广泛分布。北美太平洋沿岸和大西洋沿岸、欧洲沿岸、日本海沿岸等海域有分布。中国各海域均有出现。

151. 艾氏角毛藻 *Chaetoceros eibenii* Grunow, 1881（图 151）

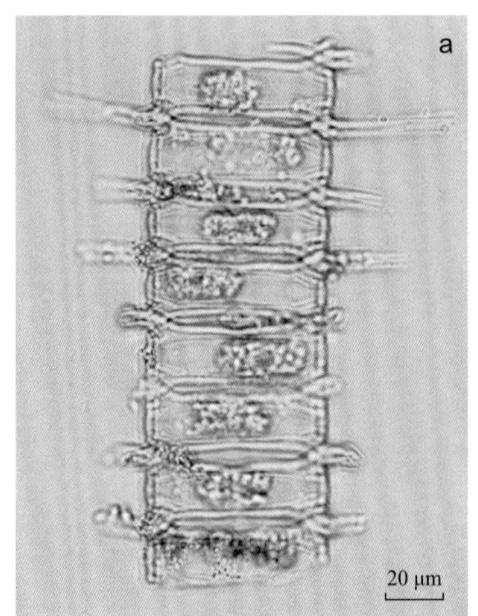

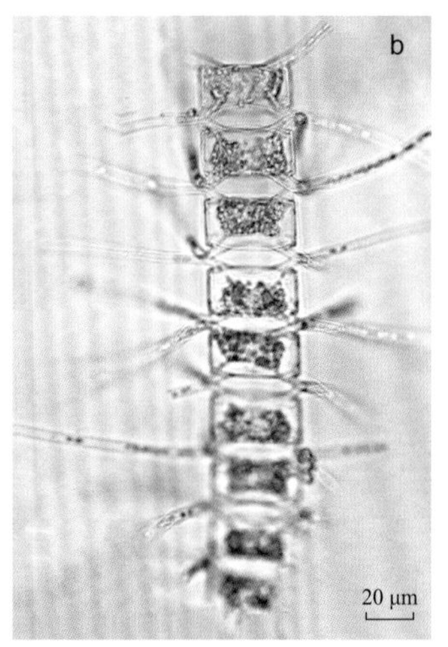

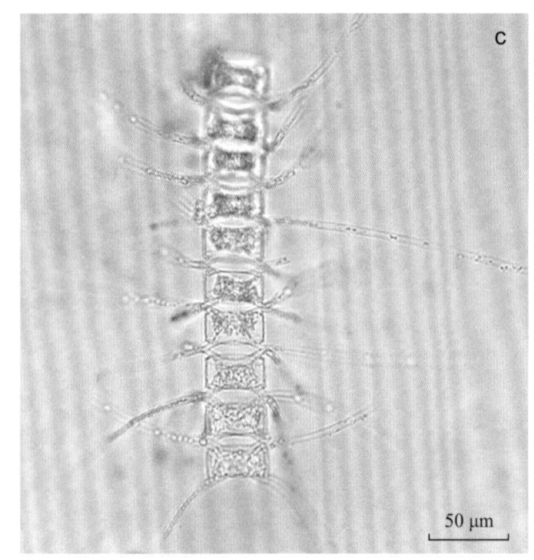

图 151　艾氏角毛藻 *Chaetoceros eibenii* Grunow, 1881

a ~ c. 细胞链宽环面观

同物异名：*Chaetoceros paradoxus* var. *eibenii* Grunow, 1896

艾氏角毛藻又称爱氏角毛藻、棘心角毛藻。

藻体细胞宽环面观呈长方形，宽度常大于高度。壳面呈椭圆形，中央有一根极小的刺。壳套与环带相接处有浅凹沟。细胞间隙略呈长扁椭圆形。角毛粗且长，端角毛与链内细胞角毛相同。色素体小而多，分布于细胞及角毛内。

广温沿岸性种。爪哇海、地中海，以及北欧、美国加利福尼亚和日本附近海域有分布。中国各海域皆能采到。

152. 大西洋角毛藻 *Chaetoceros atlanticus* var. *atlanticus* Cleve, 1873（图 152）

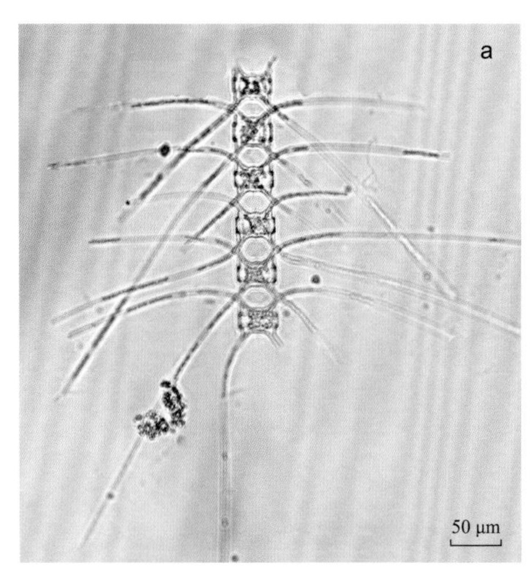

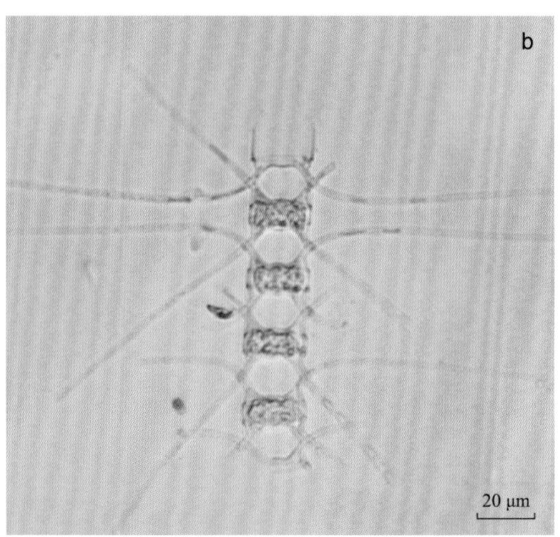

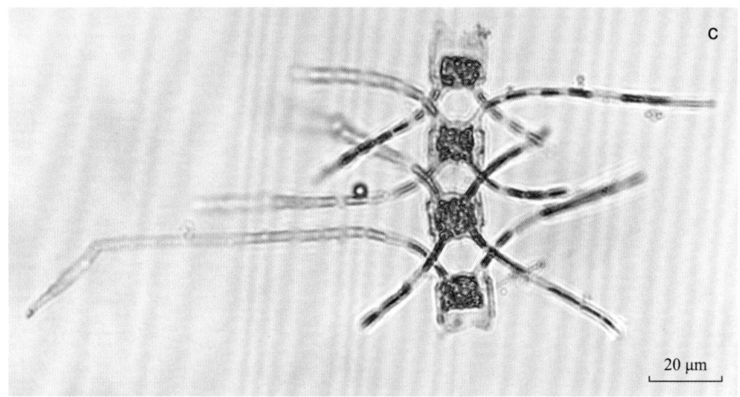

图 152　大西洋角毛藻 *Chaetoceros atlanticus* var. *atlanticus* Cleve, 1873

a ~ c. 细胞链宽环面观

藻体细胞宽环面观呈矩形，宽 16 ~ 20 μm。壳套与环带相接处有小凹沟，细胞间隙呈扁六角形。链内角毛自壳面斜生出，经一段距离后与相邻细胞的角毛相交，与链轴倾斜伸展。色素体小颗粒状，数目多，分布于细胞及角毛内。

大洋近岸性种。主要分布于太平洋、北大西洋及俄罗斯北部诸海等海域。中国渤海、东海和南海有采到。

153. 大西洋角毛藻骨架变种 *Chaetoceros atlanticus* var. *skeleton* (Schütt) Hustedt, 1930（图 153）

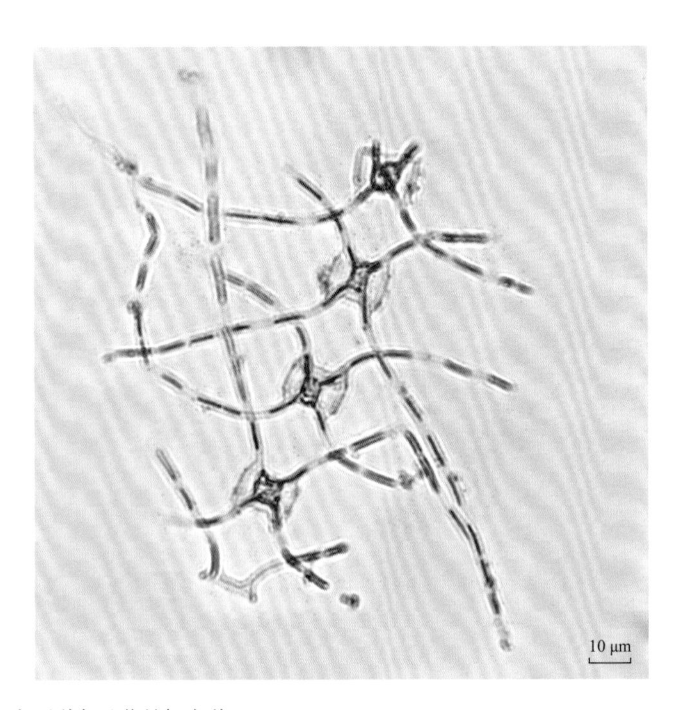

图 153　大西洋角毛藻骨架变种 *Chaetoceros atlanticus* var. *skeleton* (Schütt) Hustedt, 1930

细胞链宽环面观

大西洋角毛藻骨架变种又称骨架大西洋角毛藻。

本变种与原种的主要区别在于，相邻细胞角毛的交会点更远离链轴，细胞间隙远大于原种的细胞间隙。

可能为热带浮游性种。印度洋西南部及美国加利福尼亚外海有记载。中国东海和南海有记录。

154. 大西洋角毛藻那不勒斯变种 *Chaetoceros atlanticus* var. *neapolitana* (Schröder) Hustedt, 1930（图 154）

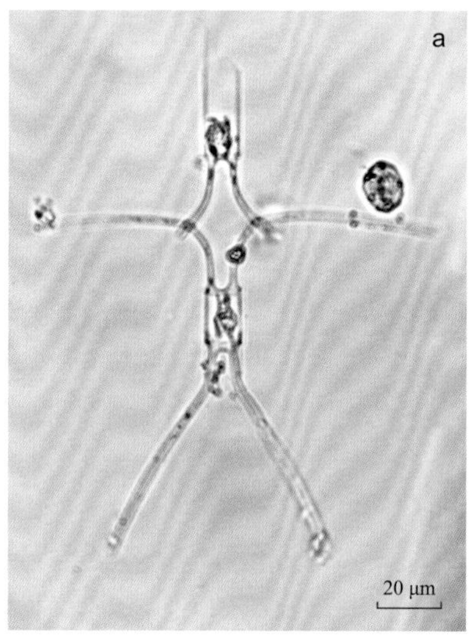

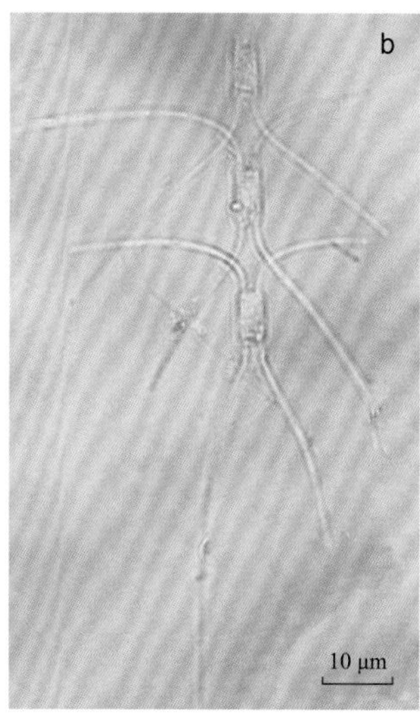

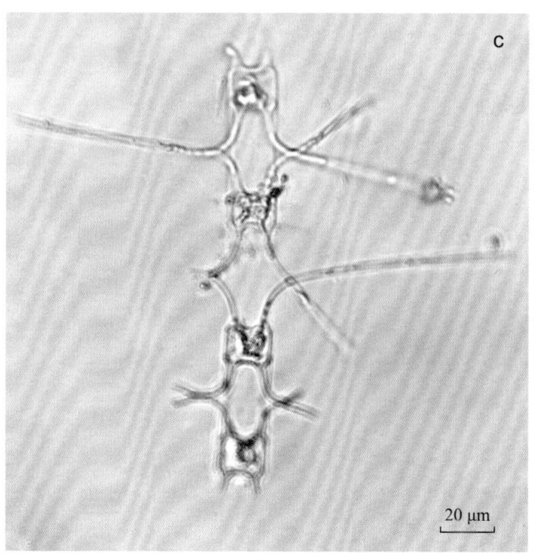

图 154　大西洋角毛藻那不勒斯变种 *Chaetoceros atlanticus* var. *neapolitana* (Schröder) Hustedt, 1930

a ～ c. 细胞链宽环面观

大西洋角毛藻那不勒斯变种又称那不勒斯大西洋角毛藻。

本变种与原种相比，宽环面观高度大于宽度，相邻细胞角毛相交点较后者更远离细胞轴。细胞间隙更大，高度大于宽度，呈六角形。

可能属暖温带或热带浮游性种。美国加利福尼亚附近海域、大西洋 50°N 以南及地中海等海域有分布。中国东海和南海有采到。

155. 印度角毛藻 *Chaetoceros indicus* Karsten, 1907（图 155）

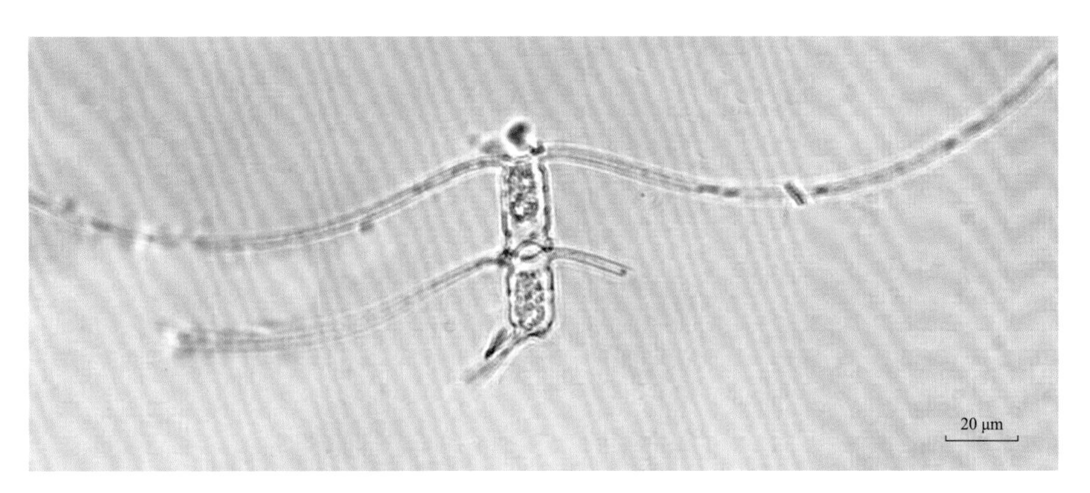

图 155 印度角毛藻 *Chaetoceros indicus* Karsten, 1907

细胞链宽环面观

细胞链短，常由 2 ~ 3 个细胞组成。壳套与环带相接处有小凹沟。细胞间隙呈椭圆形。角毛粗，近壳面边缘处生出。链内角毛在基部与相邻细胞的角毛连接成链。色素体颗粒状，数目多，分布于细胞和角毛内。

暖海性种。爪哇海等近岸海域有记录。中国南海和福建南部附近海域有分布。

156. 齿角毛藻 *Chaetoceros denticulatus* f. *denticulatus* Lauder, 1864（图 156）

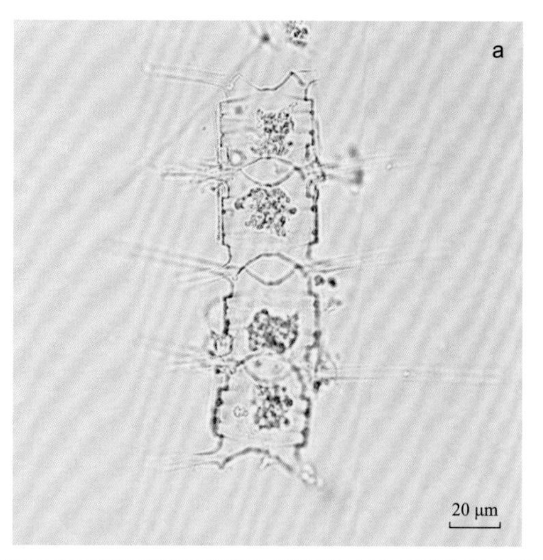

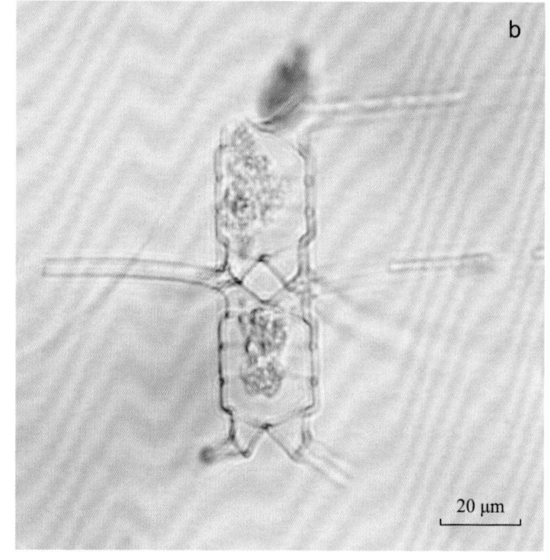

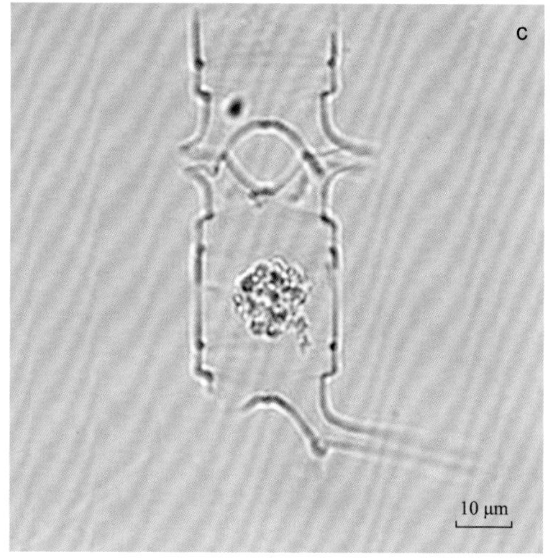

图 156　齿角毛藻 *Chaetoceros denticulatus* f. *denticulatus* Lauder, 1864

a ~ c. 细胞链宽环面观

齿角毛藻又称细齿角毛藻。

藻体细胞宽环面观呈长方形，壳套与环带相接处有小凹沟。细胞链短，细胞间隙呈菱形或近六角形。角毛粗壮，链内角毛自壳面边缘内斜生出，基部生一小齿状突起，与相邻细胞相交后，与链轴垂直伸出弯向前端。端角毛形态、伸展方向与链内角毛相同。色素体小颗粒状，数目多，分布于细胞及角毛内。

热带外洋性种。爪哇海、日本沿岸海域有记录。中国东海和南海有分布，数量不多。

157. 齿角毛藻瘦胞变型 *Chaetoceros denticulatus* f. *angusta* Hustedt, 1920（图 157）

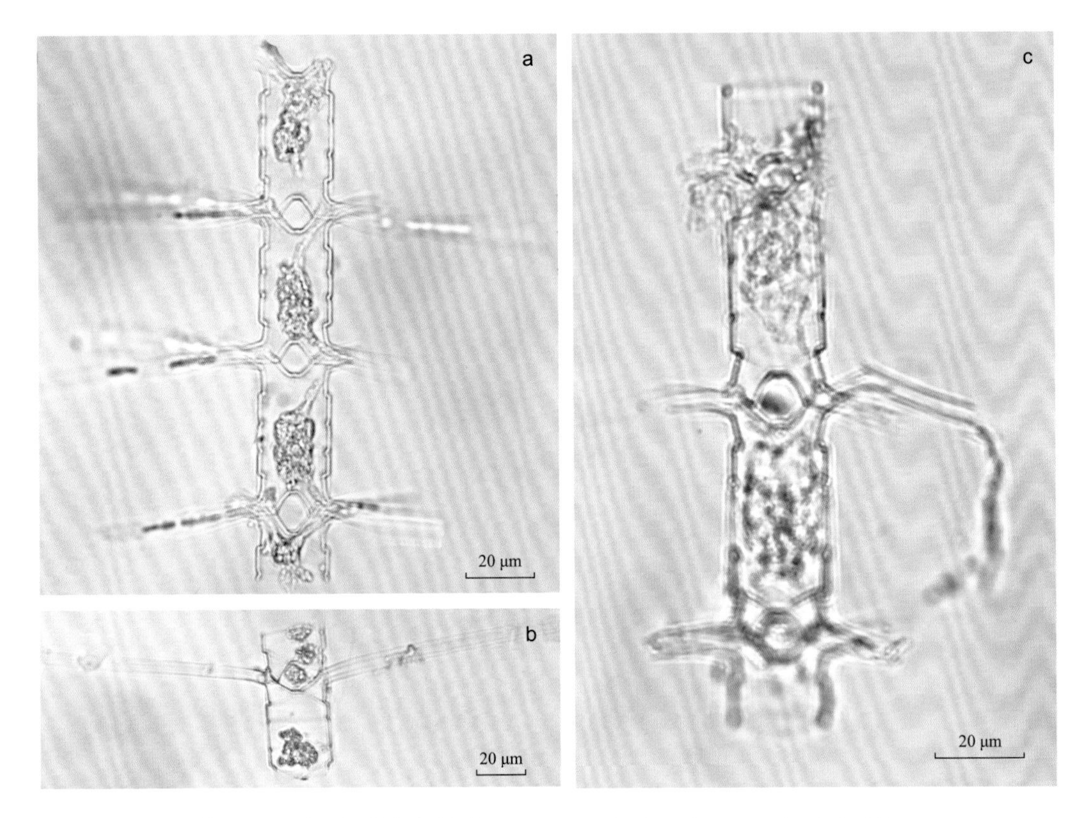

图 157　齿角毛藻瘦胞变型 *Chaetoceros denticulatus* f. *angusta* Hustedt, 1920

a ~ c. 细胞链宽环面观

齿角毛藻瘦胞变型又称狭面型细齿角毛藻。

本变型细胞宽环面细长，细胞宽 21 ~ 24 μm，高 36 ~ 42 μm，高度约为宽度的两倍，而原种细胞的高宽比约为一，这是本变型与原种的主要区别。

本变型生态类型与原种相似。

158. 奥氏角毛藻 *Chaetoceros okamurai* Ikari, 1928（图 158）

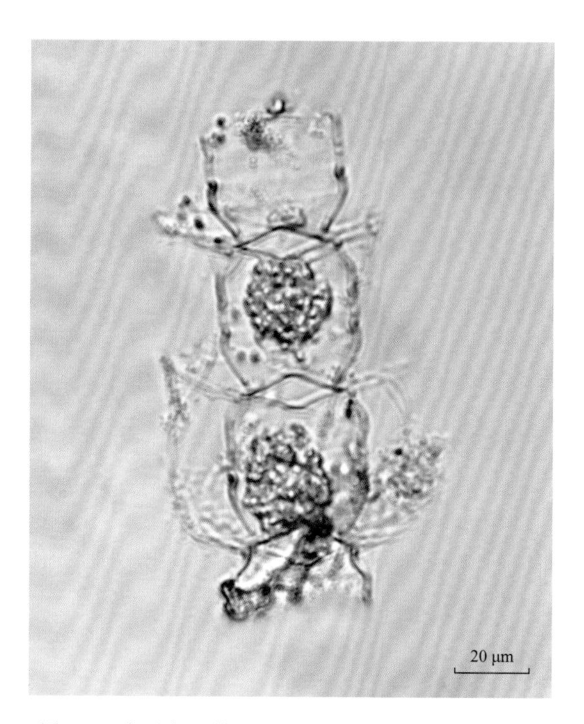

图 158 奥氏角毛藻 *Chaetoceros okamurai* Ikari, 1928

细胞链宽环面观

同物异名：*Peragallia meridian* Ikari, 1907

藻体细胞宽环面观呈近长方形，角圆。壳套与环带相接处凹沟明显。细胞间隙狭窄，呈近菱形。链内细胞角毛自生出后，即与相邻细胞的角毛相交叉，后往外斜伸。细胞上壳和下壳角毛生出的地方不同，上壳自壳面中央凹陷部分生出，而下壳自细胞角毛处生出。色素体颗粒状，数目多，分布于细胞和角毛内。

可能属偏暖浮游性种。在印度洋与太平洋交汇区的沿岸海域有分布。中国东海有采到。

159. 四楞角毛藻 *Chaetoceros tetrastichon* Cleve, 1897（图 159）

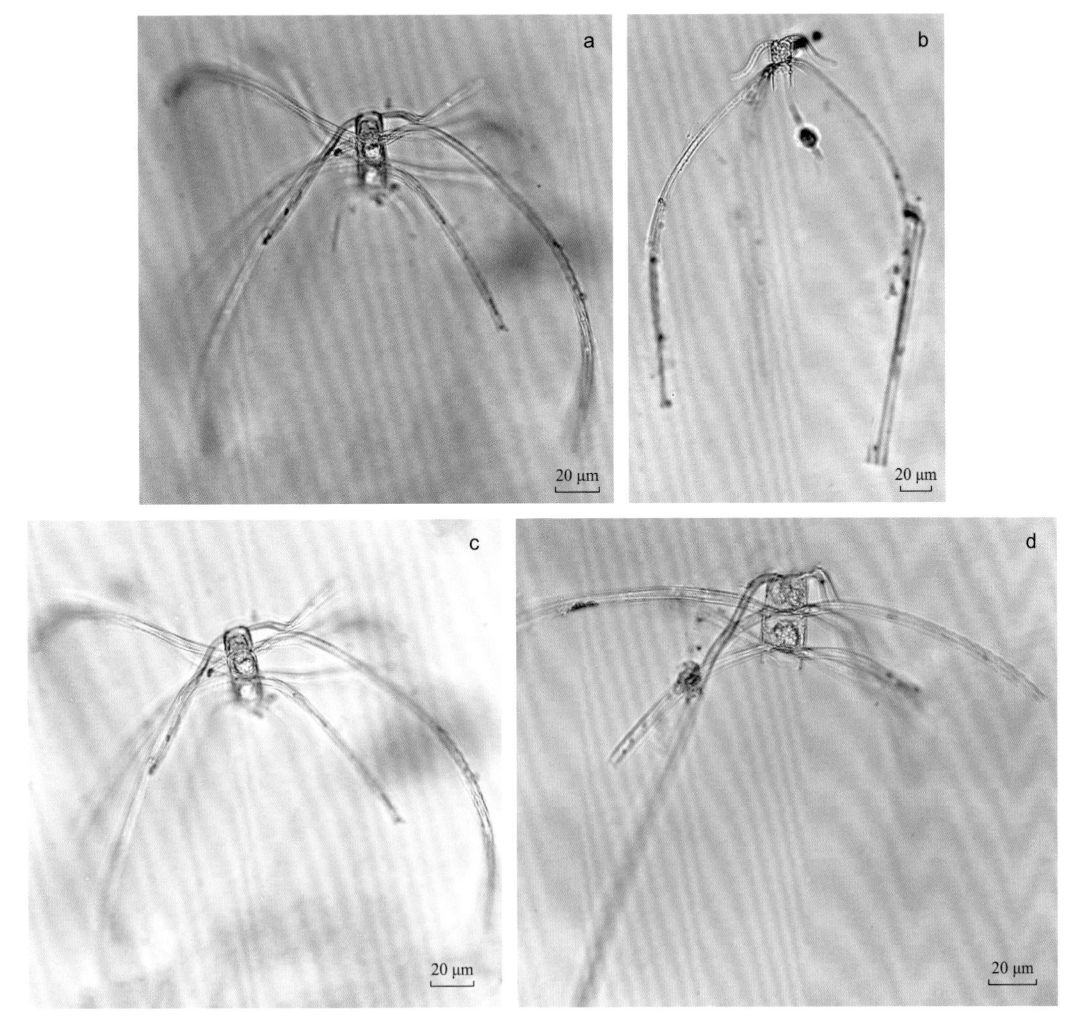

图 159　四楞角毛藻 *Chaetoceros tetrastichon* Cleve, 1897

a ～ d. 细胞链宽环面观

藻体细胞宽环面观呈矩形，壳套与环带相接处有小凹沟。细胞间隙极窄。角毛四楞，自壳面边缘生出。端角毛与链内角毛相同。细胞链上、下端角毛伸展方向不同，上端角毛伸展方向接近于链内角毛，链下端角毛顺链轴平行方向展开（郭玉洁和钱树本，2003）。

热带外洋性种。在美国西海岸及大西洋热带海域有记录。中国南海有采到，数量稀少。

160. 达蒂角毛藻 *Chaetoceros dadayi* Pavillard, 1913（图 160）

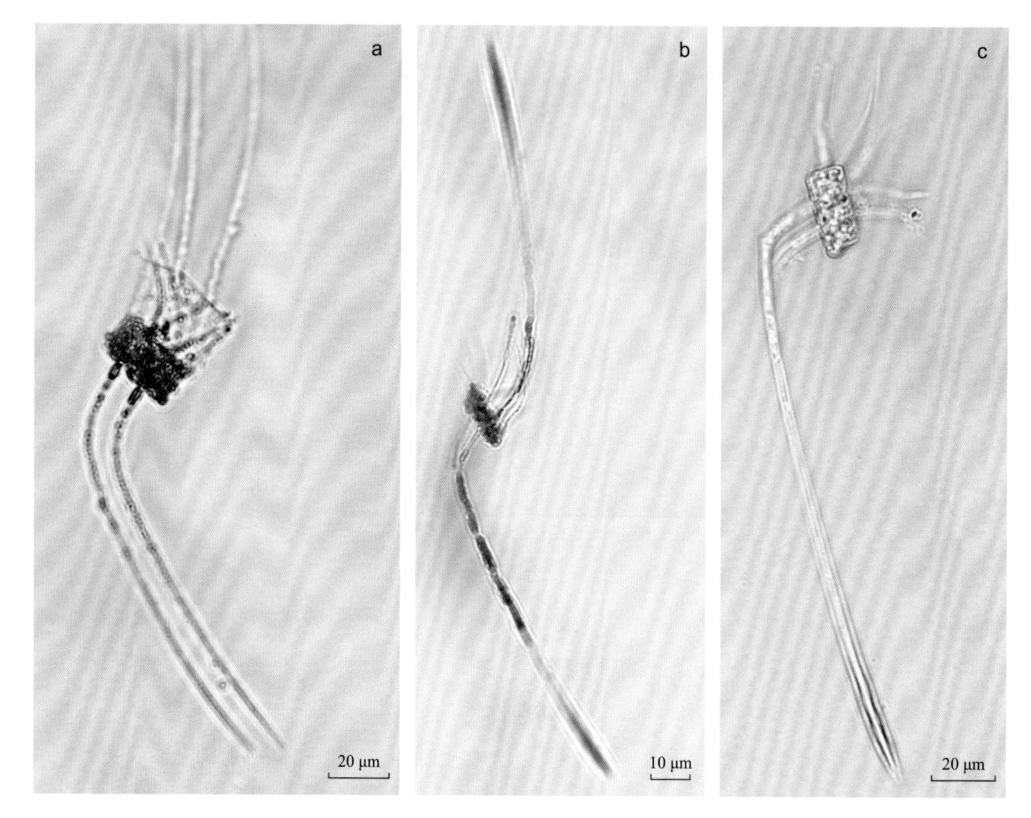

图 160　达蒂角毛藻 *Chaetoceros dadayi* Pavillard, 1913

a ~ c. 细胞链窄环面观，附着于砂壳纤毛虫

藻体细胞宽环面观呈长方形，角圆。壳套与环带相接处有轻微凹沟。细胞间隙极小。端角毛与链内角毛相同，但同一个细胞两侧的角毛不同，其中一侧的角毛较短，常附着于砂壳纤毛虫的壳壁上，而另一侧的角毛长而粗壮。链内常有两根角毛的伸展方向一开始与链轴垂直，一段距离后，急转后与链轴平行伸出。色素体小颗粒状，数目多，分布于细胞和角毛内。

热带和南温带外洋性种。北大西洋、地中海、墨西哥湾和美国加利福尼亚南部附近海域有分布。中国南海有记录，数量稀少。

161. 飞燕角毛藻 *Chaetoceros hirundinellus* Qian, 1979（图 161）

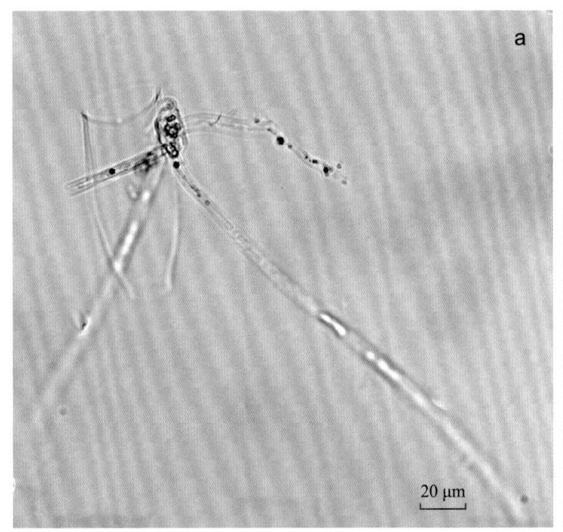

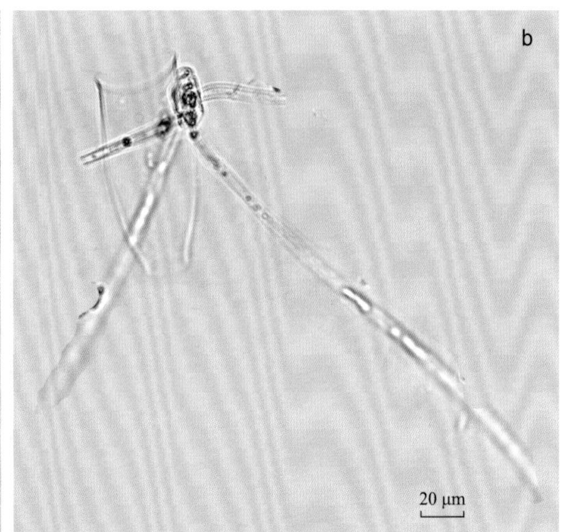

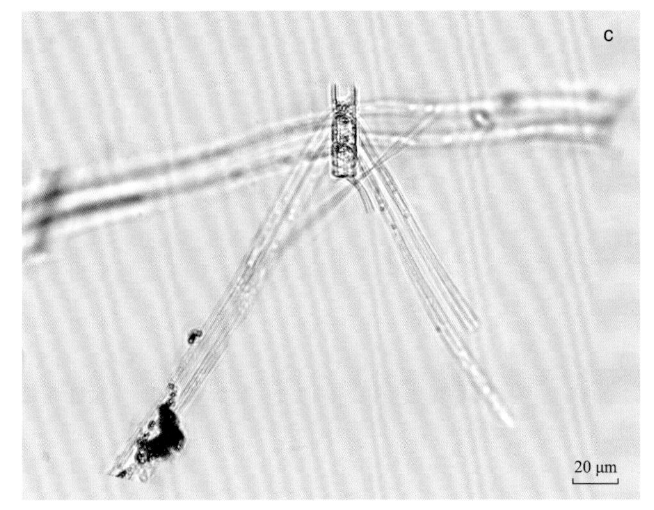

图 161　飞燕角毛藻 *Chaetoceros hirundinellus* Qian, 1979

a ~ c. 细胞链窄环面观

藻体细胞宽环面观呈长方形，角圆。壳套与环带相接处有轻微凹沟。细胞间隙极窄。链前端角毛和链上其他角毛不同，其中一根角毛特化，较短，另外一根较长，紧抱着砂壳纤毛虫的壳壁。链后端角毛自细胞角内侧生出后，即与链轴呈 45° 往外伸展。细胞链常呈窄环面出现。色素体颗粒状，数目多，分布于细胞及角毛内。

热带外洋性种。中国南海有采到，数量稀少。

162. 紧挤角毛藻 *Chaetoceros coarctatus* Lauder, 1864（图 162）

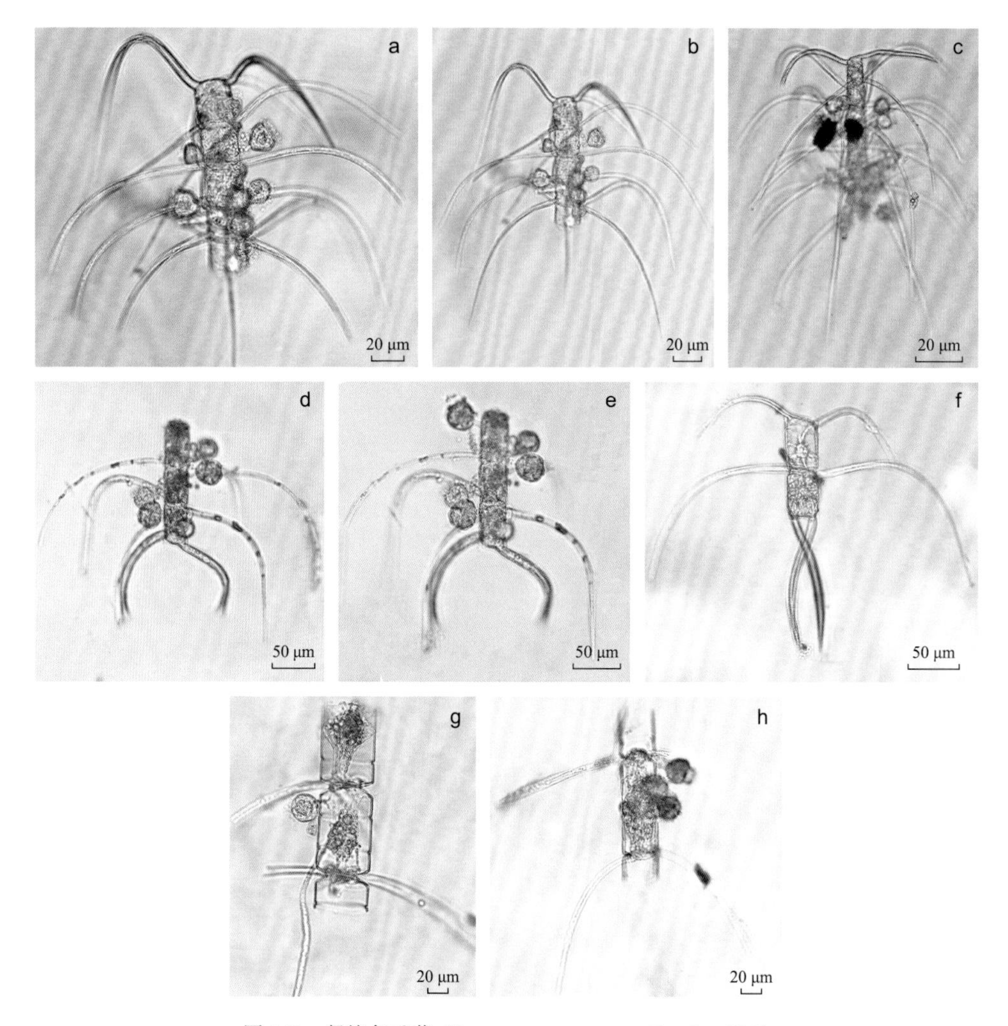

图 162　紧挤角毛藻 *Chaetoceros coarctatus* Lauder, 1864

a ~ e 和 g ~ h. 细胞链宽环面观；f. 细胞链窄环面观

同物异名：*Chaetoceros borealis* var. *rudis* Cleve, 1897; *Chaetoceros rudis* Cleve, 1901

紧挤角毛藻又称密聚角毛藻。

藻体细胞粗壮，常紧密连成长链。宽环面观呈长方形，细胞高度大于宽度。壳套与环带相接处形成深沟。细胞间隙极窄，角毛粗壮。细胞链两端角毛不同，前端角毛和链上其他角毛相同，而链后端角毛粗短，角毛上有齿状刺。色素体颗粒状，分布于细胞及角毛内。该种细胞链上常有钟形虫 *Verticella* sp. 附生。

热带至亚热带种，外洋性。印度洋、菲律宾沿岸、爪哇海、欧洲和美洲大西洋沿岸海域有记录。中国黄海、东海和南海有分布。

163. 金色角毛藻 *Chaetoceros aurivillii* Cleve, 1901（图 163）

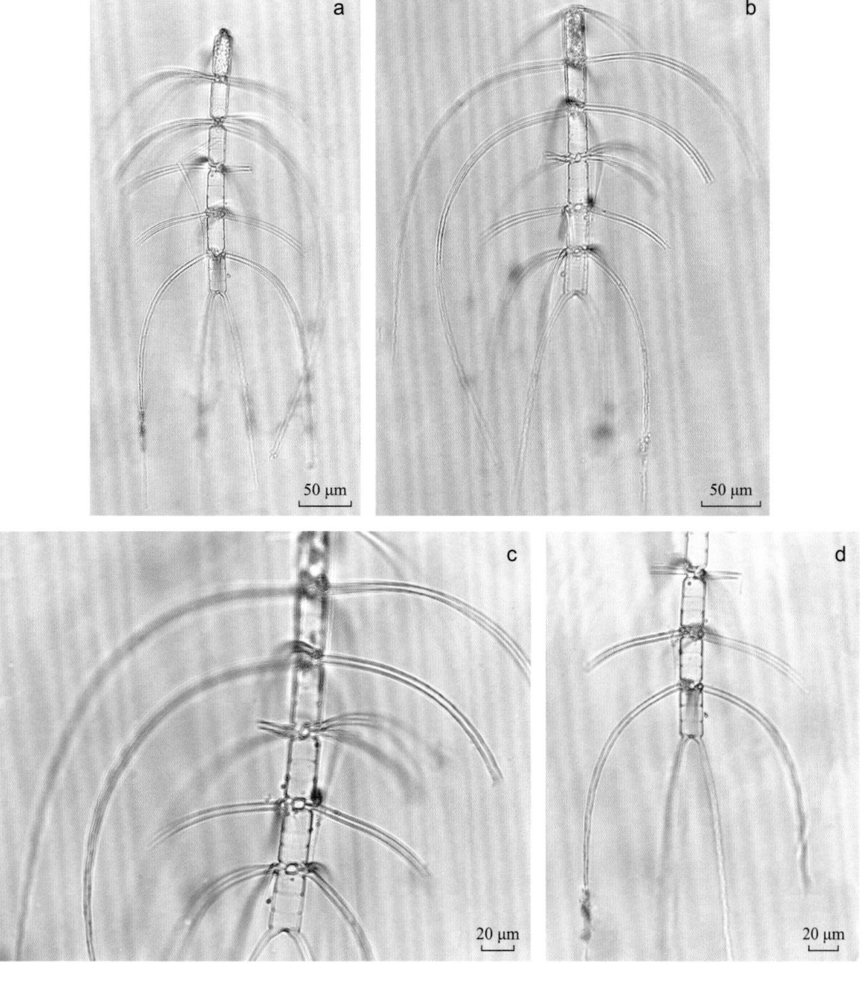

图 163 金色角毛藻 *Chaetoceros aurivillii* Cleve, 1901

a ～ d. 细胞链宽环面观

同物异名：*Chaetoceros seychellum* Karsten, 1907

藻体细胞宽环面观呈近长方形，高度常大于宽度。角毛粗壮，细胞链上端角毛和下端角毛形态不同，上端角毛生于壳面中部，与链轴略呈 90° 伸出，逐渐弯向链后端。下端角毛生于近壳面边缘处，约与链轴呈 45° 伸出，向外斜伸（也有些生于近壳面中部，然后逐渐弯下，末梢略与链轴平行）。色素体数目多，分布于细胞和角毛内。

热带外海浮游性种。爪哇海、新几内亚附近海域、印度洋西南部的南非近海、塞舌尔群岛等有记录。中国南海有分布。

164. 角毛藻 *Chaetoceros* spp.（图 164）

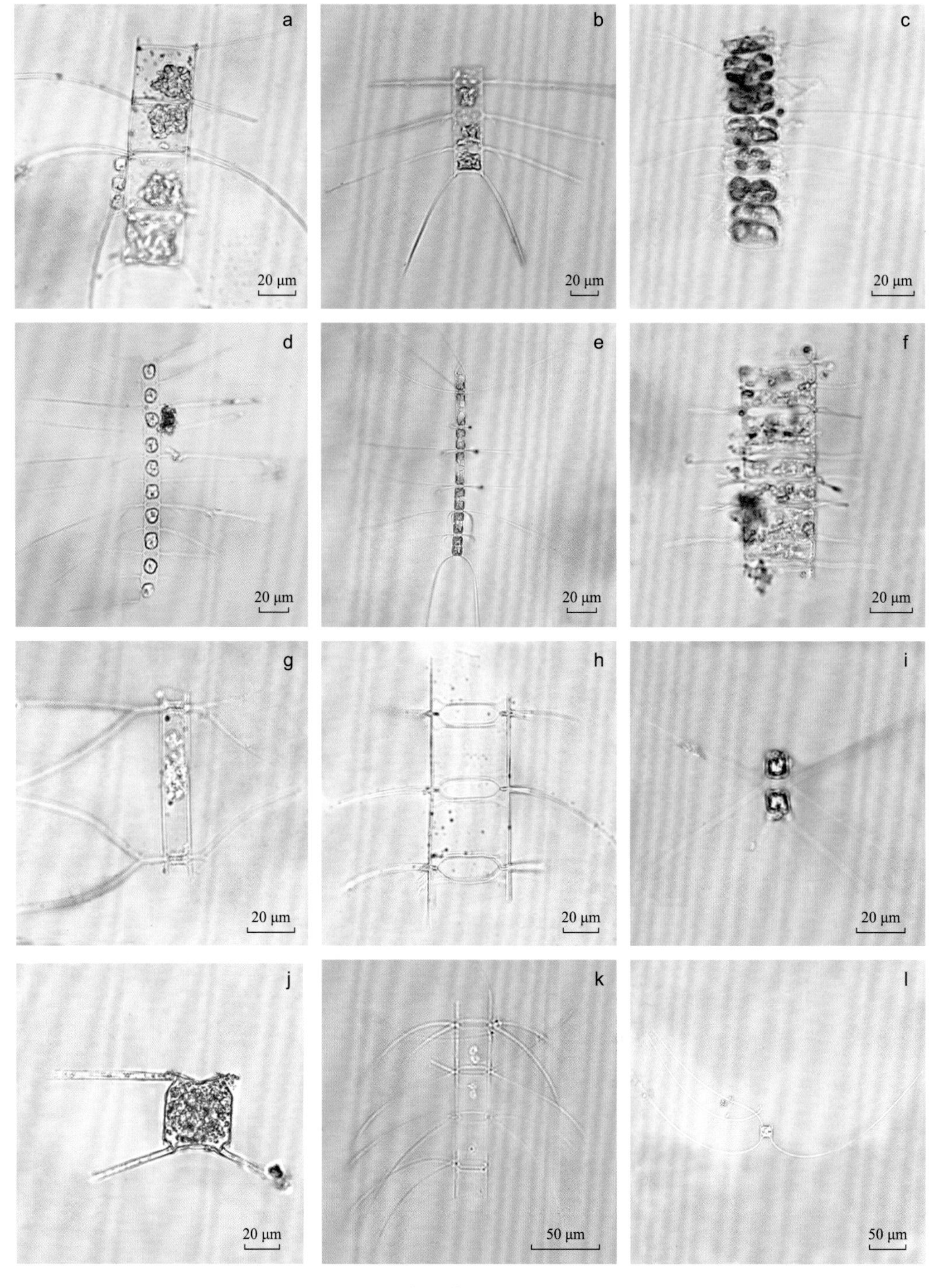

图 164　角毛藻 *Chaetoceros* spp.

第 10 科　盒形藻科 Biddulphiaceae Lebour

齿状藻属 *Odontella* Agardh, 1832

165. 中华齿状藻 *Odontella sinensis* (Greville) Grunow, 1884（图 165）

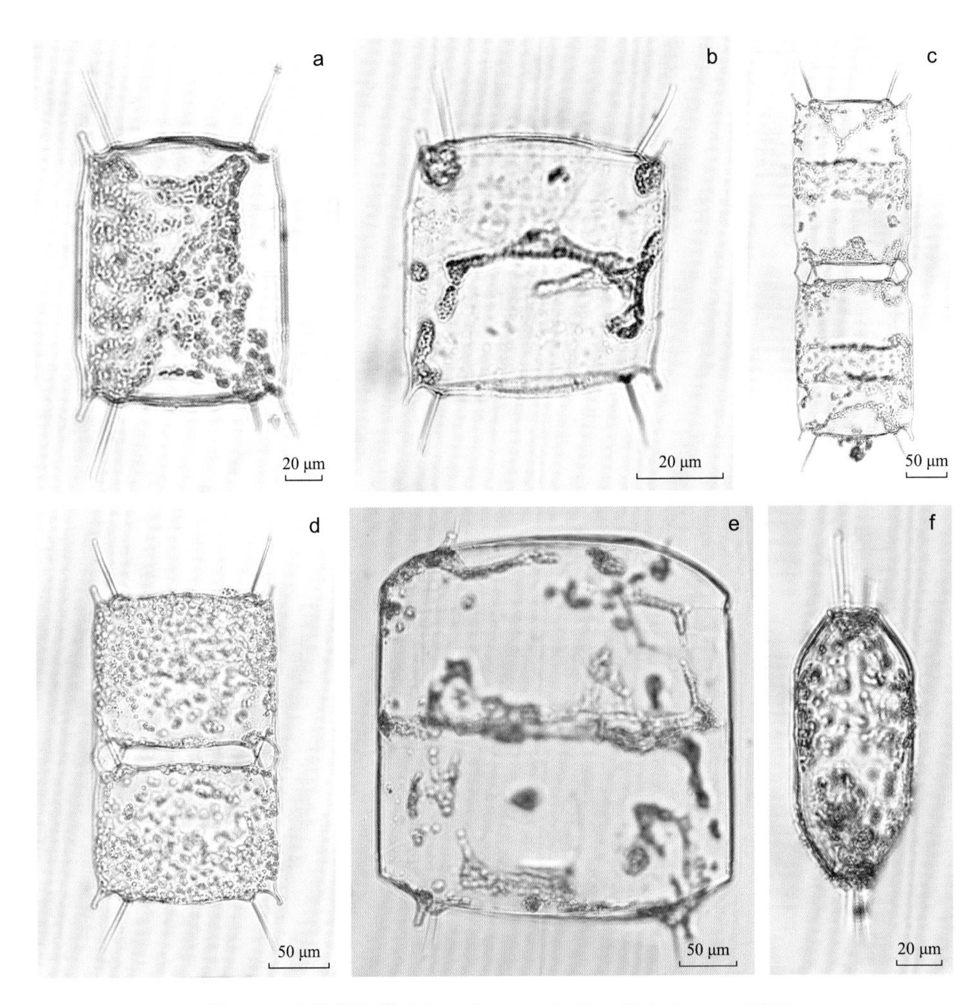

图 165　中华齿状藻 *Odontella sinensis* (Greville) Grunow, 1884

a ~ e. 细胞宽环面观；f. 细胞窄环面观

同物异名：中国盒形藻 *Biddulphia sinensis* Greville, 1866

藻体细胞宽环面观呈长方形或近正方形，窄环面观呈近长椭圆形，中部平或略凹，两端隆起，各生一个短棒状的角，其内侧生有长刺。色素体小颗粒状，数目多。

海洋浮游性种，全球分布广。

166. 长耳齿状藻 *Odontella aurita* (Lyngbye) Agardh, 1832（图 166）

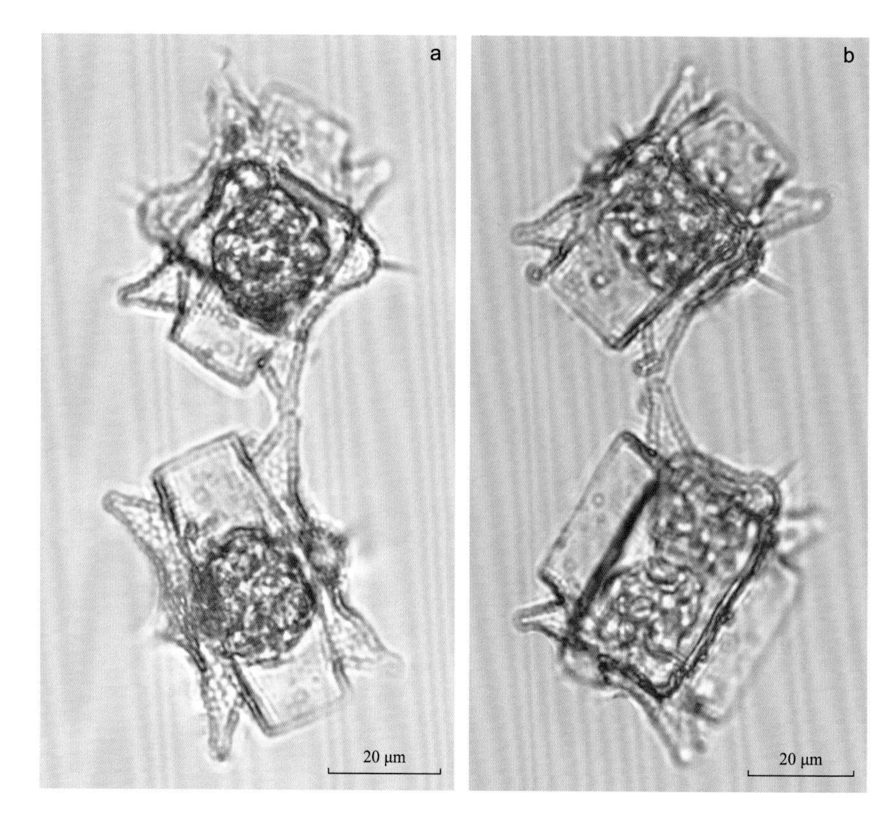

图 166 长耳齿状藻 *Odontella aurita* (Lyngbye) Agardh, 1832

a ~ b. 细胞链宽环面观

同物异名：长耳盒形藻 Biddulphia auria (Lyngbye) Brébisson, 1838。

藻体细胞宽环面观呈扁圆筒形，壳面两端各有一个凸起的角，基部粗、尖端圆，相邻细胞借助此角连成群体，群体多呈折线形。壳面中央凸，并生出 2 ~ 3 个刺状细突起。色素体颗粒状，数目多。

沿岸和潮间带种。挪威海、波罗的海、北海，以及澳大利亚、美国阿拉斯加和加利福尼亚附近海域等有记录。中国黄海和东海有分布。

167. 活动齿状藻 *Odontella mobiliensis* (Bailey) Grunow, 1884（图 167）

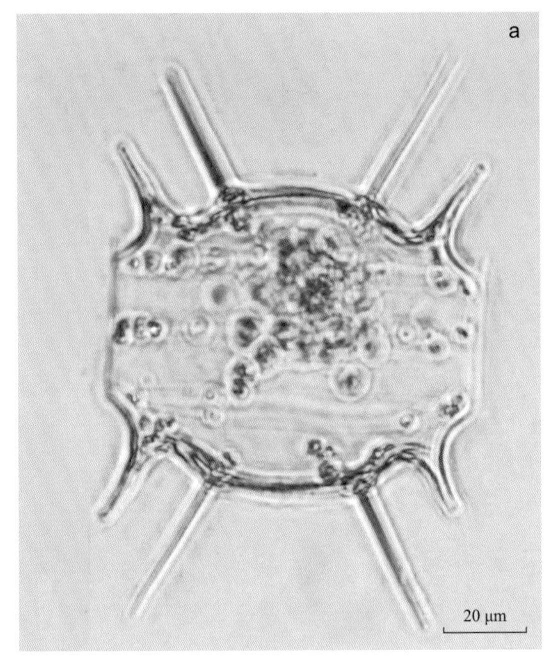

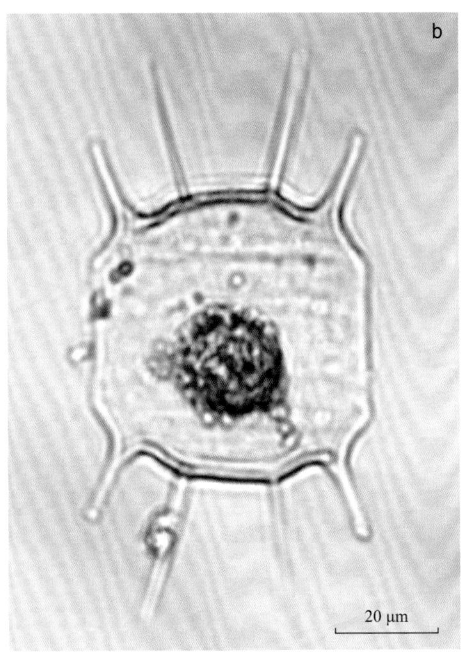

图 167　活动齿状藻 *Odontella mobiliensis* (Bailey) Grunow, 1884

a ~ b. 细胞宽环面观

同物异名：活动盒形藻 *Biddulphia mobiliensis* Bailey Grunow, 1882

藻体细胞壳面扁平，顶轴两端各生一较长的角，角的内侧各生长一根细长中空的刺，与角平行，上、下壳不同方向的刺近呈对角线伸出。色素体小颗粒状，数目多。

本种与中华齿状藻易混淆，主要区别在于本种角内侧的长刺更靠近壳面中央，并且上、下壳不同方向的长刺近对角线，而中华齿状藻顶轴两端的角和刺均未有本种凸出。

广温浮游性种，世界广布种。印度尼西亚、菲律宾、印度近海皆有记录。中国近海均能采到。

168. 高齿状藻 *Odontella regia* (Schultze) Simonsen, 1974（图 168）

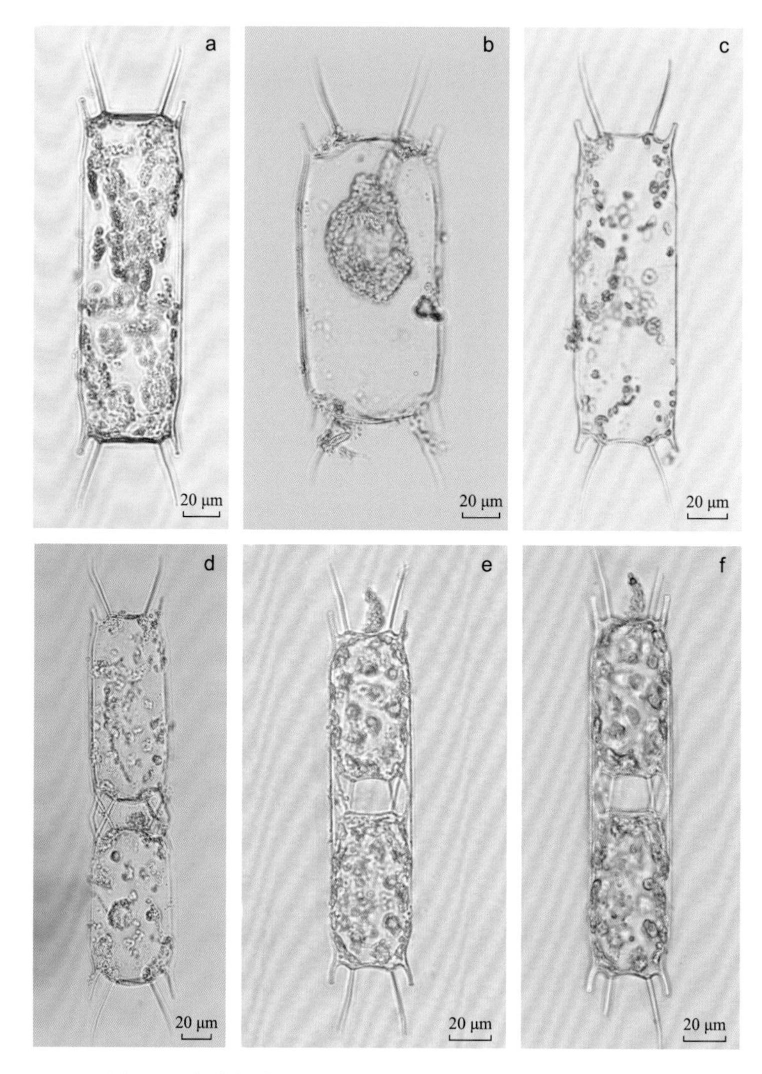

图 168　高齿状藻 *Odontella regia* (Schultze) Simonsen, 1974

a ~ f. 细胞环面观；d ~ f. 细胞分裂

同物异名：高盒形藻 *Biddulphia regia* (Schultze) Ostenfeld, 1908

藻体细胞宽环面观与中华齿状藻近似，但该种个体较瘦长，长刺着生处较靠近壳面中部，刺末端常呈杯状扩大。色素体小颗粒状，数目多。

暖温带至热带近海浮游性种。印度洋西南部、北海等有记录。中国各海域皆能采到。

盒形藻属 *Biddulphia* Gray, 1821

169. 托氏盒形藻 *Biddulphia tuomeyi* (Bailey) Roper, 1859（图 169）

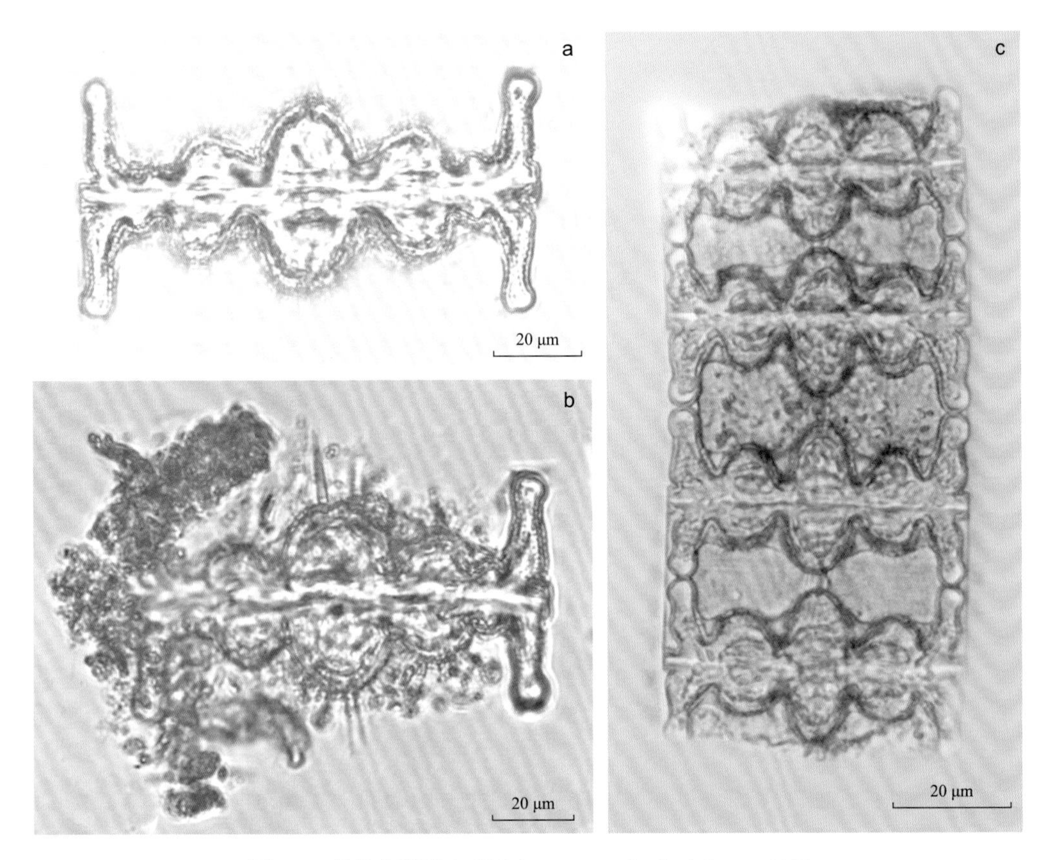

图 169 托氏盒形藻 *Biddulphia tuomeyi* (Bailey) Roper, 1859

a ~ c. 细胞环面观; b. 有杂质黏附在细胞表面

藻体细胞宽环面观较矮扁。壳面两端各生一膨大粗角，相邻细胞可借助该角形成短链，也可单个生活。壳面有 3 个明显的半球状突起，均有毛刺，中间大，两边小。顶部的刺较短。色素体小颗粒状，数目多。

暖水近岸性种。新西兰沿岸、欧洲南部大西洋、日本高岛海域等有分布。中国东海和南海有记录。

170. 菱面盒形藻 *Biddulphia rhombus* f. *rhombus* (Ehrenberg) Smith, 1856（图 170）

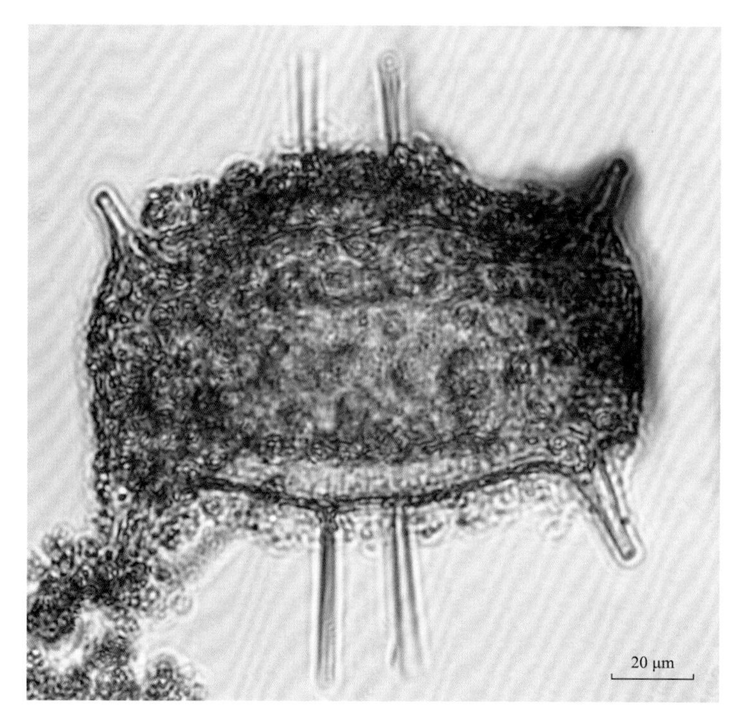

图 170　菱面盒形藻 *Biddulphia rhombus* f. *rhombus* (Ehrenberg) Smith, 1856

细胞环面观

同物异名：*Zygoceros rhombus* Ehrenberg, 1839

藻体细胞宽环面观呈长方形，壳面隆起，遍生小刺，中央部分生一根或两根较大的长刺，顶轴两端各生一短角。壳套与壳环相接处凹沟明显。顶轴 149 μm，贯壳轴 94 μm。色素体颗粒状，数目多。

广温近岸底栖性种，在浮游群中常采到。阿拉伯海东部、美国太平洋沿岸及欧洲沿岸皆有报道。中国黄海、东海和南海均有记录。

半管藻属 *Hemiaulus* Ehrenberg, 1844

171. 膜质半管藻 *Hemiaulus membranacus* Cleve, 1873（图 171）

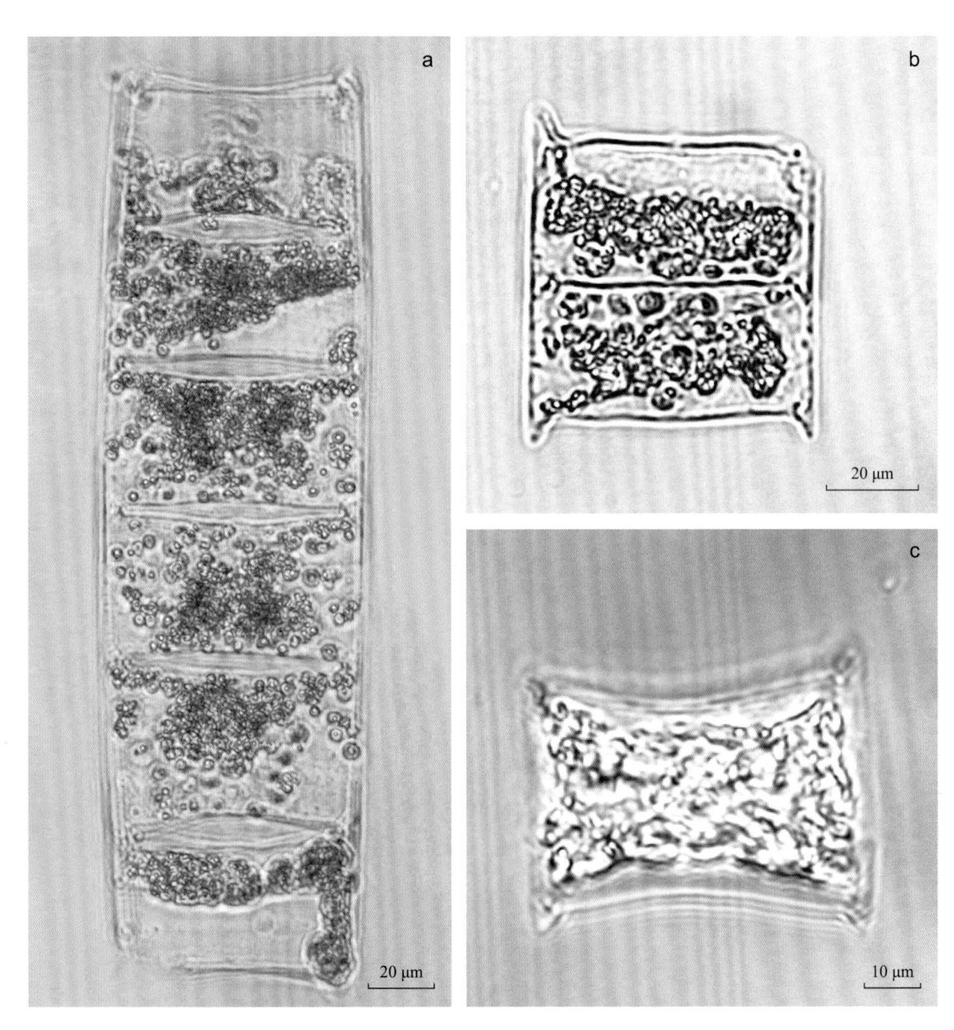

图 171　膜质半管藻 *Hemiaulus membranacus* Cleve, 1873

a ~ c. 细胞宽环面观

藻体细胞宽环面观常呈扁长方形，壳套与环带相接处有凹沟，壳面中部略凹。壳面长轴 64 ~ 118 µm，贯壳轴 30 ~ 40 µm，同一条细胞链上长轴变化较大。壳面两端各生一短角，较钝，末端有小爪，相邻细胞通过该小爪形成群体，细胞间隙变化较大。色素体小盘状，数目多。

暖水浮游性种。爪哇海和美国加利福尼亚南部海域等曾采到。中国黄海、东海和南海有分布。

172. 中华半管藻 *Hemiaulus sinensis* Greville, 1865（图 172）

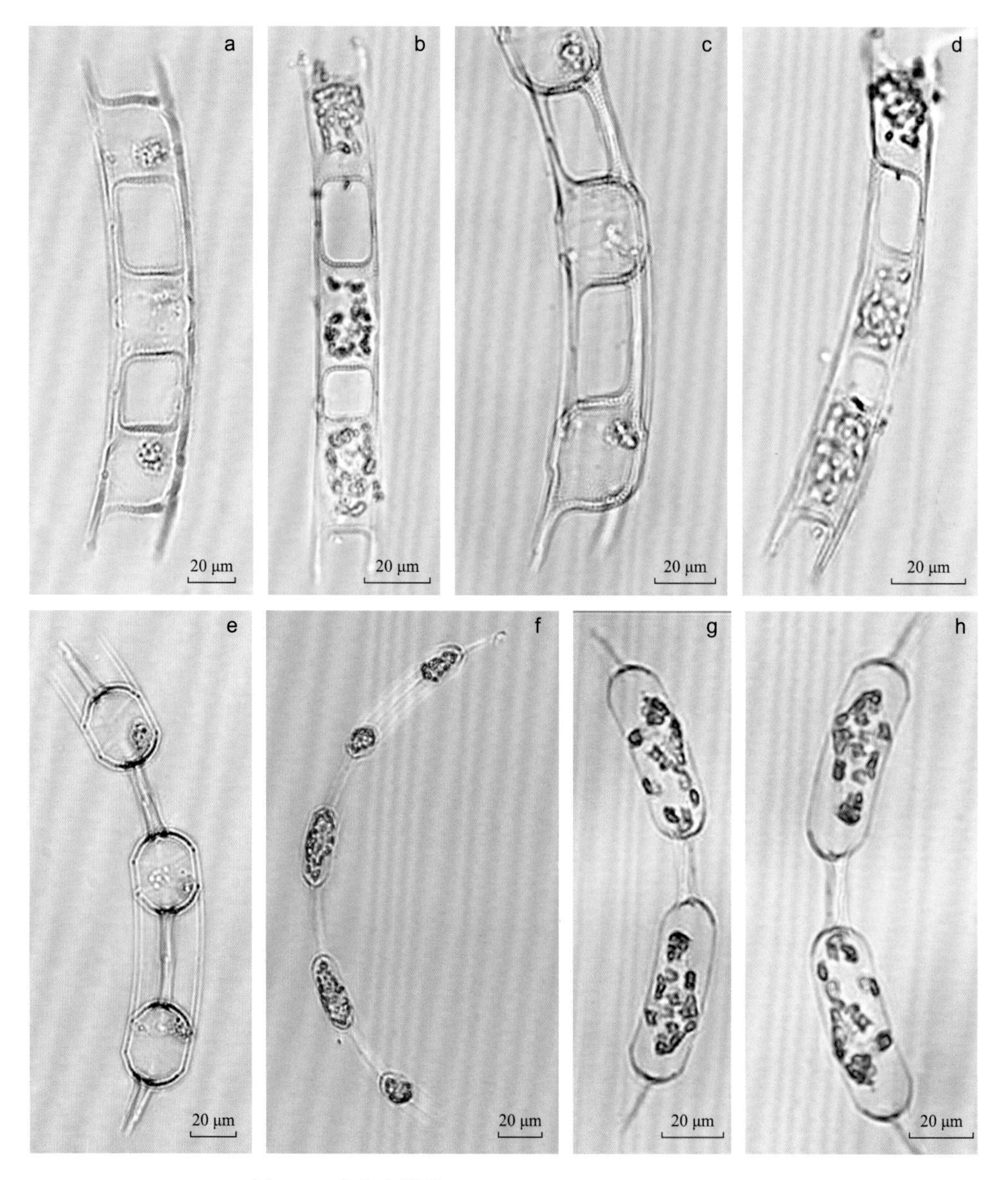

图 172　中华半管藻 *Hemiaulus sinensis* Greville, 1865

a ~ d. 细胞链宽环面观；e ~ h. 细胞链窄环面观

藻体细胞宽环面观长 27 ~ 31 μm。壳面两端各有一粗短突起，末端生小爪，相邻细胞通过该小爪形成长链，呈弯形或螺旋形，壳面有放射状排列的孔，壳套与壳环交接处无凹沟。

温带暖水浮游性种。爪哇海、地中海、日本海，以及美国加利福尼亚南部海域等有分布。中国各海域都可采到。

173. 霍氏半管藻 *Hemiaulus hauckii* Granow, 1882（图 173）

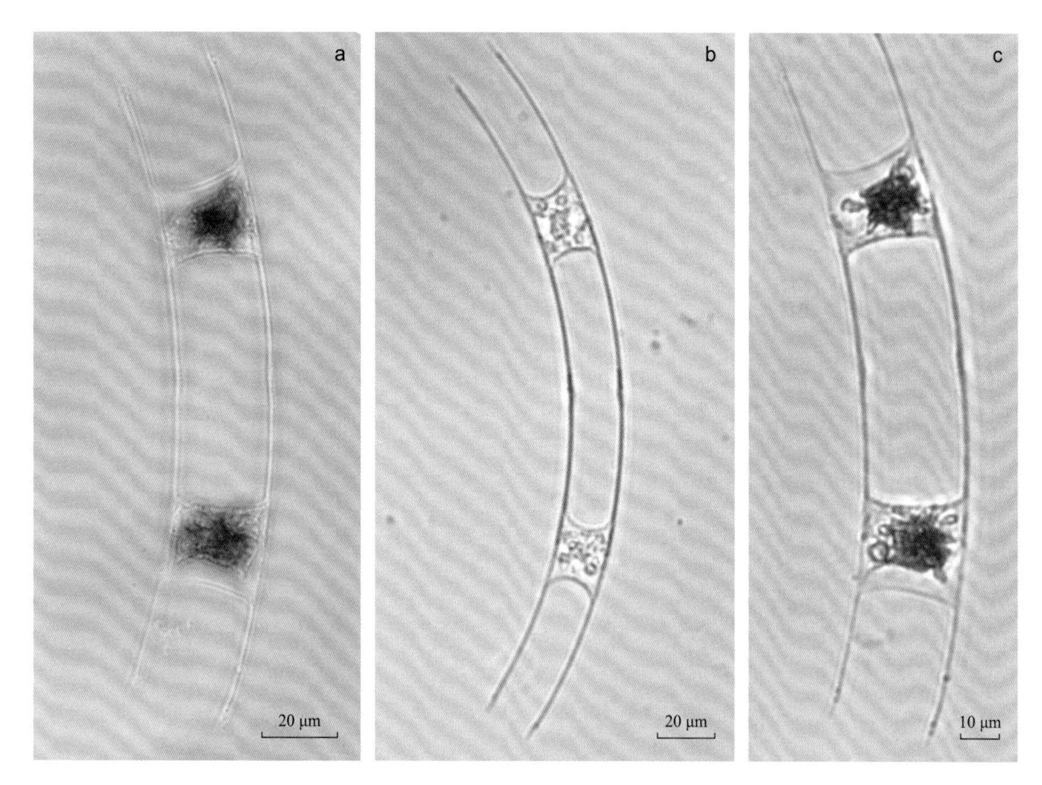

图 173 霍氏半管藻 *Hemiaulus hauckii* Granow, 1882

a ~ c. 细胞链宽环面观

藻体细胞壳面中央略凹，壳面两端的角长几乎平行于细胞贯壳轴。细胞间隙极大，呈长方形。色素体小颗粒状，数目多。

本种与中华半管藻的主要区别是，前者壳面两端的角特别长，细胞间隙也明显大于后者。

暖水浮游性种。印度洋、日本海、太平洋、英吉利海峡等有记录。中国黄海、东海和南海有分布。

角管藻属 *Cerataulina* Peragallo, 1892

174. 大洋角管藻 *Cerataulina pelagica* (Cleve) Hendey, 1937（图 174）

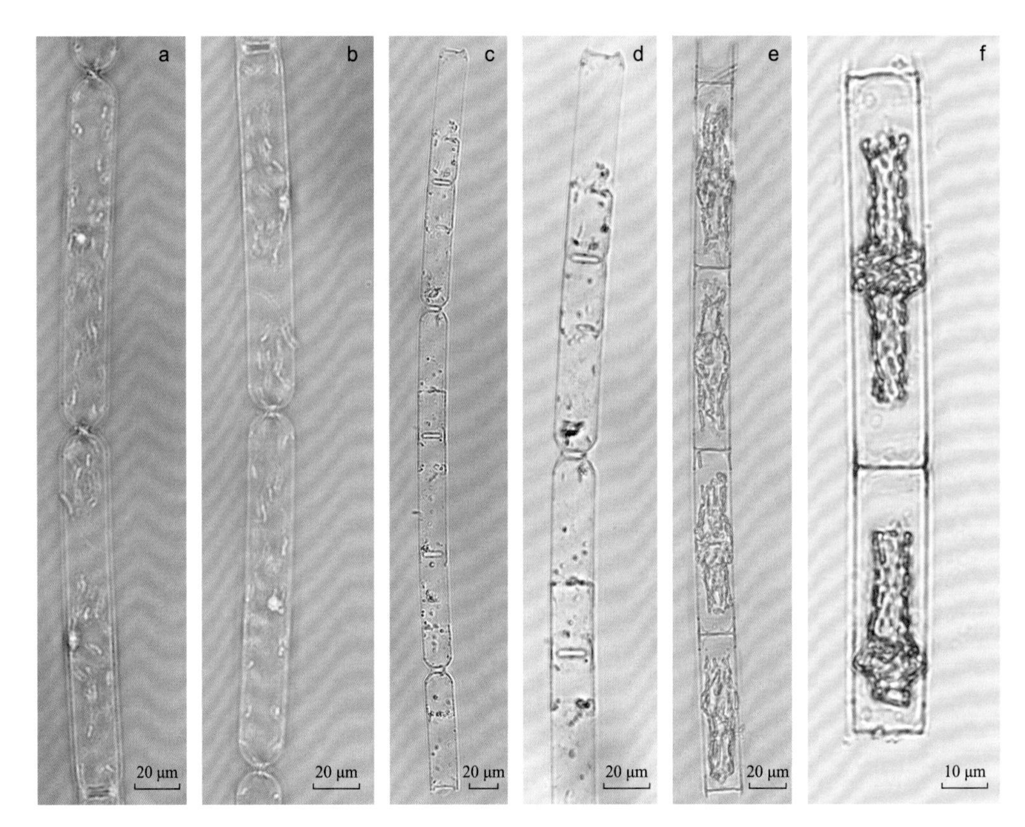

图 174　大洋角管藻 *Cerataulina pelagica* (Cleve) Hendey, 1937

a ~ f. 细胞链环面观

同物异名：柏氏角管藻 *Cerataulus bergonii* H. Perag. in Tempere & Peragallo, 1989

大洋角管藻又称海洋角管藻。

藻体细胞呈圆筒形，环面观中部微隆起，壳面边缘有两个短角，相邻细胞通过该隆起的短角形成群体，链直或略弯。两短角呈楔形。色素体小圆盘状，数目多。

暖温性种。爪哇海、加利福尼亚湾、地中海、挪威海、英吉利海峡等有记录。中国黄海、东海和南海均能采到。

175. 双角角管藻 *Cerataulina bicornis* (Ehrenberg) Hasle et al., 1985（图 175）

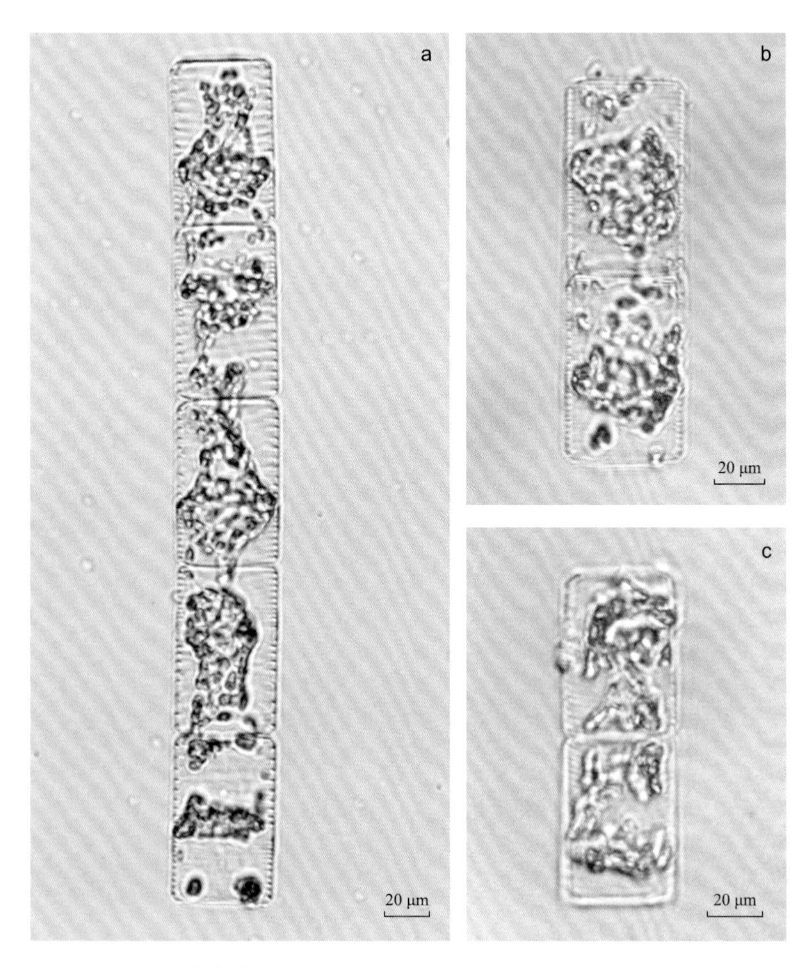

图 175 双角角管藻 *Cerataulina bicornis* (Ehrenberg) Hasle et al., 1985

a ~ c. 细胞链环面观

同物异名：大角管藻 *Cerataulina daemon* (Grev.) Hasle, 1980；紧密角管藻 *Cerataulina Compacta* Ostarf. in Qstenfeld & Schmidt, 1901

藻体细胞呈圆柱状，细胞直径和贯壳轴长度分别为 22 ~ 50 μm 和 53 ~ 75 μm。相邻细胞通过壳面隆起形成长链，排列紧密，几乎看不到细胞间隙。壳面两端隆起小，两刺在隆起上倾斜生出，分别插入相邻细胞中。细胞环面间插带明显。

热带暖水浮游性种。大西洋暖水域、亚得里亚海、印度近海、爪哇海、日本暖水海域有记录。中国东海和南海有采到。

176. 中沙角管藻 *Cerataulina zhongshaensis* Kuo, Ye et Zhou, 1978（图 176）

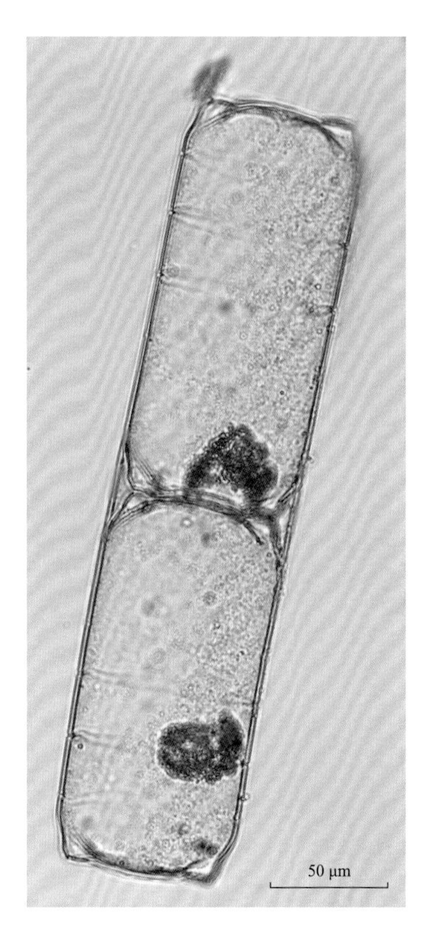

图 176　中沙角管藻 *Cerataulina zhongshaensis*, Kuo, Ye et Zhou, 1978

细胞链环面观

藻体细胞呈圆筒形，壳面略凹，壳面边缘处有 4 个突起，其上小刺不明显。该种宽 77 μm，高约 140 μm。宽环面间插带明显，呈环形。相邻细胞通过壳面突起形成直链。细胞间隙呈扁圆形，狭窄。色素体小颗粒状。

热带浮游性种。中国南海中沙群岛和西沙群岛附近海域有记录。印度洋首次记录。

三角藻属 *Triceratium* Ehrenberg, 1839

177. 透明三角藻 *Triceratium pellucidum* (Castracane) Guo, Ye et Zhou, 1978（图 177）

图 177　透明三角藻 *Triceratium pellucidum* (Castracane) Guo, Ye et Zhou, 1978

a ~ b. 同一个细胞不同角度的环面观；c ~ d. 不同细胞的环面观

同物异名：*Biddulphia pellucida* Castracane, 1886

藻体细胞壳面呈三角形，边缘略凸，角呈钝圆形，有放射状排列的室纹，螺旋列和次级放射列都很清楚。细胞宽环面 27 ~ 102 μm，高 62 ~ 132 μm，壳套高度约占细胞高度的 1/3。环面细胞壁上有排列密集的细点纹。色素体小颗粒状，数目多。

可能属热带外洋浮游性种。亚德里亚海、地中海和爪哇海等有记录。印度洋首次记录。中国西沙群岛附近海域能采到，数量稀少。

178. 蜂窝三角藻 *Triceratium favus* f. *favus* Ehrenberg, 1839（图 178）

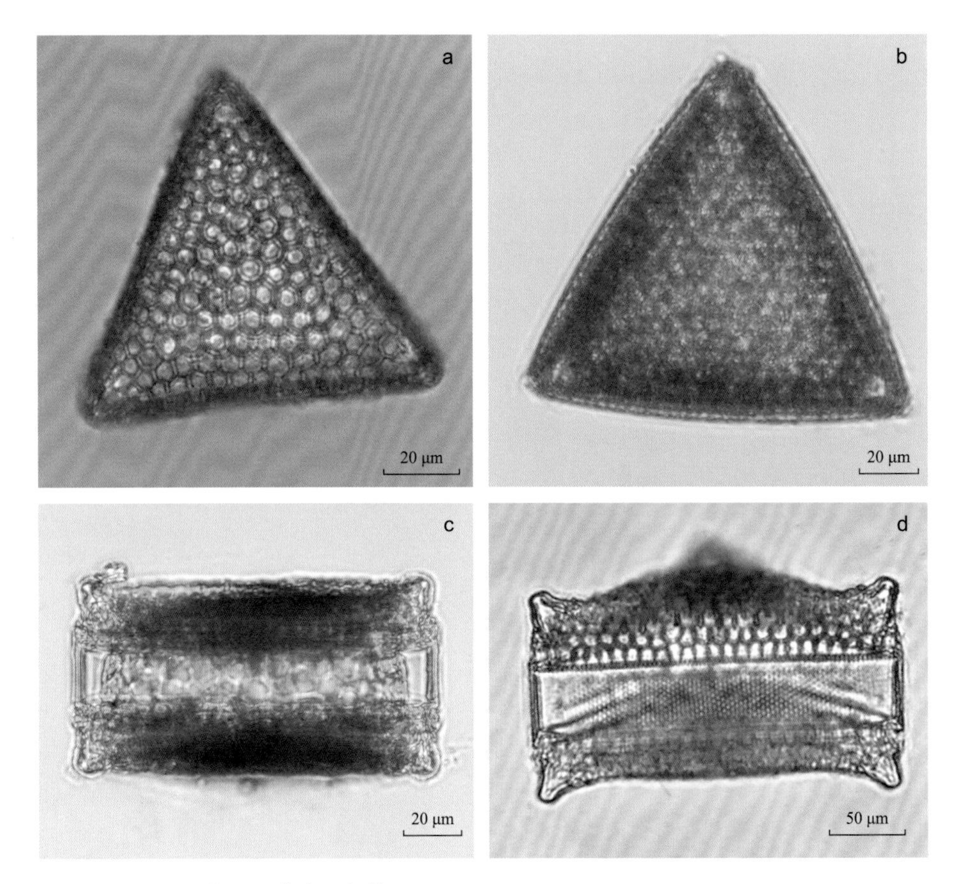

图 178　蜂窝三角藻 *Triceratium favus* f. *favus* Ehrenberg, 1839

a ~ b. 细胞壳面观；c ~ d. 细胞环面观

藻体细胞壳面呈三角形，各边直或略凸出，边长 98 ~ 123 μm。各角有粗短突起，钝乳头状。壳面有六角形筛室，粗大，排列均一，壳环面亦具粗大筛室，与壳环轴平行排列。

广温性近岸种。印度邻近海域、太平洋、大西洋、墨西哥湾、欧洲沿岸和日本北部等有记录。中国各海域均能采到。

179. 肉色三角藻 *Triceratium cinnamomeum* Greville, 1863（图 179）

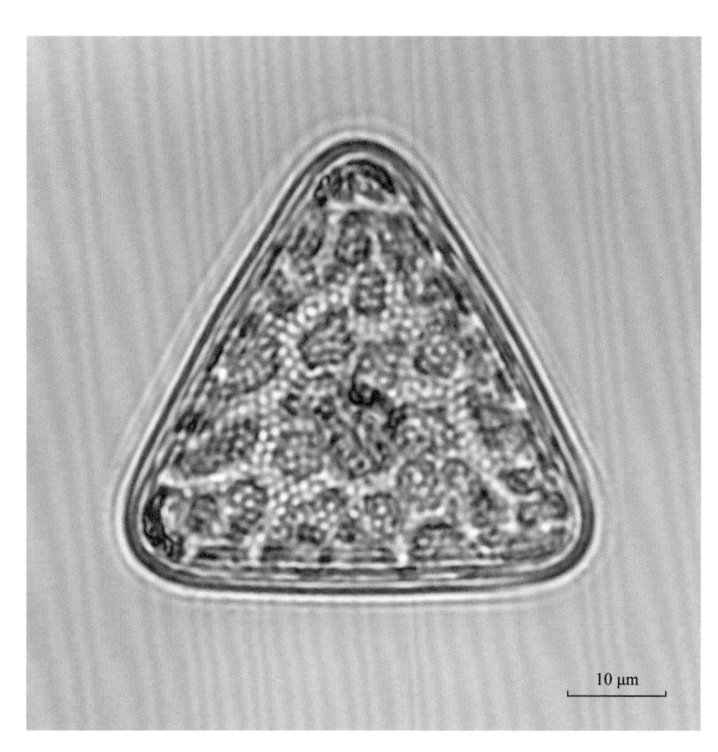

图 179 肉色三角藻 *Triceratium cinnamomeum* Greville, 1863

细胞壳面观

藻体细胞壳面常为三角形，边缘平直，隅角钝圆，壳面上的孔纹呈辐射状或略呈辐射螺旋状排列，有研究者认为呈弯曲的束状排列（Simonsen, 1974）。

海生。菲律宾、夏威夷群岛、科隆群岛、阿拉伯海中部和肯尼亚外海等海域，以及太平洋有分布。

180. 美丽三角藻 *Triceratium formosum* f. *formosum* Brightwell, 1856（图 180）

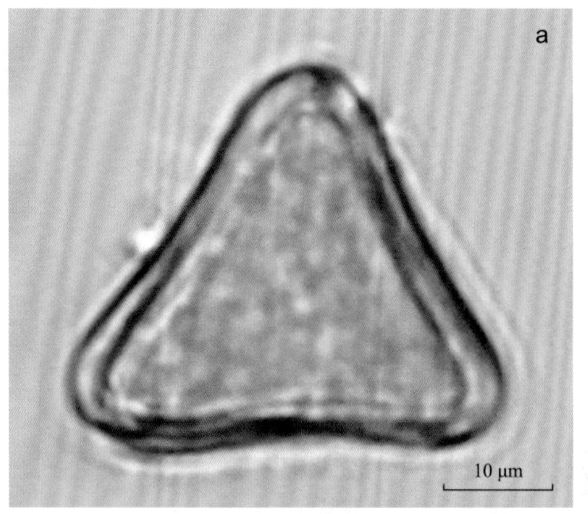

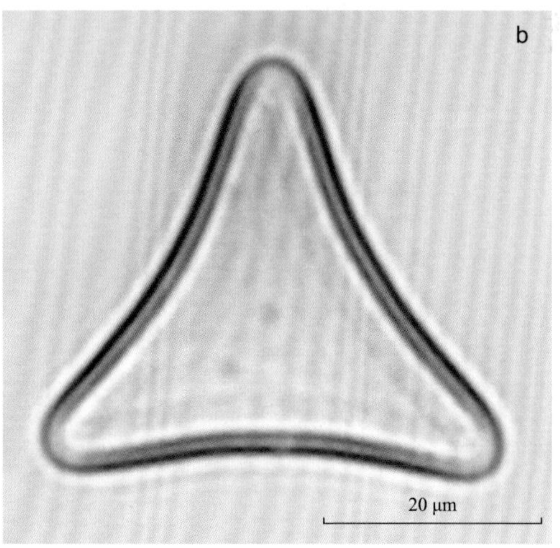

图 180　美丽三角藻 *Triceratium formosum* f. *formosum* Brightwell, 1856

a ～ b. 细胞壳面观

同物异名：*Trigonium formosum* (Brightwell) Cleve, Mann, 1925

藻体细胞壳面呈等边三角形，角圆，两角间的边略凹，角略隆起，壳面中部散乱排列着 10 余个圆形小室，其外围规则紧密地排列着六角形小室，每 10 μm 约有 5 个。细胞单个生活或以壳面的角连成短链（郭玉洁和钱树本，2003）。色素体小颗粒状，数目多。

热带近岸底栖性种，分布较广。太平洋、大西洋、地中海都有记录。中国黄海、东海和南海有分布。

181. 美丽三角藻方面变型 *Triceratium formosum* f. *quadrangularis* Hustedt, 1930（图 181）

图 181 美丽三角藻方面变型 *Triceratium formosum* f. *quadrangularis* Hustedt, 1930

a. 细胞壳面观；b ～ d. 细胞环面观

藻体细胞壳面呈正方形，有 4 个圆角。壳面中部略凹下，角稍隆起，两角之间的边略凹，边长 59 μm。壳面上的构造与小室的大小都与原种一致。色素体小颗粒状，数目多。

本变型种与原种的主要区别是本种壳面呈正方形，而原种壳面呈三角形。

热带近岸底栖性种，分布较广。出现时间和地点常与原种一致。

182. 短刺三角藻 *Triceratium shadboldtianum* Greville, 1862（图 182）

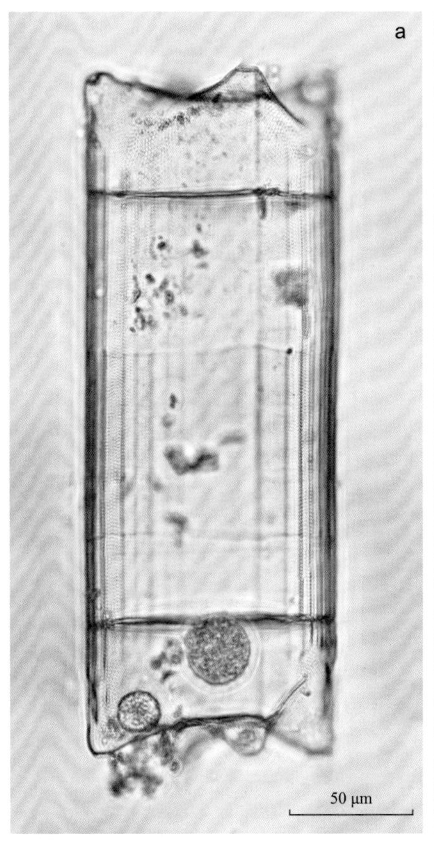

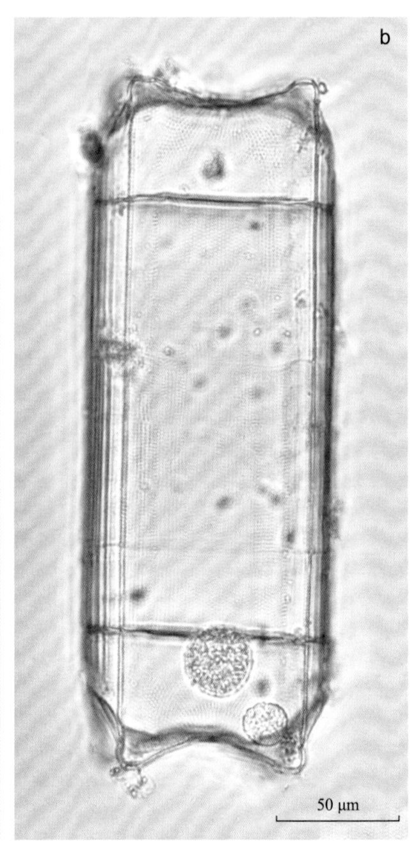

图 182　短刺三角藻 *Triceratium shadboldtianum* Greville, 1862

a ~ b. 同一个细胞不同视角的环面观

藻体细胞呈三棱柱状，每个角上各生有一粗短突起，其末端有短刺。细胞宽约 100 μm，高约 250 μm。壳套高度约为细胞高度的 1/3，与环带相接处无凹沟，环面有细点纹。相邻细胞通过壳面突起相连接。色素体小盘状，数目多。

热带近岸底栖性种，浮游群中常采到。印度尼西亚沿海、地中海、莫桑比克海峡、太平洋萨摩亚群岛海域等有记录。中国海南省琼东海近岸及中沙群岛海域均曾采到。

183. 三角藻 *Triceratium* sp.1（图 183）

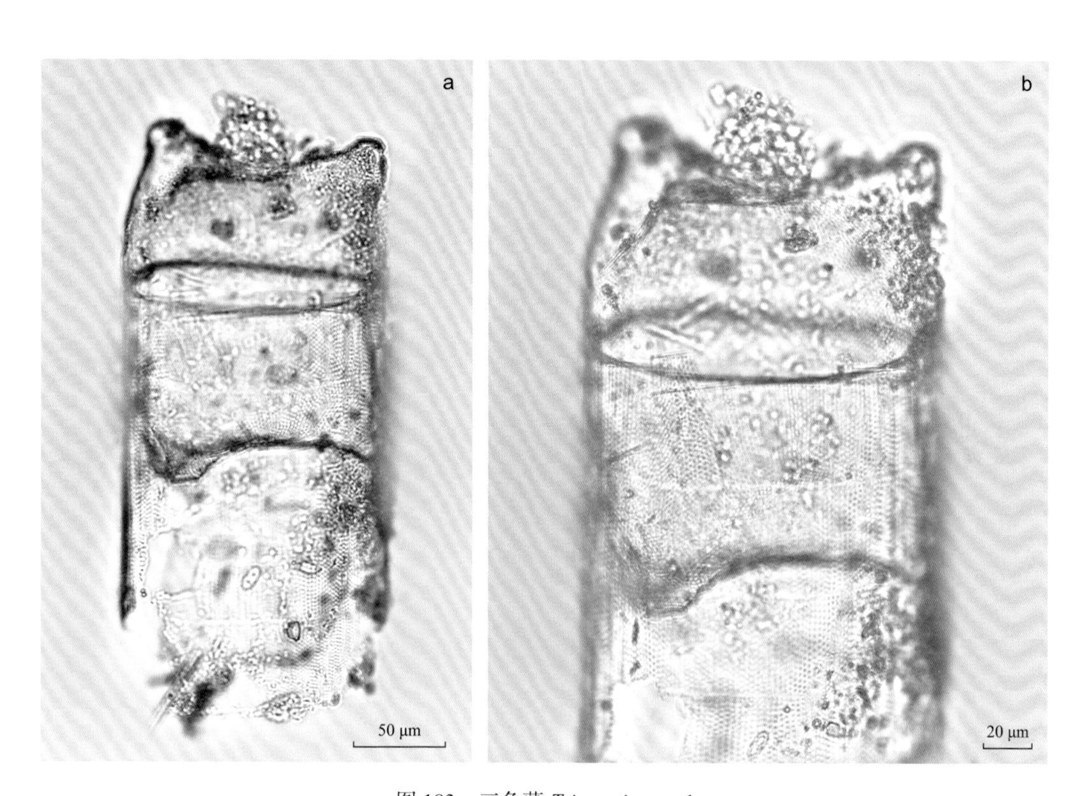

图 183　三角藻 *Triceratium* sp.1

a ~ b. 同一个细胞不同角度的环面观

双尾藻属 *Ditylum* Bailey, 1861

184. 布氏双尾藻 *Ditylum brightwellii* (West) Grunow, 1881（图 184）

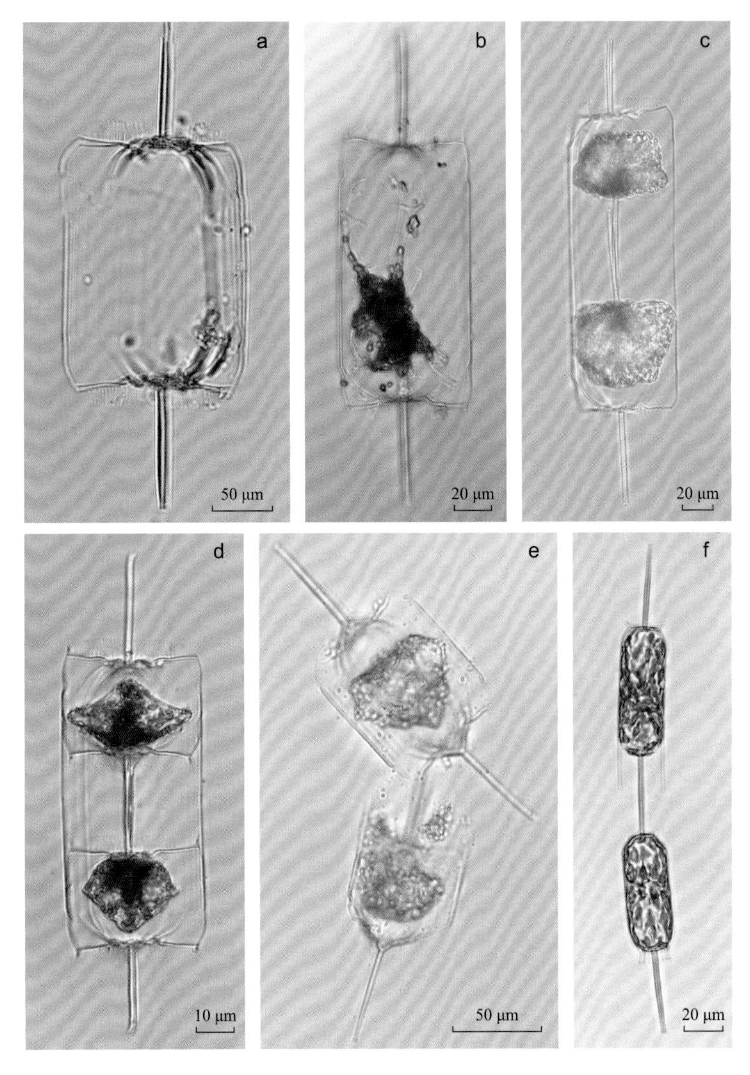

图 184　布氏双尾藻 *Ditylum brightwellii* (West) Grunow, 1881

a ~ f. 细胞环面观；c ~ e. 细胞分裂

同物异名：*Triceratium brightwellii* West, 1860

藻体细胞呈三棱柱状或方柱状，高度一般大于宽度。壳面边缘有一列小刺伸出，与细胞贯壳轴平行，中央有一中空大刺，末端截平，其周围有一小空白无纹区，外围为放射点纹。壳套宽。色素体颗粒状，数目多。

世界广布种，从温带到热带海域有记录。

185. 太阳双尾藻 *Ditylum sol* Grunow, 1881（图 185）

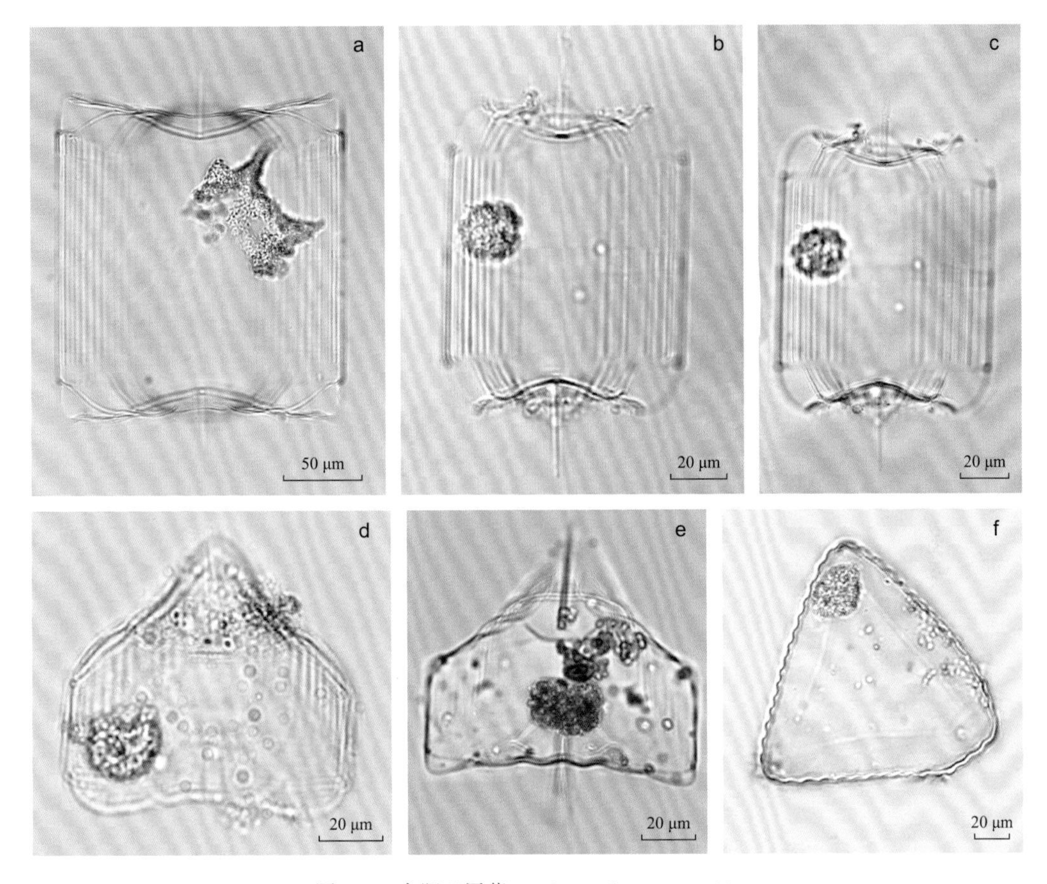

图 185　太阳双尾藻 *Ditylum sol* Grunow, 1881

a ~ e. 细胞环面观；f. 细胞壳面观

藻体细胞环面观有较多纵褶皱，宽 87 ~ 180 μm，高 100 ~ 190 μm，高度略大于宽度。在显微镜下，常看到藻体带褶皱的环面观。壳面中央生一根中空、长且直的刺，其周围为空白无纹区，其外围有辐射排列的点纹。色素体颗粒状，数目多而小。

暖水浮游性种，广泛出现于热带及亚热带海域。印度洋、太平洋、大西洋、爪哇海，以及日本东南部附近海域等皆有记录。中国主要出现在南海。

中鼓藻属 *Bellerochea* van Heurck, 1885

186. 钟形中鼓藻 *Bellerochea horologicalis* Stosch, 1977（图 186）

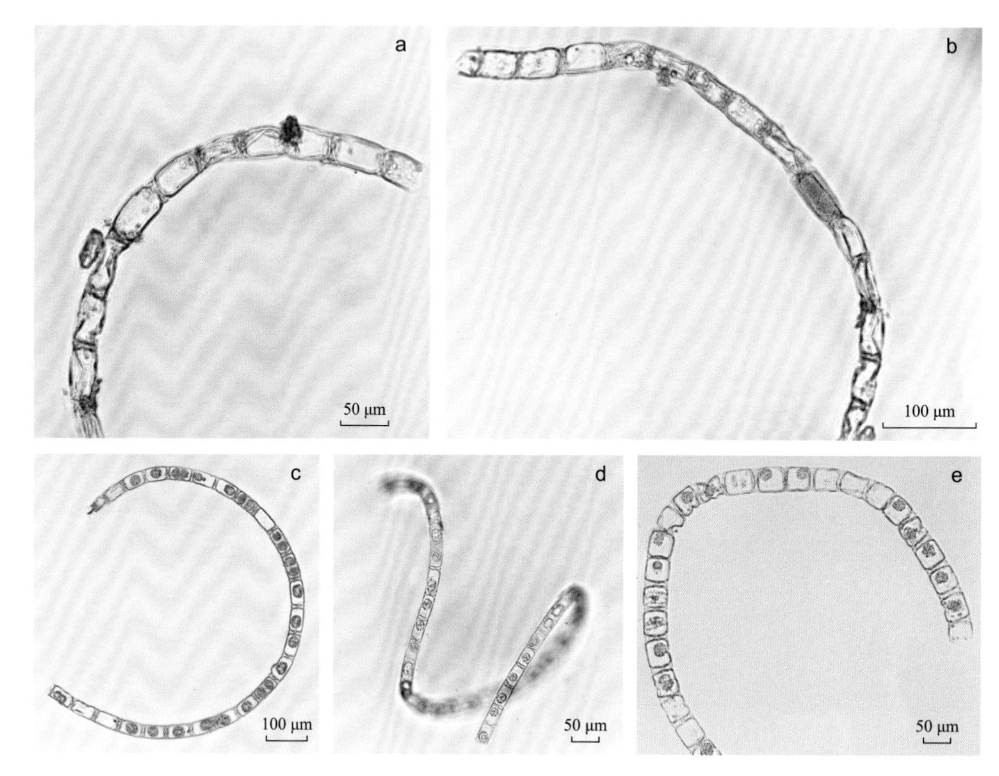

图 186　钟形中鼓藻 *Bellerochea horologicalis* Stosch, 1977

a ~ e. 细胞链窄环面观

本种多群体生活，相邻细胞通过壳面相互连接形成螺旋状弯曲，通常看到细胞的窄环面观。细胞呈方形或长方形，间隙窄。色素体小颗粒状，数目多。

热带外洋性种，但在近海也常采到。印度洋、大西洋和墨西哥沿岸等海域有记录。

第 11 科　真弯藻科 Eucampiaceae Schröder

梯形藻属 *Climacodium* Grunow, 1868

187. 宽梯形藻 *Climacodium frauenfeldianum* Grunow, 1868（图 187）

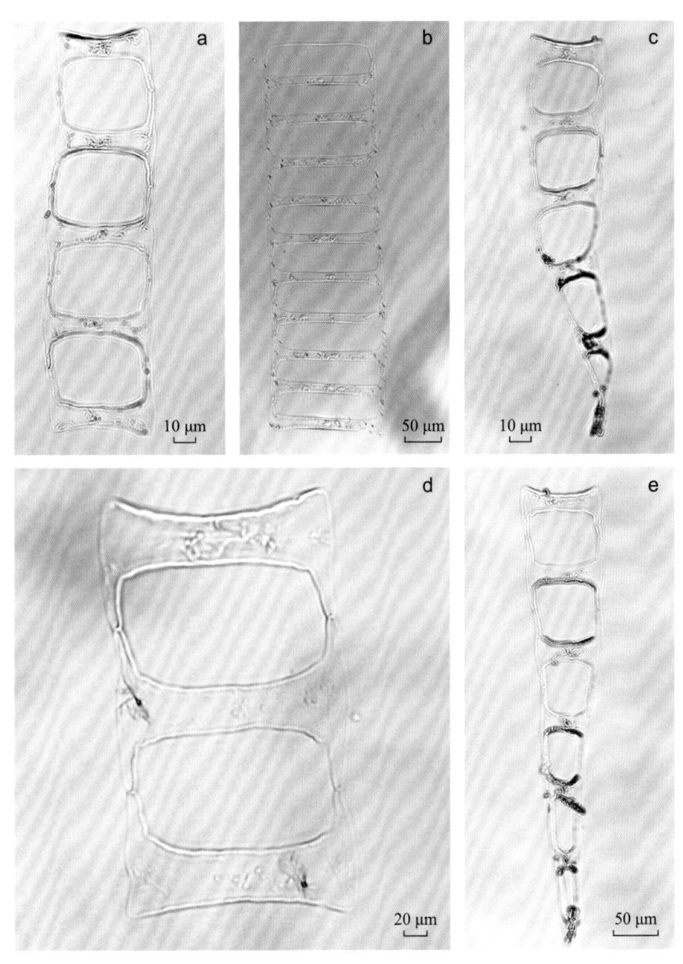

图 187　宽梯形藻 *Climacodium frauenfeldianum* Grunow, 1868

a ～ e. 细胞链环面观

宽梯形藻又称佛氏梯形藻。

藻体细胞宽 88 ～ 180 μm，中部高 12 ～ 40 μm，细胞大小常发生很大变化。细胞顶轴两端各生一个突起，较长，相邻细胞通过该突起形成长直链。细胞间隙呈长方形，大而宽扁。壳套及壳环带不明显。色素体小而多。

热带和亚热带外洋性种。印度洋、红海、地中海、马来群岛海域、暹罗湾和爪哇海较多。中国东海和南海皆能采到。

188. 双凹梯形藻 *Climacodium biconcavum* Cleve, 1897（图 188）

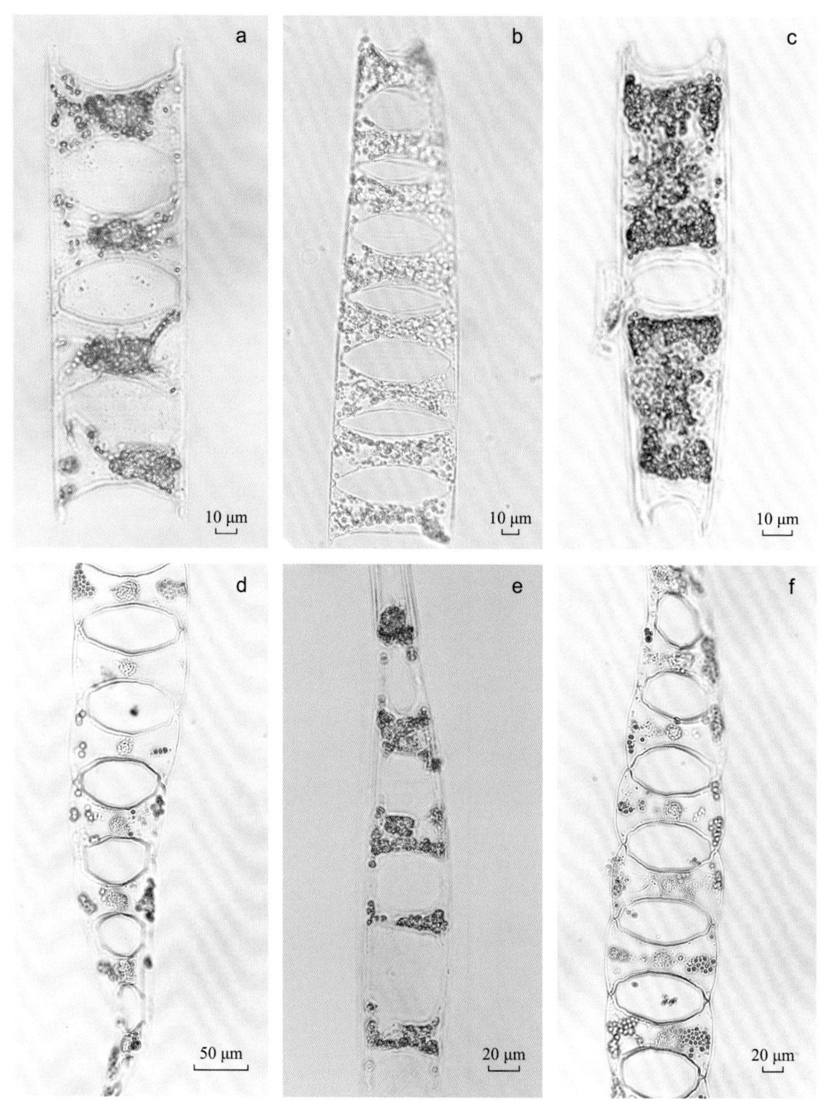

图 188　双凹梯形藻 *Climacodium biconcavum* Cleve, 1897

a ～ f. 细胞链环面观

同物异名：*Eucampia biconcava* (Cleve) Ostenfeld, 1902

藻体细胞宽环面观呈长方形，中部凹，细胞间隙呈长椭圆形或双凸透镜形。壳面两端的突起不明显。色素体小而多。

本种与宽梯形藻的主要区别是，本种细胞间隙小，更显椭圆形，而后者细胞间隙呈长方形，更宽扁；本种壳面两端突起较后者更短。

热带海洋浮游性种。地中海、印度洋和马来群岛海域均有分布。中国黄海和东海均能采到。

弯角藻属 *Eucampia* Ehrenberg, 1839

189. 短角弯角藻 *Eucampia zodiacus* Ehrenberg, 1839（图 189）

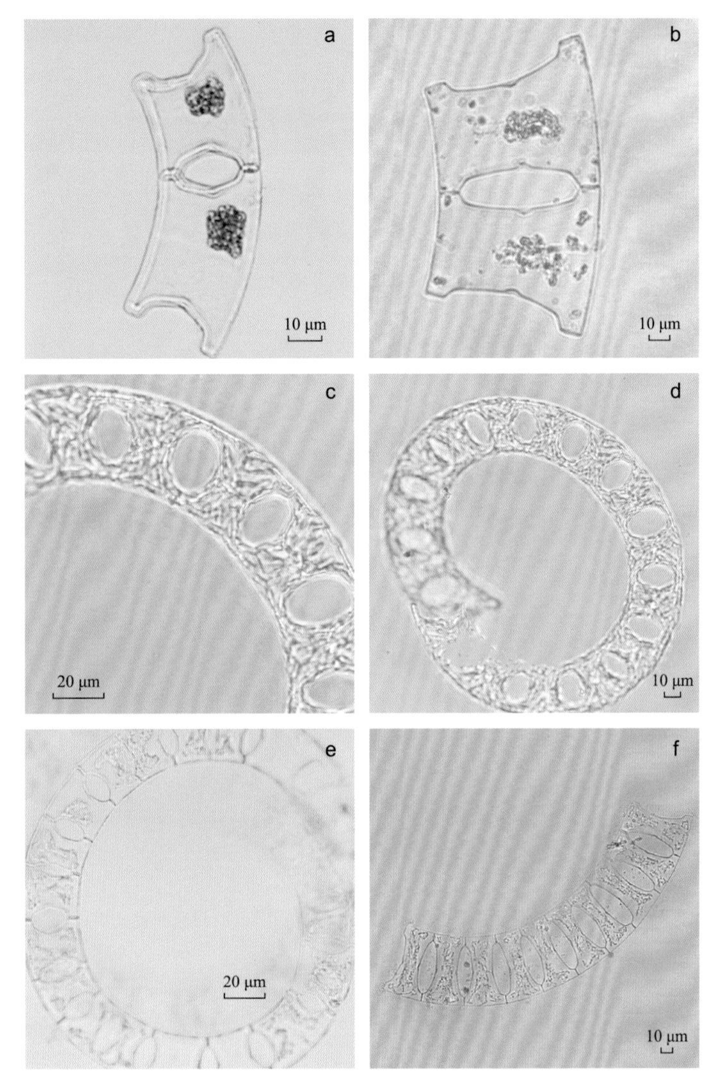

图 189　短角弯角藻 *Eucampia zodiacus* Ehrenberg, 1839

a ~ f. 细胞链宽环面观

短角弯角藻又称浮动弯角藻。

藻体细胞宽 31 ~ 82 μm，高 12 ~ 40 μm。壳面中央凹下，顶轴两端各生一短角状突起，平截，相邻细胞通过该突起形成长链，长链常呈螺旋状，细胞间隙呈椭圆形。间插带少。色素体小盘状，数目多。

近海广温性种，世界广泛分布。

190. 长角弯角藻 *Eucampia cornuta* (Cleve) Grunow, 1881（图 190）

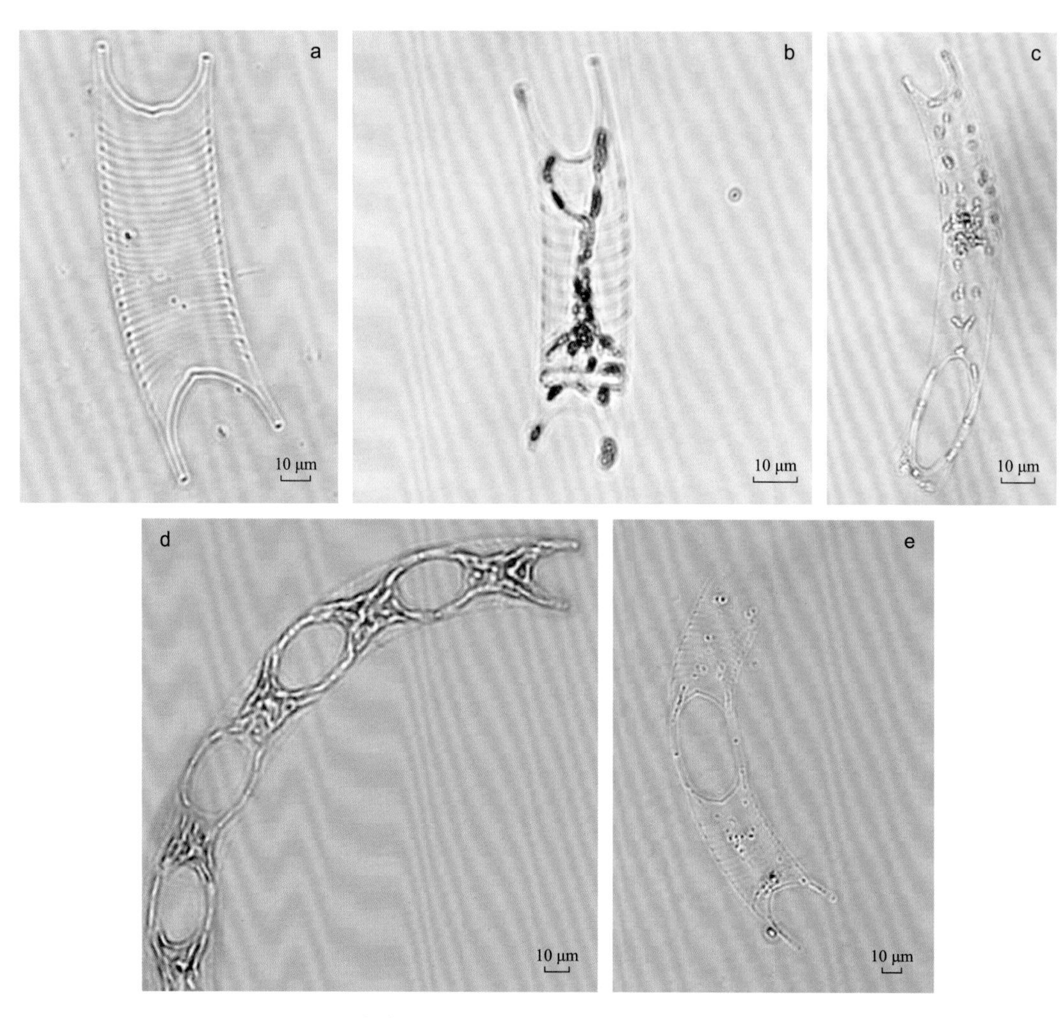

图 190　长角弯角藻 *Eucampia cornuta* (Cleve) Grunow, 1881

a ～ e. 细胞链宽环面观

长角弯角藻又称角状弯角藻。

藻体细胞宽环面观，高 84 ～ 130 μm，宽 20 ～ 33 μm。本种与短角弯角藻相似，两种的主要区别是，本种细胞高度远大于短角弯角藻，两端的短角更细长；其次，本种间插带亦较后者明显。

热带近海浮游性种。印度洋西南部、太平洋热带区、欧洲南部海域、爪哇海和日本东南沿海等有分布。中国东海和南海有记录。

旋鞘藻属 *Helicotheca* Ricard, 1987

191. 泰晤士旋鞘藻 *Helicotheca tamesis* (Shrubsole) Ricard, 1987（图 191）

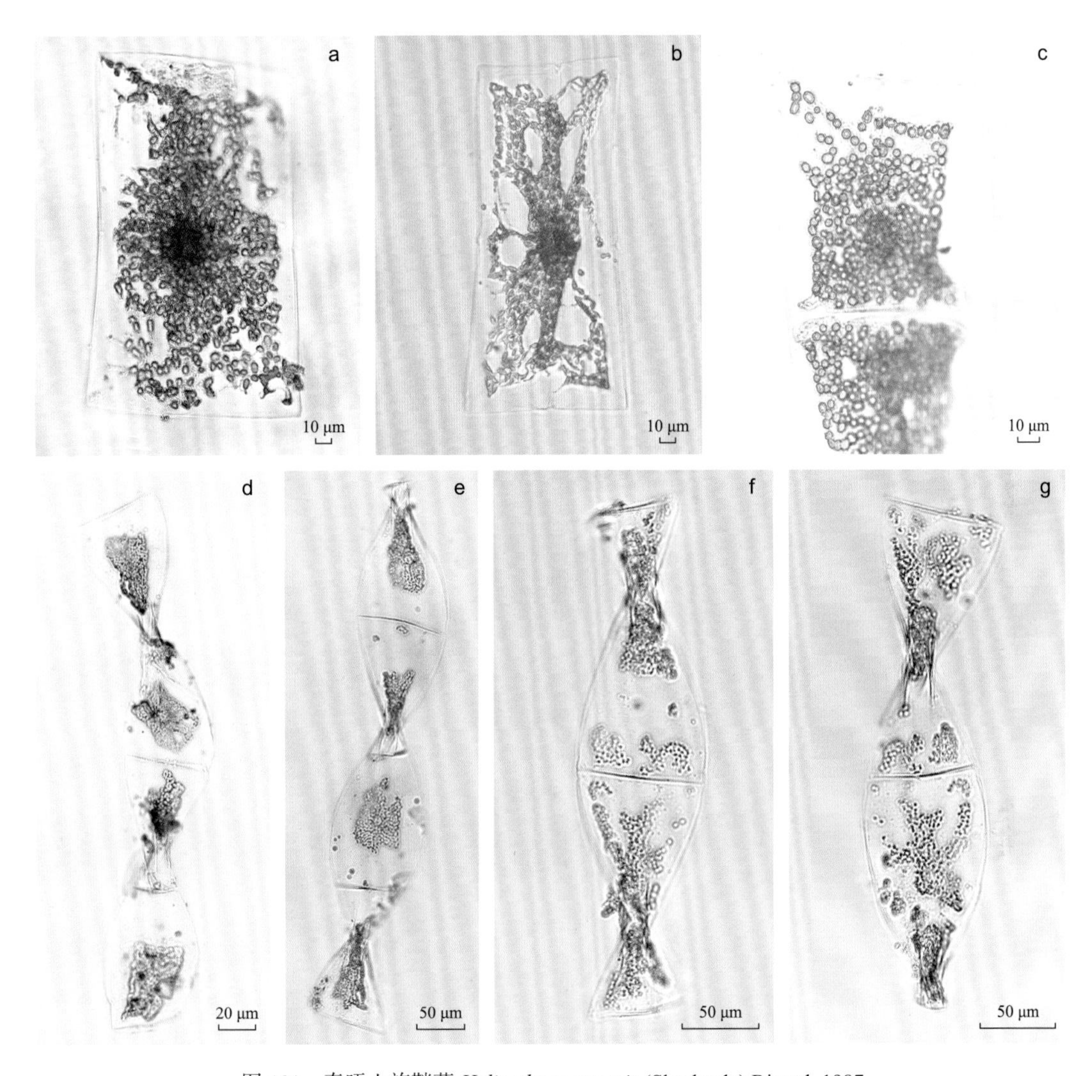

图 191　泰晤士旋鞘藻 *Helicotheca tamesis* (Shrubsole) Ricard, 1987

a ~ g. 细胞链环面观

藻体细胞扁平，因此常呈环面观，中部膨大，细胞宽 76 ~ 117 μm。相邻细胞常通过壳面连成群体，细胞常扭转，因此，细胞链亦呈扭转状。色素体小颗粒状，数目多。

浮游性种，世界广布种。印度洋西南部、太平洋东岸、北海、阿拉加斯加和北冰洋海域有记录。中国黄海、东海和南海有分布。

第四目

舟辐硅藻目

Rutilariales

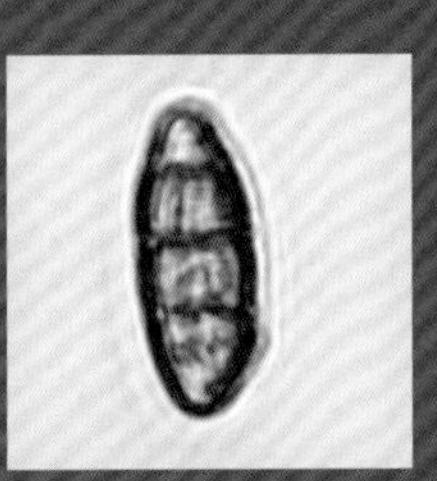
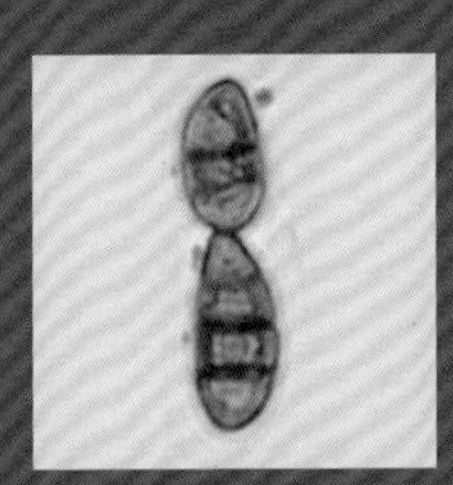
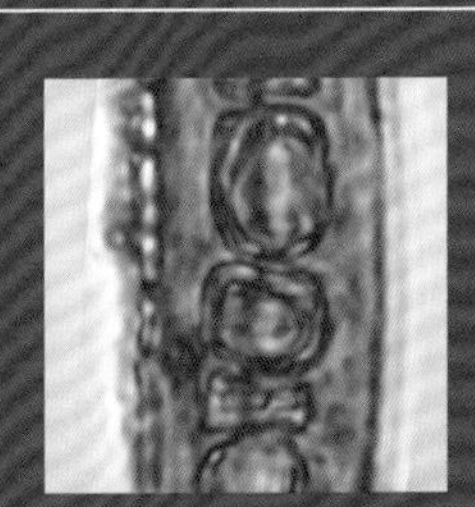
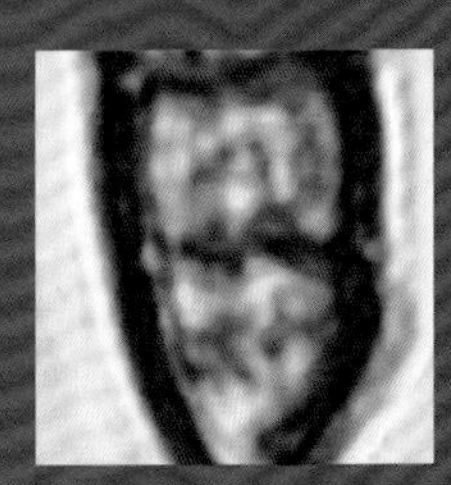

第 12 科　舟辐硅藻科 Rutilariaceae

井字藻属 *Eunotogramma* Weiss, 1854

192. 柔弱井字藻 *Eunotogramma debile* Grunow, 1883（图 192）

图 192　柔弱井字藻 *Eunotogramma debile* Grunow, 1883
细胞壳面观

同物异名：*Eunotogramma marinum* (W. Sm) Peragallo

藻体细胞壳面瘦长，两端钝圆，长 100 μm，宽 20 μm，隔片 8 个［金德祥等（1991）记载的为 6 ~ 14 个；Hustedt（1955）记载的为 4 ~ 16 个］。

海生种。澳大利亚东部、坎佩切湾、南卡罗来纳州沿岸和比利时附近海域等有分布。中国广西和福建沿海有记录。

193. 平滑井字藻 *Eunotogramma laevis* (Cleve) Grunow, 1879（图 193）

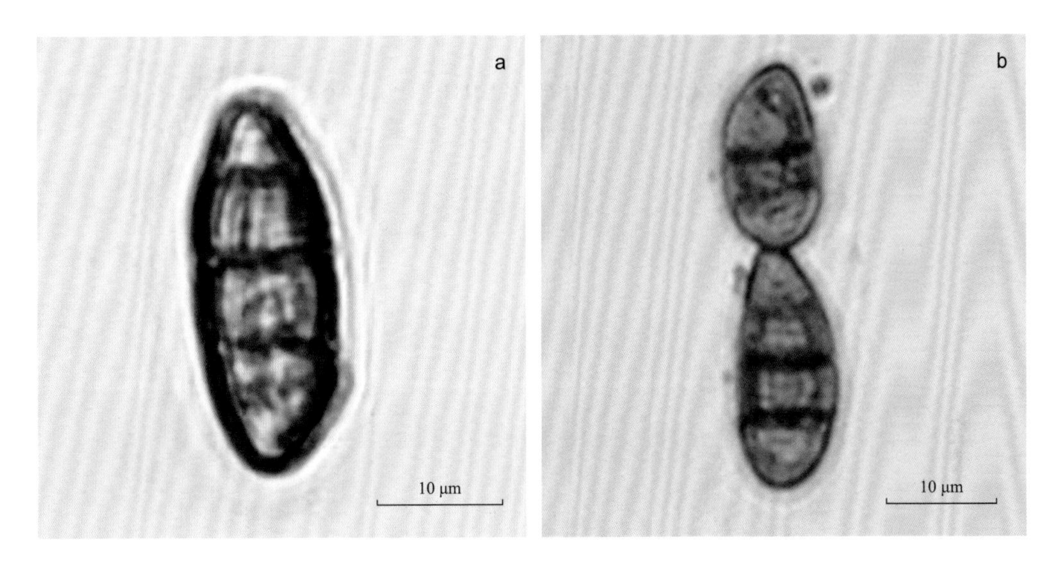

图 193　平滑井字藻 *Eunotogramma laevis* (Cleve) Grunow, 1879

a ～ b. 细胞壳面观

藻体细胞壳面呈长椭圆形，两端钝圆，隔片 3 ～ 4 个，壳面长 15 ～ 28 μm，宽 8 ～ 10 μm。郭玉洁和钱树本（2003）记载的壳面长 17 μm，宽 6 μm；Boyer（1926）记载的细胞长宽分别为 35 μm 和 6 μm，而 Hustedt（1955）记载的长宽则分别为 6 μm 和 2 μm。不同海域细胞大小和隔片数据存在差异。

海生种。大西洋沿岸，以及印度、佛罗里达和北卡罗来纳州等附近海域有分布。中国南海有记录。

羽纹硅藻纲 Pennatae

第一目
等片藻目
Diatomales

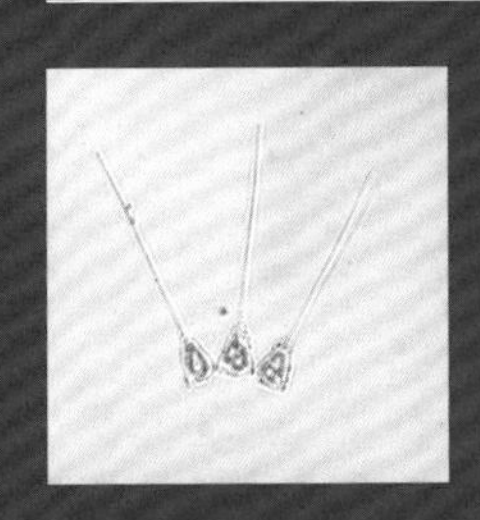
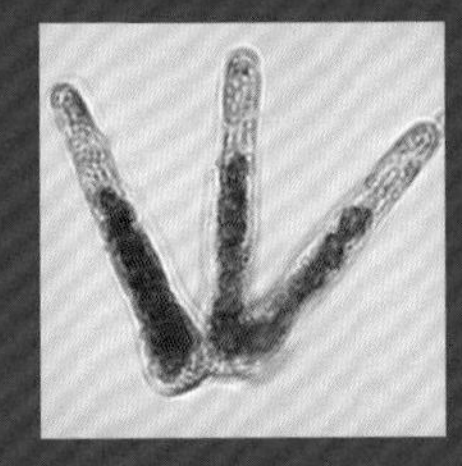
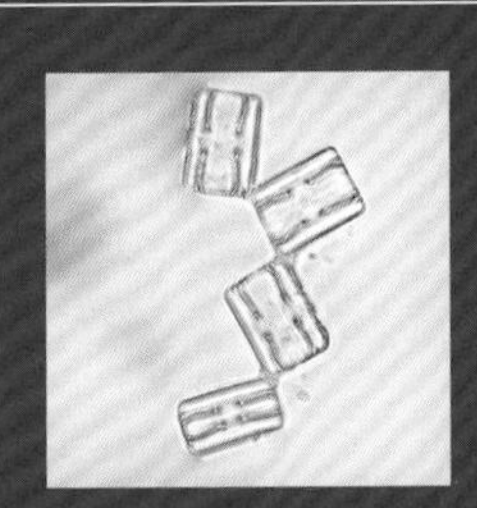
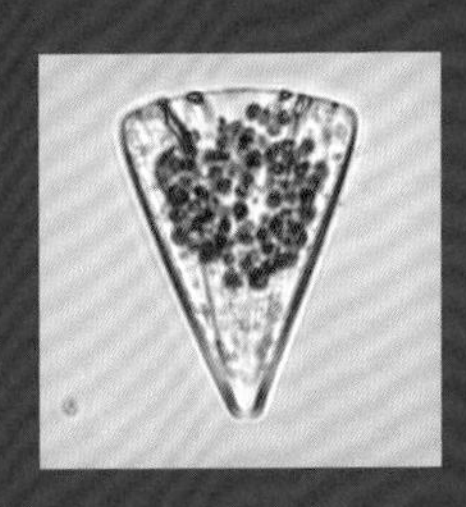
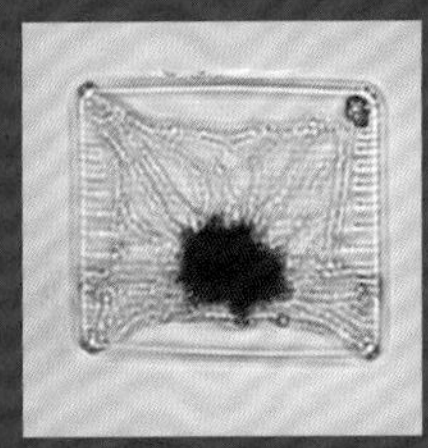

第 1 科　波纹藻科 Cymatosiraceae

鞍链藻属 *Campylosira* *Grunow* ex Van heurck, 1885

194. 舟形鞍链藻 *Campylosira cymbelliformis* Grunow ex Van heurck, 1885（图 194）

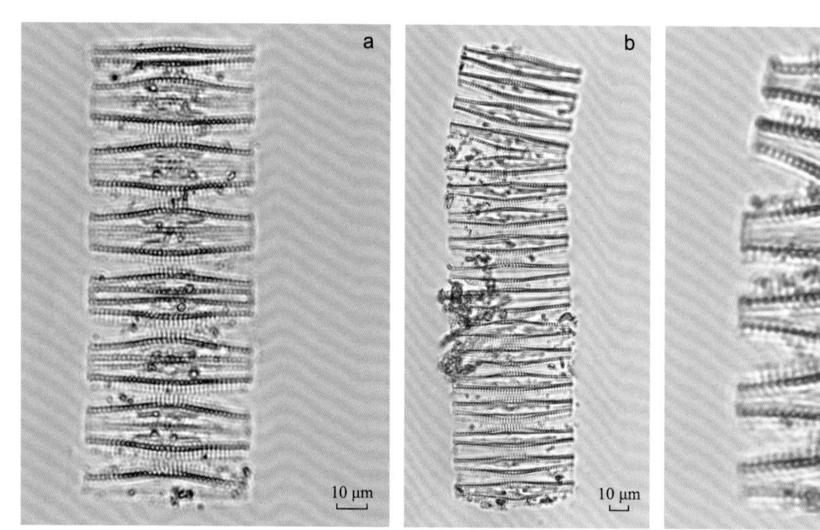

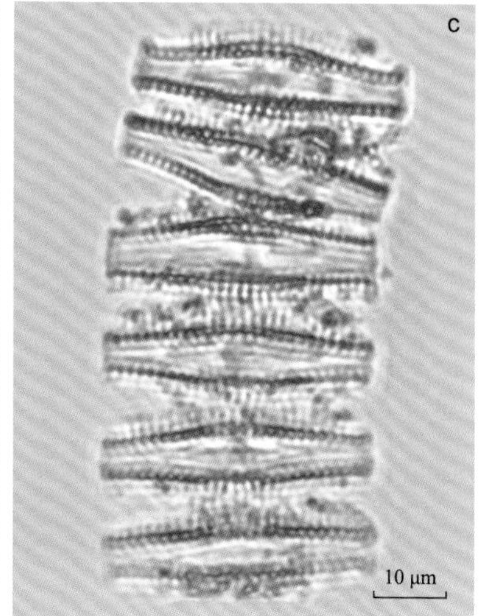

图 194　舟形鞍链藻 *Campylosira cymbelliformis* Grunow ex Van heurck, 1885

a ~ c. 细胞链环面观

同物异名：*Synedra cymbelliformis* A. Schmidt, 1874

藻体细胞壳环面呈弓形，中部凸出，两端略凹，壳面端角略凸起。相邻细胞依靠中部的刺形成链状群体。

温带近岸性种。印度洋首次记录。中国台湾海峡有分布。

第 2 科 等片藻科 Fragilariaceae

拟星杆藻属 *Asterionellopsis* Round, 1990

195. 冰河拟星杆藻 *Asterionellopsis glacialis* (Castracane) Round, 1990（图 195）

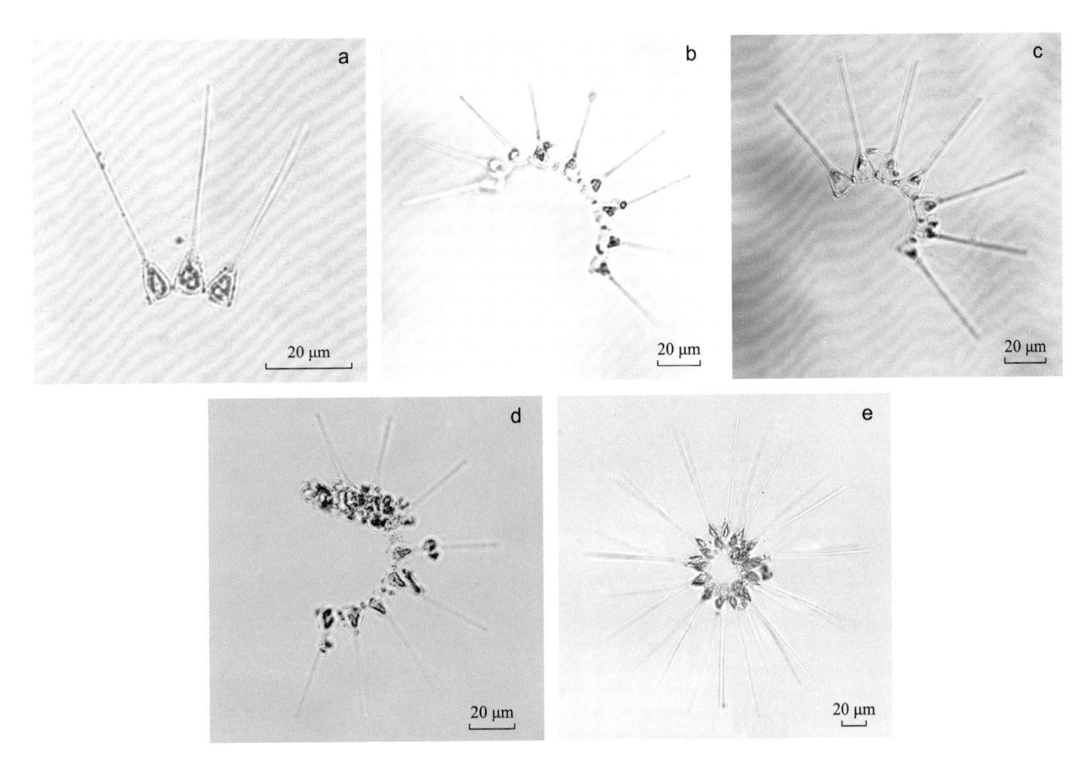

图 195　冰河拟星杆藻 *Asterionellopsis glacialis* (Castracane) Round, 1990

a ~ d. 细胞链宽环面观；e. 细胞链窄环面观

藻体细胞一端明显膨大，柄端细长，细胞全长 45 ~ 84 μm。相邻细胞以基端连成星状或螺旋状的群体，细胞壳面较窄。色素体小板状，1 ~ 2 个，位于基端。

分布广泛。印度、印度尼西亚、加拿大和美国等附近海域皆有分布。中国近岸海域中普遍存在。

星杆藻属 *Asterionella* Hassall, 1885

196. 标志星杆藻 *Asterionella notata* Grunow ex Van Heurck, 1881（图 196）

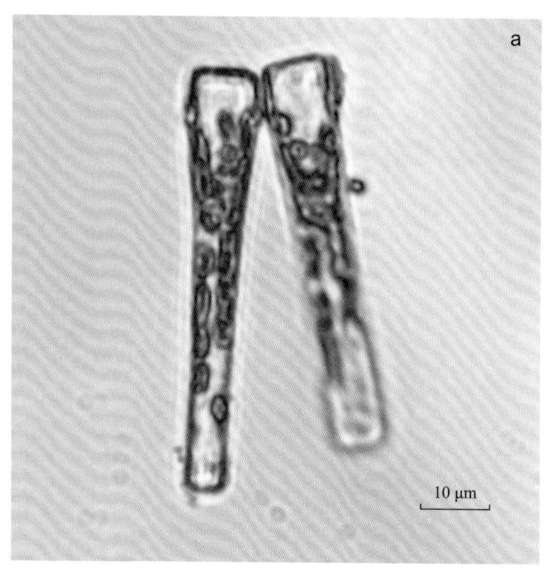

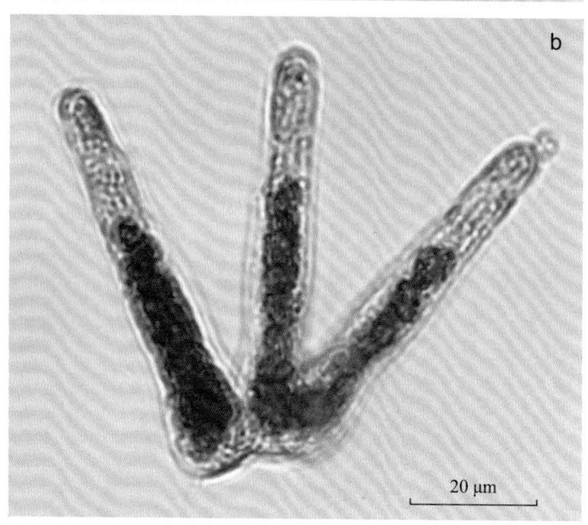

图 196　标志星杆藻 *Asterionella notata* Grunow ex Van Heurck, 1881

a ~ b. 细胞环面观

藻体细胞单独或形成短链生活，壳环面呈棒状，一端大，一端小，常是大头一端相连成群体。细胞长 60 ~ 111 μm。色素体多数，分布于整个细胞内。

暖温近岸性种。地中海、大西洋沿岸，以及 40°N 以南的海域均有分布，但数量不多。印度洋首次记录。中国东海亦有采到。

拟脆杆藻属 *Fragilariopsis* Hustedt, 1913

197. 鼓形拟脆杆藻 *Fragilariopsis doliolus* (Wallich) Medlin & Sims, 1993（图 197）

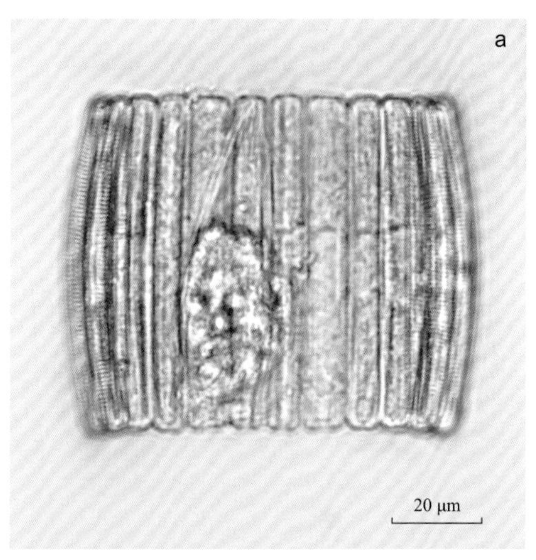

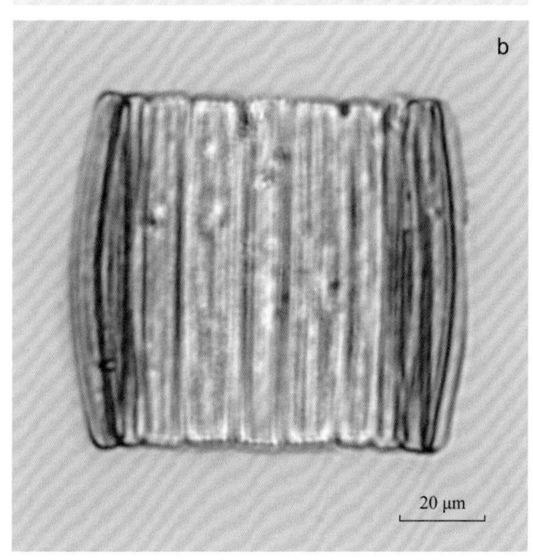

图 197　鼓形拟脆杆藻 *Fragilariopsis doliolus* (Wallich) Medlin & Sims, 1993

a ~ b. 细胞环面观

同物异名：鼓形伪短缝藻 *Pseudo-Eunotia doliolus* (Wallich) Grunow, 1880

藻体细胞一般群体生活，壳面呈弓形，长 66 ~ 78 μm，宽 6 ~ 11 μm。两端圆钝，壳面肋纹明显。

近海底栖性种。菲律宾、印度、坦桑尼亚和法国等附近海域均有分布。中国近岸海域也较常见。

脆杆藻属 *Fragilaria* Lyngbye, 1819

198. 柱状脆杆藻 *Fragilaria cylindrus* Grunow, 1884（图 198）

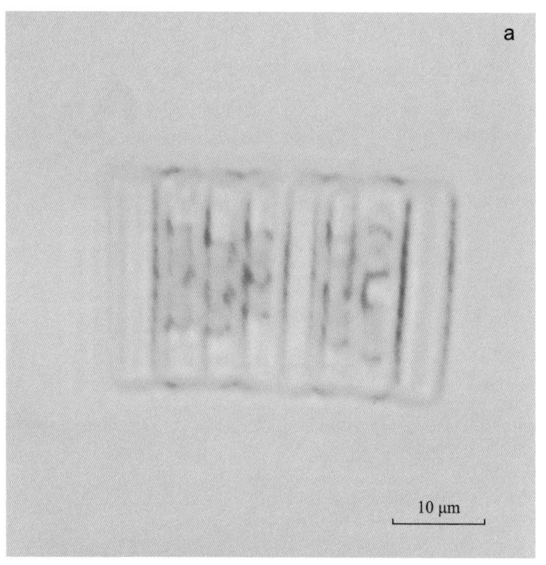

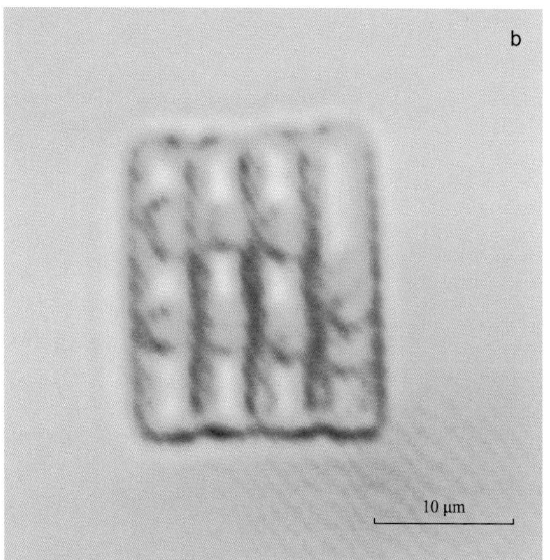

图 198　柱状脆杆藻 *Fragilaria cylindrus* Grunow, 1884

a ~ b. 细胞环面观

藻体细胞壳面呈棍状，两端钝圆，长 20 ~ 23 μm，细胞以壳面紧密相连。壳环面观呈长方形，色素体有两个。

海生种。日本北海道、北海、北极海域等有记录。中国中沙群岛和西沙群岛附近海域有采到。

199. 脆杆藻 sp.1 *Fragilaria* sp.1（图 199）

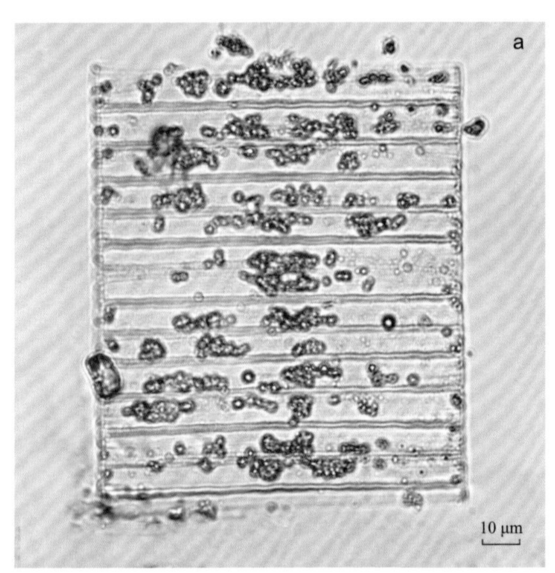

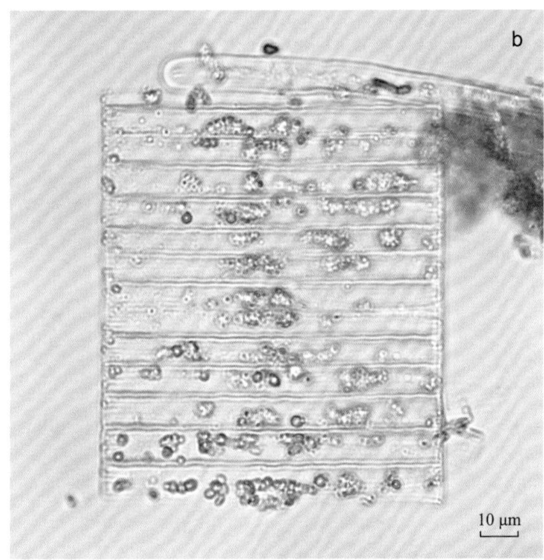

图 199 脆杆藻 sp.1 *Fragilaria* sp.1

a ~ b. 细胞链环面观

200. 脆杆藻 sp.2 *Fragilaria* sp.2（图 200）

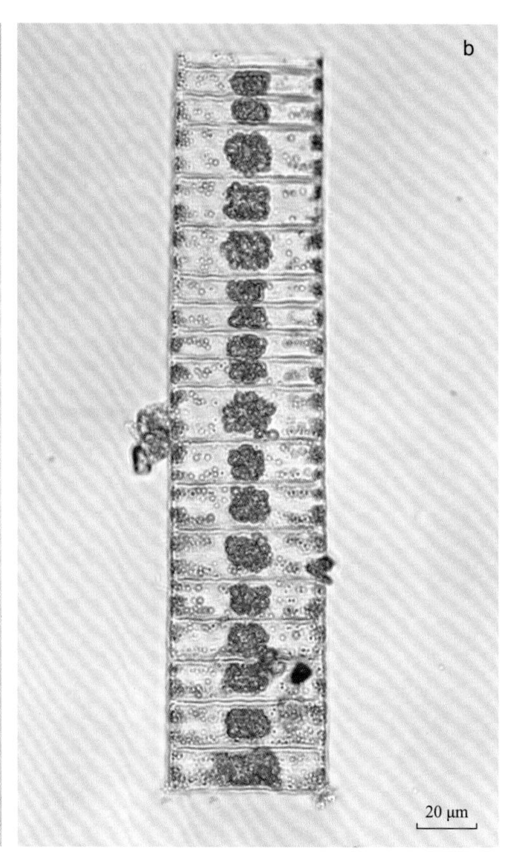

图 200 脆杆藻 sp.2 *Fragilaria* sp.2

a ~ b. 细胞链环面观

斑条藻属 *Grammatophora* Ehrenberg, 1839

201. 海生斑条藻 *Grammatophora marina* (Lyngb.) Kuetzing, 1844（图 201）

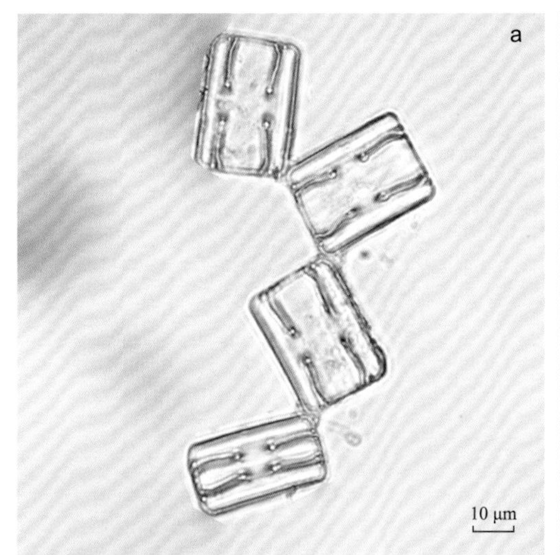

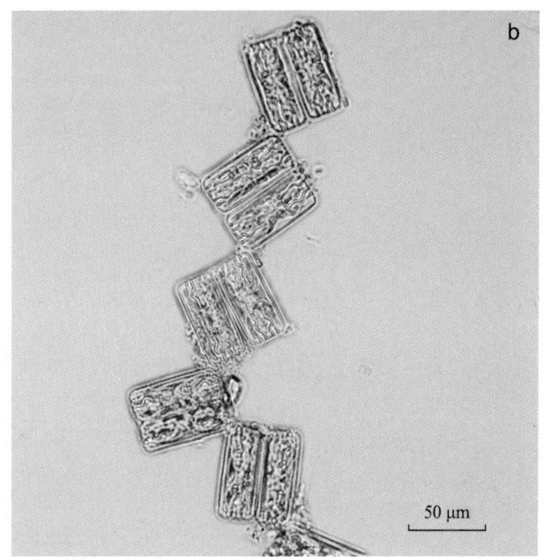

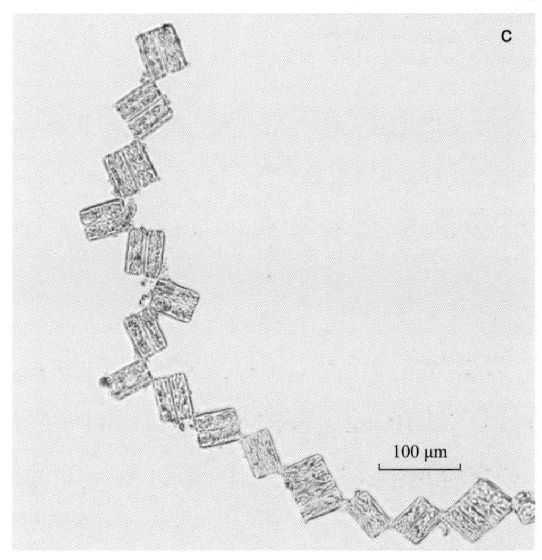

图 201　海生斑条藻 *Grammatophora marina* (Lyngb.) Kuetzing, 1844

a ~ c. 细胞链环面观

藻体细胞环面观呈长方形，壳面呈宽棍形，长 31 ~ 57 μm，宽 23 ~ 37 μm。相邻细胞通过角的一端连成锯齿状群体。细胞内生两个长的假隔片，一端游离，一端与相连带连接。色素体多数。

广温潮间带性种，在浮游生物群中常采到。菲律宾近岸、欧洲沿海普遍分布，美洲大西洋和太平洋沿岸皆有。中国黄海和东海均有记录。

202. 波状斑条藻 *Grammatophora undulata* Ehrenberg, 1840（图 202）

图 202　波状斑条藻 *Grammatophora undulata* Ehrenberg, 1840

细胞链环面观

藻体细胞呈长方形，边缘略呈波浪状，相邻细胞通过角的一端相连成曲折的细胞链，角圆。细胞壁厚，长 30 μm，宽 10 μm。该种的主要特征为隔片全部呈波状弯曲。

海生种。太平洋、地中海和澳大利亚沿海有记录。中国东海和黄海有分布，数量少。

楔形藻属 *Licmophora* Agardh, 1827

203. 加利福尼亚楔形藻 *Licmophora californica* Grunow in Van Heurck, 1885（图 203）

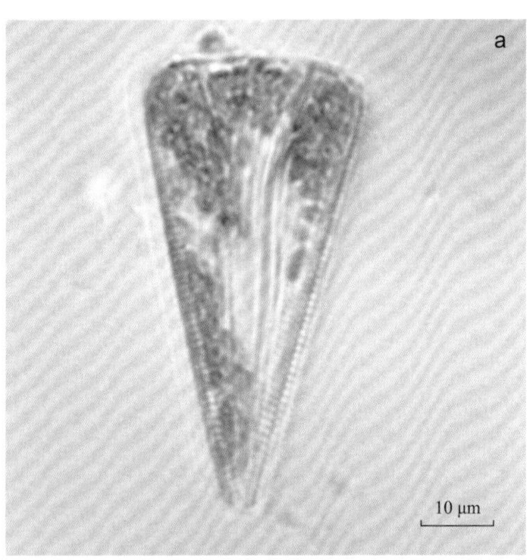

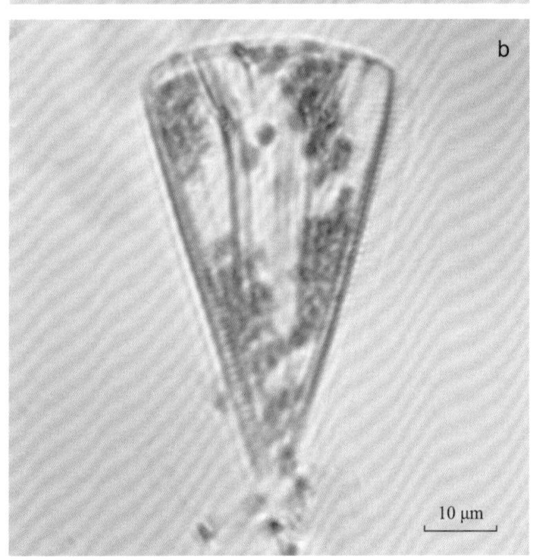

图 203 加利福尼亚楔形藻 *Licmophora californica* Grunow in Van Heurck, 1885

a ~ b. 细胞环面观

藻体细胞环面观呈扇形。壳面长 63 μm。拟壳缝明显，壳面条纹平行状，近两端聚合排列。

海生底栖性种，常混入浮游生物群中。美国加利福尼亚附近海域有记载。中国渤海、黄海、东海和南海均有分布。

204. 短纹楔形藻 *Licmophora abbreviate* Agardh, 1831（图 204）

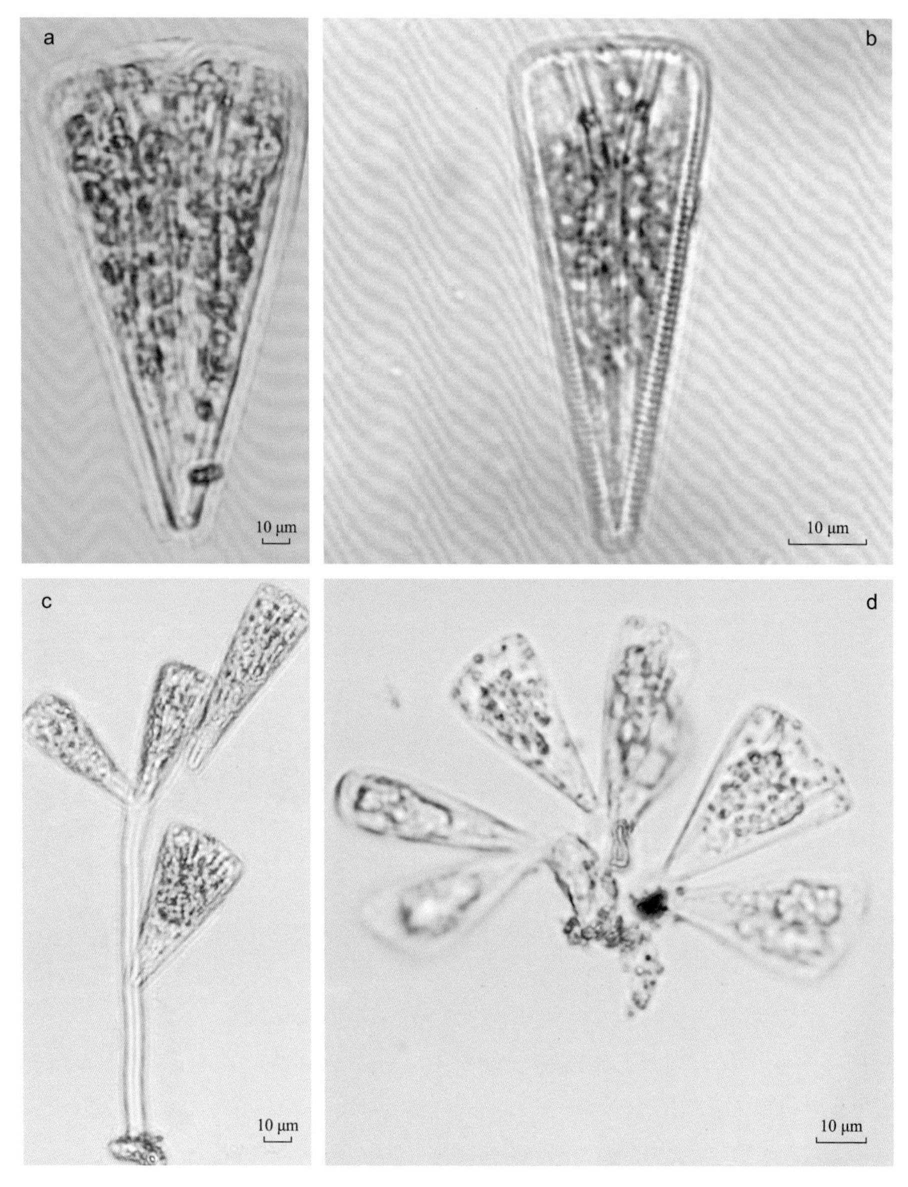

图 204 短纹楔形藻 *Licmophora abbreviate* Agardh, 1831

a ~ d. 细胞环面观

短纹楔形藻又称短楔形藻。

藻体细胞环面观呈扇形或楔形，长 40 ~ 73 μm。点条纹平行排列。细胞窄端常依靠其分泌的胶状物质黏附于其他物体上。拟壳缝窄，节间带弯曲。色素体数目多。

沿岸附着性种，在浮游生物群落中常能采到。世界广布种。中国各海域均有分布。

205. 奇异楔形藻 *Licmophora paradoxa* (Lyngd.) Agardh, 1836（图 205）

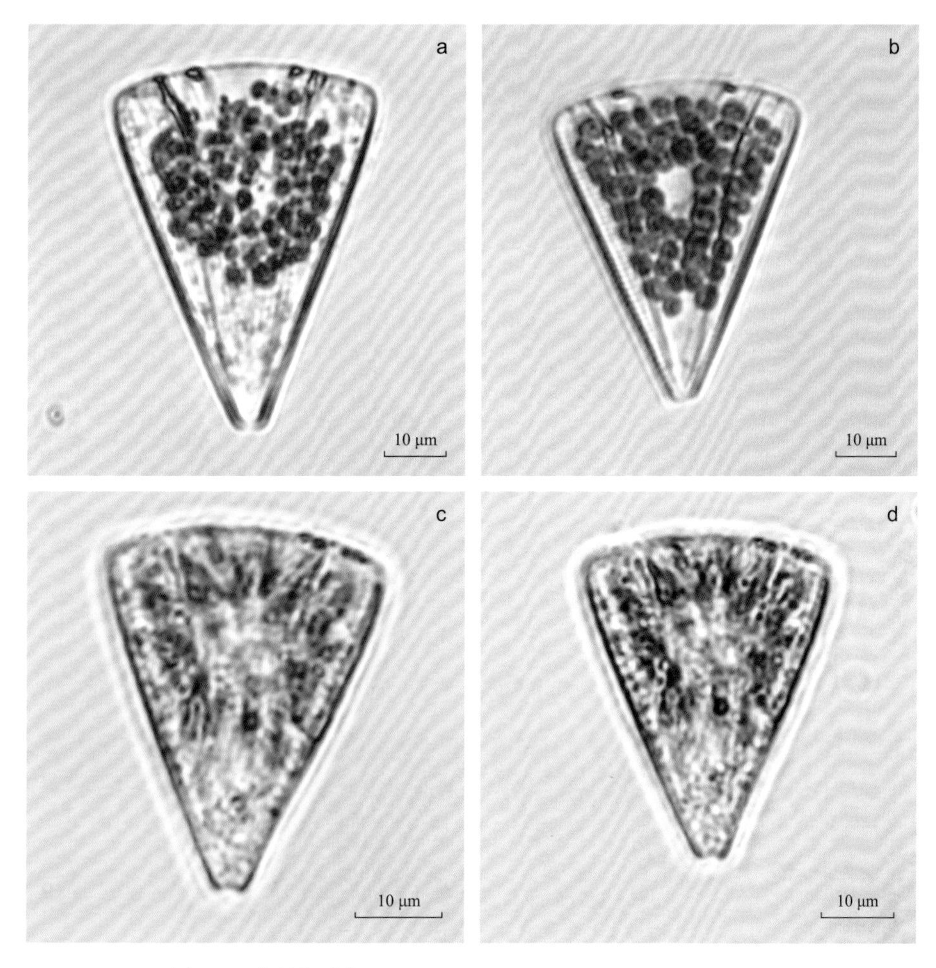

图 205　奇异楔形藻 *Licmophora paradoxa* (Lyngd.) Agardh, 1836

a ~ d. 细胞环面观

藻体细胞环面观呈扇形，长 43 ~ 51 μm［Boyer（1926）记载的长为 60 ~ 90 μm］。拟壳缝宽，点条纹很细。壳面上部宽，顶端圆，隔片较长，弯向窄部。

海生底栖性种，常在浮游生物群中采到。北海，以及英格兰、苏格兰、爱尔兰和印度附近海域等有记录。中国黄海和东海有分布。

206. 纤细楔形藻 *Licmophora gracilis* var. *gracilis* (Ehrenberg) Grunow, 1867（图 206）

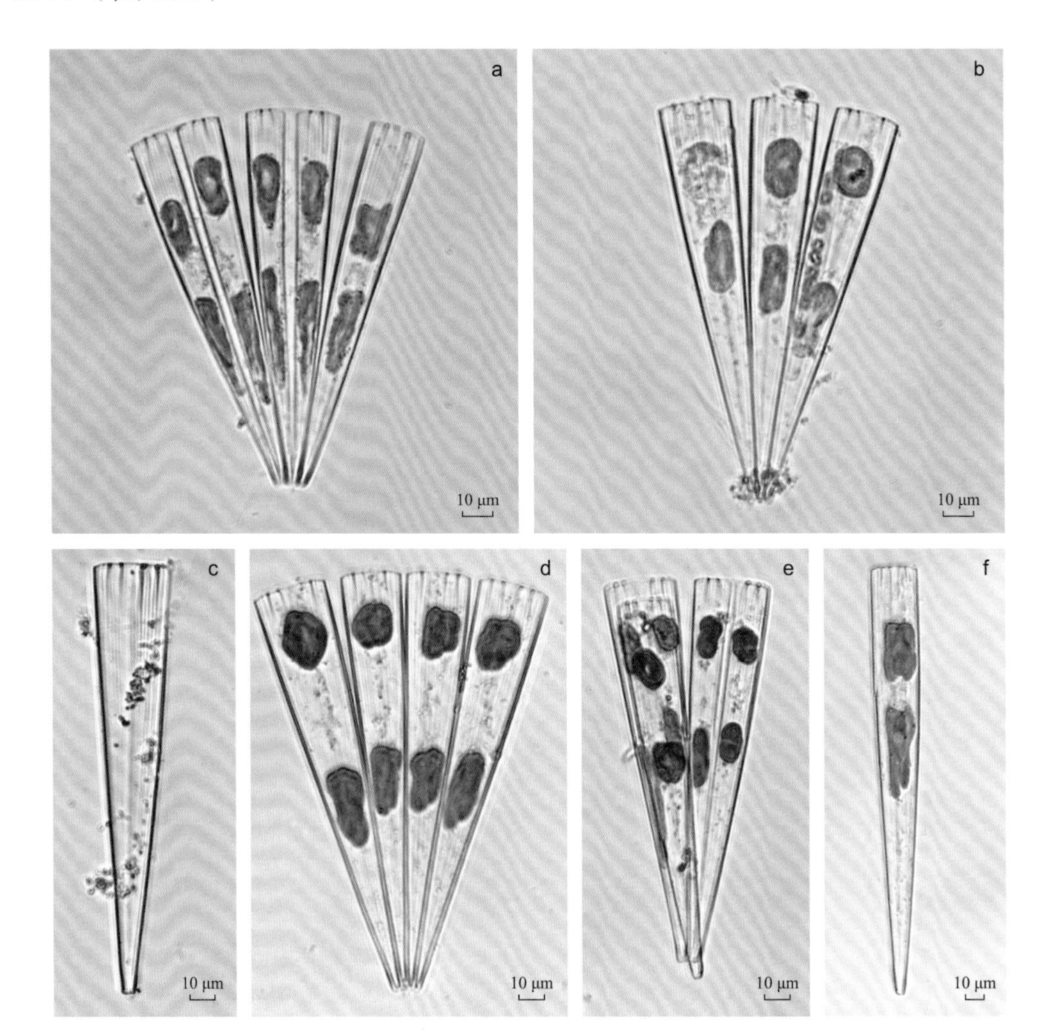

图 206　纤细楔形藻 *Licmophora gracilis* var. *gracilis* (Ehrenberg) Grunow, 1867

a ~ f. 细胞环面观

藻体细胞宽环面观呈窄扇形，壳面呈棒形，长 103 ~ 210 μm，基端细长。拟壳缝明显，点条纹细。藻体壳面隔片不是很长。

海生种。新西兰、坦桑尼亚、大西洋沿岸和波罗的海等有记录。中国南海潮间带海藻上有附着。

207. 纤细楔形藻延长变型 *Licmophora gracilis* f. *elongata* Hustedt, 1931（图 207）

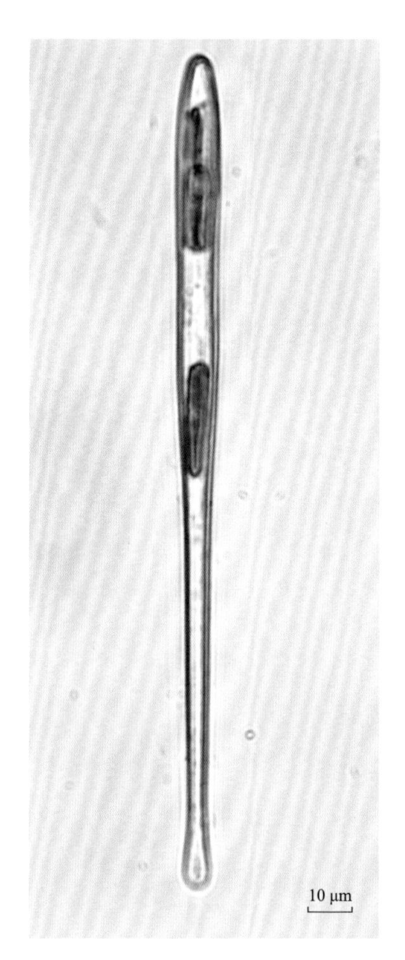

图 207 纤细楔形藻延长变型 *Licmophora gracilis* f. *elongata* Hustedt, 1931

细胞壳面观

该种的主要特征与原种相似，两者的主要区别在于，该种隔片较长，壳面往基端方向逐渐变窄，更延长。

海生种，一般营底栖生活。波罗的海、北美大西洋沿岸有分布。中国海南琼州海峡有采到。

梯楔形藻属 *Climacosphenia* Ehrenberg, 1841

208. 串珠梯楔形藻 *Climacosphenia moniligera* Ehrenberg, 1841（图 208）

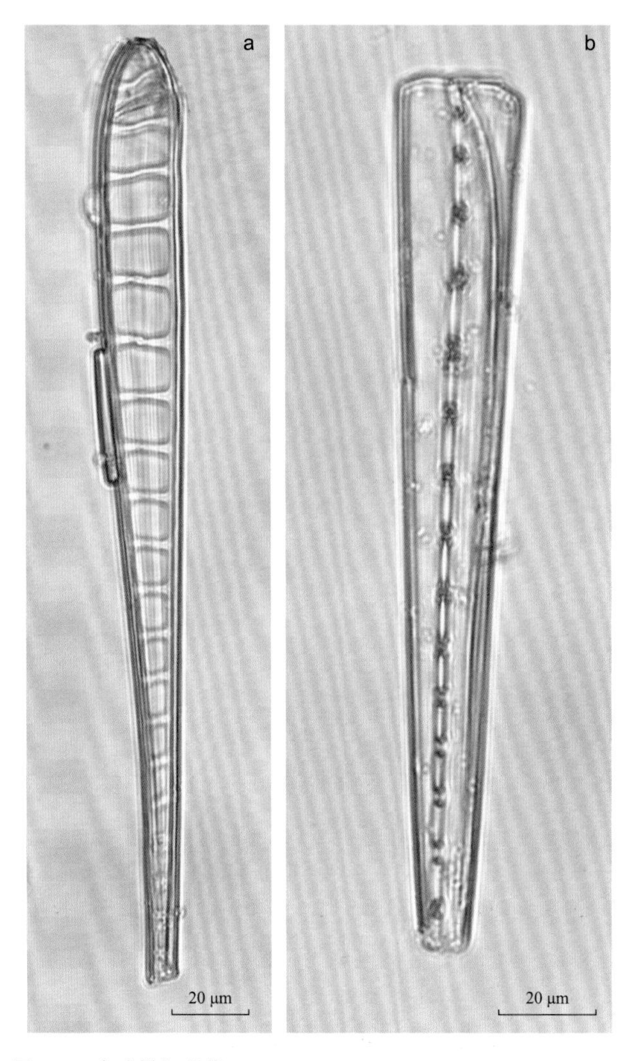

图 208　串珠梯楔形藻 *Climacosphenia moniligera* Ehrenberg, 1841

a. 细胞壳面观；b. 细胞环面观

藻体细胞整体呈楔形，两端大小不一，小端具胶质柄，通过分泌的胶质物附着于其他物体上。细胞内隔片明显，其上的大开孔亦明显且多。壳面无拟壳缝和结节，但点纹清晰。

暖水附生性种，常附着于海藻上，但常混入浮游生物群中。菲律宾和澳大利亚附近海域等有记录。中国东海和南海有采到。

杆线藻属 *Rhabdonema* Kuetzing, 1844

209. 亚得里亚杆线藻 *Rhabdonema adriaticum* Kuetzing, 1844（图 209）

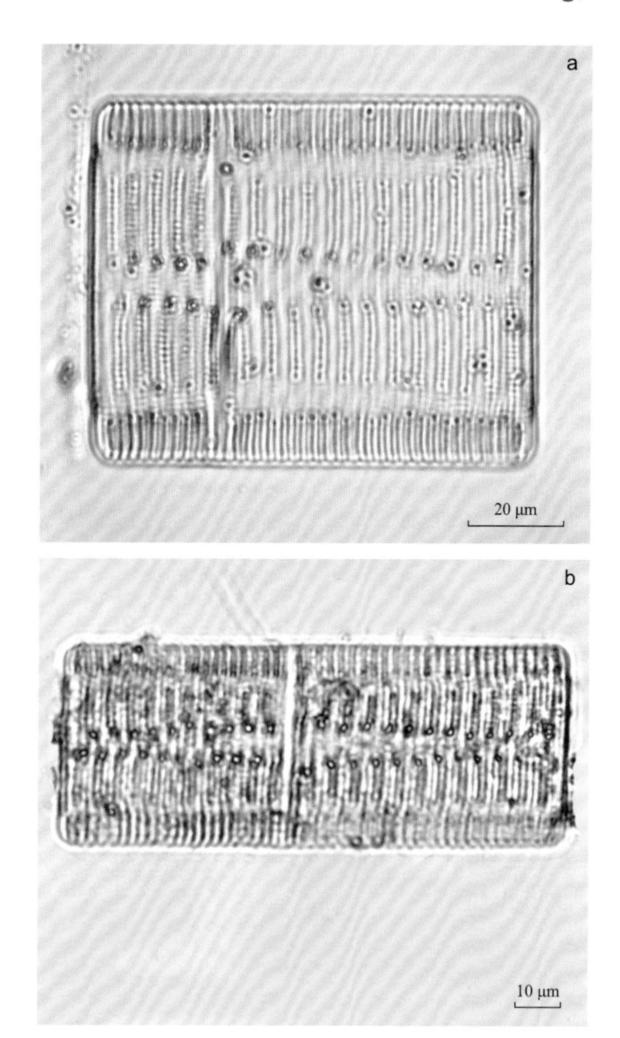

图 209　亚得里亚杆线藻 *Rhabdonema adriaticum* Kuetzing, 1844

a ~ b. 细胞环面观

藻体细胞大型，细长，扁平，长 42 ~ 121 μm，宽约 5 μm。相邻细胞通过壳面相连成群体。壳面线形，两端圆，拟壳缝窄。隔片呈弯弓形。色素体片状。

海生近岸性种，但在浮游生物群中常采到。大西洋、太平洋、黑海、地中海，以及英国、日本、新西兰海域等有记录。中国各海域均能采到。

条纹藻属 *Striatella* Agardh, 1832

210. 单点条纹藻 *Striatella unipunctata* (Lyngbye) Agardh, 1832（图 210）

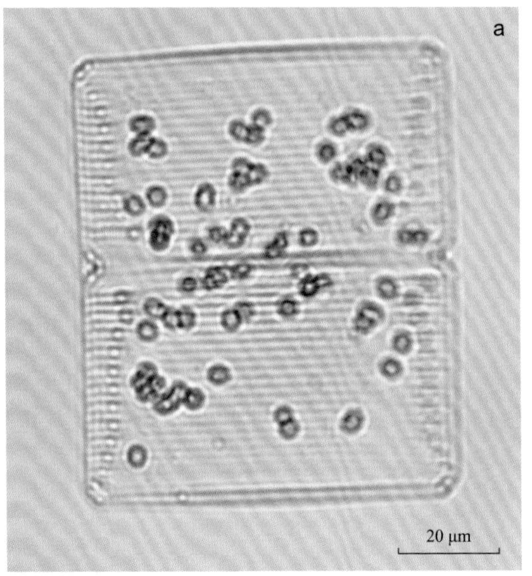

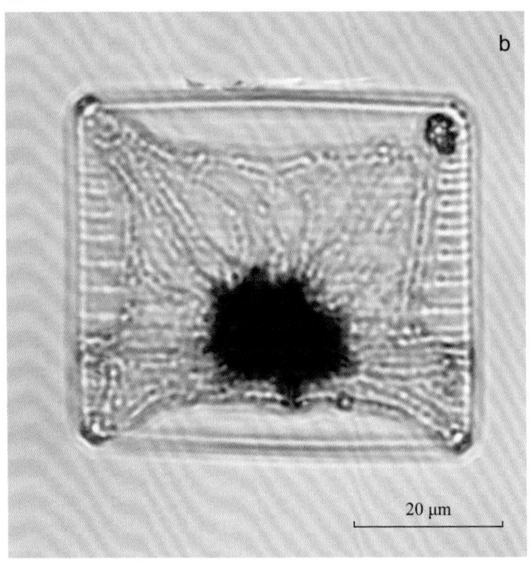

图 210　单点条纹藻 *Striatella unipunctata* (Lyngbye) Agardh, 1832

a ～ b. 细胞环面观

藻体细胞环面观呈正方形，纵轴长 53 ～ 71 μm，壳环轴 44 ～ 81 μm，细胞不同的分裂时期差异大，节间带多环状，呈游离状态。壳面两端有小型无纹区，壳环面与节间带垂直交叉形成微细条纹。壳面上的点纹清晰。色素体圆形或棒状，数目多。

海生近岸性种，世界广布种，温带和亚热带近岸海域均有。

针杆藻属 *Synedra* Ehrenberg, 1830

211. 针杆藻 *Synedra* spp.（图 211）

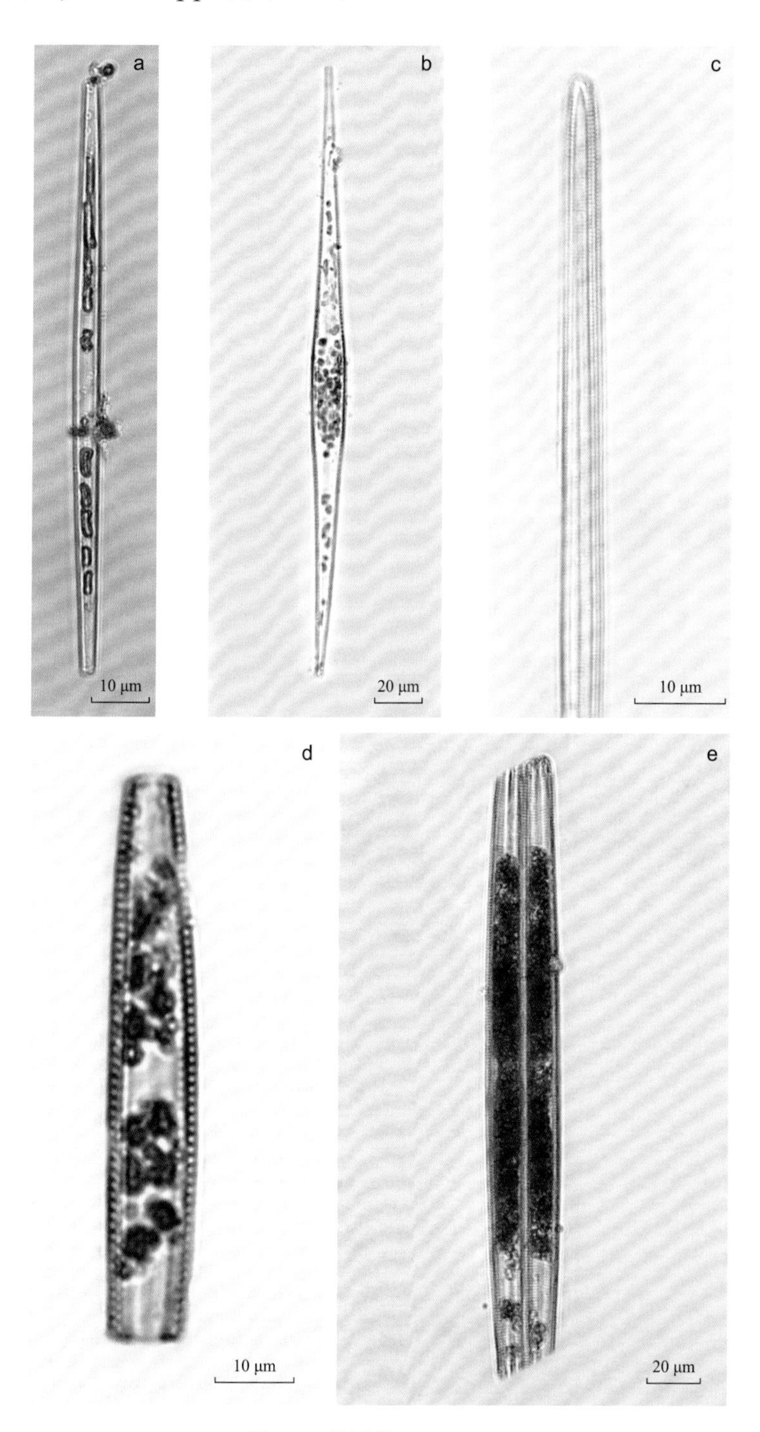

图 211　针杆藻 *Synedra* spp.

海线藻属 *Thalassionema* Grunow, 1885

212. 菱形海线藻 *Thalassionema nitzschioides* var. *nitzschioides* (Grun.) Van Heurck, 1896（图 212）

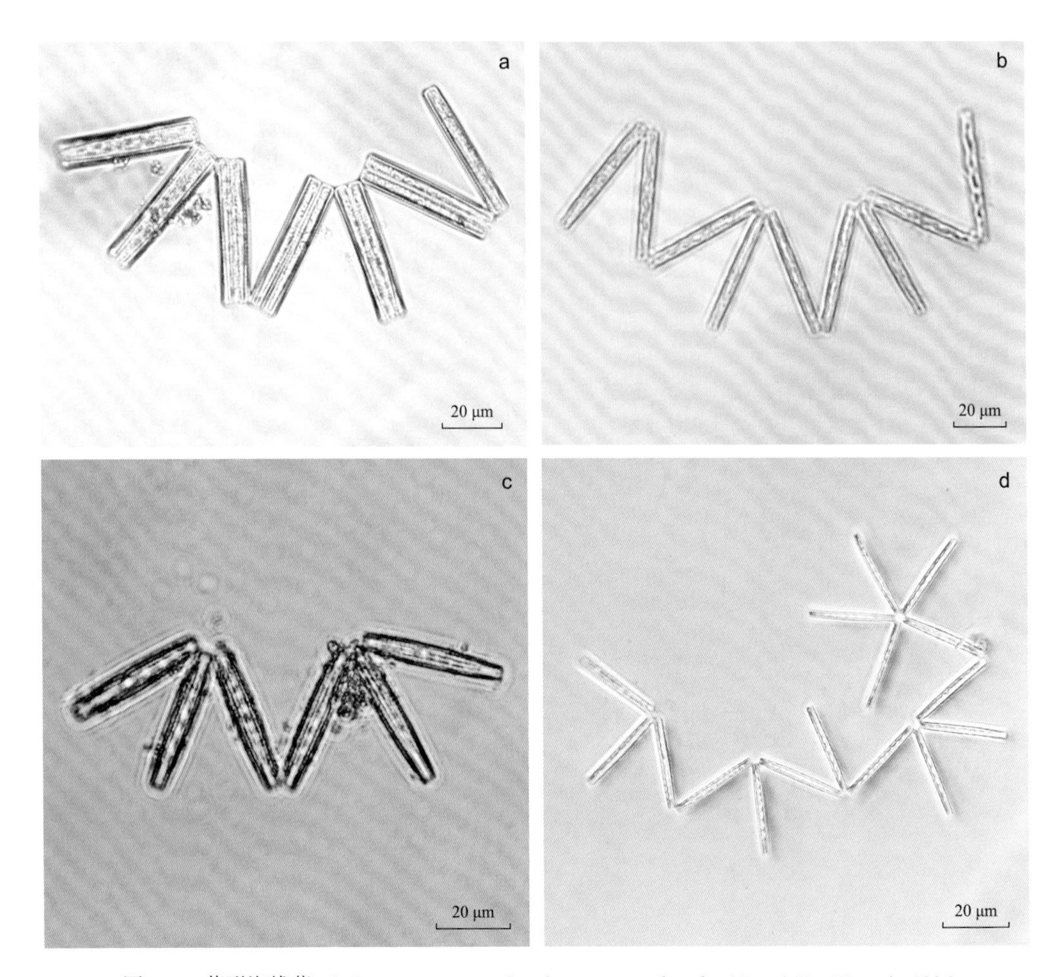

图 212　菱形海线藻 *Thalassionema nitzschioides* var. *nitzschioides* (Grun.) Van Heurck, 1896

a ~ d. 细胞链环面观

该种常通过顶端黏液孔相连成锯齿状或星状多细胞群体。壳环面观呈窄棍形，两端截平。长 26 ~ 45 μm，宽 5 ~ 8 μm，有细弱短点条纹，拟壳缝宽。色素体颗粒状，数目多。

世界广布种。全球从寒带至热带海域都有报道。中国各海域均有分布。

213. 菱形海线藻小型变种 *Thalassionema nitzschioides* var. *parva* Heiden et Kolbe, 1928（图 213）

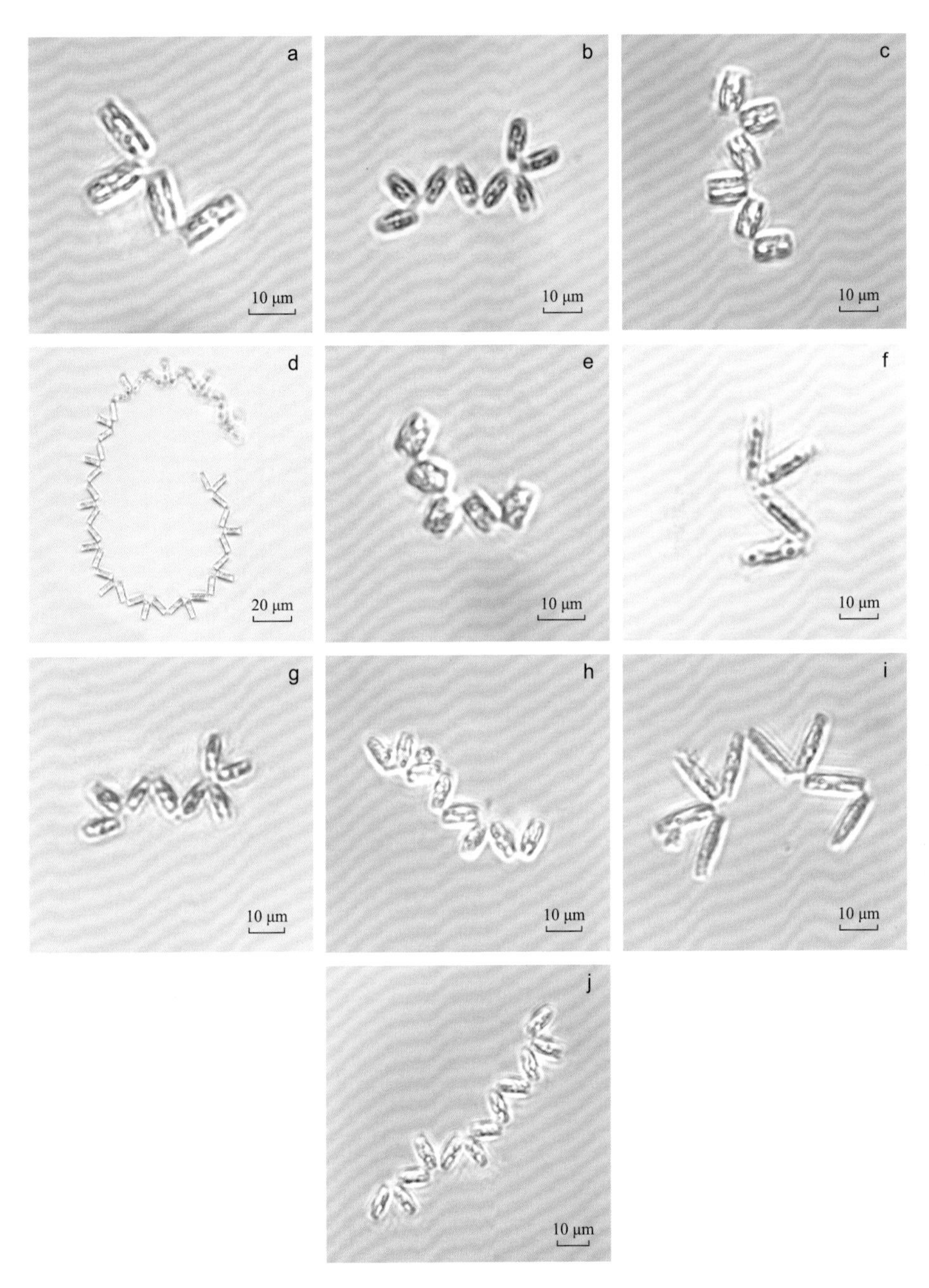

图 213　菱形海线藻小型变种 *Thalassionema nitzschioides* var. *parva* Heiden et Kolbe, 1928

藻体细胞呈短棍形，两端钝圆，长 9 ~ 15 μm，宽 4 ~ 6 μm。本变种与原种相比，细胞个体明显小，壳面短宽，而原种长窄。

热带和亚热带浮游性种。印度洋和太平洋都有采到。中国南海有分布。

214. 杆状海线藻 *Thalassionema bacillaris* (Heiden et Kolbe), 1955（图 214）

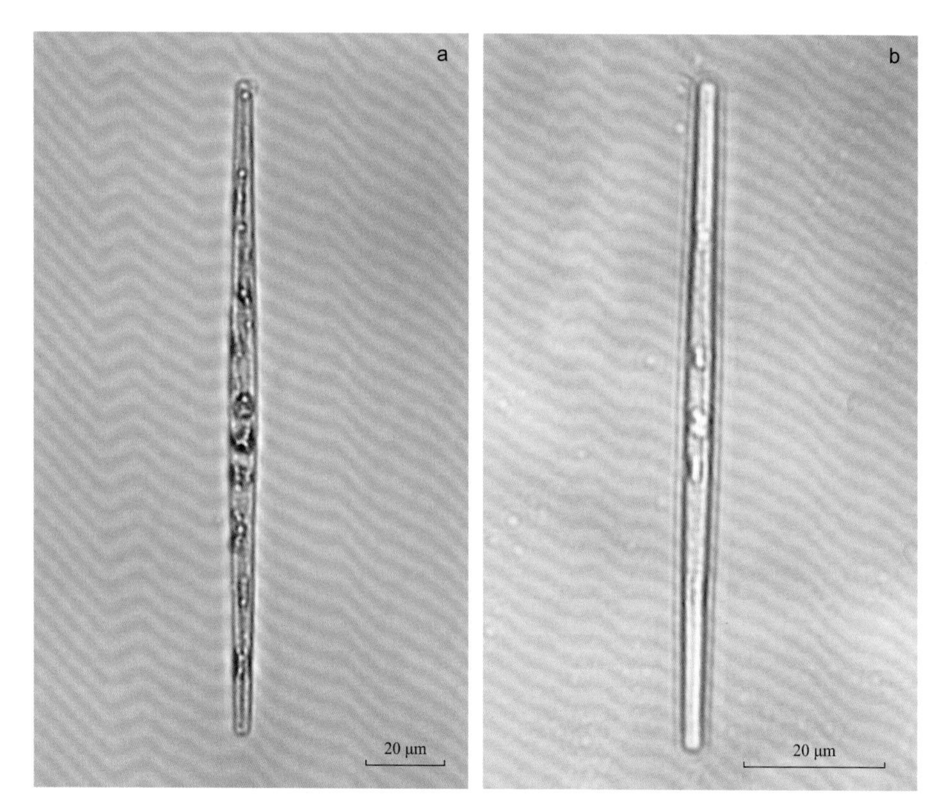

图 214 杆状海线藻 *Thalassionema bacillaris* (Heiden et Kolbe), 1955

a ~ b. 细胞壳面观

藻体细胞呈直杆状，长 92 ~ 154 um，壳面中部略有膨大，宽 4 ~ 7 µm，两端钝圆，具黏液孔。色素体小，数目多。

本种与菱形海线藻有相似之处，但本种端部明显细长，中部膨大；后者呈长棍形，端部和中央部粗细基本一致。

世界广布种。阿拉伯海、秘鲁沿岸、太平洋赤道区、非洲沿岸、大西洋海域及近南极洋区均有分布。中国南海有记录，但数量少。

215. 佛氏海线藻 *Thalassionema frauenfeldii* (Grunow) Hallegraeff, 1986（图 215）

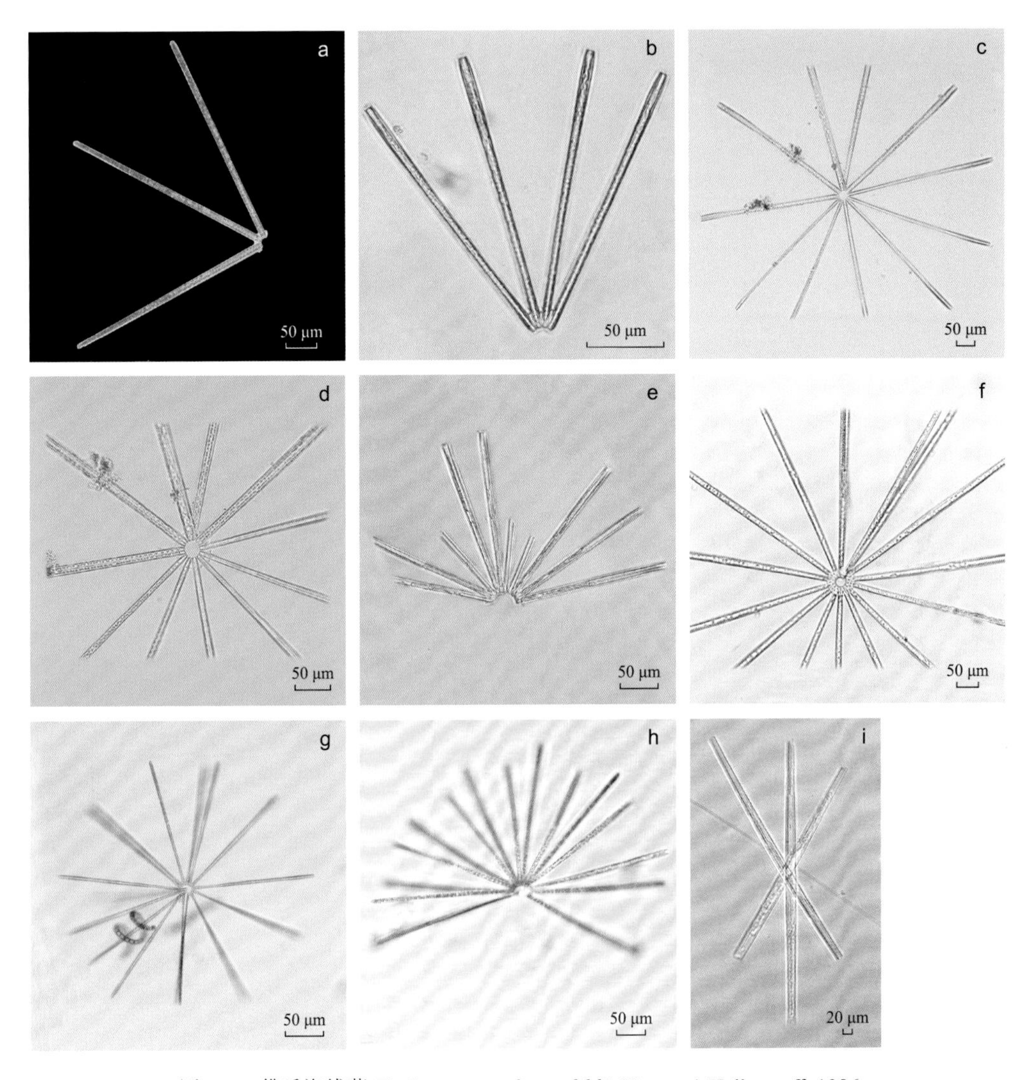

图 215　佛氏海线藻 *Thalassionema frauenfeldii* (Grunow) Hallegraeff, 1986

a ~ i. 细胞环面观

同物异名：佛氏海毛藻 *Thalassiothrix frauenfeldii* Grunow, 1880

藻体细胞呈长棍形，长 122 ~ 362 μm，不同细胞大小差异大。环面观两端截平。基端和头端不同形，后者比前者略大。相邻细胞借助基端胶质相连成群体，多呈星状或齿状。色素体小颗粒状，数目多。

世界广布种。中国各海域均有分布。

海毛藻属 *Thalassiothrix* Cleve et Grunow, 1880

216. 柔弱海毛藻 *Thalassiothrix delicatula* Cupp, 1943（图 216）

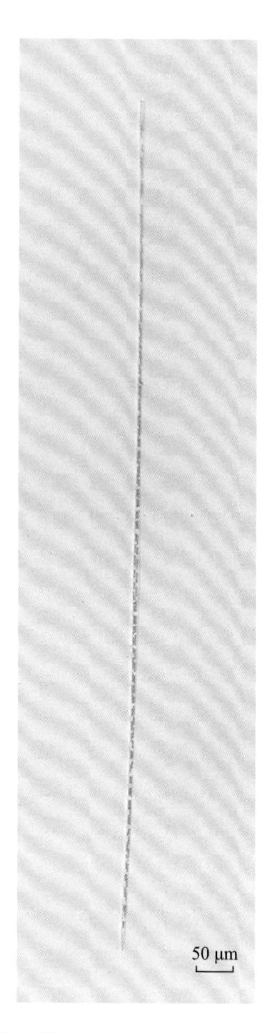

图 216　柔弱海毛藻 *Thalassiothrix delicatula* Cupp, 1943

完整细胞

藻体细胞极细长，约 1128 μm［程兆第和高亚辉（2012）记载的长为 1120 ～ 1920 μm］。头端较宽、圆，拟壳缝呈窄线状。本种与地中海海毛藻比较相似，但本种更长，弯度更大，距基端约全长的 1/3 处没有膨大。

温带至亚热带性种。加利福尼亚湾首次记录（Cupp，1934），在法国和智利沿岸海域有采到。中国东海、台湾海峡和南海有记录。

217. 长海毛藻 *Thalassiothrix longissima* Cleve et Grunow, 1880（图 217）

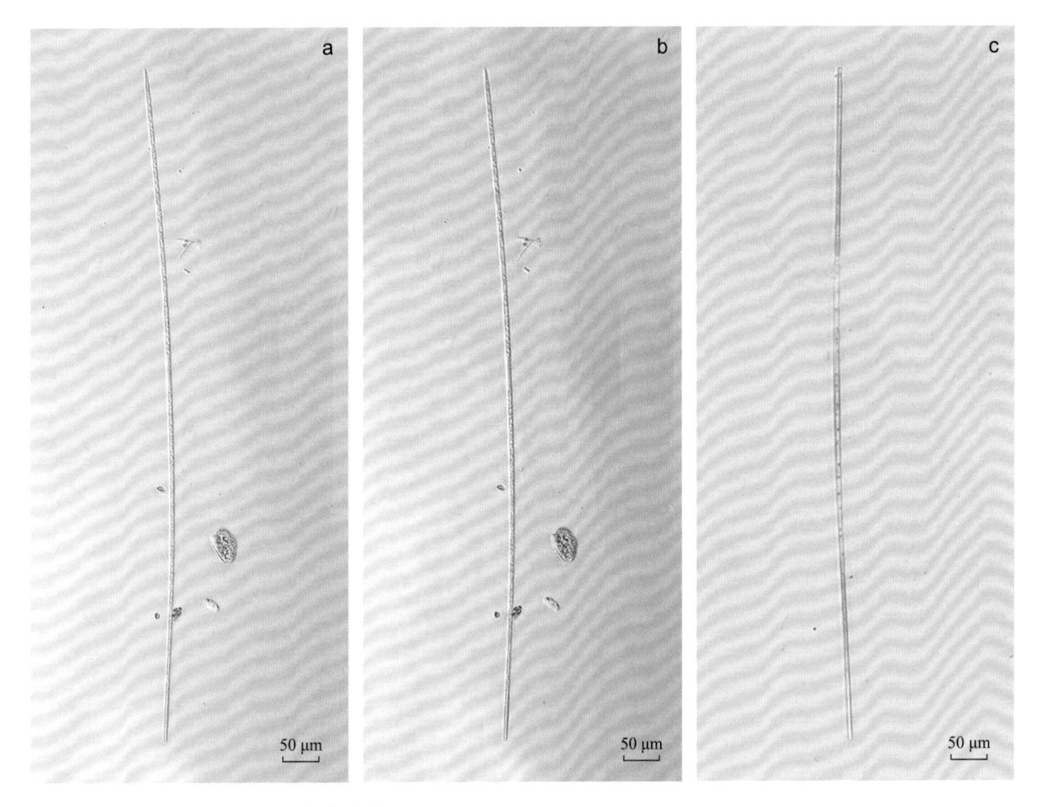

图 217　长海毛藻 *Thalassiothrix longissima* Cleve et Grunow, 1880

a ~ c. 完整细胞

藻体细胞非常细长，有些个体略弯曲，长 800 ~ 850 μm。一般单个生活，壳面呈线形，细胞两端宽窄不一样，一端较宽，另一端较窄，壳端有胶质孔。

世界广布种。中国近海能采到。

218. 海毛藻 *Thalassiothrix* spp.（图 218）

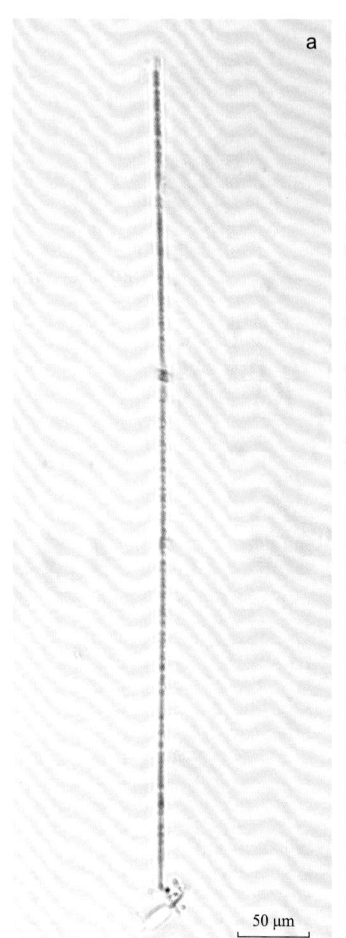

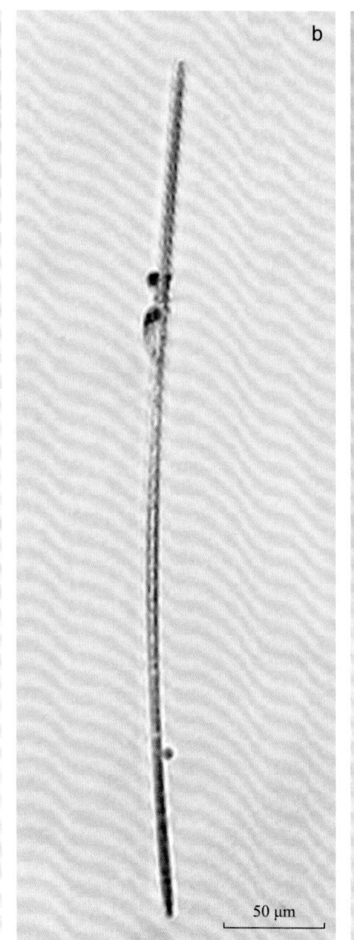

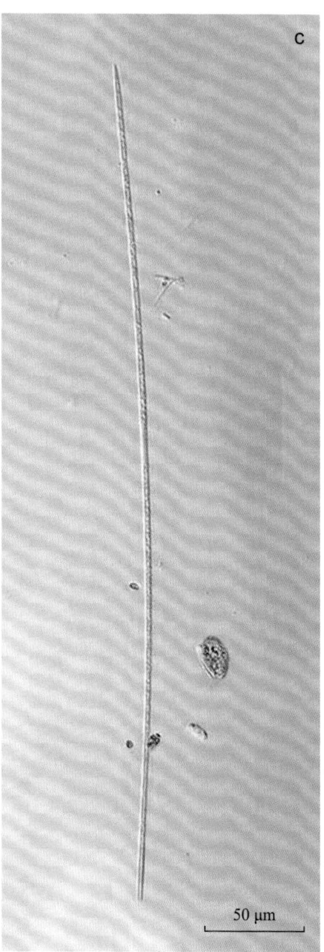

图 218　海毛藻 *Thalassiothrix* spp.

a ~ c. 完整细胞

第二目
曲壳藻目
Achnanthales

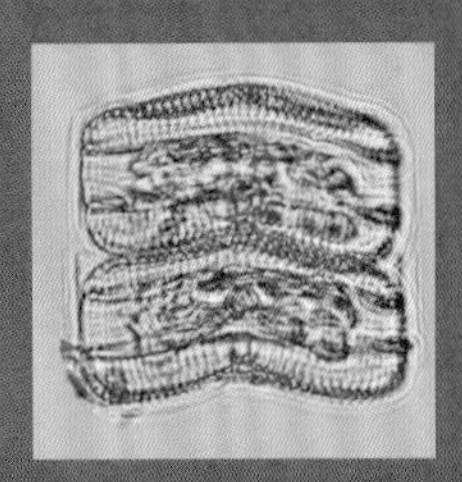
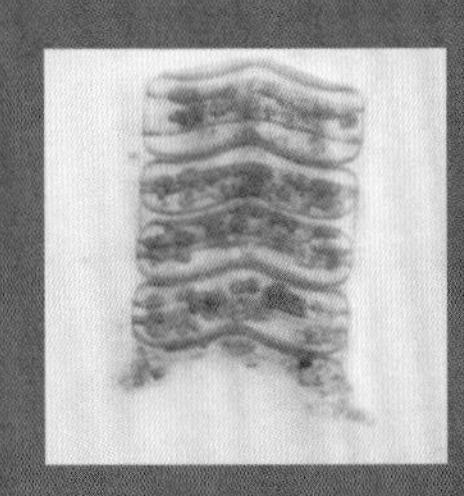

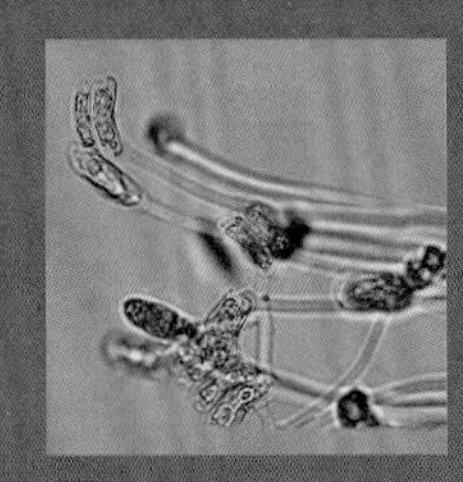
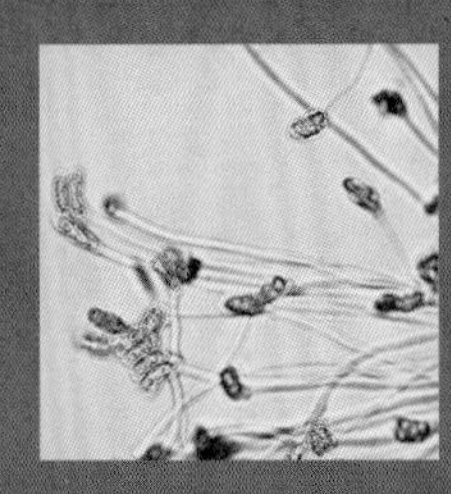

第 3 科　曲壳藻科 Achnanthaceae Kützing

曲壳藻属 *Achnanthes* Bory, 1822

219. 短柄曲壳藻 *Achnanthes brevipes* Agardh, 1824（图 219）

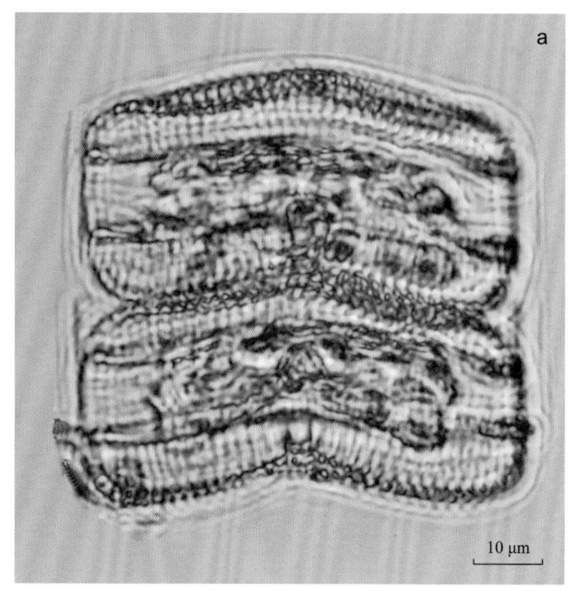

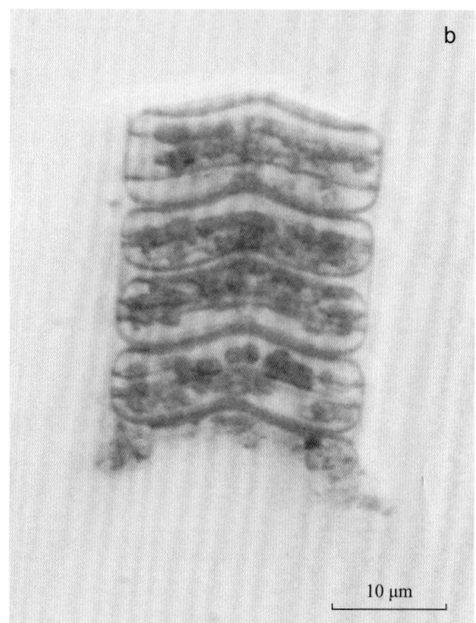

图 219　短柄曲壳藻 *Achnanthes brevipes* Agardh, 1824

a ~ b. 细胞环面观

短柄曲壳藻又称为短柄弯杆藻。

藻体细胞环面观略呈弓形，中央凸起，两侧略低，长 22 ~ 66 μm，宽 7 ~ 24 μm，不同细胞大小差异大。壳面具拟壳缝和点条纹。相邻细胞通过壳面紧密相连成群体。该种较易通过其胶质柄附着于其他基质上。

海生附着性种，常混生于浮游生物群中。澳大利亚、科威特、南非和欧洲附近海域等有分布。中国各海域均有记录。

220. 曲壳藻 *Achnanthes* spp.（图 220）

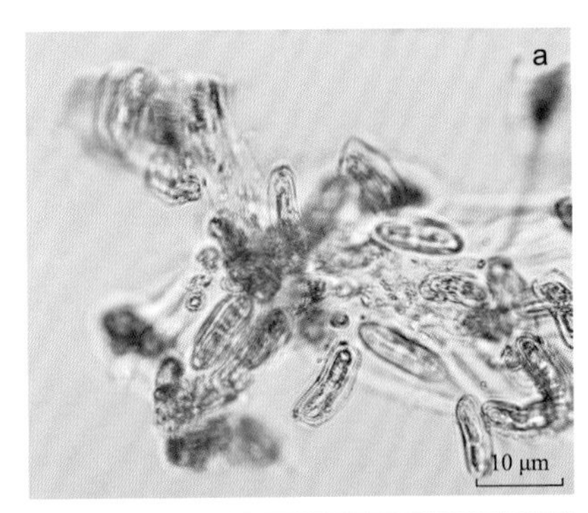

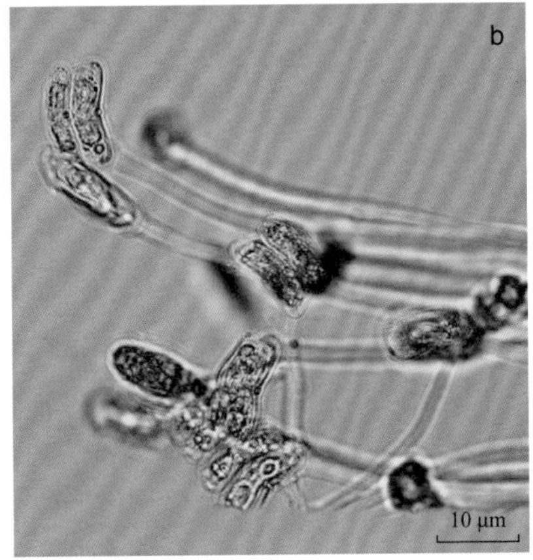

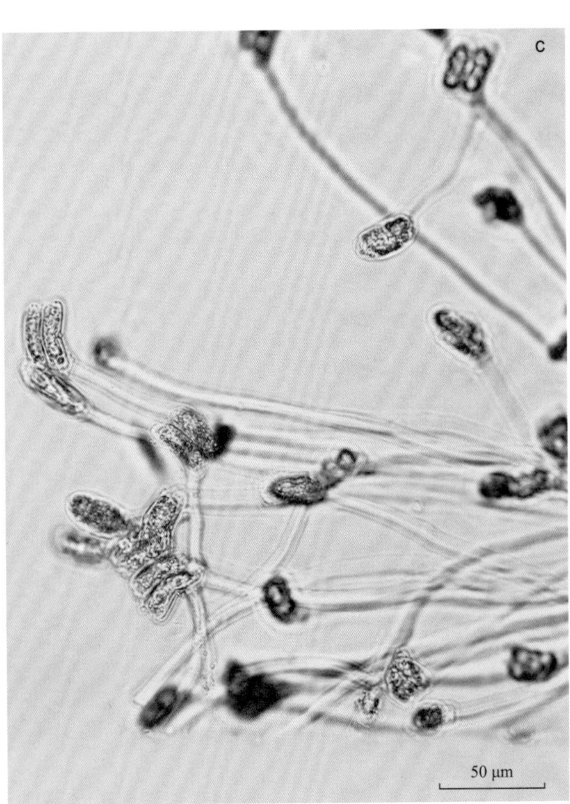

图 220　曲壳藻 *Achnanthes* spp.

a ～ c. 群体

第三目

舟形藻目

Naviculales

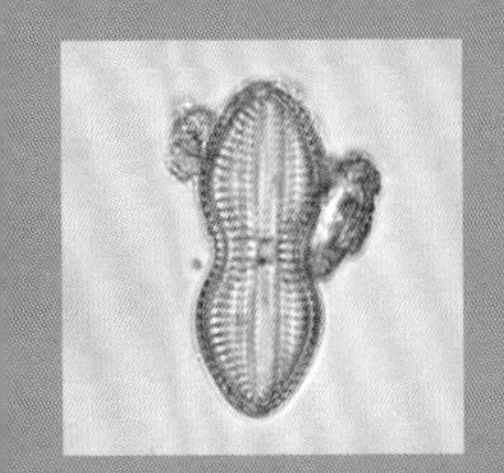
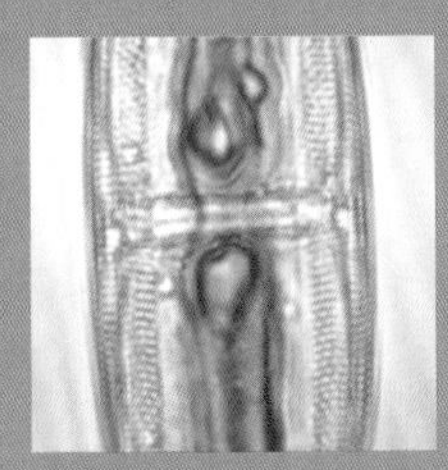
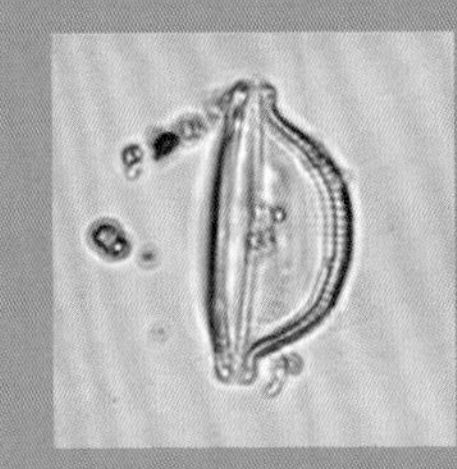
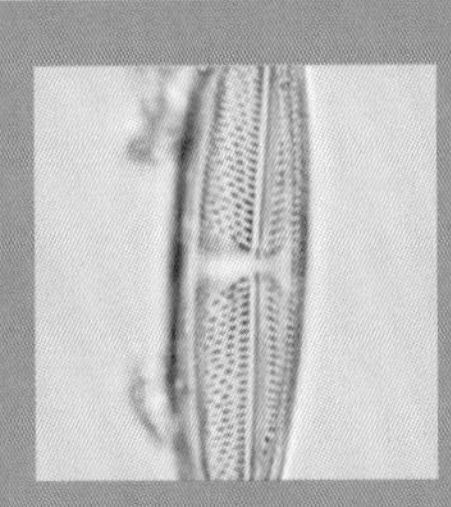
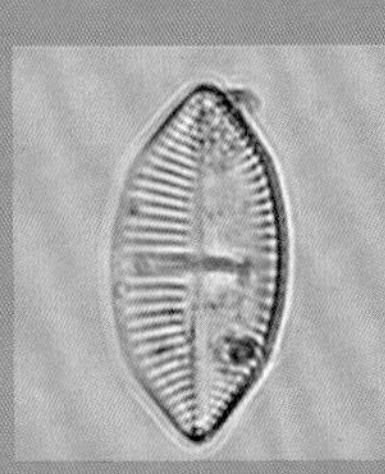

第 4 科　舟形藻科 Naviculaceae

双壁藻属 *Diploneis* Ehrenberg, 1844

221. 双壁藻 *Diploneis* spp.（图 221）

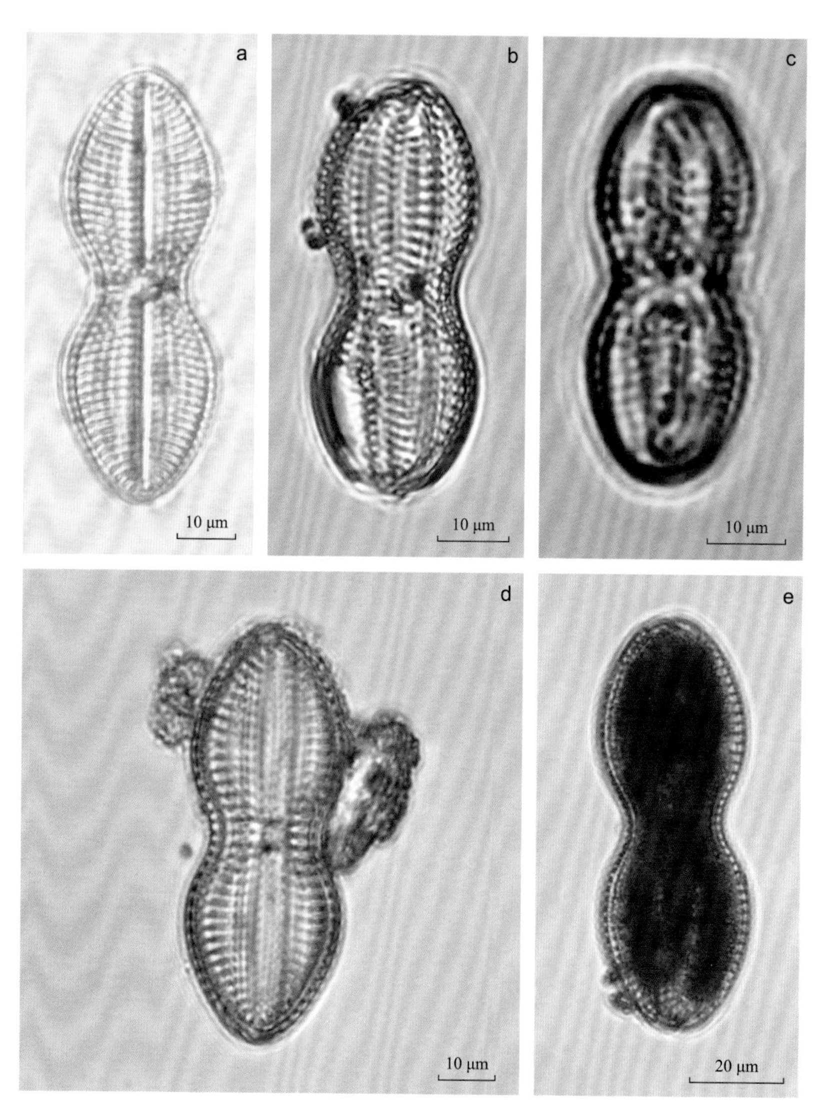

图 221　双壁藻 *Diploneis* spp.

a ~ e. 细胞壳面观

布纹藻属 *Gyrosigma* Hassall, 1845

222. 波罗的海布纹藻 *Gyrosigma balticum*（Ehrenberg）Cleve, 1894（图 222）

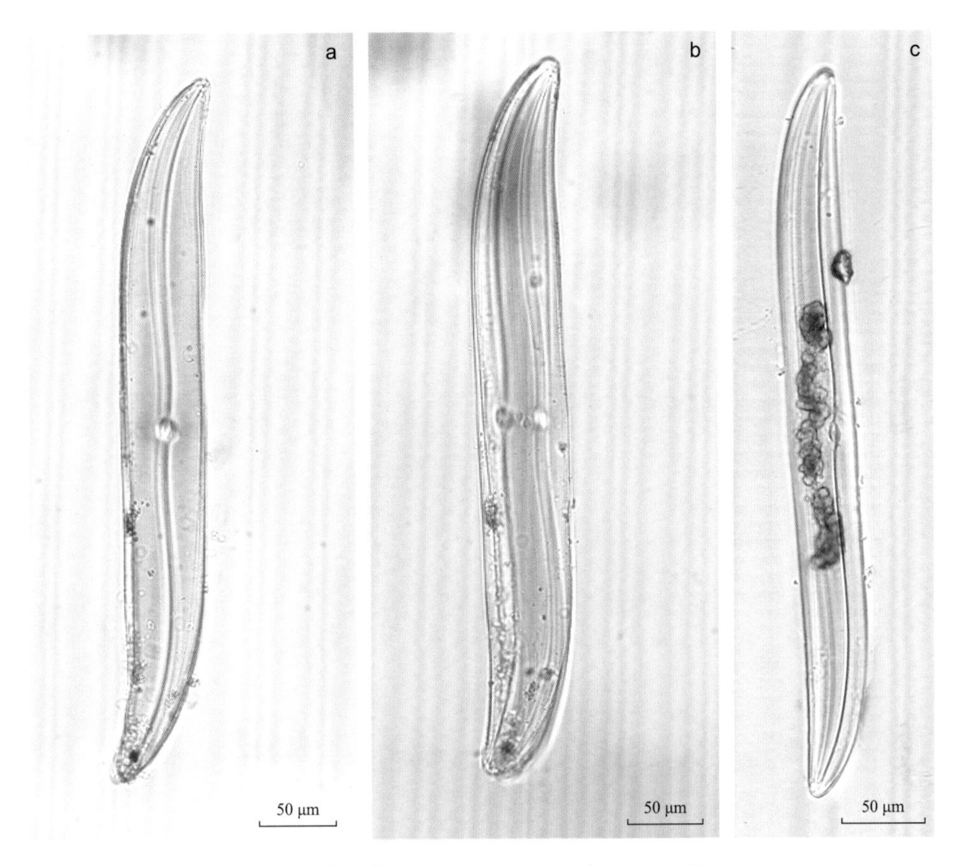

图 222 波罗的海布纹藻 *Gyrosigma balticum*（Ehrenberg）Cleve, 1894

a ~ c. 细胞壳面观，其中 a 和 b 为同一个细胞的不同焦面，c 为另一个细胞

藻体细胞壳面呈梭形，两端略呈“S”形弯曲，末端钝圆。壳缝呈“S”形，点条纹与纵轴平行排列。每个细胞有两个色素体，板状。

海水、半咸水种。世界各海域广泛分布，如爪哇海、红海、地中海、波罗的海，以及英国附近海域等都有记载。中国各海域均能采到。

223. 布纹藻 *Gyrosigma* spp.（图 223）

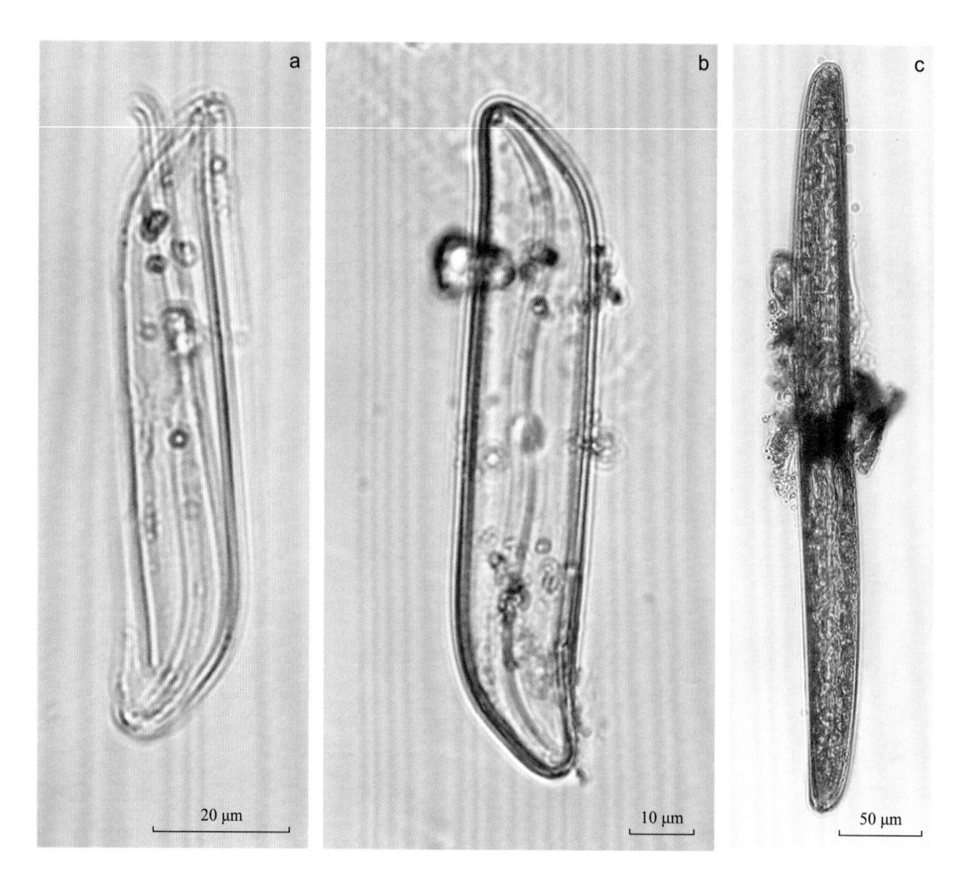

图 223　布纹藻 *Gyrosigma* spp.

a ~ c. 细胞壳面观

羽纹藻属 *Pinnularia* Ehrenberg, 1840

224. 羽纹藻 *Pinnularia* spp.（图 224）

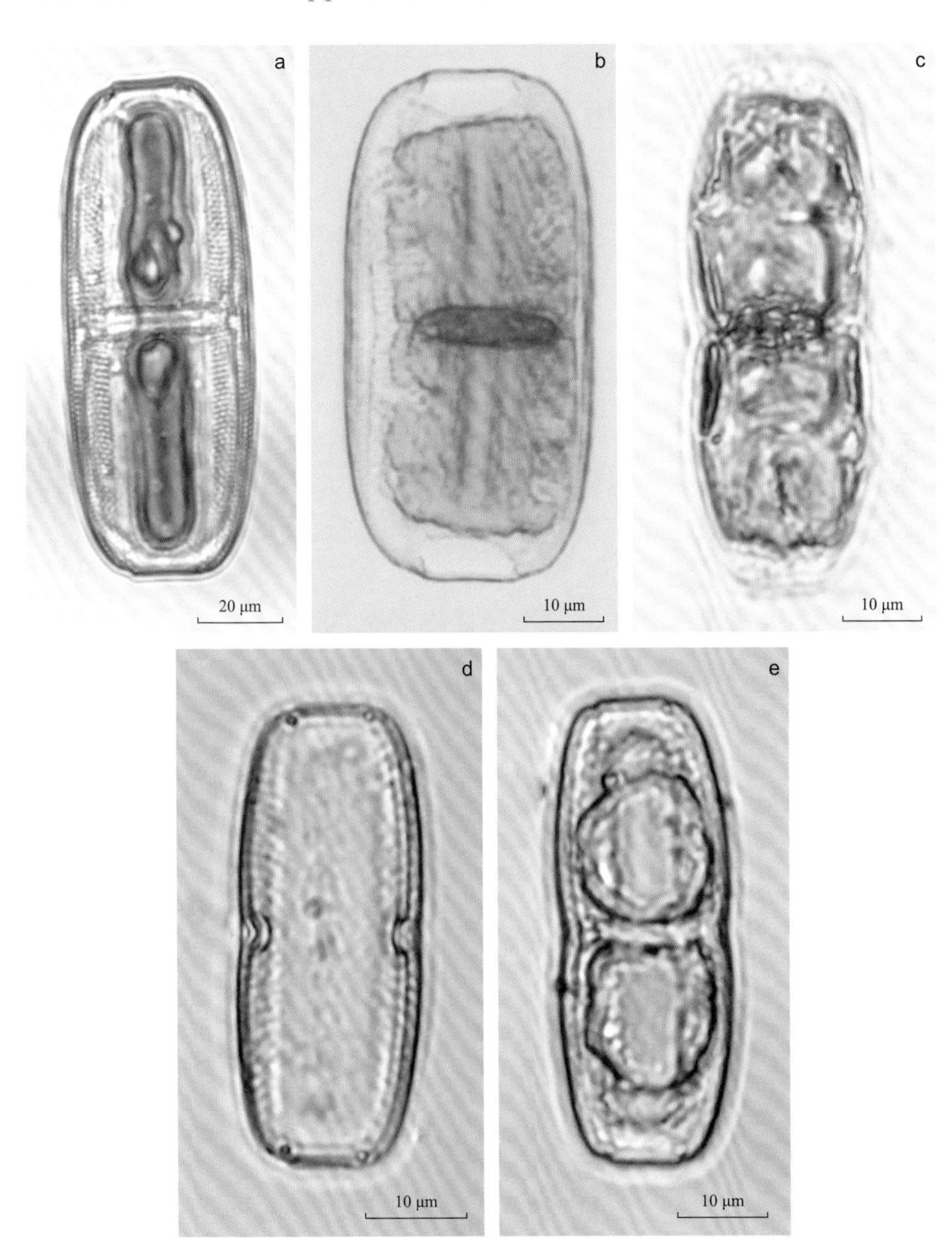

图 224　羽纹藻 *Pinnularia* spp.

a ~ e. 细胞环面观

曲舟藻属 *Pleurosigma* W. Smith, 1852

225. 海洋曲舟藻 *Pleurosigma pelagicum* (H. Peragallo) Cleve, 1894（图 225）

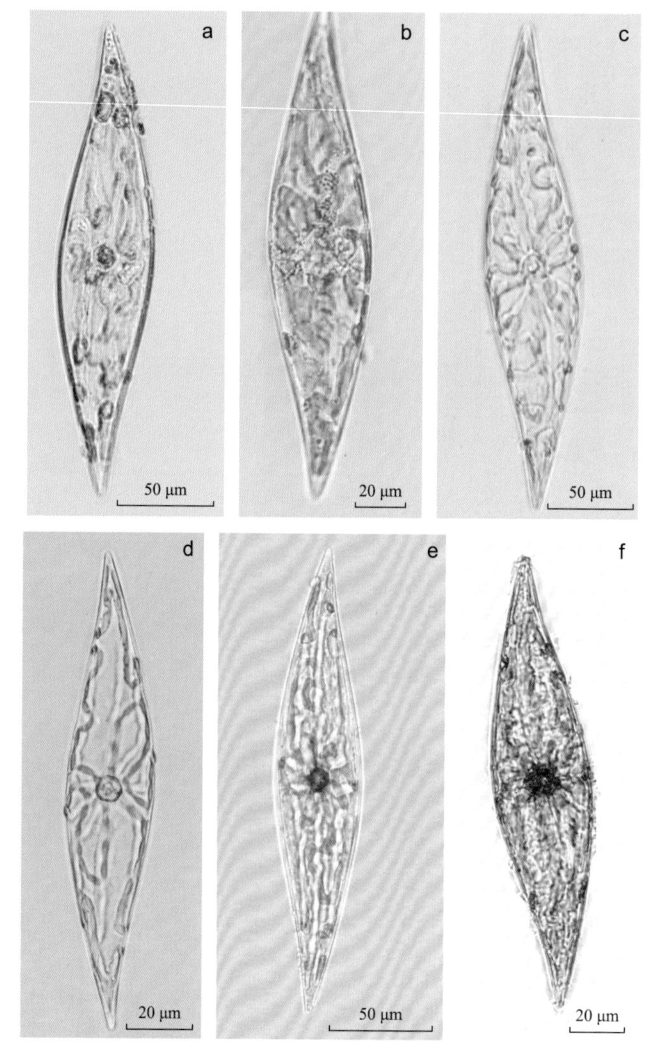

图 225 海洋曲舟藻 *Pleurosigma pelagicum* (H. Peragallo) Cleve, 1894

a ~ f. 细胞壳面观

海洋曲舟藻又称海洋斜纹藻。

藻体细胞呈纺锤形，从中部向两端快速变窄，两端尖，壳面略呈“S”形，长 136 ~ 276 μm，宽 25 ~ 56 μm，长宽比是（4.6 ~ 5.4）: 1。壳缝在中央，近端略偏心。点条纹斜向交叉呈 70°（Allen and Cupp, 1935）。

世界广布种。爪哇海、孟加拉湾海域曾有报道。中国各海域均有分布。

226. 端尖曲舟藻 *Pleurosigma acutum* Norman, 1861（图 226）

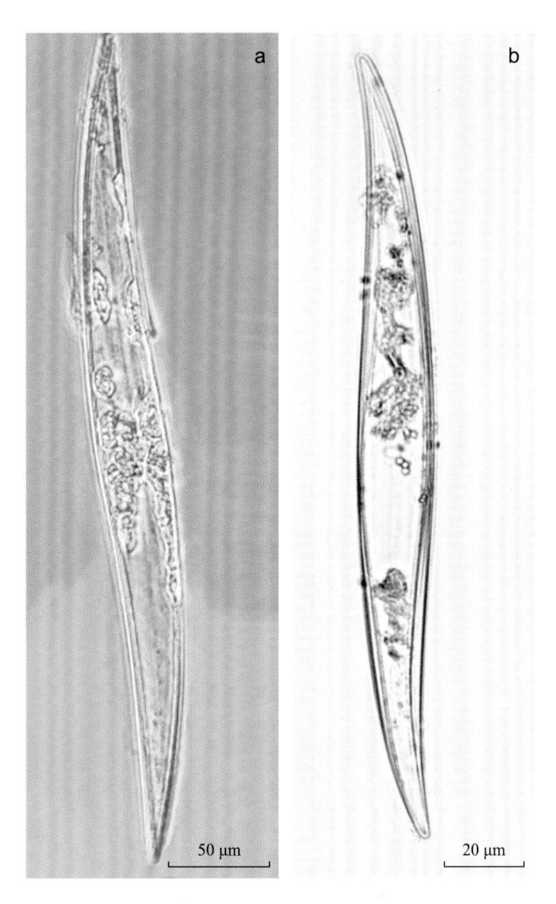

图 226　端尖曲舟藻 *Pleurosigma acutum* Norman, 1861

a ~ b. 细胞壳面观

端尖曲舟藻又称端尖斜纹藻。

藻体细胞狭窄呈“S”形，长 182 ~ 363 μm，宽 17 ~ 34 μm，长宽比为（10.7 ~ 14）: 1。末端尖，壳缝在末端偏心，点条纹细。

海洋底栖性种，但在浮游生物群中经常能采到。英国、法国、巴西和墨西哥附近海域有记录，印度洋首次记录。中国黄海和南海有采到。

227. 诺玛曲舟藻 *Pleurosigma normanii* Ralfs, 1881（图 227）

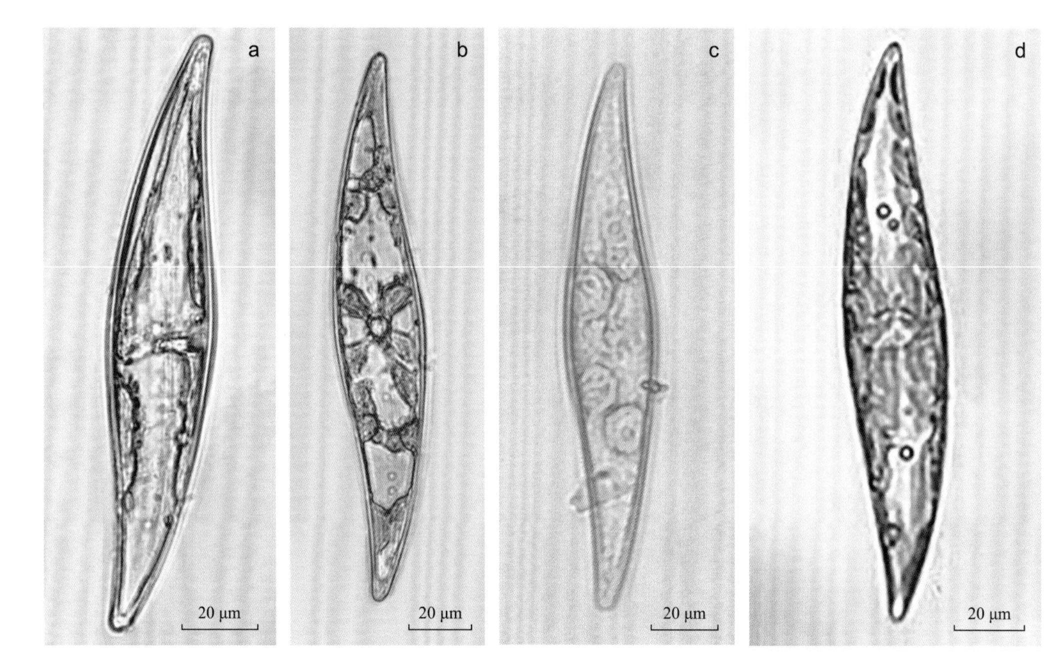

图 227　诺玛曲舟藻 *Pleurosigma normanii* Ralfs, 1881

a ~ d. 细胞壳面观

诺玛曲舟藻又称相似曲舟藻、诺玛斜纹藻。

藻体细胞壳面呈“S”形，端钝，长 147 ~ 17 μm，宽 26 ~ 30 μm，壳缝在中央。壳面点条纹明显。

海洋底栖性种，但在浮游生物群中常能采到。世界广布种，从热带至两极均有分布。中国各海域均能采到。

228. 曲舟藻 *Pleurosigma* spp.（图 228）

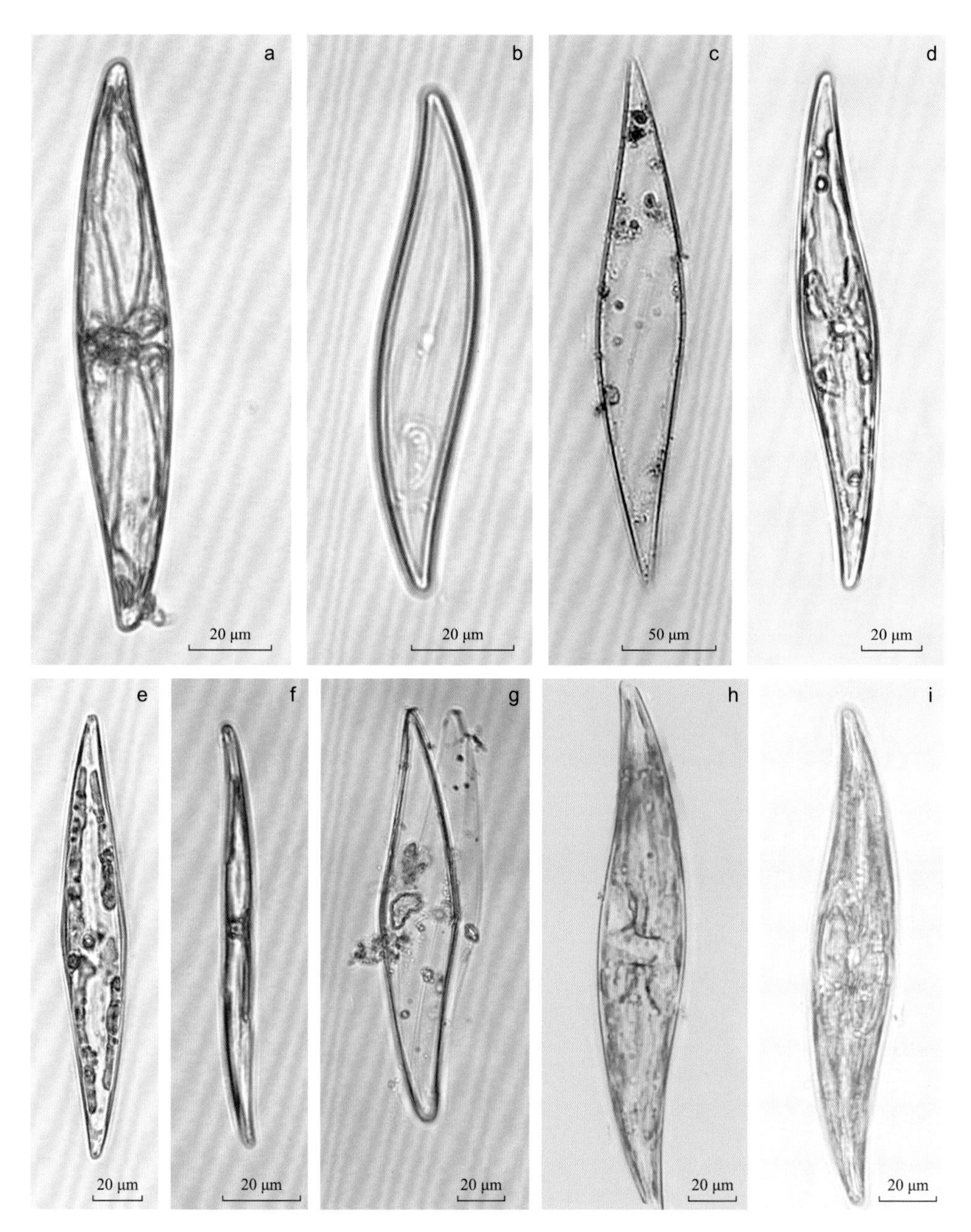

图 228　曲舟藻 *Pleurosigma* spp.

a ~ i. 细胞壳面观

粗纹藻属 *Trachyneis* Cleve, 1894

229. 粗纹藻 *Trachyneis* spp.（图 229）

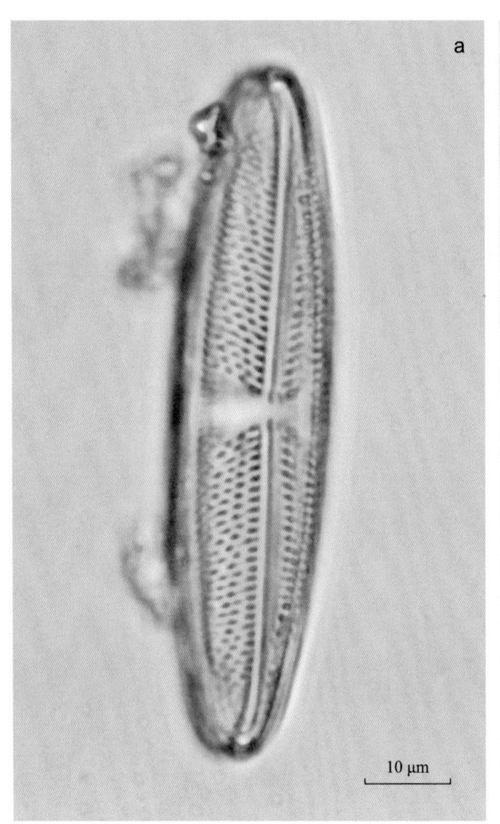

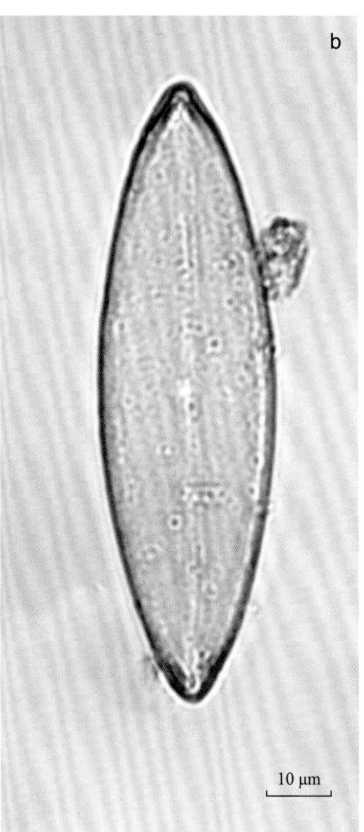

图 229　粗纹藻 *Trachyneis* spp.

a ~ b. 细胞壳面观

双眉藻属 *Amphora* Ehrenberg ex Kuetzing, 1844

230. 双眉藻 *Amphora* spp.（图 230）

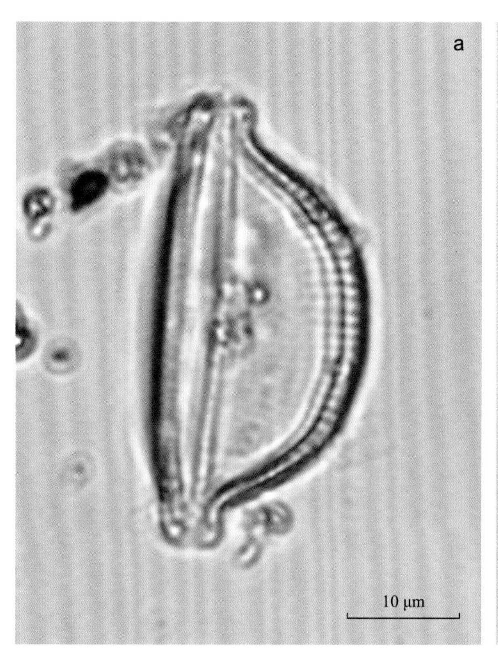

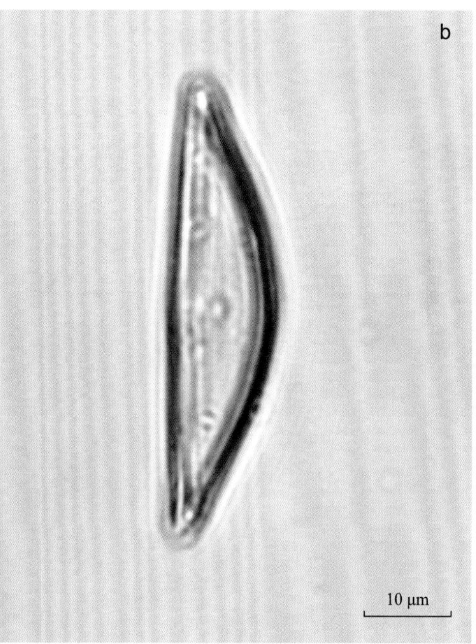

图 230　双眉藻 *Amphora* spp.

a ~ b. 细胞壳面观

双肋藻属 *Amphipleura* Kuetzing, 1844

231. 双肋藻 *Amphipleura* spp.（图 231）

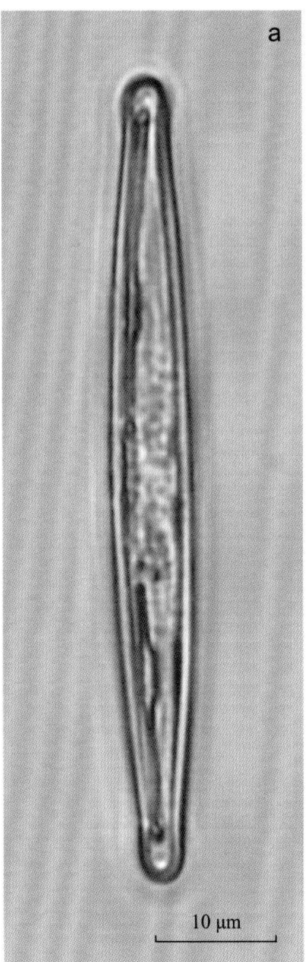

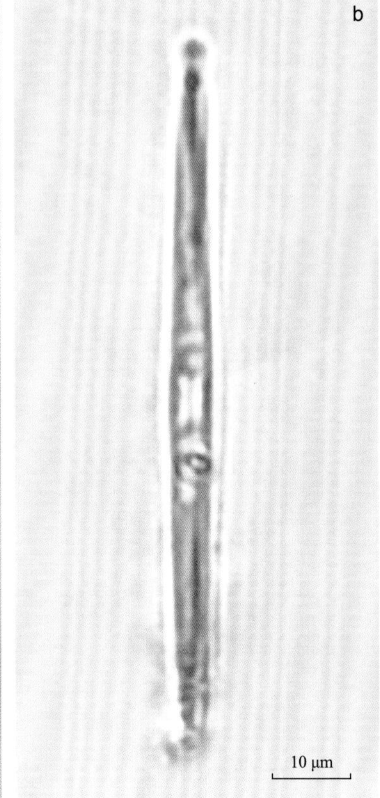

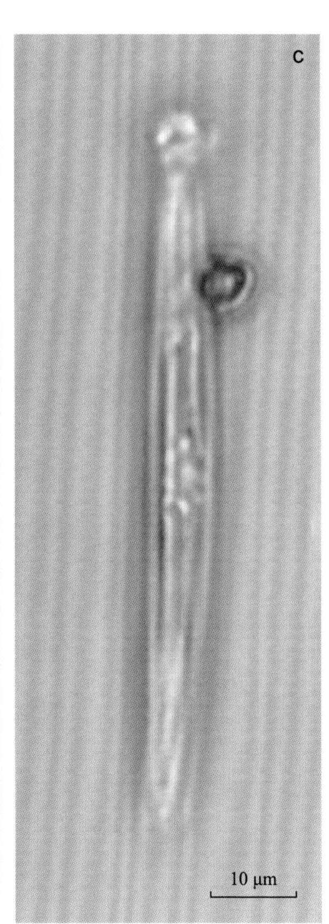

图 231　双肋藻 *Amphipleura* spp.

a ～ c. 细胞壳面观

缪氏藻属 *Meuniera* Silva, 1996

232. 膜状缪氏藻 *Meuniera membranacea* (Cleve) Silva, 1997（图 232）

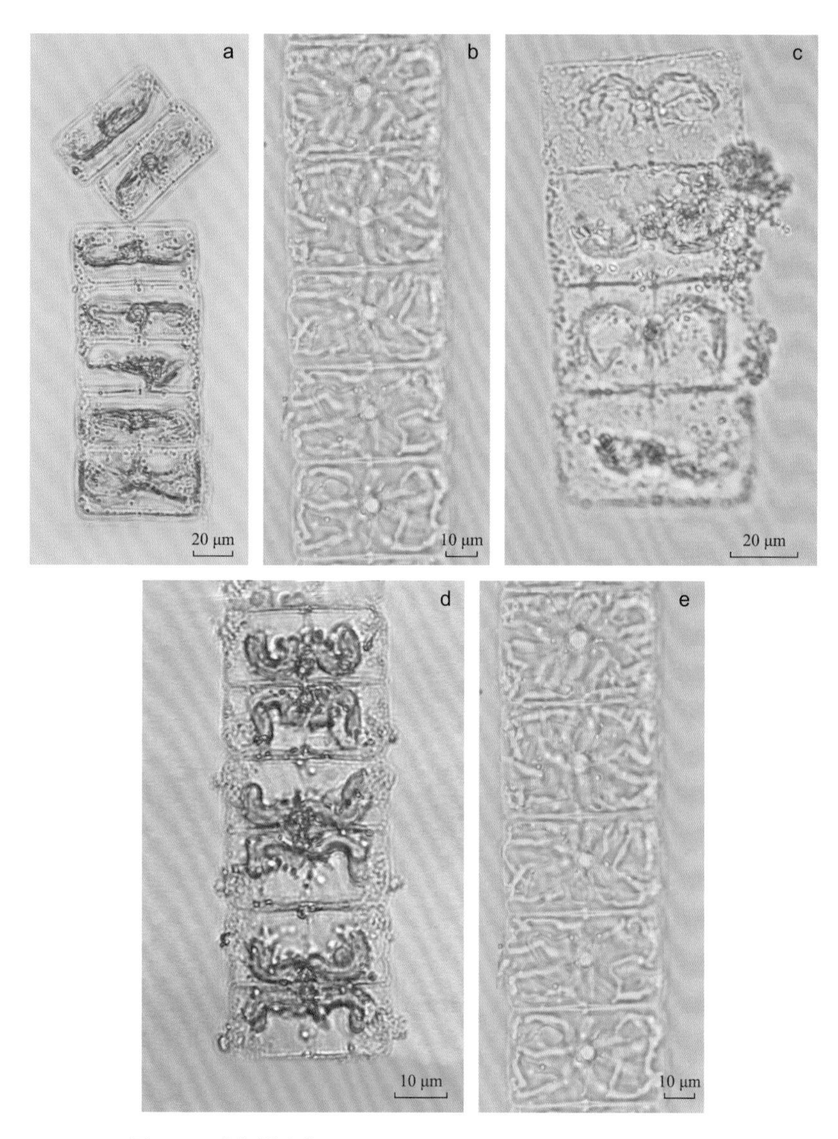

图 232 膜状缪氏藻 *Meuniera membranacea* (Cleve) Silva, 1997

a ~ e. 细胞环面观

同物异名：膜状舟形藻 *Navicula membranacea* Cleve, 1897

藻体细胞壳环面呈长方形，相邻细胞通过壳面相连形成直链。壳环带明显，壳套与环带之间有 3 个锯齿状的小凹陷。壳面有一个加厚的十字形的中节。色素体有两个，呈长带状。

世界广布种，温带和热带海域皆有。

舟形藻属 *Navicula* Bory, 1822

233. 舟形藻 *Navicula* spp.（图 233）

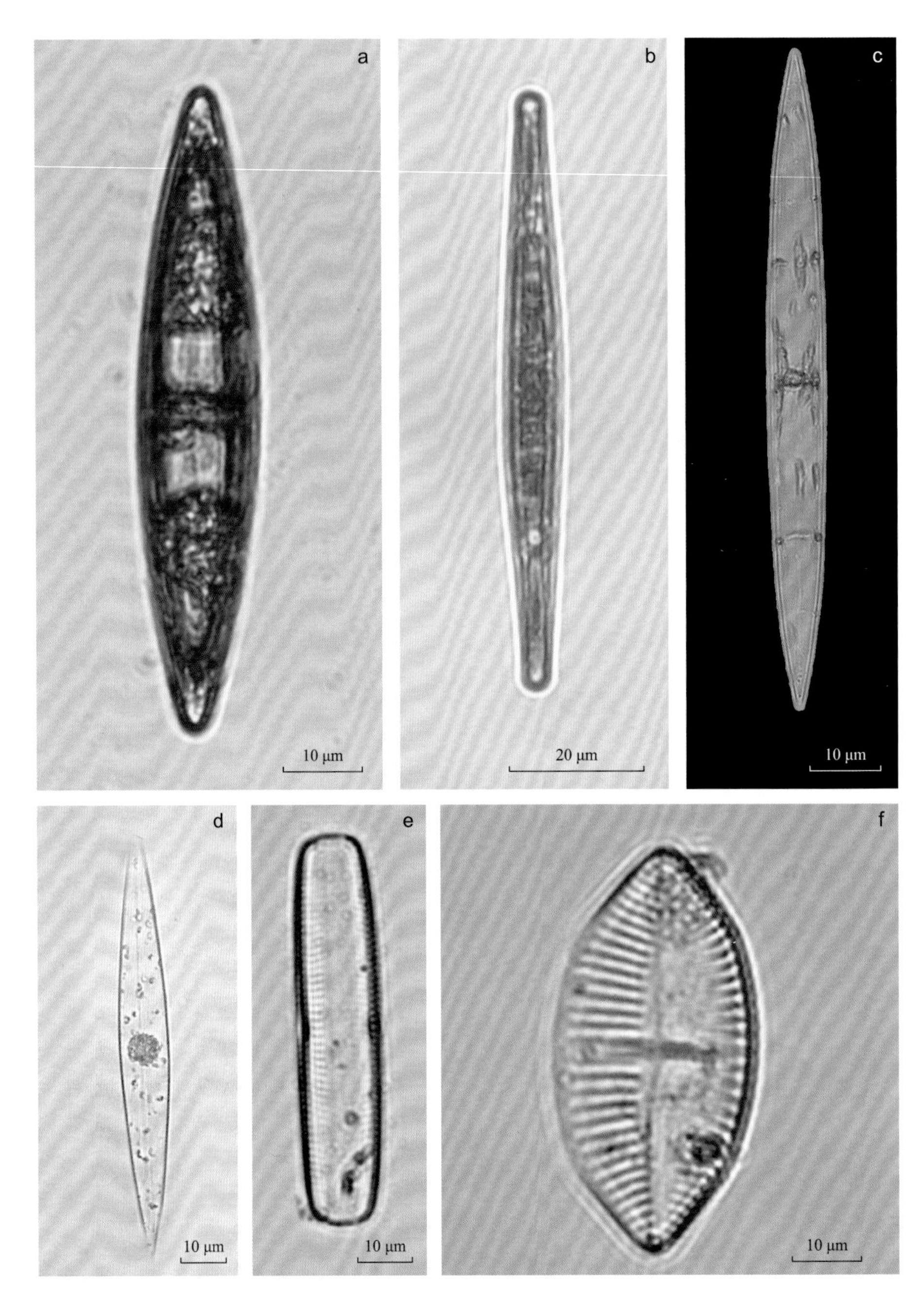

图 233　舟形藻 *Navicula* spp.

a ~ d、f. 细胞壳面观；e. 细胞环面观

胸隔藻属 *Mastogloia* Thwaites, 1856

234. 嘴状胸隔藻 *Mastogloia rostrata* (Wallich) Hustedt, 1856（图 234）

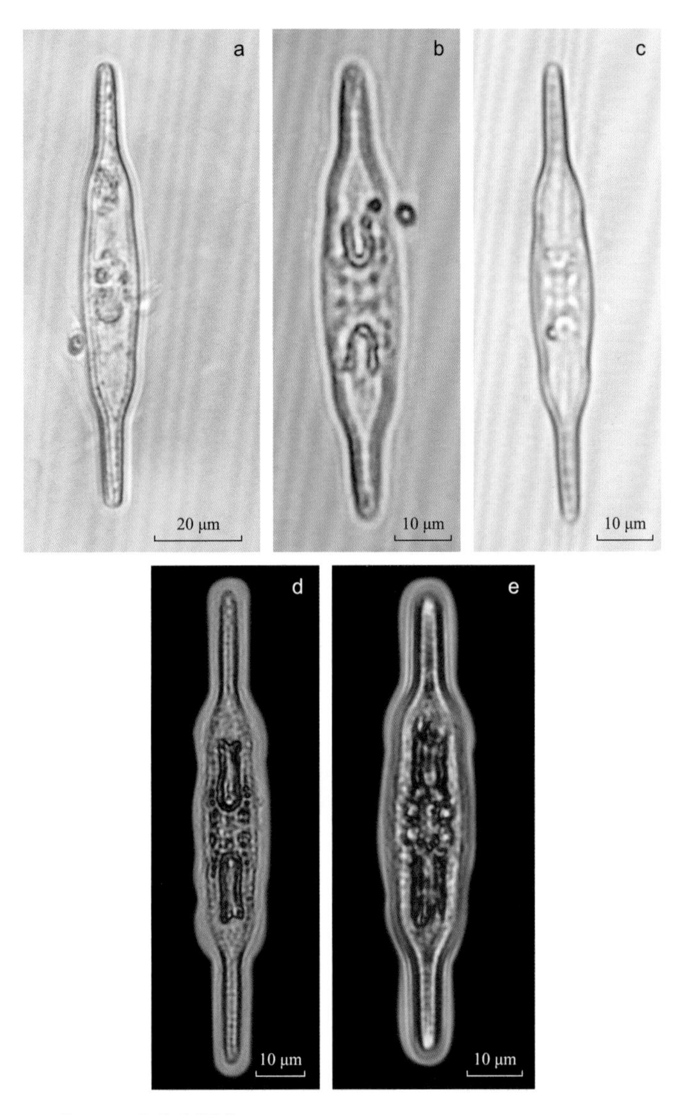

图 234 嘴状胸隔藻 *Mastogloia rostrata* (Wallich) Hustedt, 1856

a ~ e. 细胞壳面观

藻体细胞壳面中部宽，该宽部分的长度约占细胞总长度的 1/2 ~ 3/5，两端收缩变窄，近对称状，两末端均钝圆。色素体片状，两个。常通过其分泌的胶质物附着于其他物体上或基质上。

暖水性种，经常发现于热带和亚热带海域。印度洋水采和网采常采到。

第四目

双菱藻目

Surirellales

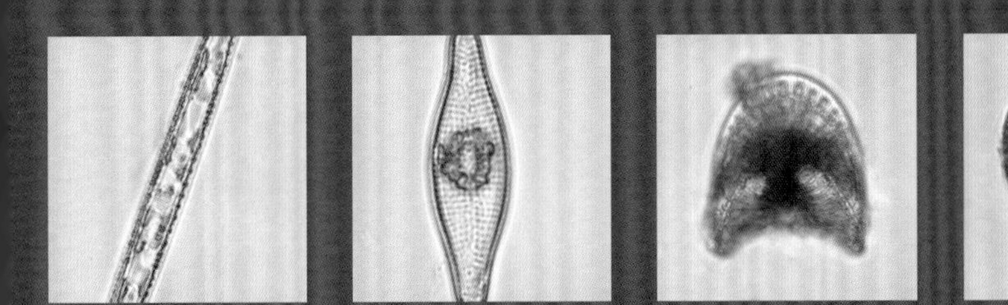

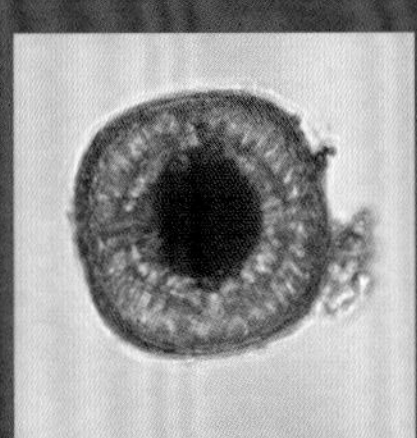

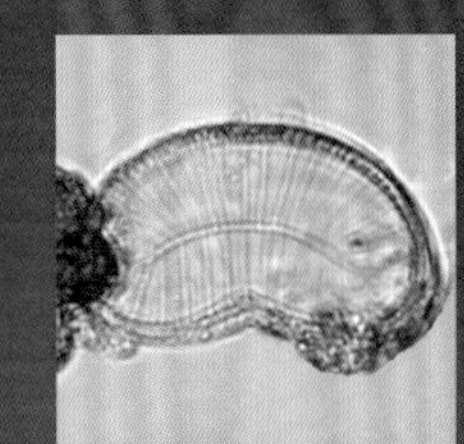

第 5 科　菱形藻科 Nitzschiaceae Schröder

菱形藻属 *Nitzschia* Hassall, 1845

235. 长菱形藻 *Nitzschia longissima* (Brĕb.) Ralfs, 1880（图 235）

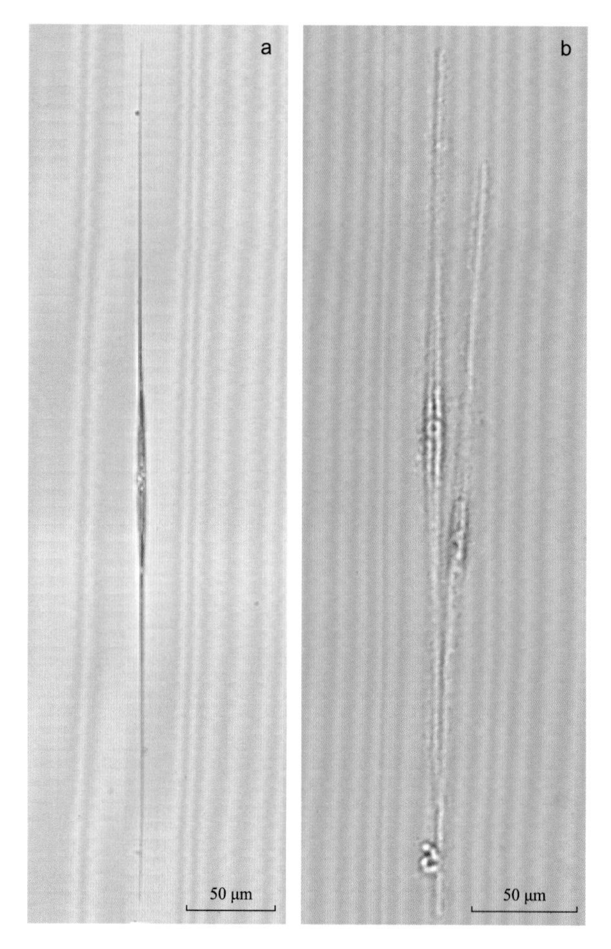

图 235　长菱形藻 *Nitzschia longissima* (Brĕb.) Ralfs, 1880

a ~ b. 完整细胞

藻体细胞单个生活，不形成群体，形状为披针形。两端笔直延长。长 320 ~ 340 μm，宽约 7 μm。

海洋近岸性种。该种在印度洋分布广，为常见种。

236. 长菱形藻中肋变种 *Nitzschia longissima* f. *costata* Schmidt（图 236）

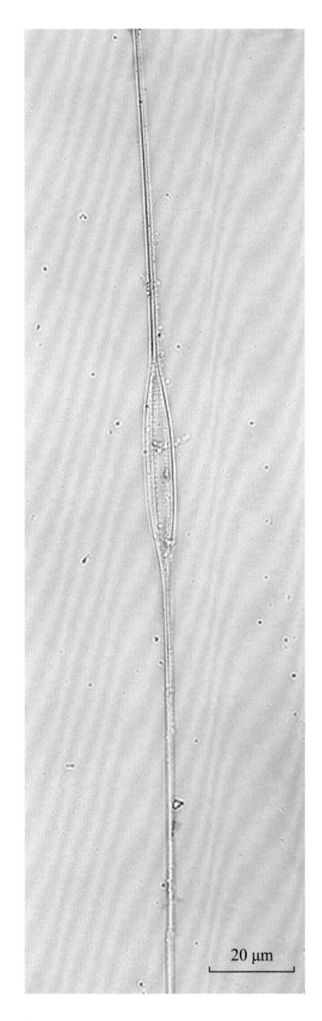

图 236　长菱形藻中肋变种 *Nitzschia longissima* f. *costata* Schmidt

细胞壳面观，中间膨大

藻体细胞单个生活，藻体长且直，壳面呈批针形，一边较凸，另一边较平直，两端细长。长超过 550 μm，宽 17 μm。壳面有间距不等的粗、弯线纹（郭玉洁和周汉秋，1985）。

暖水近岸性种。加里曼丹岛附近海域等有分布。我国台湾澎湖列岛附近海域亦有分布。

237. 洛氏菱形藻 *Nitzschia lorenziana* Grunow, 1880（图 237）

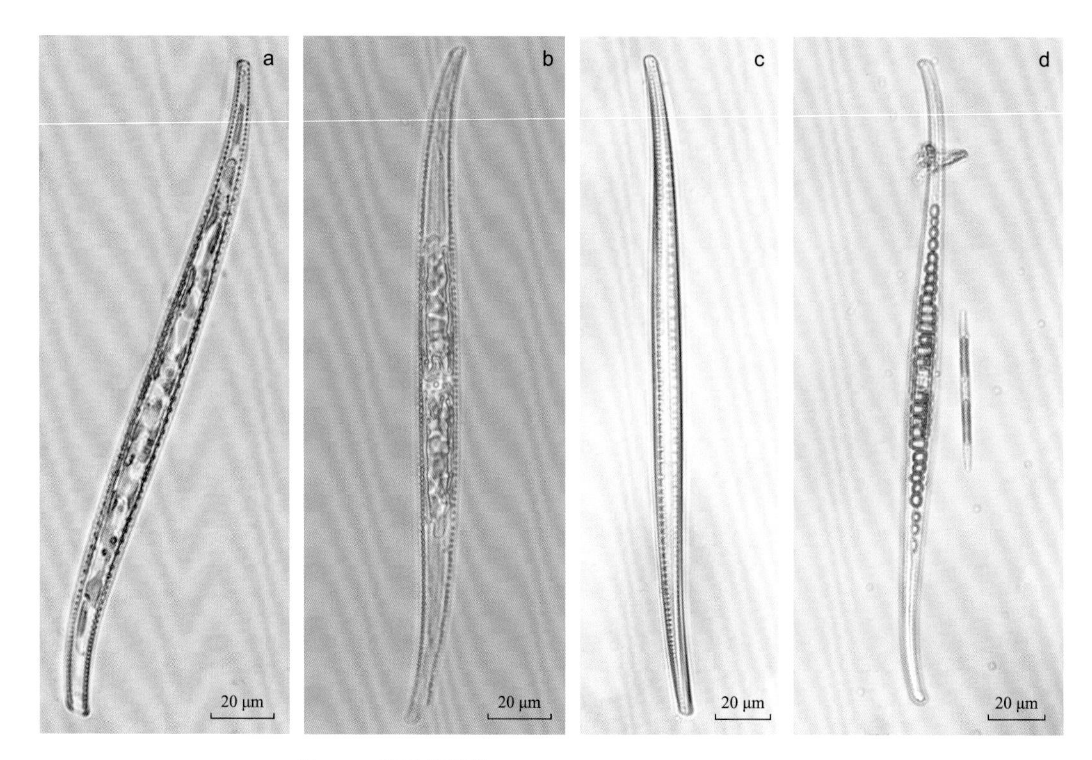

图 237　洛氏菱形藻 *Nitzschia lorenziana* Grunow, 1880

a ~ d. 细胞壳面观

洛氏菱形藻又称洛伦菱形藻。

藻体细胞细长，两末端朝不同方向弯曲成“S”形。长 196 ~ 229 μm，宽约 10 μm。点条纹明显，排列紧密。

海洋底栖性种，广泛分布于世界各海域。

238. 菱形藻 *Nitzschia* spp.（图 238）

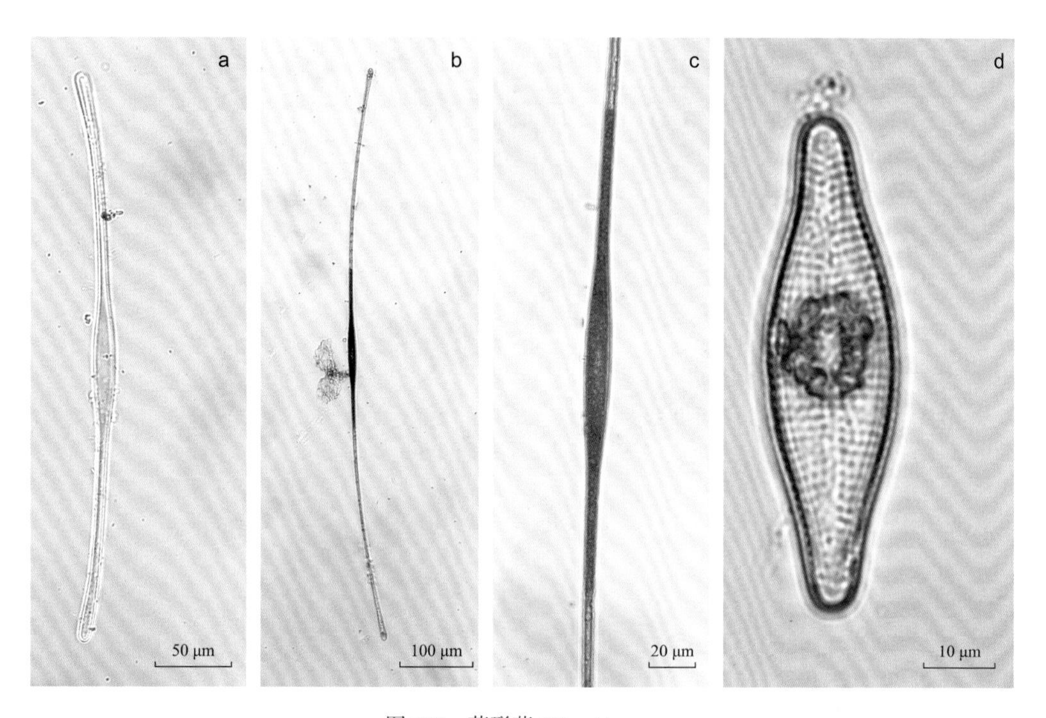

图 238　菱形藻 *Nitzschia* spp.

a ~ d. 细胞壳面观

棍形藻属 *Bacillaria* Gmelin, 1788

239. 派格棍形藻 *Bacillaria paxillifera* (Müller) Hendey, 1964（图 239）

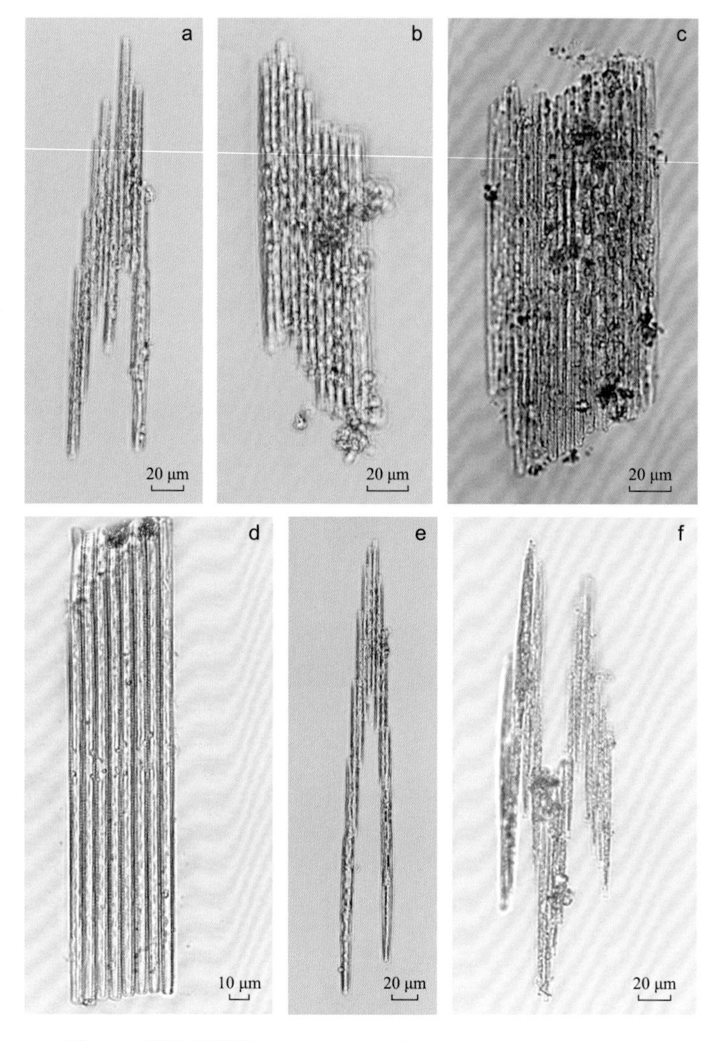

图 239　派格棍形藻 *Bacillaria paxillifera* (Müller) Hendey, 1964

a ~ f. 群体环面观

同物异名：奇异菱形藻 *Nitzschia paradoxa* (Gmelin) Grunow, 1880

藻体细胞环面呈长方形，形状如短棍，两端略尖。长 109 ~ 176 μm，宽约 4 μm。相邻细胞通过壳面相连形成群体，活细胞观测时，群体形状随着细胞的运动而变化。色素体小颗粒状，数目多。

世界广布种。

拟菱形藻属 *Pseudo-nitzschia* H. Peragallo, 1900

240. 尖刺拟菱形藻 *Pseudo-nitzschia pungens* (Grunow ex Cleve) Hasle, 1993（图 240）

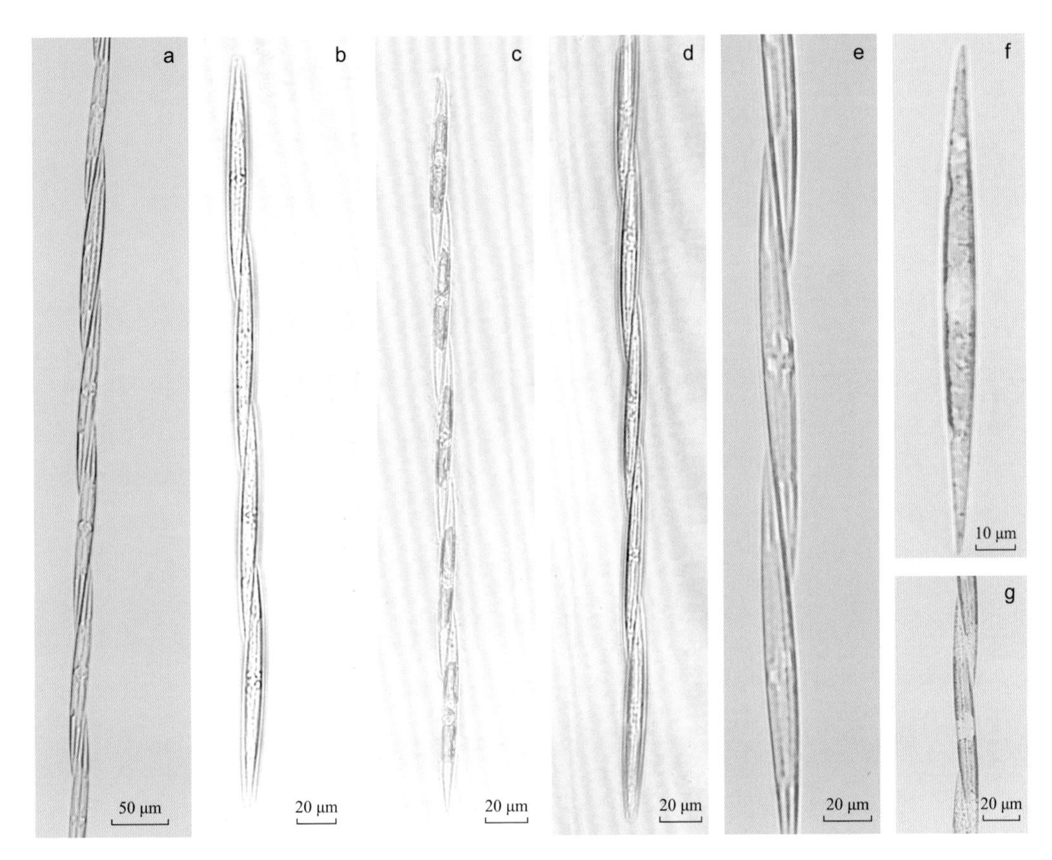

图 240 尖刺拟菱形藻 *Pseudo-nitzschia pungens* (Grunow ex Cleve) Hasle, 1993

a ~ g. 群体壳面观

同物异名：尖刺菱形藻 *Nitzschia pungens* Grunow ex Cleve, 1897

藻体细胞细长，如梭形，两端尖，长 82 ~ 177 μm，宽 4 ~ 11 μm。相邻细胞通过末端结合形成细胞链，相连部分约为细胞长度的 1/4 ~ 1/3（金德祥等，1965）。色素体有两个。

广温近岸性种，常见种。欧洲、美国加利福尼亚近岸海域等有记录。中国各海域均有分布。

241. 柔弱拟菱形藻 *Pseudo-nitzschia delicatissima* (Cleve) Heiden et al., 1928（图 241）

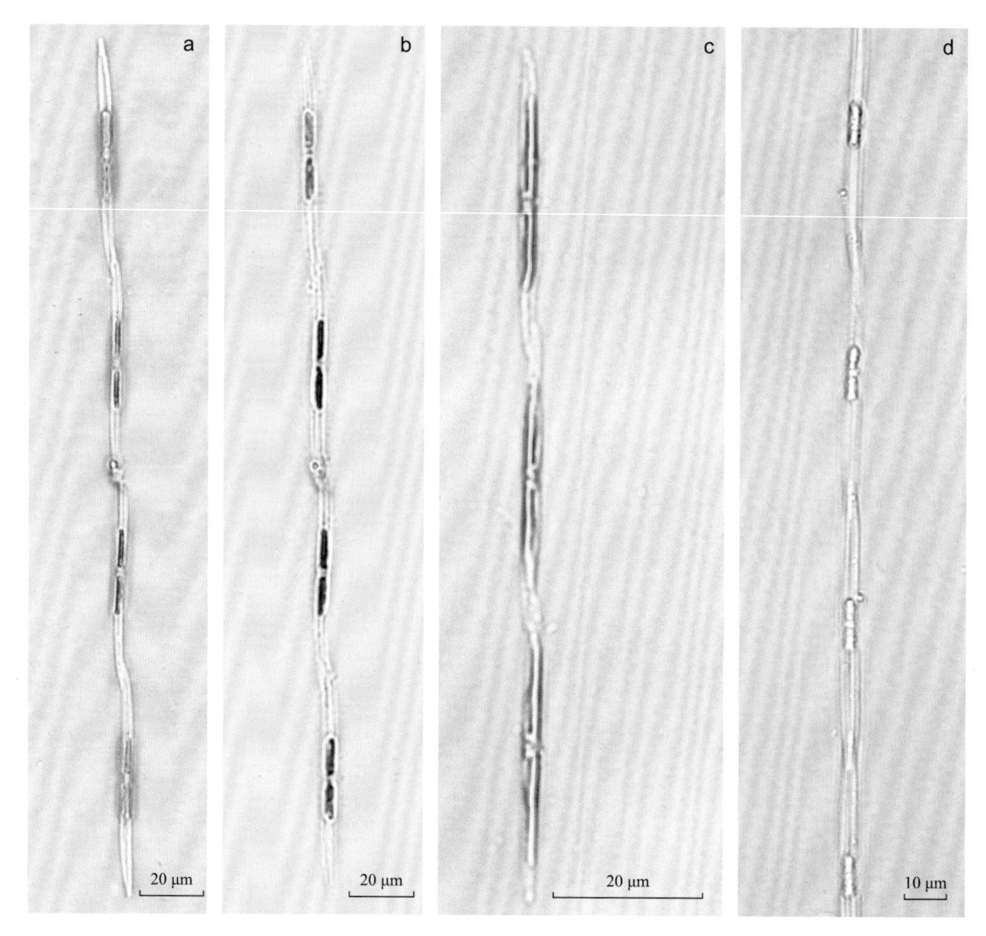

图 241　柔弱拟菱形藻 *Pseudo-nitzschia delicatissima* (Cleve) Heiden et al., 1928

a ~ d. 群体壳面观

同物异名：柔弱菱形藻 *Nitzschia delicatissima* Cleve, 1897

藻体细胞壳面呈梭形，狭长，两端略尖。长 41 ~ 63 μm，宽 1.5 ~ 1.8 μm。相邻细胞通过末端结合和重叠形成长链，相连部分约占细胞长度的 1/7（金德祥，1965）。色素体有两个，片状。

本种与尖刺伪菱形藻易混淆，但本种细胞明显弱小，相连部分亦小于后者。

世界广布种。

242. 成列拟菱形藻 *Pseudonitzschia seriata* (Cleve) Peragallo, 1899（图 242）

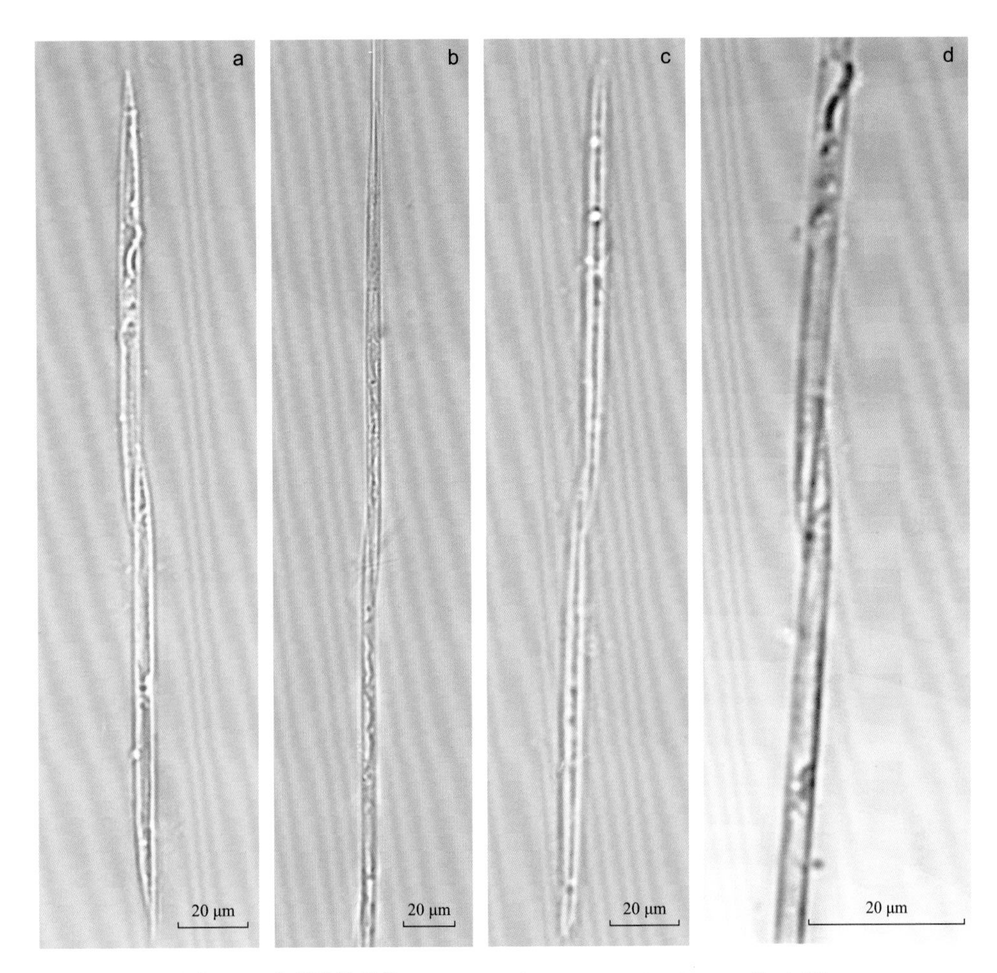

图 242　成列拟菱形藻 *Pseudonitzschia seriata* (Cleve) Peragallo, 1899

a ~ d. 群体壳面观

同物异名：成列菱形藻 *Pseudonitzschia seriata* Cleve, 1883

藻体细胞呈细长披针形，两端尖锐，细胞长 99 ~ 138 μm，宽约 6 μm。相邻细胞通过壳面顶端的下部分结合，形成针状长群体。

海洋近岸性种。世界广泛分布，是浮游硅藻中很常见的种类之一。

筒柱藻属 *Cylindrotheca* Rabenhorst, 1859

243. 新月筒柱藻 *Cylindrotheca closterium* (Ehrenberg) Reimann & J. C. Lewin, 1964（图 243）

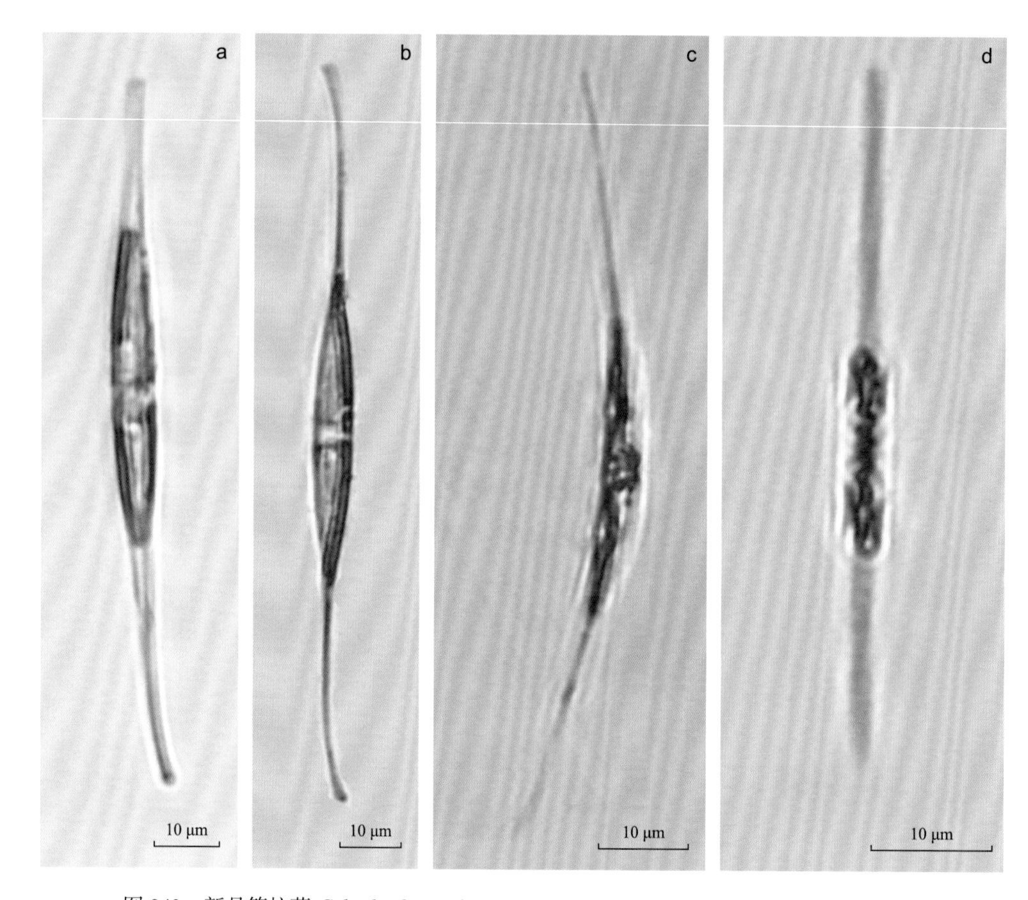

图 243 新月筒柱藻 *Cylindrotheca closterium* (Ehrenberg) Reimann & J. C. Lewin, 1964

a ~ d. 细胞壳面观

同物异名：新月菱形藻 *Nitzschia closterium* (Ehrenberg) W. Smith, 1853

藻体细胞长 51 ~ 118 μm，宽 3 ~ 8 μm，单个生活。细胞中央处呈纺锤形，两端为棒状，弯向同一个方向。色素体有两个，片状。

海水种，世界广泛分布。

马鞍藻属 *Campylodiscus* Ehrenberg, 1840

244. 双角马鞍藻 *Campylodiscus biangulatus* Greville, 1862（图 244）

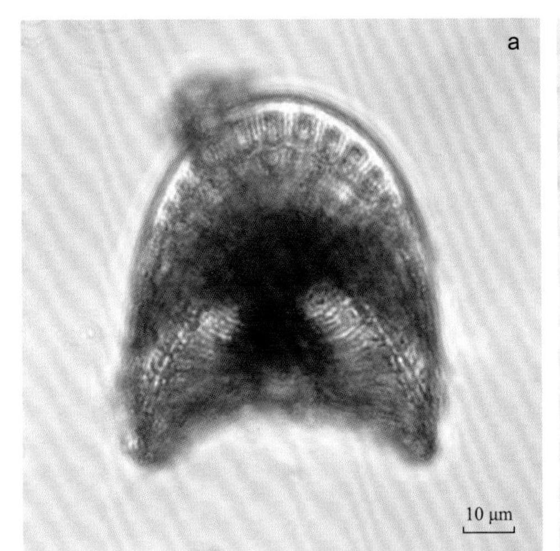

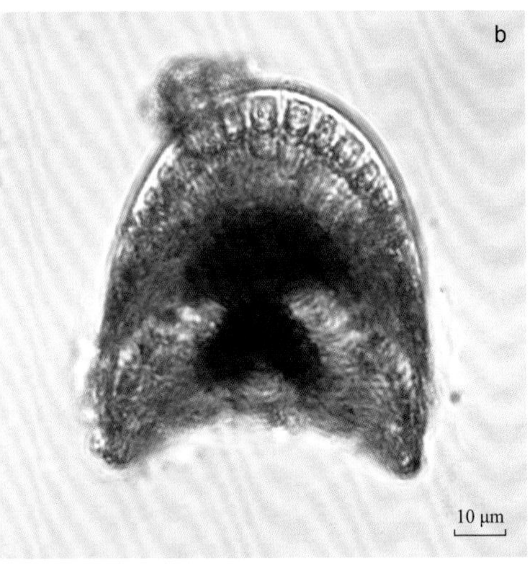

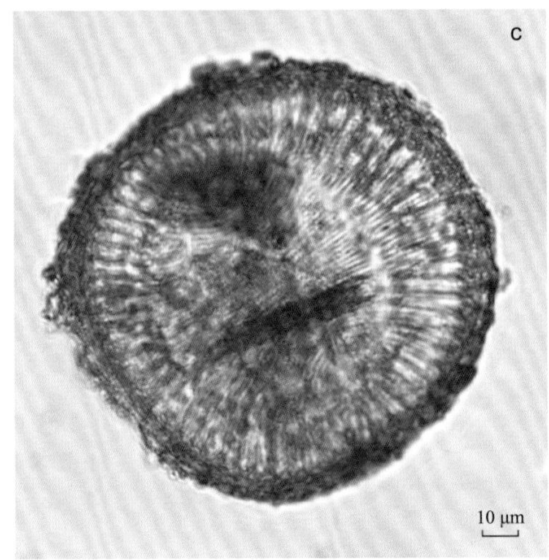

图 244 双角马鞍藻 *Campylodiscus biangulatus* Greville, 1862

a ~ b. 细胞环面观；c. 细胞壳面观

壳面近乎圆形，长与宽近相等，直径为 107 μm，无中央区。壳环面马鞍形，宽环带边缘肋纹粗大。壳面上的肋纹排列清晰，中部肋纹呈粗的平行状，边缘弧形排列。

暖温带至热带种。澳大利亚、新加坡、印度尼西亚和日本横滨等海域有记录。中国海南、福建海域有分布。

245. 马鞍藻 *Campylodiscus* spp.（图 245）

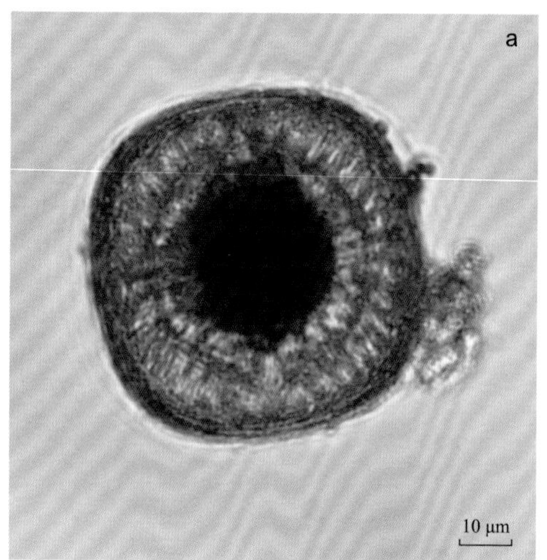

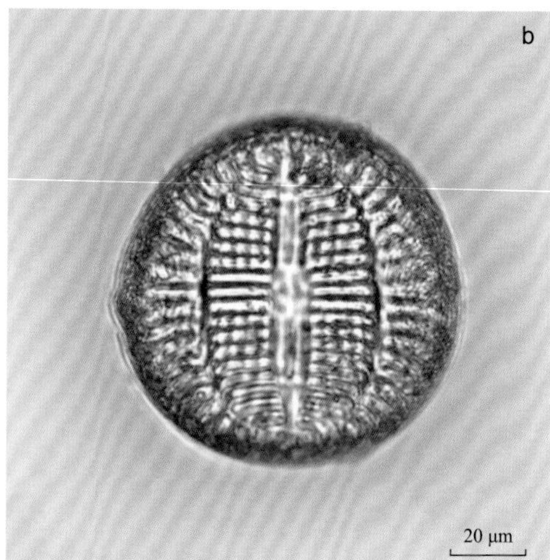

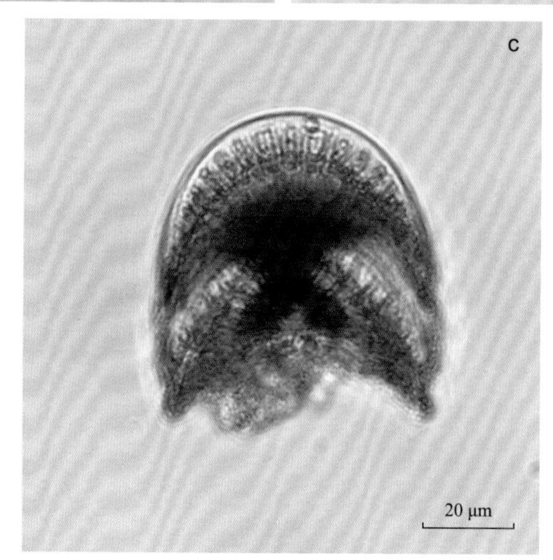

图 245　马鞍藻 *Campylodiscus* spp.

a ~ b. 细胞壳面观；c. 细胞环面观

第 6 科 双菱藻科 Surirellaceae

斜盘藻属 *Plagiodiscus* Grunow and Eulenstein, 1867

246. 脉状斜盘藻 *Plagiodiscus nervatus* Grunow（图 246）

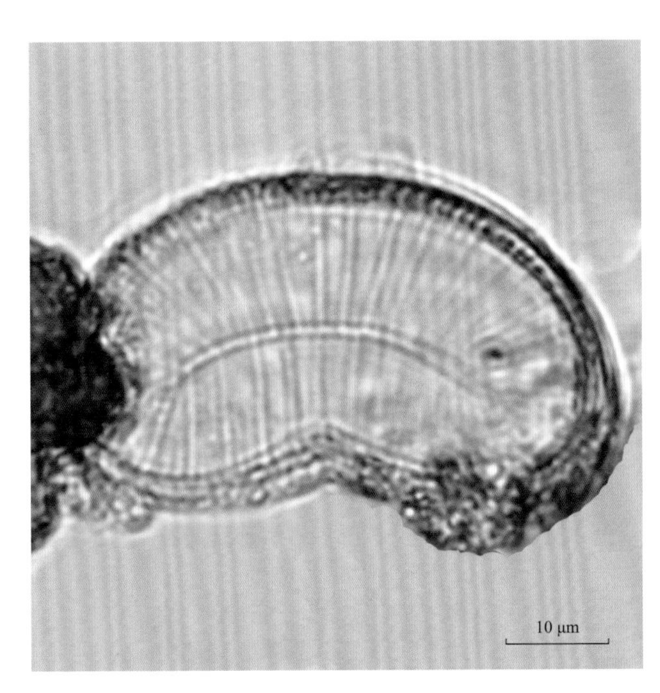

图 246 脉状斜盘藻 *Plagiodiscus nervatus* Grunow

细胞壳面观

同物异名：脉状双菱藻 *Surriella nervatus*(Grunow) Mereschkowsky, 1902

藻体细胞壳面观呈肾形，长 51 μm，宽 28 μm［金德祥等（1991）记载的长为 30 ~ 120 μm，宽为 28 ~ 56 μm］。中线弯、狭窄，从中线至边缘有射出状肋纹，其间有点条纹。

暖水性种，多见于热带和亚热带海域（Round et al., 1990）。菲律宾、科威特、古巴，以及美国夏威夷群岛、西印度群岛附近海域等有记载。中国西沙群岛和台湾岛附近海域有分布。

参考文献

程兆第，高亚辉，2012. 中国海藻志（第五卷），第二册：羽纹硅藻Ⅰ. 北京：科学出版社.

程兆第，高亚辉，2012. 中国海藻志（第五卷），第三册：羽纹硅藻Ⅱ. 北京：科学出版社.

程兆第，高亚辉，1996. 硅藻彩色图集. 北京：海洋出版社.

郭玉洁，钱树本，2003. 中国海藻志（第五卷），第一册：中心纲. 北京：科学出版社.

郭玉洁，1981. 南海浮游圆筛藻的分类. 海洋科学集刊，18:149−175.

郭玉洁，叶嘉松，周汉秋，1978. 西沙、中沙群岛周围海域浮游硅藻类分类研究 // 中国科学院南海海洋研究所. 我国西沙、中沙群岛海域海洋生物调查研究报告集. 北京：科学出版社.

郭玉洁，周汉秋，1985. 西沙群岛附近海域羽纹硅藻分类研究Ⅰ*. 海洋科学集刊.

黄宗国，林茂，2012. 中国海洋生物图集. 第一册：原核生物界 原生生物界（1）. 北京：海洋出版社.

高亚辉，陈长平，孙琳，等，2021. 厦门海域常见浮游植物. 厦门：厦门大学出版社.

金德祥，陈金环，黄凯歌，1965. 中国海洋浮游硅藻类. 上海：上海科学技术出版社.

金德祥，1991. 海洋硅藻学. 厦门：厦门大学出版社.

金德祥，程兆第，林均民，等，1982. 中国海洋底栖硅藻类：上卷. 北京：海洋出版社.

金德祥，程兆第，刘师成，等，1992. 中国海洋底栖硅藻类：下卷. 北京：海洋出版社.

齐雨藻，等，2004. 中国沿海赤潮. 北京：科学出版社.

钱树本，1979. 角毛藻属的一个新种. 海洋与湖沼，10(3): 252−256.

钱树本，1981. 根管藻属（*Genus Rhizosolenia*）的一个新种——中华根管藻（*Rhizosolenia sinensis* sp. nov.）. 山东海洋学院学报，11(4): 53−57.

钱树本，王薇，1996. 漂流藻（*Planktoniella*）细胞形态观察及对 *Valdviella Formosa* (Schimper ex Karsten) Karsten 名称的订正. 海洋学报，18(6): 90−92.

钱树本，陈国蔚，1986. 长江口及济州岛邻近海域综合调查研究报告：浮游植物生态. 山东海洋学院学报，16(2): 26−55.

宋星宇，黄良民，钱树本，等，2002. 南沙群岛邻近海区春夏季浮游植物多样性研究. 生物多样性，10(3): 258−268.

孙军，刘东艳，2002. 中国海区常见浮游植物种名更改初步意见. 海洋与湖沼，33(3): 271−286.

孙晓霞，郑珊，郭术津，2017. 热带西太平洋常见浮游植物. 北京：科学出版社.

杨世民，董树刚，2006. 中国海域常见浮游硅藻图谱. 青岛：中国海洋大学出版社.

郑重，李少箐，许振祖，1984. 海洋浮游生物学. 北京：海洋出版社.

周汉秋，199. 太阳双尾藻的形态研究. 海洋科学集刊，第 36 集 5, 223−228.

小久保清治，1960. 浮游矽藻类. 华汝成，译. 上海：上海科学技术出版社.

山路勇，1979. 日本プランクト > 図豔. 保育社（增补修订版），1−238.

福代康夫，等，1990. 日本の赤潮生物（写真之解说）. 东京：内田老鹤圃，1−407.

ABÉ T H, 1967. The armoured Dinoflagellata: II. Prorocentridae and Dinophysidae (C).-Ornithocercus, Histioneis, Amphisolenia and others. Publications of the Seto Marine Biological Laboratory, 15(2): 79–116.

AGARDH C A, 1830. Conspectus criticus diatomacearum. litteris Berlingianis, 4: 49−66.

AL-HANDAL, ADIL Y, MAITHAM A, 2019. Al-Shaheen. Diatoms in the wetlands of Southern Iraq. J. Cramer, in Borntraeger Science Publishers.

ALGAEBASE, 网址：www.algaebase.org.

ANDREWS G W, 1978. Marine diatom sequence in Miocene strata of the Chesapeake Bay region, Maryland. Micropaleontology, 371−406.

BALECH E, 1967. Dinoflagelados nuevos o interesantes del Golfo de Mexico y Caribe. Revista del MuseoArgentino de Ciencias naturales Bernardino Rivadavia, Hidrobiologia, 2(3): 77–126, pls.1–9.

BRIGHTWELL T, 1858. Remarks on the genus "Rhizosolenia" of Ehrenberg. Journal of Cell Science, 1(22):93−95.

CALADO A J, HUISMAN J M, 2010. Commentary// Gomez F, Moreira D, Lopez-Garcia P, 2010. Neoceratium gen. nov., a New Genus for All Marine Species Currently Assigned to Ceratium (Dinophyceae). Protist 161: 35-54. Protist, 161(4): 517-519.

CASTRACANE D A, 1886. Report on the Diatomaceae collected by HMS Challenger during the years 1873-76. Report on the Scientific Results of the Voyage of HMS Challenger. Botany, 1−178.

CLEVE P T, 1873. Examination of diatoms found on the surface of the Sea of Java. Norstedt, 1(11): 1−13.

CLEVE P T, GRUNOW A, 1880. Beiträge zur Kenntniss der arctischen Diatomeen. Kongl. Boktryckeriet, 17(2): 1−121.

CUPP E E, 1943. Marine plankton diatoms of the west coast of North America.

DIJKMAN N A, KROMKAMP J C, 2006. Photosynthetic characteristics of the phytoplankton in the Scheldt estuary: community and single-cell fluorescence measurements. European Journal of Phycology, 41(4): 425−434.

EHRENBERG C G, 1843. Verbreitung und Einfluss des mikroskopischen Lebens in Süd-und Nord-Amerika. Königliche Akademie der Wissenschaften.

EHRENBERG C G, 1844. Uber zwei neue Lager von Gebirgsmassen aus Infusorien als Meeresabsatz. in Nord-Amerika und eine Vergleichung derselben mit den organischen Kreidegebilden in Europa und Afrika. Deutsche Akademie Wissenschaften zu Berlin, Berichte, 253−275.

GÓMEZ F, 2007. The consortium of the protozoan Solenicola setigera and the diatom *Leptocylindrus mediterraneus* in the Pacific Ocean. Acta Protozoologica, 46(1): 15.

GÓMEZ F, MOREIRA D, LÓPEZ-GARCIA P, 2010. *Neoceratium* gen. nov., a new genus for all marine species currently assigned to *Ceratium* (Dinophyceae). Protist, 161, 35–54.

GÓMEZ F, 2013. Reinstatement of the dinoflagellate genus *Tripos* to replace *Neoceratium*, marine species of *Ceratium* (Dinophyceae, Alveolata). *CICIMAR Oceanides,* 28(1): 1–22.

GÓMEZ F, SOUISSI S, 2007. Unusual diatoms linked to climatic events in the northeastern English Channel. Journal of Sea Research, 58(4): 283−290.

GRAN H H, ANGST E C, 1931. Plankton diatoms of Puget Sound, 7: 417−516.

GRUNOW A, 1884. Die diatomeen von Franz Josefs-land. Gerold, 48(Abt. 2): 53−112.

GREVILLE R K, 1859. Descriptions of Diatomaceae observed in Californian guano. Journal of Cell Science, 1(27):155−166.

GRUNOW A, 1867. Diatomeen auf Sargassum von Honduras, gesammelt von Lindig. Hedwigia, 6: 17−32.

HANDY, SARA M, et al., 2009. Phylogeny of four Dinophysiacean genera (Dinophyceae, Dinophysiales) based on rDNA sequences from single cells and environmental samples. Journal of Phycology 45.5: 1163–1174.

HASLE, GRETHE R, et al., 1996. Identifying marine diatoms and dinoflagellates. Elsevier, 5−385.

HASTRUP, DAUGBJERG, 2009. Molecular Phylogeny of Selected Species of the Order Dinophysiales (Dinophyceae)-Testing the Hypothesis of a Dinophysioid Radiation[J]. Phycol, 45: 1136–1152.

HEIDEN H, 1928. Die marinen diatomeen der Deutschen Sudpolar expedition 1901-3. Deutsche Sudpolar-Expedition, 8: 447−715.

HITCHCOCK R, OSBORN H L, SMILEY C W, et al., 1880. The American Monthly Microscopical Journal. Romyn Hitchcock, 1: 113−115.

JAMESON I, HALLEGRAEFF G M, 2010. Planktonic diatoms. Algae of Australia: phytoplankton of temperate coastal waters, 2: 16−82.

KARSTEN G, 1928. Abteilung Bacillariophyta (Diatomeae). Peridineae () Dinoflagellatae, Diatomeae (Bacillariophyta), Myxomycetes, 105−345.

KOLBE R W, 1955. Diatoms from equatorial Atlantic cores. Elanders Boktryckeri Aktiebolag.

KÜTZING F T, 1865. Die kieselschaligen Bacillarien oder Diatomeen. F. Förstemann.

MANAL AL-KANDARI, FAIZA Y. AL-YAMANI, KHOLOOD AL-RIFAIE, 2019. Marine Phytoplankton Atlas of Kuwait'Waters. Kuwait Institute for Scientific Research.

MANN A, 1907. Report on the Diatoms of the Albatross Voyages in the Pacific Ocean, L888-1904. US Government Printing Office, 10(5): 221−242.

MANN A, 1925. Marine diatoms of the Philippine Islands.

MEDLIN L, SIMS P A, 1993. The transfer of *Pseudoeunotia doliolus* to *Fragilariopsis*. Nova hedwigia, 106: 323−34.

MARSSON, 1900, Theodor. Diatomaceen von Neu-Vorpommern, Rügen und Usedom. 6: 253−268.

MERESCHKOWSKY C, 1902. Liste des Diatomees de la mer Noire. Scripta Botanica (Botanisheskia Zapiski), 19: 51−88.

NORDENSKIÖLD A E, 1883. Vega-expeditionens vetenskapliga iakttagelser bearbetade af deltagare i resan och andra forskare. F. & G. Beijers förlag.

OSTENFELD C H, 1915. “A” List of Phytoplankton from the Boeton Strait, Celebes. Verlag nicht ermittelbar, 2(4): 1−18.

PAVILLARD J, 1916. Recherches sur les Diatomées pélagiques du Golfe du Lion. Station zoologique.

PÉRAGALLO H, 1888. Diatomées du Midi de la France: Diatomées de la Baie de Villefranche (Alpes-Maritimes). Impr. Durand, Fillous et Lagarde, 22: 13−100.

PÉRAGALLO H, TEMPÈRE J, BRUN J, 1892. Monographie du genre Rhizosolenia et de quelques genres voisins, 1: 79−82, 99−117.

PRITCHARD A, 1861. A history of infusoria: including the Desmidiaceae and Diatomaceae, British and foreign. Whitaker and Company.

REIMANN B E, LEWIN J C, 1964. The diatom genus Cylindrotheca Rabenhorst. Journal of the Royal Microscopical Society, 83(3): 283−96.

ROUND, FRANK ERIC, et al., 1990. Mann. Diatoms: biology and morphology of the genera. Cambridge university press.

SUNDSTRÖM B G, 1986. The marine diatom genus Rhizosolenia: a new approach to the taxonomy, 1−117.

TAYLOR F J R, 1976. Dinoflagellates from the International Indian Ocean 1976. Expedition. Bibliotheca Botanica,132: 1–234.

WALLICH S G, 1860. On the Siliceous Organismsfound in the Digestive Cavitiesof the Salpæ, * and their relation to the Flint Nodulesof the Chalk Formation. Transactions of The Microscopical Society & Journal, 8(1):36−55.

VAN HEURCK H, 1884. Synopsis des diatomées de Belgique. Édité par l’auteur.

种名录索引表

拉丁文名	中文名	页码
Achnanthes brevipes Agardh	短柄曲壳藻	230
Achnanthes spp.	曲壳藻	231
Actinocyclus ehrenbergii var. *ralfsii* (W. Sm.) Hustedt	爱氏辐环藻辣氏变种	38
Actinocyclus octonarius Ehrenberg	八幅辐环藻	37
Actinocyclus subtilis (Greg.) Ralfs	细弱辐环藻	39
Actinoptychus australis (Gran.) Andrews	澳大利亚辐裥藻	46
Actinoptychus hexagonus Grunow	六角辐裥藻	44
Actinoptychus senarius (Ehr.) Ehrenberg	六幅辐裥藻	43
Actinoptychus trilingulatus Brightwell	三舌辐裥藻	45
Amphipleura spp.	双肋藻	244
Amphora spp.	双眉藻	243
Arachnoidiscus ehrenbergii var. *ehrenbergii* Bailey	蛛网藻	47
Asterionella notata Grunow ex Van Heurck	标志星杆藻	206
Asterionellopsis glacialis (Castracane) Round	冰河拟星杆藻	205
Asterolampra marylandica Ehrenberg	南方星芒藻	48
Asterolampra vanheurckii Brun	大星芒藻	49
Asteromphalus arachna (Brib.) Ralfs	蛛网星脐藻	50
Asteromphalus cleveanus Grunow	克氏星脐藻	54
Asteromphalus elegans Greville	美丽星脐藻	55
Asteromphalus flabellatus Greville	扇形星脐藻	51
Asteromphalus heptactis (Breb.) Ralfs	近圆星脐藻	53
Asteromphalus roperianus (Greville) Ralfs	罗珀星脐藻	56
Asteromphalus rubustus Castracane	粗星脐藻	52
Bacillaria paxillifera (Müller) Hendey	派格棍形藻	254
Bacteriastrum comosum var. *comosum* Pavillard	丛毛辐杆藻	110
Bacteriastrum comosum var. *hispida* (Castracane) Ikari	从毛辐杆藻刚刺变种	111
Bacteriastrum delicatulum Cleve	优美辐杆藻	107
Bacteriastrum elongatum var. *elongatum* Cleve	长辐杆藻	106
Bacteriastrum furcatum Shadbolt (Boalch)	叉状辐杆藻	108
Bacteriastrum hyalinum var. *hyalinum* Lauder	透明辐杆藻	109

续表

拉丁文名	中文名	页码
Bacteriastrum mediterraneum Pavillard	地中海辐杆藻	112
Bellerochea horologicalis Stosch	钟形中鼓藻	192
Biddulphia rhombus f. *rhombus* (Ehrenberg) Smith	菱面盒形藻	176
Biddulphia tuomeyi (Bailey) Roper	托氏盒形藻	175
Campylodiscus biangulatus Greville	双角马鞍藻	259
Campylodiscus spp.	马鞍藻	260
Campylosira cymbelliformis Grunow ex Van heurck	舟形鞍链藻	204
Cerataulina bicornis (Ehrenberg) Hasle et al.	双角角管藻	181
Cerataulina pelagica (Cleve) Hendey	大洋角管藻	180
Cerataulina zhongshaensis Kuo, Ye et Zhou	中沙角管藻	182
Chaetoceros aequatoriale Cleve	均等角毛藻	147
Chaetoceros affinis var. *affinis* Lauder	窄隙角毛藻	120
Chaetoceros atlanticus var. *atlanticus* Cleve	大西洋角毛藻	158
Chaetoceros atlanticus var. *neapolitana* (Schröder) Hustedt	大西洋角毛藻那不勒斯变种	160
Chaetoceros atlanticus var. *skeleton* (Schütt) Hustedt	大西洋角毛藻骨架变种	159
Chaetoceros aurivillii Cleve	金色角毛藻	169
Chaetoceros bacteriastroides Karsten	多瘤面角毛藻	146
Chaetoceros borealis Bailey	北方角毛藻	151
Chaetoceros brevis Schiitt	短孢角毛藻	118
Chaetoceros buceros Karsten	牛角状角毛藻	144
Chaetoceros castracanei Karsten	卡氏角毛藻	152
Chaetoceros coarctatus Lauder	紧挤角毛藻	168
Chaetoceros compressus Lauder	扁面角毛藻	137
Chaetoceros constrictus Gran	深环沟角毛藻	134
Chaetoceros crinitus Schütt	发状角毛藻	115
Chaetoceros curvisetus Cleve	旋链角毛藻	126
Chaetoceros dadayi Pavillard	达蒂角毛藻	166
Chaetoceros debilis Cleve	柔弱角毛藻	125
Chaetoceros decipiens f. *decipiens* Cleve	并基角毛藻	138
Chaetoceros decipiens f. *singularis* Gran	并基角毛藻单胞变型	139
Chaetoceros densus Cleve	密连角毛藻	156

续表

拉丁文名	中文名	页码
Chaetoceros denticulatus f. *angusta* Hustedt	齿角毛藻瘦胞变型	163
Chaetoceros denticulatus f. *denticulatus* Lauder	齿角毛藻	162
Chaetoceros diadema (Ehrenberg 1854) Gran	冕孢角毛藻	116
Chaetoceros didymus var. *anglicus* (Grunow) Gran	双孢角毛藻英国变种	132
Chaetoceros didymus var. *didymus* Ehrenberg	双孢角毛藻	130
Chaetoceros didymus var. *protuberans* Gran et Yendo	双孢角毛藻隆起变种	131
Chaetoceros distans Cleve	远距角毛藻	119
Chaetoceros diversus Cleve	异角毛藻	123
Chaetoceros eibenii Grunow	艾氏角毛藻	157
Chaetoceros femur Schütt	粗股角毛藻	121
Chaetoceros hirundinellus Qian	飞燕角毛藻	167
Chaetoceros imbricatus Mangin	棘角毛藻	140
Chaetoceros indicus Karsten	印度角毛藻	161
Chaetoceros laevis Leuduger-Fortmorel	平滑角毛藻	122
Chaetoceros lauderi Ralfs	罗氏角毛藻	143
Chaetoceros lorenzianus Grunow	劳氏角毛藻	141
Chaetoceros messanence Castracane	短叉角毛藻	124
Chaetoceros okamurai Ikari	奥氏角毛藻	164
Chaetoceros paradoxus Cleve	窄面角毛藻	135
Chaetoceros pelagicus Cleve	海洋角毛藻	117
Chaetoceros pendulus Karsten	后垂角毛藻	148
Chaetoceros peruvianus Brightwell	秘鲁角毛藻	149
Chaetoceros pseudoaurivillii Ikari	拟金色角毛藻	153
Chaetoceros pseudocurvisetus Mangin	拟旋链角毛藻	128
Chaetoceros pseudodichaeta Ikari	拟双刺角毛藻	155
Chaetoceros radicans Schütt	根状角毛藻	127
Chaetoceros rostratus var. *rostratus* Lauder	嘴状角毛藻	154
Chaetoceros saltans Cleve	舞姿角毛藻	150
Chaetoceros siamense Ostenfeld	暹罗角毛藻	133
Chaetoceros simplex Ostenfeld	简单角毛藻	113
Chaetoceros socialis Lauder	聚生角毛藻	129
Chaetoceros spp.	角毛藻	170

续表

拉丁文名	中文名	页码
Chaetoceros teres Cleve	圆柱角毛藻	142
Chaetoceros tetrastichon Cleve	四楞角毛藻	165
Chaetoceros tortissimus Gran	扭链角毛藻	114
Chaetoceros vanheurckii Gran	范氏角毛藻	136
Chaetoceros xishaensis Kuo, Ye et Zhou	西沙角毛藻	145
Climacodium biconcavum Cleve	双凹梯形藻	194
Climacodium frauenfeldianum Grunow	宽梯形藻	193
Climacosphenia moniligera Ehrenberg	串珠梯楔形藻	218
Corethron criophilum Castracane	棘冠藻	81
Coscinodiscus spinosus Chin	有棘圆筛藻	23
Coscinodiscus africanus Janisch	非洲圆筛藻	26
Coscinodiscus apiculatus var. *ambigus* Grunow	短尖圆筛藻平顶变种	16
Coscinodiscus argus Ehrenberg	蛇目圆筛藻	17
Coscinodiscus asteromphalus var. *asteromphalus* Ehrenberg	星脐圆筛藻	25
Coscinodiscus bipartitus Rattray	有翼圆筛藻	27
Coscinodiscus centralis Ehrenberg	中心圆筛藻	19
Coscinodiscus concinnus W. Smith	整齐圆筛藻	21
Coscinodiscus curvatulus var. *curvatulus* Grunow	弓束圆筛藻	8
Coscinodiscus curvatulus var. *minor* (Ehr.) Grunow	弓束圆筛藻小形变种	9
Coscinodiscus deformatus Mann	畸形圆筛藻	28
Coscinodiscus fimbriatus Ehrenberg	纤维圆筛藻	29
Coscinodiscus gigas var. *gigas* Ehrenberg	巨圆筛藻	15
Coscinodiscus granii Grough	格氏圆筛藻	11
Coscinodiscus janischii A. Schmidt	强氏圆筛藻	14
Coscinodiscus jonesianus Greville	琼氏圆筛藻	22
Coscinodiscus kutzingii A. Schmidt	库氏圆筛藻	30
Coscinodiscus marginatus Ehrenberg	具边圆筛藻	7
Coscinodiscus nobilis Grunow	高圆筛藻	13
Coscinodiscus nodulifer Schmidt	结节圆筛藻	31
Coscinodiscus oculus-iridis Ehrenberg	虹彩圆筛藻	24
Coscinodiscus radiatus Ehrenberg	辐射列圆筛藻	18
Coscinodiscus reniformis Castracane	肾形圆筛藻	32

续表

拉丁文名	中文名	页码
Coscinodiscus spp. Ehrenberg	圆筛藻	33
Coscinodiscus subtilis var. *subtilis* Ehrenberg	细弱圆筛藻	10
Coscinodiscus thorii Pavillard	苏里圆筛藻	20
Coscinodiscus wailesii Gran & Angst	威利圆筛藻	12
Cyclotella striata var. *baltica* Grunow	条纹小环藻波罗的海变种	35
Cyclotella striata var. *striata* (Kuetz.) Grunow	条纹小环藻	34
Cyclotella stylorum Brightwell	柱状小环藻	36
Cylindrotheca closterium (Ehrenberg) Reimann & J. C. Lewin	新月筒柱藻	258
Detonula pumila (Castracane) Gran	矮小短棘藻	66
Diploneis spp.	双壁藻	234
Ditylum brightwellii (West) Grunow	布氏双尾藻	190
Ditylum sol Grunow	太阳双尾藻	191
Eucampia cornuta (Cleve) Grunow	长角弯角藻	196
Eucampia zodiacus Ehrenberg	短角弯角藻	195
Eunotogramma debile Grunow	柔弱井字藻	200
Eunotogramma laevis (Cleve) Grunow	平滑井字藻	201
Fragilaria cylindrus Grunow	柱状脆杆藻	208
Fragilaria sp.1	脆杆藻 sp.1	209
Fragilaria sp.2	脆杆藻 sp.2	210
Fragilariopsis doliolus (Wallich) Medlin & Sims	鼓形拟脆杆藻	207
Gossleriella tropica Schütt	热带环刺藻	3
Grammatophora marina (Lyngb.) Kuetzing	海生斑条藻	211
Grammatophora undulata Ehrenberg	波状斑条藻	212
Guinardia cylindrus (Cleve) Hasle et al.	圆柱几内亚藻	77
Guinardia delicatula Cleve	柔弱几内亚藻	75
Guinardia flaccida (Castracane) Peragallo	薄壁几内亚藻	74
Guinardia stolterfothii Peragallo	斯氏几内亚藻	76
Gyrosigma balticum (Ehrenberg) Cleve	波罗的海布纹藻	235
Gyrosigma spp.	布纹藻	236
Helicotheca tamesis (Shrubsole) Ricard	泰晤士旋鞘藻	197
Hemiaulus hauckii Granow	霍氏半管藻	179
Hemiaulus membranacus Cleve	膜质半管藻	177

续表

拉丁文名	中文名	页码
Hemiaulus sinensis Greville	中华半管藻	178
Hemidiscus cuneiformis var. *cuneiformis* Wallich	楔形半盘藻	42
Lauderia annulata Cleve	环纹娄氏藻	68
Leptocylindrus danicus Cleve	丹麦细柱藻	78
Leptocylindrus mediterraneus (H. Peragallo) Hasle	地中海细柱藻	79
Leptocylindrus minimus Gran	微小细柱藻	80
Licmophora abbreviate Agardh	短纹楔形藻	214
Licmophora californica Grunow in Van Heurck	加利福尼亚楔形藻	213
Licmophora gracilis f. *elongata* Hustedt	纤细楔形藻延长变型	217
Licmophora gracilis var. *gracilis* (Ehrenberg) Grunow	纤细楔形藻	216
Licmophora paradoxa (Lyngd.) Agardh	奇异楔形藻	215
Mastogloia rostrata (Wallich) Hustedt	嘴状胸隔藻	247
Meuniera membranacea (Cleve) Silva	膜状缪氏藻	245
Navicula spp.	舟形藻	246
Nitzschia longissima (Brĕb.) Ralfs	长菱形藻	250
Nitzschia longissima f. *costata* Schmidt	长菱形藻中肋变种	251
Nitzschia lorenziana Grunow	洛氏菱形藻	252
Nitzschia spp.	菱形藻	253
Odontella aurita (Lyngbye) Agardh	长耳齿状藻	172
Odontella mobiliensis (Bailey) Grunow	活动齿状藻	173
Odontella regia (Schultze) Simonsen	高齿状藻	174
Odontella sinensis (Greville) Grunow	中华齿状藻	171
Palmeria hardmanniana Greville	哈德掌状藻	41
Paralia sulcata (Ehrenberg) Cleve	具槽帕拉藻	2
Pinnularia spp.	羽纹藻	237
Plagiodiscus nervatus Grunow	脉状斜盘藻	261
Planktoniella formosa (Karsten, 1928) Qian et Wang	美丽漂流藻	5
Planktoniella sol (Schütt, 1893) Qian et Wang	太阳漂流藻	4
Pleurosigma acutum Norman	端尖曲舟藻	239
Pleurosigma normanii Ralfs	诺玛曲舟藻	240
Pleurosigma pelagicum (H. Peragallo) Cleve	海洋曲舟藻	238
Pleurosigma spp.	曲舟藻	241

续表

拉丁文名	中文名	页码
Proboscia alata (Brightwell) Sundströn	翼鼻状藻	84
Pseudo-nitzschia delicatissima (Cleve) Heiden et al.	柔弱拟菱形藻	256
Pseudo-nitzschia pungens (Grunow ex Cleve) Hasle	尖刺拟菱形藻	255
Pseudonitzschia seriata (Cleve) Peragallo	成列拟菱形藻	257
Pseudosolenia calcar-avis (Schultze) Sundström	距端假管藻	103
Rhabdonema adriaticum Kuetzing	亚得里亚杆线藻	219
Rhizosolenia acuminata (H. Peragallo) Gran	尖根管藻	102
Rhizosolenia alata f. *gracillima* (Cleve) Grunow	翼根管藻纤细变型	87
Rhizosolenia alata f. *indica* (Peragallo) Ostenfeld	翼根管藻印度变型	86
Rhizosolenia bergonii Peragallo	伯氏根管藻	89
Rhizosolenia castracanei Peragallo	卡氏根管藻	96
Rhizosolenia clevei Ostenfeld	克莱根管藻	97
Rhizosolenia cochlea Brun	螺端根管藻	98
Rhizosolenia crassispina Schröder	厚刺根管藻	101
Rhizosolenia fragilissima f. *fragilissima* Bergon	脆根管藻	85
Rhizosolenia hebetata f. *semispina* (Hensen) Gran	钝根管藻半刺变型	99
Rhizosolenia hyalina Ostenfeled et Schmidt	透明根管藻	100
Rhizosolenia imbricata f. *imbricata* Brightwell	覆瓦根管藻	92
Rhizosolenia imbricata f. *schrubsolei* (Cleve) Schröder	覆瓦根管藻细径变型	93
Rhizosolenia robusta Norman	粗根管藻	90
Rhizosolenia setigera Brightwell	刚毛根管藻	91
Rhizosolenia sinensis Qian	中华根管藻	88
Rhizosolenia styliformis var. *iatissima* Brightwell	笔尖形根管藻粗径变种	95
Rhizosolenia styliformis var. *styliformis* Brightwell	笔尖形根管藻	94
Roperia tesselata Grunow	方格罗氏藻	40
Schröderella delicatula f. *schröderi* (Bergon) Sournia	优美旭氏藻矮小变型	67
Skeletonema costatum (Greville) Cleve	中肋骨条藻	69
Skeletonema spp.	骨条藻	71
Skeletonema tropicum Cleve	热带骨条藻	70
Stephanopyxis palmeriana (Grev.) Grunow	掌状冠盖藻	72
Stephanopyxis turris var. *turris* (Grev. et Arnott) Ralfs	塔形冠盖藻	73
Striatella unipunctata (Lyngbye) Agardh	单点条纹藻	220

续表

拉丁文名	中文名	页码
Synedra spp.	针杆藻	221
Thalassionema bacillaris (Heiden et Kolbe)	杆状海线藻	224
Thalassionema frauenfeldii (Grunow) Hallegraeff	佛氏海线藻	225
Thalassionema nitzschioides var. *nitzschioides* (Grun.) Van Heurck	菱形海线藻	222
Thalassionema nitzschioides var. *parva* Heiden et Kolbe	菱形海线藻小型变种	223
Thalassiosira curviseriata Takano	旋转海链藻	64
Thalassiosira excentrica (Ehr.) Cleve	离心列海链藻	58
Thalassiosira leptopus (Grun.) Hasle et G. Fryxell	细长列海链藻	57
Thalassiosira nordenskiöldii Cleve	诺氏海链藻	60
Thalassiosira pacifica Gran et Angst	太平洋海链藻	63
Thalassiosira rotula Meunier	圆海链藻	62
Thalassiosira spp.	海链藻	65
Thalassiosira subtilis (Ostenfeld) Gran	细弱海链藻	61
Thalassiosira symnetrica Fryxell et Hasle	对称海链藻	59
Thalassiothrix delicatula Cupp	柔弱海毛藻	226
Thalassiothrix longissima Cleve et Grunow	长海毛藻	227
Thalassiothrix spp.	海毛藻	228
Trachyneis spp.	粗纹藻	242
Triceratium cinnamomeum Greville	肉色三角藻	185
Triceratium favus f. *favus* Ehrenberg	蜂窝三角藻	184
Triceratium formosum f. *formosum* Brightwell	美丽三角藻	186
Triceratium formosum f. *quadrangularis* Hustedt	美丽三角藻方面变型	187
Triceratium pellucidum (Castracane) Guo, Ye et Zhou	透明三角藻	183
Triceratium shadboldtianum Greville	短刺三角藻	188
Triceratium sp.1	三角藻	189